科学计算及实践

梁佩莹 ◎ 编著
Liang Peiying

清華大学出版社
北京

内 容 简 介

本书介绍如何用 Python 开发科学计算的应用程序，书中除了介绍数值计算外，还介绍了怎样利用 Python 解决数值中的实际应用，带领读者领略利用 Python 解决实际问题的简单、快捷等特性。本书共 11 章，具体内容主要有 Python 数值基础、模型评估与概率统计、贝叶斯分类器、频率与快速傅里叶变换、线性回归、多分类器系统、Scipy 科学计算库、统计分析、数值分析、数据可视化、数据处理等。

本书可作为利用 Python 进行科学计算的广大科研人员、学者、工程技术人员的参考书，也可作为高等院校相关专业的教材。

图书在版编目(CIP)数据

Python 科学计算及实践/梁佩莹编著. —北京：清华大学出版社，2021.2 (2023.1 重印)
(清华开发者书库 · Python)
ISBN 978-7-302-56397-6

Ⅰ. ①P… Ⅱ. ①梁… Ⅲ. ①软件工具－程序设计 Ⅳ. ①TP311.561

中国版本图书馆 CIP 数据核字(2020)第 170465 号

责任编辑：刘 星 李 晔
封面设计：刘 键
责任校对：李建庄
责任印制：朱雨萌

出版发行：清华大学出版社
网　　址：http://www.tup.com.cn，http://www.wqbook.com
地　　址：北京清华大学学研大厦 A 座　　**邮　　编**：100084
社 总 机：010-83470000　　**邮　　购**：010-62786544
投稿与读者服务：010-62776969，c-service@tup.tsinghua.edu.cn
质量反馈：010-62772015，zhiliang@tup.tsinghua.edu.cn
课件下载：http://www.tup.com.cn，010-83470236
印 装 者：三河市龙大印装有限公司
经　　销：全国新华书店
开　　本：185mm×260mm　　**印　　张**：24.5　　**字　　数**：550 千字
版　　次：2021 年 2 月第 1 版　　**印　　次**：2023 年 1 月第 3 次印刷
印　　数：2501～3000
定　　价：89.00 元

产品编号：088013-01

前言

PREFACE

科学计算即数值计算，是指应用计算机处理科学研究和工程技术中所遇到的数学计算问题。在现代科学和工程技术中，经常会遇到大量复杂的数学计算问题，这些问题用一般的计算工具来解决非常困难，而用计算机来处理却非常容易。

在计算机出现之前，科学研究和工程设计主要依靠实验或实验提供数据，计算仅处于辅助地位。计算机技术的迅速发展，使越来越多的复杂计算成为可能。利用计算机进行科学计算带来了巨大的经济效益，同时也使科学技术本身发生了根本变化：传统的科学技术只包括理论和实验两个组成部分，使用计算机后，计算已成为同等重要的第三个组成部分。

Python是一种计算机程序设计语言，是一种面向对象的动态类型语言，最初被设计用于编写自动化脚本(shell)，随着版本的不断更新和语言新功能的添加，越来越多地被用于独立的、大型项目的开发。自从20世纪90年代初Python语言诞生至今，它已广泛应用于系统管理任务的处理和Web编程中。

Python在设计上坚持了清晰且整齐划一的风格，这使得Python成为一门易读、易维护，并且受大量用户欢迎的、用途广泛的语言。由于其特性，在国外用Python做科学计算的研究机构日益增多，一些知名大学已经采用Python来教授“程序设计”课程。

说起科学计算，首先会被提到的应该是MATLAB。然而除了MATLAB的一些专业性很强的工具箱还无法被替代之外，MATLAB的大部分常用功能都可以在Python世界中找到相应的扩展库。和MATLAB相比，用Python做科学计算有如下优点：

- MATLAB是一款商用软件，并且价格不菲。而Python完全免费，众多开源的科学计算库都提供了Python的调用接口。用户可以在任何计算机上免费安装Python及其绝大多数扩展库。
- 与MATLAB相比，Python是一门更易学、更严谨的程序设计语言。它能让用户编写出更易读、易维护的代码。
- MATLAB主要专注于工程和科学计算。然而即使在计算领域，也经常会遇到文件管理、界面设计、网络通信等各种需求。而Python有着丰富的扩展库，可以轻易完成各种高级任务，开发者可以用Python实现完整应用程序所需的各种功能。

本书是一种利用Python实现科学计算，解决实际问题的参考书，其编写本身具有如下特点。

(1) 内容由浅入深,涵盖知识全面。

本书第1章用于简单介绍 Python 软件基础知识,让读者认识 Python; 第2～11章全面涵盖了科学计算的内容,让读者除了学习科学计算知识外,还可体会到利用 Python 解决科学计算问题的简便、快捷。

(2) 易学易懂,实例丰富。

每章都是先介绍相关概念、公式,再通过典型实例帮助读者巩固相关知识点,而且在实例实现代码中,都有相关详细注释,让读者快速读懂代码,领会知识要点。

(3) 实战性强,有较高的应用价值。

除了每章提供的相关实例用来巩固知识点外,最后一章是经典实战,通过 Python 实现一款流行游戏,进一步说明 Python 在科学计算中应用广泛。

(4) 完整的源代码和训练数据集。

书中所有的案例都提供了免费的代码,使读者学习更方便。另外,读者也可以轻松获得书中案例的训练数据集。

全书共11章。第1章介绍了 Python 基础,主要包括 Python 辅助工具、第三方库、模块、函数等内容。第2章介绍了模型评估与概率统计,主要包括经验误差与过拟合、评估方法、性能度量、比较检验等内容。第3章介绍了贝叶斯分类器,主要包括参数估计、朴素贝叶斯、半朴素贝叶斯、贝叶斯网等内容。第4章介绍了频域与快速傅里叶变换,主要包括频率直方图、傅里叶变换、快速傅里叶变换、频域滤波、平滑空域滤波器等内容。第5章介绍了线性回归,主要包括普通线性回归、广义线性模型、逻辑回归、岭回归、弹性网络等内容。第6章介绍了多分类器系统,主要包括多分类器系统原理及误差、Bagging 与 AdaBoost 算法、随机森林算法等内容。第7章介绍了 Scipy 科学计算库,主要包括文件输入和输出、线性代数操作、离散余弦变换积分、插值、拟合、图像处理等内容。第8章介绍了统计分析,主要包括随机变量、几种常用分布、样本分析、核密度估计等内容。第9章介绍了数值分析,主要包括主成分分析、奇异值分解、k 近邻算法、聚类算法、数据标准化等内容。第10章介绍了数据可视化,主要包括 Matplotlib 生成数据图、其他数据图等内容。第11章介绍了数据处理,主要要包括 CSV 文件格式、JSON 数据、数据清洗、读取网络数据等内容。

本书提供案例代码、习题答案等资料,请扫描此处二维码或者到清华大学出版社官方网站本书页面下载。

资源下载

由于时间仓促,加之编者水平有限,本书疏漏之处在所难免。在此,诚恳地期望得到各领域的专家和广大读者的批评指正。

编　者

2020年12月

目录
CONTENTS

第 1 章

CHAPTER 1

Python 科学基础

本章介绍计算机的基本工作原理。首先,需要安装 Python 或确认已经安装了它。本书是在 Python 3 的基础上进行学习。安装 Python 后,尝试启动交互式解释器。要从命令行启动 Python,只需要执行 python 命令即可,效果如图 1-1 所示。

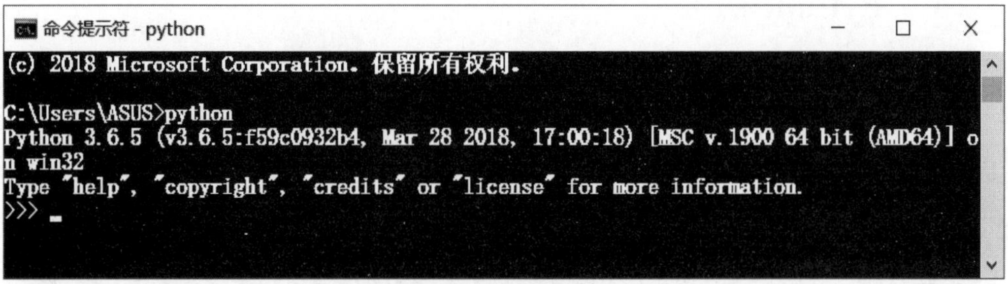

```
命令提示符 - python
(c) 2018 Microsoft Corporation. 保留所有权利.

C:\Users\ASUS>python
Python 3.6.5 (v3.6.5:f59c0932b4, Mar 28 2018, 17:00:18) [MSC v.1900 64 bit (AMD64)] o
n win32
Type "help", "copyright", "credits" or "license" for more information.
>>> _
```

图 1-1　启动 Python

图 1-1 中的>>>为提示符,可在它后面输入一些内容。例如,如果输入 print('Hello Python!')并回车,那么 Python 解释器将打印字符串“Hello Python!”,然后再次显示提示符,效果如图 1-2 所示。

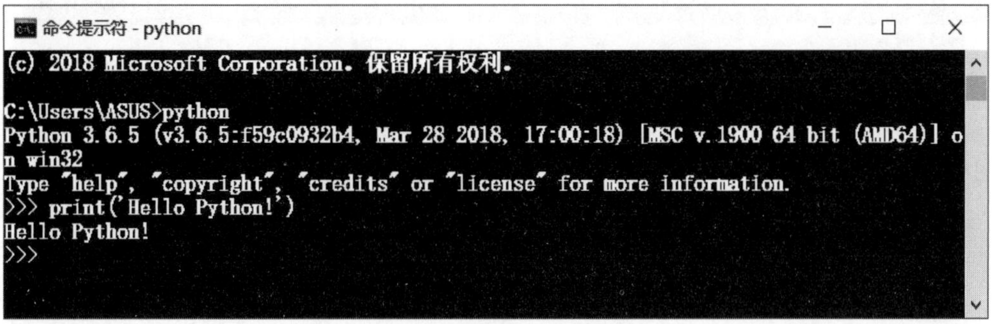

```
命令提示符 - python
(c) 2018 Microsoft Corporation. 保留所有权利.

C:\Users\ASUS>python
Python 3.6.5 (v3.6.5:f59c0932b4, Mar 28 2018, 17:00:18) [MSC v.1900 64 bit (AMD64)] o
n win32
Type "help", "copyright", "credits" or "license" for more information.
>>> print('Hello Python!')
Hello Python!
>>>
```

图 1-2　输出打印内容

如果输入截然不同的内容会怎么样呢？尝试效果如图 1-3 所示。

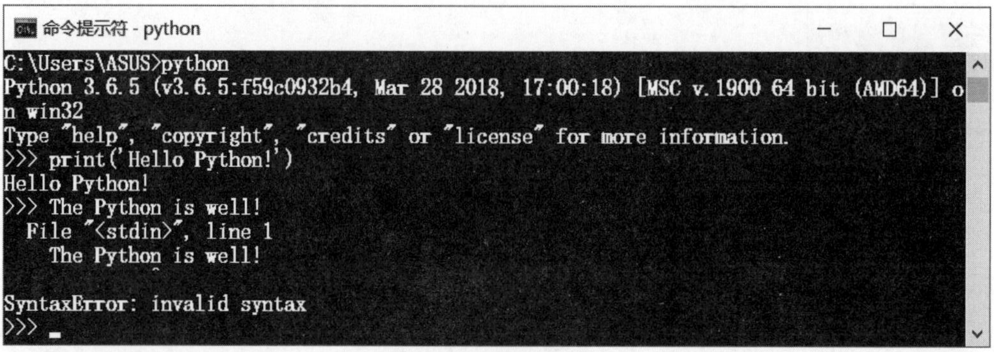

```
命令提示符 - python
C:\Users\ASUS>python
Python 3.6.5 (v3.6.5:f59c0932b4, Mar 28 2018, 17:00:18) [MSC v.1900 64 bit (AMD64)] o
n win32
Type "help", "copyright", "credits" or "license" for more information.
>>> print('Hello Python!')
Hello Python!
>>> The Python is well!
  File "<stdin>", line 1
    The Python is well!
             ^
SyntaxError: invalid syntax
>>>
```

图 1-3 错误显示

显然，解释器没有看懂，解释器还指出了问题在什么地方。

1.1 Python 初尝

交互式 Python 解释器可用作功能强大的计算器，如图 1-4 所示。

```
命令提示符 - python
    The Python is well!
             ^
SyntaxError: invalid syntax
>>>
>>> 2+3
5
>>> 5-4
1
>>> 4+6
10
>>> print(2+3)
5
>>>
```

图 1-4 计算演示

这个算法很常见，所有的常见算术运算符的工作原理都与我们所预期的一样。除法运算的结果为小数，即浮点数(float 或 floating-point number)。

```
>>> 1/2
0.5
>>> 1/1
1.0
>>>
```

如果想丢弃小数部分，即执行整除运算，可使用双斜杠。

```
>>> 1//2
0
>>> 1//1
1
>>> 5.0//2.3
2.0
>>>
```

Python 可以轻易地实现大数的运算，如：

```
>>> 1234567899422155550145 * 52314799511334
64586172141398826035698581932843430
>>>
```

至此，我们了解了基本的算术运算符（加法、减法、乘法和除法），下面再介绍一种与整除关系紧密的运算。

```
>>> 1 % 2
1
```

这是求余（求模）运算符。x%y 的结果为 x 除以 y 的余数。换言之，结果为执行整除时余下的部分，即 x%y 等价于 x－((x//y) * y)。

```
>>> 10//3
3
>>> 10 % 3
1
>>> 9//3
3
>>> 9 % 3
0
>>> 2.75 % 0.5
0.25
```

在此，10//3 为 3，因为结果向下圆整，而 3×3 为 9，因此余数为 1。将 9 除以 3 时，结果正好为 3，没有向下圆整，因此余数为 0。求余运算也可用于浮点数。这种运算符甚至可用于负数，但可能不那么好理解。

```
>>> 10 % 3
1
>>> 10 % - 3
 - 2
>>> - 10 % 3
2
>>> - 10 % - 3
 - 1
>>>
```

我们也许不能通过这些实例一眼看出求余运算的工作原理，但研究与之配套的整除运算可帮助理解。

```
>>> 10//3
```

```
3
>>> 10// - 3
- 4
>>> - 10//3
- 4
>>> - 10// - 3
3
>>>
```

基于除法运算的工作原理,很容易理解最终的余数是多少。对于整数运算,需要明白的一个重点是其向下圆整的结果。因此在结果为负数的情况下,圆整后将离0更远。这意味着对于−10//3,将向下圆整到−4,而不是向上圆整到−3。

此处要介绍的最后一个运算符是乘方(求幂)运算符。

```
>>> 3 ** 2
9
>>> - 3 ** 2
- 9
>>> ( - 3) ** 2
9
>>>
```

需要注意的是,乘方运算符的优先级比求负(单目减)高,因此−3 ** 2等价于−(3 ** 2)。如果要计算的是(−3) ** 2,则必须明确指出。

1.2 辅助工具

本书中的代码是在Geany进行下进行编辑与运行的,要下载Windows Geany安装程序,可访问httt://geany.org/,单击Download下的Releases,找到安装程序geany-1.25_setup.exe或类似的文件。下载安装程序后,运行它并接受所有的默认设置。

启动Geany,选择"文件"|"另存为"命令,将当前的空文件保存为hello_world.py,再在编辑窗口中输入代码

```
print("hello world!")
```

效果如图1-5所示。

现在选择"生成"|"设置生成"命令,将看到文字Compile和Execute,它们旁边都有一个命令。默认情况下,这两个命令都是python(全部小写),但Geany不知道这个命令位于系统的什么地方。需要添加启动终端会话时使用的路径。在编译命令和执行中,添加命令python所在的驱动器和文件夹。编译命令应类似于图1-6。

提示: 务必确定空格和字母大小写都与图1-6中显示的完全相同。正确地设置这些命令后,单击"确定"按钮,即可成功运行程序。

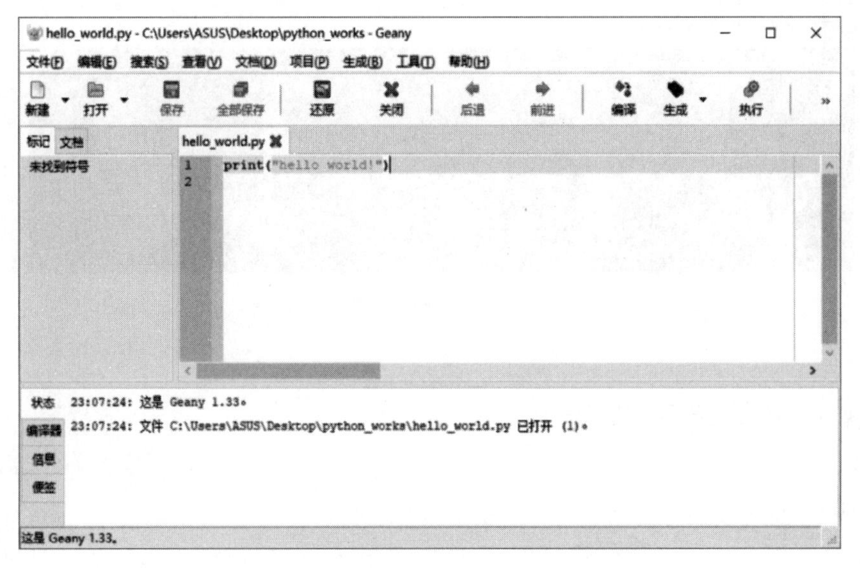

图 1-5 Windows 系统下的 Geany 编辑器

设置生成命令

#	标签	命令	工作目录	重置
Python命令				
1.	Compile	python -m py_compile "%f		
2.				
3.	Lint	pep8 --max-line-length=8		
	错误正则表达式:	(.+):([0-9]+):([0-9]+)		
文件类型无关命令				
1.	生成(M)	make		
2.	生成自定义目标...(T)	make		
3.	生成目标文件(O)	make %e.o		
4.				
	错误正则表达式:			
附注：第 2 项会打开一个对话框，并将输入的文本追加到命令中。				
执行命令				
1.	Execute	python "%f"		
2.				

命令和目录字段中的 %d、%e、%f、%p 和 %l 将被替代，详见手册。

取消(C) 确定(O)

图 1-6 编译命令效果

在 Geany 中运行程序的方式有 3 种。为运行程序 hello_world. py，可选择“生成”|Execute 命令，或者单击执行按钮或按 F5 键。运行 hello_world. py 时，将弹出一个终端窗口，效果如图 1-7 所示。

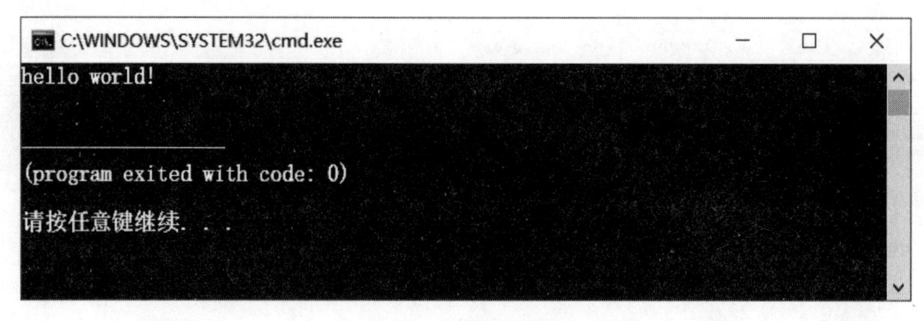

图 1-7 运行效果

1.3 使用第三方库

pip 是 Python 安装各种第三方库(package)的工具。

不太理解第三方库的读者,可以将库理解为供用户调用的代码组合。在安装某个库后,可以直接调用其中的功能,使得我们不用一行代码一行代码地实现某个功能。这就像在需要为计算机杀毒时会选择下载一个杀毒软件,而不是自己写一个杀毒软件一样,直接使用杀毒软件中的杀毒功能就可以了。这个比方中的杀毒软件就像是第三方库,杀毒功能就是第三方库可以实现的功能。

下面例子将介绍如何用 pip 安装第三方库 bs4,它可以使用其中的 BeautifulSoup 解析网页。

(1) 打开 cmd. exe,在 Windows 中为 cmd,在 Mac 中为 terminal。在 Windows 中,cmd 命令是提示符,输入一些命令后,cmd. exe 可以实现对系统的管理。单击"开始"按钮,在"搜索程序和文件"文本框中输入 cmd 后按回车键,系统会打开命令提示符窗口,如图 1-8 所示。在 Mac 中,可以直接在"应用程序"中打开 terminal 程序。

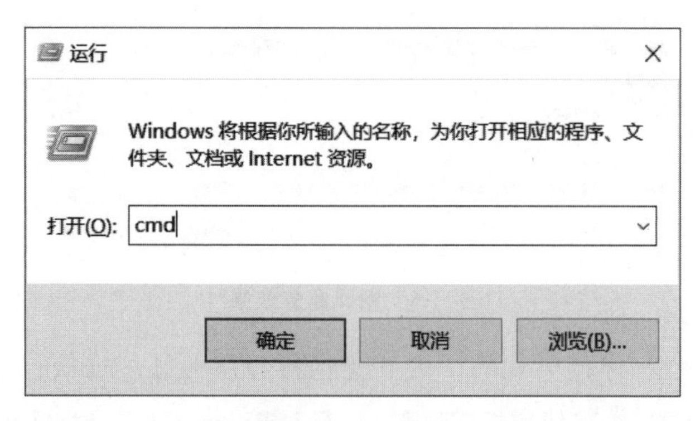

图 1-8 cmd 界面

(2) 安装 bs4 的 Python 库。在 cmd 中输入 pip install bs4 后按回车键,如果出现 Successfully installed...的提示,就表示安装成功,如图 1-9 所示。

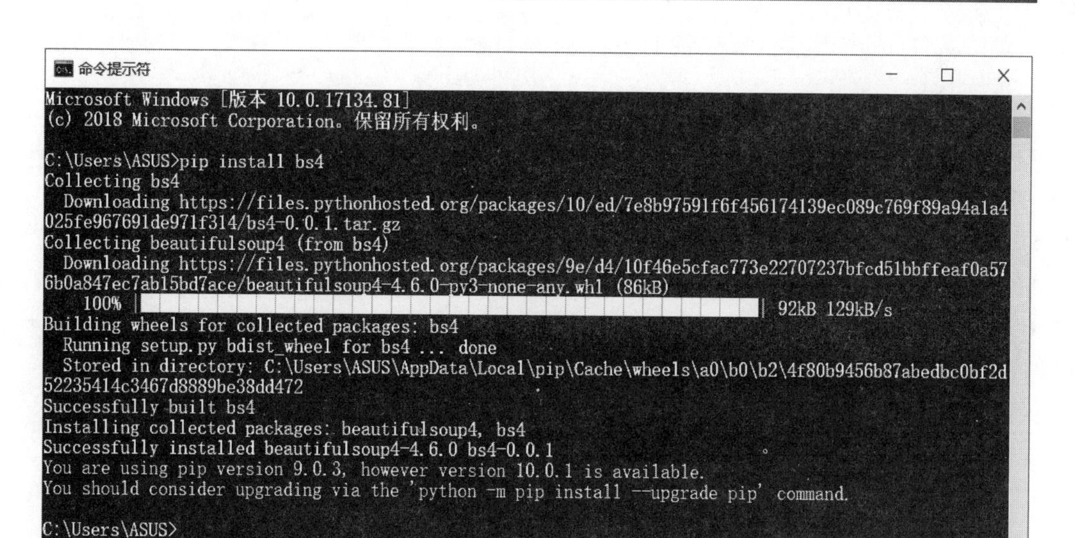

图 1-9　成功安装 bs4

除了 bs4 这个库，之后还会用到 requests 库、lxml 库等其他第三方库，一起帮助我们更好地使用 Python 实现机器学习。

1.4　缩进

缩进是 Python 的灵魂，缩进的严格要求使得 Python 的代码显得非常精简并且层次清晰。但是，在 Python 中对待代码的缩进要十分小心，因为如果没有正确地使用缩进，代码所做的事情可能和你的期望相差甚远（就像在 C 语言里括号的位置错误）。

如果在正确的位置输入冒号（:），解释器会在下一行自动进行缩进。

1.5　内置函数

接着来学习一个新的名词：BIF。

BIF 就是 Built-In Functions，内置函数的意思。什么是内置函数呢？为了方便程序员快速编写脚本程序（脚本就是要代码编写速度快），Python 提供了非常丰富的内置函数，直接调用即可，例如 print()是一个内置函数，它的功能是"打印到屏幕"，也就是说，把括号里的内容显示到屏幕上。input()也是一个 BIF，它的作用是接收用户输入并将其返回。Python 的变量是不需要事先声明的，直接给一个合法的名字赋值，这个变量就生成了。

help()这个 BIF 用于显示 BIF 的功能描述：

```
>>> help(print)
```

```
Help on built-in function print in module builtins:
print(...)
    print(value, ..., sep=' ', end='\n', file=sys.stdout, flush=False)
    Prints the values to a stream, or to sys.stdout by default.
    Optional keyword arguments:
    file:  a file-like object (stream); defaults to the current sys.stdout.
    sep:   string inserted between values, default a space.
    end:   string appended after the last value, default a newline.
    flush: whether to forcibly flush the stream.
>>>
```

前面使用了乘方运算符(**),实际上,可不使用这个运算符,而使用函数 pow。

```
>>> 3 ** 2
9
>>> pow(3,2)
9
>>>
```

函数犹如小型程序,可用来执行特定的操作。Python 提供了很多函数,可用来完成很多神奇的任务。实际上,也可以自己编写函数,因此我们通常将 pow 等标准函数称为内置函数。

像前面那样使用函数称为调用函数:你向它提供实参(这里是 3 和 2),而它返回一个值。鉴于函数调用返回一个值,因此它们也是表达式,就像前面讨论的算术表达式一样。实际上,可结合使用函数调用和运算符来编写更复杂的表达式。

```
>>> 10 + pow(3,2 * 5)/3.0
19693.0
>>>
```

有多个内置函数可用于编写数值表达式。例如,abs 计算绝对值,round 将浮点数圆整为与之最接近的整数。

```
>>> abs(-10)
10
>>> 2//3
0
>>> round(2/3)
1
>>>
```

请注意最后两个表达式的差别。整数总是向下圆整,而 round 圆整到最接近的整数,距离两个整数一样近时圆整到偶数。如果要将给定的数向下圆整,该如何做呢?例如,你知道某人的年龄为 33.7,并想将这个值向下圆整为 33,因为他还没有满 34 岁。Python 提供了完成这种任务的函数 floor,但我们不能直接使用它,因为像众多有用的函数一样,它也包含在模块中,下面对模块展开介绍。

1.6 模块

可将模块视为扩展，通过将其导入可以扩展 Python 功能。要导入模块，可使用特殊命令 import。前面提及的 floor 包含在模块 math 中。

```
>>> import math
>>> math.floor(33.7)
33
>>>
```

请注意其中的工作原理：使用 import 导入模块，再以 module.function 的方式使用模块中的函数。

注意：还有一些类似的函数，可用于转换类型，如 str 和 float。实际上，它们并不是函数，而是类。

模块 math 还包含其他几个很有用的函数。例如，ceil 与 floor 相反，返回大于或等于给定数的最小整数。

```
>>> math.ceil(33.4)
34
>>> math.ceil(33.)
33
>>>
```

如果确定不会从不同模块导入多个同名函数，你可能不想每次调用函数时都指定模块名。在这种情况下，可使用 import 命令的如下变种：

```
>>> from math import sqrt
>>> sqrt(4)
2.0
```

使用 import 命令的变种 from module import function，可在调用函数时不指定模块前缀。

提示：事实上，可使用变量来引用函数（以及其他大部分 Python 元素）。在执行赋值语句 foo=math.sqrt 后，就可以用 foo 来计算平方根。例如，foo(4)的结果为 2.0。

函数 sqrt 用于计算平方根。下面来看看向它提供一个负数的情况：

```
>>> from math import sqrt
>>> sqrt(-1)
Traceback (most recent call last):
  File "<stdin>", line 1, in <module>
ValueError: math domain error
>>>
```

如果坚持将值域限定为实数，并使用与其近似的浮点数实现，就无法计算负数的平方根。负数的平方根为虚数，而由实部和虚部组成的数为复数。Python 标准库提供了一个专门用于处理复数的模块。

```
>>> import cmath
>>> cmath.sqrt( - 1)
1j
```

注意：这里没有使用 from…import…的形式。如果使用了这种 import 命令，将无法使用常规函数 sqrt。类似这样的名称冲突很隐蔽，因此除非必须使用 from 版的 import 命令，否则应坚持使用常规版 import 命令。

1j 是一个虚数，虚数都以 j(或 J)结尾。复数算术运算都基于如下定义：−1 的平方根为 1j。这里不深入探讨这个主题，只举一个例子来结束对复数的讨论：

```
>>> (1 + 3j) * (9 + 4j)
( - 3 + 31j)
```

由这个示例可知，Python 本身提供了对复数的支持。

注意：Python 没有专门表示虚数的类型，而将虚数视为实部为零的复数。

1.6.1 数据结构

下面介绍数据结构。例如，我们已经有了一个 25.0 附近的分布，那么可以将其修改为 55.0 附近的分布：

```
import numpy as np
A = np.random.normal(55.0, 5.0, 10)
print (A)
```

运行程序，得到的值都在 55 附近，输出结果如下：

```
[54.93851426 53.05120152 50.92198949 57.83818008 55.49291807 59.96474624
 56.41597824 56.39895286 59.71224946 52.97626227]
```

对于数据结构，这里会多介绍一些。在第一个例子中，我们使用了一个列表，下面就介绍列表的用法。

1.6.2 使用列表

首先，通过下面的例子来使用列表：

```
>>> x = [1, 2, 3, 4, 5, 6]
>>> print (len(x))
6
```

这个例子中创建了一个列表 x，并为其赋予了 1～6 的数值。中括号表示这里使用的是 Python 列表。列表是可变对象，我们可以向里面随意地添加元素或重新排列元素。Python 中有一个可以确定列表长度的内置函数 len。如果输入 len(x)，就会返回数值 6，因为这个列表中有 6 个数值。

同样，为了确定这些代码确实可以运行，我们向列表中添加一个新的数值，比如4545。如果重新运行这段代码，那么结果就是7，因为现在列表中有7个数值：

```
>>> x = [1, 2, 3, 4, 5, 6, 4545]
>>> print (len(x))
```

上述代码的输出如下：

```
7
```

还可以对列表进行切片操作。如果想对列表取子集，那么语法非常简单，如下所示：

```
x[:3]
```

上述代码的输出如下：

```
[1, 2, 3]
```

1. 前冒号

如果想取出列表的前3个元素，即元素3前面的所有元素，可以使用":3"，即取出1、2和3。为什么会这样呢？因为和大多数语言一样，Python中的索引是从0开始的，所以元素0是1，元素1是2，元素2是3。因为我们需要的是元素3前面的所有元素，所以结果是这样的。

注意：*在大多数语言中，计数都是从0开始的，不是1。*

这有点令人迷惑，但在这个例子中，它的意义还是很直观的。你可以认为冒号的意义是所有元素，比如前3个元素。还可以将这个例子修改为取出前4个元素，以证明这段代码确实可以运行：

```
>>> x[:4]
```

上述代码的输出如下：

```
[1, 2, 3, 4]
```

2. 后冒号

如果将冒号放在3的后面，就能取出3后面的所有元素，即x[3:]可以返回4、5和6。

```
>>> x[3:]
[4, 5, 6]
```

可以保留这个Python文件。这是个很好的参考，因为有时候会搞不清分片操作符是否包括某个元素，这时最好的方法就是做一些测试。

3. 反向语法

还可以使用反向语法：

```
>>> x[-2:]
```

输出如下：

```
[6, 4545]
```

x[－2:]表示取出列表中的后两个元素，这意味着从列表最后向前数两个元素，即 6 和 4545，因为它们就是列表中的最后两个元素。

4. 向列表中加入列表

你还可以修改列表。假设想向列表中加入另一个列表，可以使用 extend 函数来完成这个操作，如下所示：

```
>>> x.extend([7,8])
>>> x
```

上述代码的输出如下：

```
[1, 2, 3, 4, 5, 6, 4545, 7, 8]
```

原列表中的元素是 1，2，3，4，5，6，4545。假设用新列表[7，8]来扩展这个列表，其中方括号表示这是一个新的列表。这里直接写出了列表，其实也可以隐式地使用一个变量来引用一个列表。可以看到，一旦扩展完成，列表[7，8]就被追加到原列表的最后。使用列表来扩展列表会得到一个新列表。

5. append 函数

如果只想向列表中加入一个元素，则可以使用 append 函数。如果想向列表中加入数值 9，可以这样做：

```
>>> x.append(9)
>>> x
```

上述代码的输出如下：

```
[1, 2, 3, 4, 5, 6, 4545, 7, 8, 9]
```

6. 复杂的数据结构

使用列表还可以实现比较复杂的数据结构。我们不但可以在列表中包括数值，还可以在列表中包括字符串，甚至包括其他列表。Python 是一种弱类型语言，只要我们愿意，就可以在列表中包括任意类型的数据。以下代码完全没有问题：

```
>>> y = [10, 11, 12]
>>> listOfLists = [x, y]
>>> listOfLists
```

上面的例子创建了另一个列表 y，其中包含 10，11，12。我们又创建了一个包含两个列表的列表。列表 listofLists 中包含列表 x 和列表 y，这是完全可以的。可以看到，一个中括号用来表示列表 listofLists，其中还有另外两个中括号，表示作为列表元素的列表：

```
[[1, 2, 3, 4, 5, 6, 4545, 7, 8, 9], [10, 11, 12]]
```

有时候这种数据结构是非常方便的。

7. 引用单个元素

如果想引用列表中的单个元素，可以这样使用中括号：

```
>>> y[1]
```

上述代码的输出如下：

```
11
```

y[1]会返回元素 1。请注意 y 中包含 10，11，12。从上面的例子可知，索引是从 0 开始的，所以元素 1 实际上是列表的第二个元素，即数值 11。

8. 排序函数

下面来看一下内置的排序函数：

```
>>> z = [3, 2, 1]
>>> z.sort()
>>> z
```

如果使用列表元素是 3，2，1 的列表 z，那么对这个列表进行排序后，结果如下：

```
[1, 2, 3]
```

9. 反向排序

在 Python 中，利用 sort 可以实现排序，也可以实现反向排序，如：

```
>>> z.sort(reverse = True)
>>> z
```

上述代码的输出如下：

```
[3, 2, 1]
```

由代码和结果可看出，可以在 sort 函数中设置参数 reverse = True，这样就可以对 3，2，1 进行反向排序了。

1.6.3　元组

元组和列表最大的区别就是可以任意修改列表中的元素，可以任意插入或删除一个元素，而对元组是不行的，元组是不可改变的（与字符串一样）。

元组和列表，除了不可改变这个显著特征之外，还有一个明显的区别是，创建列表用的是中括号，而创建元组大部分时候用的是小括号（注意，这里是说大部分）。

```
>>> t = (1,2,3,4,5,6,7,8)
>>> t
(1, 2, 3, 4, 5, 6, 7, 8)
```

访问元组的方式与列表无异：

```
>>> t[1]
```

```
2
>>> t[5:]
(6, 7, 8)
>>> t[:5]
(1, 2, 3, 4, 5)
```

也可使用分片的方式来复制一个元组：

```
>>> t2 = t[:]
>>> t2
(1, 2, 3, 4, 5, 6, 7, 8)
```

如果试图修改元组的一个元素，那么会出错：

```
>>> t[1] = 1
Traceback (most recent call last):
  File "<stdin>", line 1, in <module>
TypeError: 'tuple' object does not support item assignment
```

值得注意的是，列表的标志性符号是中括号“[]”，元组的标志性符号是逗号“,”，小括号只起到补充的作用。如果想创建一个空元组，那么直接使用小括号即可：

```
>>> tp = ()
>>> type(tp)
<class 'tuple'>
```

所以这里要注意的是，如果要创建的元组中只有一个元素，那么一定要在它后边加上一个逗号“,”，这样可以明确告诉 Python 我们要的是一个元组。

```
>>> t1 = (1)
>>> type(t1)
<class 'int'>
>>> t2 = (1,)
>>> type(t2)
<class 'tuple'>
>>> t3 = 1,
>>> type(t3)
<class 'tuple'>
```

可以通过复制的方式更新元组，如：

```
>>> t = ("red","yellow","black")
>>> t = t[:2] + ("white",) + t[2:]
>>> t
('red', 'yellow', 'white', 'black')
>>>
```

上面的代码需要在'yellow'和'black'中间插入'yellow'，那么通过分片的方法让元组拆分为两部分，然后再使用连接操作符“+”合并成一个新元组，最后将原来的变量名 t 指向连接好的新元组。在这里就要注意了，逗号是必需的，小括号也是必需的。

也可以利用刚才的方法删除元组的一个元素：

```
>>> t = t[:2] + t[3:]
>>> t
('red', 'yellow', 'black')
```

如果要删除整个元组，那么使用 del 语句即可显式地删除一个元组：

```
>>> t
>>> t
Traceback (most recent call last):
  File "< stdin >", line 1, in < module >
NameError: name 't' is not defined
```

其实在日常使用中，很少使用 del 去删除整个元组，因为 Python 的回收机制会在这个元组不再被使用到的时候自动删除。

1.6.4　字典

当需要将一系列值组合成数据结构并通过编号来访问各个值时，列表很有用。字典的名称指出了这种数据结构的用途。在很多情况下，使用字典都比使用列表更合适。下面是 Python 字典的一些用途：

- 表示棋盘的状态，其中每个键都是由坐标组成的元组；
- 存储文件修改时间，其中的键为文件名；
- 数字电话/地址簿。

字典以类似于下面的方式表示：

```
phonebook = {'':'2454','Beth':'8012','Cecil':'3456'}
```

字典由键及其相应的值组成，这种键-值对称为项(item)。每个键与其值之间都用冒号“:”分隔，项之间用逗号分隔，而整个字典放在大括号内。空字典(没有任何项)用两个大括号表示，类似于“:{}”。

可使用函数 dict 从其他映射(如其他字典)或键-值对序列创建字典。

```
>>> items = [('name','Gumby'),('age',35)]
>>> d = dict(items)
>>> d
{'name': 'Gumby', 'age': 35}
>>> d['name']
'Gumby'
```

还可以使用关键字实参来调用这个函数，如下所示：

```
>>> d = dict(name = 'Gumby',age = 35)
>>> d
{'name': 'Gumby', 'age': 35}
```

尽管这可能是函数 dict 最常见的用法，但也可使用一个映射实参来调用它，这将创建一个字典，其中包含指定映射中的所有项。如果该映射也是字典，可不使用函数 dict，而是使用字典方法 copy，下面具体介绍。

1. 字典方法

与其他内置类型一样，字典也有方法。字典的方法很有用，但其使用频率可能没有列表那样高，下面介绍一些常用的方法。

1) clear

clear 方法删除所有的字典项，这种操作是就地执行的，因此什么都不返回（或者说返回 None）。

```
>>> d = {}
>>> d['name'] = 'Gumby'
>>> d['age'] = 35
>>> d
{'name': 'Gumby', 'age': 35}
>>> value = d.clear()
>>> d
{}
>>> print(value)
None
```

这为何很有用呢？下面来看两个场景。

场景一：

```
>>> x = {}
>>> y = x
>>> x['key'] = 'value'
>>> y
{'key': 'value'}
>>> x = {}
>>> x
{}
>>> y
{'key': 'value'}
```

场景二：

```
>>> x = {}
>>> y = x
>>> x['key'] = 'value'
>>> y
{'key': 'value'}
>>> x.clear()
>>> y
{}
```

在这两个场景中，x 和 y 最初都指向同一个字典。在第一个场景中，通过将一个空字典赋给 x 来“清空”它。这对 y 没有任何影响，它依然指向原来的字典。这种行为可能正是我们想要的，但要删除原来字典的所有元素，必须使用 clear。如果这样做，y 也将是空的，如第二个场景所示。

2）copy

copy 方法返回一个新字典，其包含的键-值对与原来的字典相同（这个方法执行的是浅复制，因为值本身是原件，而非副本）。

```
>>> x = {'username':'admin','machines':['foo','bar','baz']}
>>> y = x.copy()
>>> y['username'] = 'mlh'
>>> y['machines'].remove('bar')
>>> y
{'username': 'mlh', 'machines': ['foo', 'baz']}
>>> x
{'username': 'admin', 'machines': ['foo', 'baz']}
```

由以上结果可见，当替换副本中的值时，原件不受影响。然而，如果修改副本中的值（就地修改而不是替换），原件也将发生变化，因为原件指向的也是被修改的值。

为避免这种问题，一种办法是执行深复制，即同时复制值及其包含的所有值等。为此，可使用 copy 模块中的 deepcopy 函数。

```
>>> from copy import deepcopy
>>> d = {}
>>> d['names'] = ['Alfred','Bertrand']
>>> c = d.copy()
>>> dc = deepcopy(d)
>>> d['names'].append('Clive')
>>> c
{'names': ['Alfred', 'Bertrand', 'Clive']}
>>> dc
{'names': ['Alfred', 'Bertrand']}
```

3）fromkeys

fromkeys 方法创建一个新字典，其中包含指定的键，且每个键对应的值都是 None。

```
>>> {}.fromkeys(['name','age'])
{'name': None, 'age': None}
```

如果不想使用默认值 None，也可提供特定的值。

```
>>> dict.fromkeys(['name','age'],'(unknown)')
{'name': '(unknown)', 'age': '(unknown)'}
```

4）get

get 方法为访问字典项提供了宽松的环境。通常，如果试图访问字典中没有的项，那么将引发错误。

```
>>> d = {}
>>> print(d['name'])
Traceback (most recent call last):
  File "<stdin>", line 1, in <module>
```

```
KeyError: 'name'
```

而使用 get 方法不会这样。

```
>>> print(d.get('name'))
None
```

可以看到,使用 get 方法访问不存在的键时,没有引发异常,而是返回 None。可指定“默认”值,这样将返回指定的值而不是 None。

```
>>> d.get('name','N/A')
'N/A'
```

如果字典包含指定的键,那么 get 的作用将与普通字典查找相同。

```
>>> d['name'] = 'Eric'
>>> d.get('name')
'Eric'
```

5) items

items 方法返回一个包含所有字典项的列表,其中每个元素都为(key,value)的形式。字典项在列表中的排列顺序不确定。

```
>>> d = {'title':'Python Web Site','url':'http://www.python.org','spam':0}
>>> d.items()
dict_items([('title', 'Python Web Site'), ('url', 'http://www.python.org'), ('spam', 0)])
```

返回值属于一种名为字典视图的特殊类型。字典视图可用于迭代。另外,还可确定其长度以及对其执行成员资格检查。

```
>>> it = d.items()
>>> len(it)
3
>>> ('span',0) in it
False
```

视图的一个优点是不复制,它们始终是底层字典的反映,即使你修改了底层字典亦如此。

```
>>> d['spam'] = 1
>>> ('span',0) in it
False
>>> d['spam'] = 0
>>> ('span',0) in it
True
```

6) keys

keys 方法返回一个字典视图,其中包含指定字典中的键。

7) pop

方法 pop 可用于获取与指定键相关联的值,并将该键-值对从字典中删除。

```
>>> d = {'x':2,'y':3}
>>> d.pop('x')
2
>>> d
{'y': 3}
```

8）popitem

popitem方法随机地弹出一个字典项，因为字典项的顺序是不确定的，没有“最后一个元素”的概念。如果要以高效的方式逐个删除并处理所有字典项，那么这可能很有用，因为这样无须先获取键列表。

```
>>> d = {'url':'http://www.python.org','spam':0,'title':'Python Web Site'}
>>> d.popitem()
('title', 'Python Web Site')
>>> d
{'url': 'http://www.python.org', 'spam': 0}
```

9）setdefault

setdefault方法类似于get方法，它也获取与指定键相关联的值，但除此之外，setdefault方法还在字典不包含指定的键时，在字典中添加指定的键-值对。

```
>>> d = {}
>>> d.setdefault('name','N/A')
'N/A'
>>> d
{'name': 'N/A'}
>>> d['name'] = 'Gumby'
>>> d.setdefault('name','N/A')
'Gumby'
>>> d
{'name': 'Gumby'}
```

如我们所见，当指定的键不存在时，setdefault返回指定的值并相应地更新字典。如果指定的键存在，就返回其值，并保持字典不变。与get方法一样，值是可选的；如果没有指定，则默认为None。

```
>>> d = {}
>>> print(d.setdefault('name'))
None
>>> d
{'name': None}
```

10）update

upadate方法使用一个字典中的项来更新另一个字典。

```
>>> d = {
... 'title':'Python Web Site',
... 'url':'http://www.python.org',
... 'changed':'Mar 14 22:09:15 MET 2016'
```

```
... }
>>> x = {'title':'Python Language Website'}
>>> d.update(x)
>>> d
{'title': 'Python Language Website', 'url': 'http://www.python.org', 'changed': 'Mar 14 22:09:15
MET 2016'}
```

对于通过参数提供的字典,将其项添加到当前字典中。如果当前字典包含键相同的项,就替换它。

11) values

values 方法返回一个由字典中的值组成的字典视图。不同于 keys 方法,values 方法返回的视图可能包含重复的值。

```
>>> d = {}
>>> d[1] = 1
>>> d[2] = 2
>>> d[3] = 3
>>> d[4] = 4
>>> d.values()
dict_values([1, 2, 3, 4])
```

1.7 Python 中的函数

下面介绍 Python 中的函数。和其他语言一样,可以使用带有不同参数的函数来多次重复一组操作。在 Python 中,函数的语法如下:

```
def SquareIt(x):
    return x * x
print(SquareIt(2))
```

上述代码的输出如下:

```
4
```

可以使用关键字 def 来声明一个函数,它表示一个函数定义,函数的名称是 SquareIt,后面的括号中是参数列表,这个函数只有一个参数 x。再次强调,在 Python 中空白是非常重要的。函数体不是用大括号或其他符号括起来的,而是通过空白来表示的。使用冒号表示函数声明行结束,一个或多个制表符的缩进则告诉解释器,缩进的代码就是 SquareIt 函数的内容。

所以,这个函数会返回 x 的平方,可以测试一下。这个函数称为 print SquareIt(2)。和其他语言一样,这行代码会返回 4。运行这行代码,结果也确实如此。这就是函数,非常简单。显然,如果愿意,可以使用任意多的参数。

下面使用 Python 中的函数做一些事情。可以将函数名作为参数,如下所示:

```
#可以将函数作为参数传递
```

```
def DoSomething(f, x):
    return f(x)
print(DoSomething(SquareIt, 3))
```

上述代码的输出如下：

```
9
```

函数的名称为 DoSomething，它有两个参数，分别为 f 和 x。可以将函数作为其中一个参数的值。DoSomething(f, x)会返回 f(x)，即以 x 作为参数的函数 f 的值。因为 Python 中没有强类型检查，所以可以为第一个参数传递一个函数名称。

如果调用 DoSomething，并将函数名 SquareIt 传递给第一个参数，将 3 传递给第二个参数，那么实际上就是使用参数 3 来调用函数 SquareIt，即 SquareIt(3)，最后会返回 9。

1. lambda 函数

相比于其他语言，Python 中特有的一个概念是 lambda 函数，这是一种函数式编程。你可以在函数中再包括一个简单的函数。来看一个例子：

```
#lambda 函数可以让你直接在代码中定义简单的函数
print(DoSomething(lambda x: x * x * x, 3))
```

上述代码的输出如下：

```
27
```

下面再次调用 DoSomething 函数，它的第一个参数是一个函数，所以除了传递给它一个函数名称外，还可以使用 lambda 关键字在代码行内定义这个函数。lambda 的含义就是定义一个临时的未命名函数，这个函数有一个参数 x。这里的语法是，lambda 定义了一个行内函数，后面是其参数列表。这个函数有一个参数 x，冒号后面是函数的具体内容，它将参数 x 自身相乘 3 次，返回 x 的三次方。

在这个例子中，DoSomething 将 lambda 函数传递给第一个参数，它计算 x 的三次方，并将 3 传递给第二个参数。那么这次函数调用的功能是什么呢？lambda 函数被传递给 DoSomething 的第一个参数 f，3 被传递给 x，所以会返回参数为 3 的 lambda 函数值。lambda 函数会将 3 相乘 3 次，返回 27。

2. 理解布尔表达式

布尔表达式的语法有点奇怪，至少在 Python 中是这样的：

```
print(1 == 3)
```

上述代码的输出如下：

```
False
```

通常使用两个等号来测试两个值是否相等。因为 1 不等于 3，所以结果为 False。False 表示测试结果为假。请记住，当进行布尔测试时，True 表示结果为真，False 表示结果为假。

这和我们使用过的其他语言不太一样，所以要注意一下。

```
print(True or False)
```

上述代码的输出如下：

```
True
```

True or False 的结果是 True，因为其中有一个 True。可以运行一下这行代码，结果肯定是 True。

```
if 语句
print(1 is 3)
```

上述代码的输出如下：

```
False
```

还可以使用 is，它和等号的作用是一样的，却是一种更加 Python 化的表示。1 == 3 和 1 is 3 是等价的，只是后者更具 Python 风格。因为 1 不等于 3，所以 1 is 3 的值是 False。

if-else 循环

```
if 1 is 3:
    prin(t "How did that happen?")
elif 1 > 3:
    print("Yikes")
else:
    print("All is well with the world")
```

上述代码的输出如下：

```
All is well with the world
```

上面的例子中使用了 if-else 和 else-if 代码块，这样可以使程序更复杂一些。如果 1 is 3，就打印出"How did that happen?"。当然，1 不是 3，所以进入 else-if 代码块，继续测试是否 1>3。同样，这个条件也为假。如果这个条件为真，就打印出 Yikes。最后进入 else 子句，打印出 All is well with the world。

实际上，1 不是 3，1 也不大于 3，所以肯定会打印出 All is well with the world。其他语言也有类似的语法，但是 Python 中的语法更强大。

1.8 循环

与其他编程语言一样，Python 中也有几种循环语句，下面介绍。

1. while 循环

Python 的 while 循环是在条件为真的情况下，执行一段代码，只要条件为真，while 循环会一直重复执行那段代码，把这段代码称为循环体。

```
while 条件:
    循环体
```

例如：

```
x = 0
while (x < 10):
    print(x),
    x += 1
```

运行程序，输出如下：

```
0
1
2
3
4
5
6
7
8
9
```

从 x = 0 开始，只要 x < 10，就打印出 x，并将 x 增加 1。这个过程不断重复，不断增加 x，直到 x 不再小于 10，就结束循环。这个例子和前面的第一个例子功能相同，只是实现的方式不同，它使用 while 循环打印出了 0～9 的数值。

2. for 循环语句

Python 的计算器循环，也就是 for 循环。虽然说 Python 是使用 C 语言开发的，但是它的 for 循环跟 C 语言的 for 循环不太一样，Python 的 for 循环显得更为智能和强大。这主要表现在它会自动调用迭代器 next()方法，会自动捕获 StopIteration 异常并结束循环。

```
favourite = "Python"
for each in favourite:
 print(each,end = '')
```

运行程序，输出如下：

```
Python
```

3. range 函数

for 循环其实还有一个小伙伴：range()内建函数。其语法为：

```
range([start,] stop[,step = 1])
```

这个内置函数有 3 个参数，其中用中括号括起来的两个表示这两个参数是可选的。step=1 表示第三个参数的默认值是 1。

range 这个内置函数的作用是生成一个从 start 参数指定的值开始，到 stop 参数指定的值结束的数字序列。常与 for 循环一起出现在各种计数循环场景下。

只传递一个参数的 range()，例如 range(5)，它会将第一个参数默认设置为 0，生成 0～5 的所有数字(注：包含 0 但不包含 5)。

```
for i in range(5):
 print(i)
```

运行程序，输出如下：

```
0
1
2
3
4
```

传递两个参数的 range()：

```
for i in range(2,9):
 print(i)
```

运行程序，输出如下：

```
2
3
4
5
6
7
8
```

传递 3 个参数的 range()：

```
for i in range(1,10,2):
 print(i)
```

运行程序，输出如下：

```
1
3
5
7
9
```

4. break 语句

Python 和 break 语句的作用，就像在 C 语言中，打破了 for 或 while 循环的封闭。break 语句用来终止循环语句，即循环条件没有 False 条件或者序列还没被完全递归完，也会停止执行循环语句。break 语句用在 while 和 for 循环中。

```
#break 语句在 while 循环中的应用
a = 1
while a:
```

```
    print(a)
    a = a + 1
    if a == 10:
        break

#break 语句在 for 循环中
for i in range(5,10):
    print(i)
    if i > 7:
        break

#break 语句在双层循环中
a = 10
while a <= 12:
    a = a + 1
    for i in range(1,7):
        print(i)
        if i == 5:
            break
```

5. continue 语句

continue 语句的作用是终止本轮循环并开始下一轮循环(这里需要注意的是,在开始下一轮循环之前,会先测试循环条件)。

```
for letter in 'Python':                    #第一个实例
   if letter == 'h':
      continue
   print('当前字母 :', letter)

var = 10                                   #第二个实例
while var > 0:
   var = var - 1
   if var == 5:
      continue
   print('当前变量值 :', var)
```

运行程序,输出如下:

```
当前字母 : P
当前字母 : y
当前字母 : t
当前字母 : o
当前字母 : n
当前变量值 : 9
当前变量值 : 8
当前变量值 : 7
当前变量值 : 6
当前变量值 : 4
当前变量值 : 3
```

```
当前变量值 : 2
当前变量值 : 1
当前变量值 : 0
```

1.9 基因表达

本节将完成一项基因表达分析，以演示 NumPy 和 Scipy 解决实际生物学问题的强大能力。我们将使用建立在 NumPy 之上的 pandas 库来读取和整理数据文件，然后在 NumPy 数组中高效地处理数据。

根据分子生物学中心法则，运行一个细胞（有机体同样如此）所需的所有信息都存储在一个称为脱氧核糖核酸（deoxyribonucleic acid）的分子中，又称 DNA。这种分子有一个重复性骨架，上面顺次分布着一种称为碱基（base）的化学成分（见图 1-10）。碱基有四种类型，缩写分别是 A、C、G 和 T，它们构成了保存生物信息的基本结构。

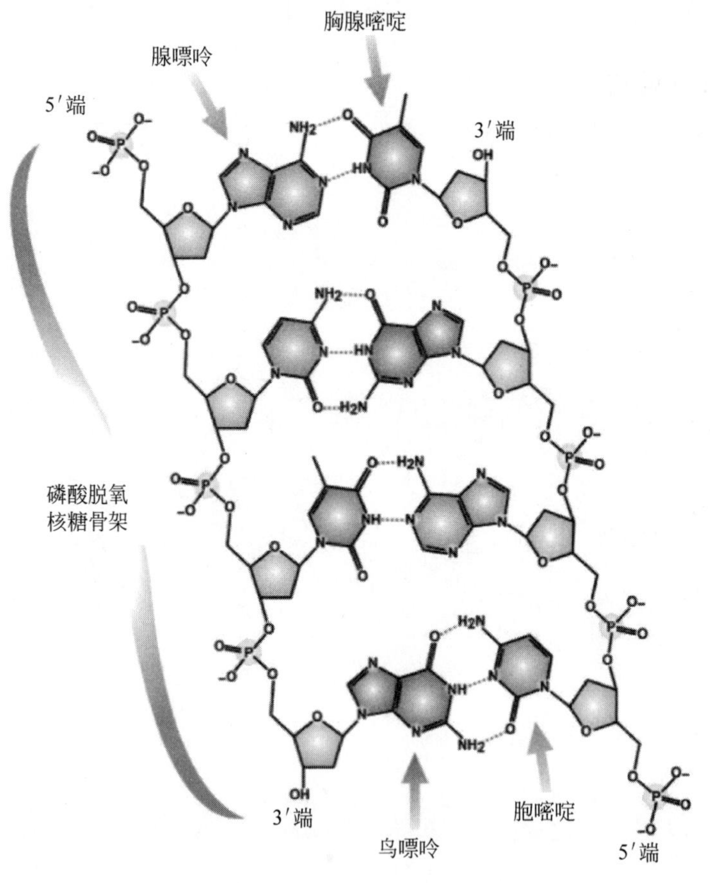

图 1-10 DNA 的化学结构（图作者为 Madeleine Price Ball）

为获取这种信息，DNA 被转录为一种姐妹分子，称为信使核糖核酸（messenger RiboNucleic Acid，mRNA）。最后，这种 mRNA 被翻译为蛋白质，它是构成细胞的主要物质（见图 1-11）。编码信息（经由 mRNA）以制造蛋白质的 DNA 片段称为基因。

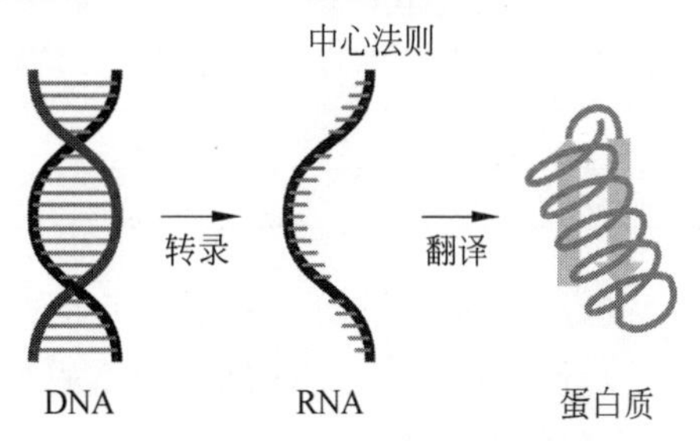

图 1-11　分子生物学中心法则

由某种基因生成的 mRNA 数量称为这种基因的表达。尽管理想的做法是测量蛋白质的表达水平，但这比测量 mRNA 要困难得多。好在 mRNA 的表达水平通常与相应的蛋白质表达水平是相关的。因此，通常测量 mRNA 的表达水平并在此基础上进行分析。正如后面将看到的，这一般没什么问题，因为使用 mRNA 水平的目的是预测生物学结果，而不是对蛋白质进行明确的说明。

需要注意的是，人体内所有细胞的 DNA 是完全相同的。因此，细胞间的差异来自从 DNA 转录为 RNA 时的差异性表达：在不同的细胞中，DNA 的不同部分会加工处理成下游分子（见图 1-12）。类似地，可以看到，差异性表达可以区分出不同类型的癌症。

当前最先进的 mRNA 测量技术称为 RNA 测序（RNAseq）。先从一个组织样本（如患者的活体组织检查样本）中提取出 RNA，通过反转录将其转换为（更加稳定的）DNA，然后读取出那些在组装 DNA 序列时能发出荧光的经过化学修饰的碱基。目前，高通量测序仪器只能读取很短的片段（通常在 100 个碱基左右），这种 DNA 短序列就称为 read（读序）。我们要测量数百万个 read，然后根据它们的顺序计算出来自每个基因的 read 数量（见图 1-13）。下面直接使用这些计数数据开始分析。

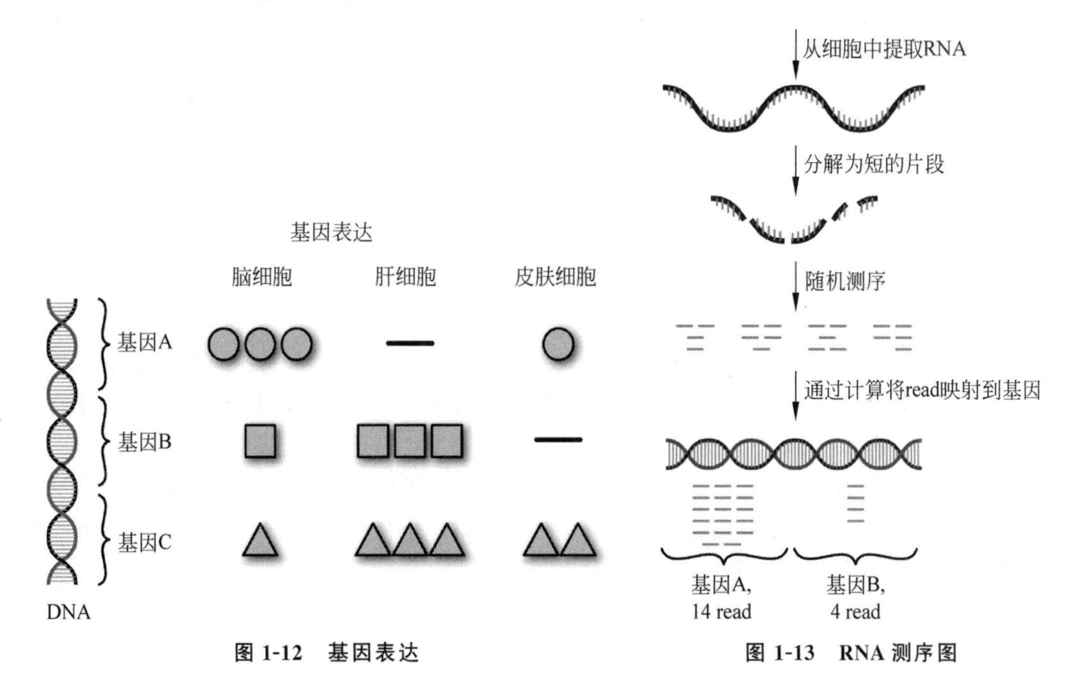

图 1-12　基因表达

图 1-13　RNA 测序图

表1-1展示了基因表达计算数据的一个极小样本。

表1-1　基因表达计数数据

基　　因	细胞类型A	细胞类型B
基因0	100	200
基因1	50	0
基因2	350	100

这份数据是一张计数表格，其中的整数表示在每种细胞类型中对每种基因观察到的read数量。可以看到不同细胞类型的每种基因在计数上的差别，可以用这样的信息来找出两种细胞间的差别。

在Python中表示这种数据的一种方法是使用列表的列表。

```
gene0 = [100, 200]
gene1 = [50, 0]
gene2 = [350, 100]
expression_data = [gene0, gene1, gene2]
```

在以上代码中，每种基因在不同细胞类型上的表达被保存在一个Python整数列表中。然后将这些列表保存在另一个列表中。可以用两级列表索引提取出单个数据点。

```
expression_data[2][0]
350
```

鉴于Python解释器的工作方式，这样保存数据点是效率非常低的一种方法。首先，Python列表都是对象的列表，因此上面的gene2列表不是整数列表，而是一个指向整数的指针列表，这会带来不必要的开销。其次，这种方式意味着将列表和整数随机地保存在计算机RAM中完全不同的区域。但是现代处理器更喜欢按块读取内存中的内容，因此，将数据分散保存在RAM中是非常低效的。

这正是NumPy数组要解决的问题。

1.10　NumPy的*N*维数组

NumPy的一种主要数据类型是*N*维数组（ndarray，简称数组）。*N*维数组是Scipy中很多高级数据处理技术的基础。本节将详细介绍向量化和广播技术，利用它们可以写出强大而又优雅的代码来处理数据。

首先研究一下*N*维数组。这些数组必须是同质的，即数组中的所有项都必须是同一类型。在上面的示例中，我们需要保存整数。之所以称为*N*维数组，是因为它可以有任意数量的维度。一维数组基本上等价于Python列表。

```
import numpy as np
array1d = np.array([1, 2, 3, 4])
print(array1d)
```

```
print(type(array1d))
```

运行程序，输出如下：

```
[1 2 3 4]
<class 'numpy.ndarray'>
```

数组具有特殊的属性和方法，在数组名称后面加一个点后就可以使用这些属性和方法了。例如，可以使用以下代码得到数组的形状。

```
print(array1d.shape)
(4,)
```

结果是只有一个数值的元组。或许你想知道：为什么不像对待列表那样使用 len 方法？这里确实可以使用 len，但它不能扩展到二维数组。

【例 1-1】 表 1-1 中数据的表示方法。

```
import numpy as np
gene0 = [100, 200]
gene1 = [50, 0]
gene2 = [350, 100]
expression_data = [gene0, gene1, gene2]
array2d = np.array(expression_data)
print(array2d)
print(array2d.shape)
print(type(array2d))
```

运行程序，输出如下：

```
[[100 200]
 [ 50 0]
 [350 100]]
(3, 2)
<class 'numpy.ndarray'>
```

由上可见，shape 属性扩展了 len，以表示出数组中多个维度上的数据大小，如图 1-14 所示。

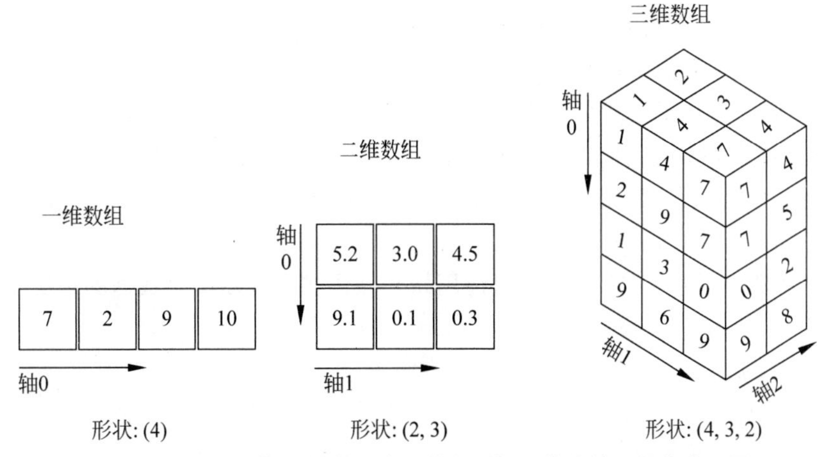

图 1-14　NumPy 的 N 维数组在一维、二维、三维上的可视化表示图

数组还有其他属性，比如表示维度数量的 ndim。

```
print(array2d.ndim)
2
```

用 NumPy 完成自己的数据分析任务后，就会逐渐熟悉这些属性和方法。

NumPy 数组可以表示具有更多维度的数据，比如核磁共振成像（Magnetic Resonance Imaging，MRI）数据，其中包括对三维立体数据的测量。如果想要保留随时间变化的 MRI 数据，那么就需要四维 NumPy 数组。

1.10.1 *N* 维数组代替 Python 列表

数组的速度非常快，因为它支持向量化操作。向量化操作由低级语言 C 编写而成，可以作用于整个数组。如果你有一个列表，而且想将列表中的每个元素都乘以 5，那么标准的 Python 实现方式就是编写一个循环语句，在列表的元素之间迭代，将每个元素都乘以 5。然而，如果数据是用数组表示的，那么可以一次性将数组中的所有元素都乘以 5。高度优化的 NumPy 库会在后台尽快完成这些迭代。

```
import numpy as np
#创建一个取值范围为 0～1 000 000(不含)的 N 维整数数组
array = np.arange(1e6)
#将数组转换成列表
list_array = array.tolist()
```

用 Python 中的 timeit 函数将数组中所有值乘以 5。先看看数据在列表中的情况。

```
%timeit -n10 y = [val * 5 for val in list_array]
10 loops, average of 7: 102 ms +- 8.77 ms per loop (using standard deviation)
```

然后使用 NumPy 中内置的向量化操作。

```
%timeit -n10 x = array * 5
10 loops, average of 7: 1.28 ms +- 206 µs per loop (using standard deviation)
```

可以看到，后来的速度比前者快了 50 多倍，而且代码更简洁。

数组还比列表具有更高的存储效率。在 Python 中，列表中的每个元素都是一个对象，并进行了适当的内存分配。相比之下，数组中的每个元素只占用必要的内存。例如，在一个 64 位的整数数组中，每个元素占用的空间就是 64 位；除此之外，数组还有一些微不足道的额外开销，用于存储元数据，比如前面讨论过的 shape 属性。这种存储方式占用的空间通常远远小于 Python 列表中的对象所占用的空间。

此外，当用数组进行计算时，还可以使用切片操作在不复制基础数据的情况下取数组的子集。

```
#创建一个 N 维数组 x
x = np.array([1, 2, 3], np.int32)
print(x)
```

```
[1 2 3]
#创建 x 的一个"切片"
y = x[:2]
print(y)
[1 2]
#将 y 的第一个元素设置为 6
y[0] = 6
print(y)
[6 2]
```

注意：尽管我们编辑了 y，但 x 也被修改了，因为 y 和 x 引用的是同一数据。

```
#现在 x 中的第一个元素变成 6 了
print(x)
[6 2 3]
```

这意味着进行数组引用操作时一定要小心。如果想在处理数据的同时不改变初始数据，就应该复制数据。

```
y = np.copy(x[:2])
```

1.10.2 向量化

前面讨论过数组操作的速度。NumPy 用来提高数组操作速度的一个诀窍就是向量化。向量化无须使用 for 循环就可以对数组中的每个元素进行计算。除了能提高数组操作的速度，它还可以使代码更自然易读。下面来看几个示例。

```
import numpy as np
x = np.array([1, 2, 3, 4])
print(x * 2)
```

运行程序，输出如下：

```
[2 4 6 8]
```

这里 x 数组中有 4 个值，我们隐式地将 x 中的每个元素都乘以单一值 2。

```
import numpy as np
x = np.array([1, 2, 3, 4])
y = np.array([0, 1, 2, 1])
print(x + y)
```

运行程序，输出如下：

```
[1 3 5 5]
```

将 x 中的每个元素与 y 中的对应元素相加，y 是与 x 形状相同的数组。

这两个操作简单、直观地说明了什么是向量化。NumPy 使得向量化的速度非常快，比手动迭代数组要快得多。

1.10.3 广播

广播是在两个数组间执行隐式操作的一种方法，它是 N 维数组中最强大却经常被误解的功能之一。广播允许你在形状兼容的两个数组间执行操作，它可以创建出比任何一个初始数组都大的数组。

【例 1-2】 通过恰当地重塑两个向量，计算出它们的外积。

```
import numpy as np
x = np.array([1, 2, 3, 4])
x = np.reshape(x, (len(x), 1))
print(x)
[[1]
 [2]
 [3]
 [4]]
y = np.array([0, 1, 2, 1])
y = np.reshape(y, (1, len(y)))
print(y)
[[0 1 2 1]]
```

对于以上两个数组的维度，如果有其中一个维度等于 1，或者两个维度彼此匹配，那么就可以说这两个数组的形状是兼容的。我们总是从最后一个维度开始比较，并逐步向前推进。如果一个数组的维度数量比另一个多，则忽略多余的维度。例如，(3, 5, 1)和(5, 8)是可以匹配的。

检查如下两个数组的形状：

```
print(x.shape)
print(y.shape)
```

输出如下：

```
(4, 1)
```

两个数组都有两个维度，而且内侧维度都等于 1，因此这两个数组的形状是兼容的。

```
outer = x * y
print(outer)
```

输出如下：

```
[[0 1 2 1]
 [0 2 4 2]
 [0 3 6 3]
 [0 4 8 4]]
```

外侧维度可以告诉我们结果数组的大小。在这个实例中，可以得到一个形状为(4, 4)的数组。

```
print(outer.shape)
```

输出如下：

```
(4, 4)
```

可以检查一下，对于所有的(i, j)，都有 outer[i, j]=x[i] * y[j]。这种操作是根据 NumPy 的广播法则完成的，它隐式地扩展了一个数组中长度为 1 的维度，以匹配另一个数组中相应的维度。

1.11 标准化

真实世界中的数据包含了各种各样的测量方法，在使用它们进行任意类型的分析前，对其进行检查，以确定是否需要标准化，是非常重要的。例如，使用数字温度计进行测量与使用水银温度计并由人读数之间有系统性的差别。因此，做样本比较时经常要做一定的数据整理工作，以使所有测量结果都具有同样的尺度。

下面介绍几种常用的数据标准化。

1. [0,1]标准化

[0,1]标准化是最基本的一种数据标准化方法，指的是将数据压缩为 0～1。标准化公式为：

$$x = \frac{x - \min(x)}{\max(x) - \min(x)}$$

其实现代码为：

```
def MaxMinNormalization(x, min, max):
    """[0,1]标准化"""
    x = (x - min) / (max - min)
    return x
```

或者

```
def MaxMinNormalization(x):
    """[0,1] 标准化"""
    x = (x - np.min(x)) / (np.max(x) - np.min(x))
    return x
```

2. Z-score 标准化

Z-score 标准化是基于数据均值和方差的标准化方法。标准化后的数据是均值为 0、方差为 1 的正态分布。这种方法要求原始数据的分布可以近似为高斯分布，否则效果会很差。标准化公式为：

$$x = \frac{x - \text{mean}}{\text{std}}$$

下面看看为什么经过这种标准化方法处理后的数据为是均值为 0、方差为 1。

$$E(X')=E\left(\frac{X-E(X)}{\sqrt{D(X)}}\right)=\frac{1}{\sqrt{D(X)}}E(X-E(X))=0$$

$$D(x')=D\left(\frac{X-E(X)}{\sqrt{D(X)}}\right)=\frac{1}{D(X)}D(X-E(X))=\frac{D(X)}{D(X)}=1$$

其实现代码为：

```
def ZscoreNormalization(x, mean_, std_):
    """Z - scores 标准化"""
    x = (x - mean_) / std_
    return x
```

或者

```
def ZscoreNormalization(x):
    """Z - score 标准化"""
    x = (x - np.mean(x)) / np.std(x)
    return x
```

【例 1-3】 Python 数据的标准化。

```
def datastandard():
  from sklearn import preprocessing
  import numpy as np
  x = np.array([
    [ 1., -1., 2.],
    [ 2., 0., 0.],
    [ 0., 1., -1.]])
  print('原始数据为: \n',x)
  print('method1:指定均值方差数据标准化(默认均值 0 方差 1):')
  print('使用 scale()函数按列标准化')
  x_scaled = preprocessing.scale(x)
  print('标准化后矩阵为:\n',x_scaled,end = '\n\n')
  print('cur mean:', x_scaled.mean(axis = 0), 'cur std:', x_scaled.std(axis = 0))
  print('使用 scale()函数按行标准化')
  x_scaled = preprocessing.scale(x,axis = 1)
  print('标准化后矩阵为:\n',x_scaled,end = '\n')
  print('cur mean:', x_scaled.mean(axis = 1), 'cur std:', x_scaled.std(axis = 1))
  print('\nmethod2:StandardScaler 类,可以保存训练集中的参数')
  scaler = preprocessing.StandardScaler().fit(x)
  print('标准化前均值方差为:',scaler.mean_,scaler.scale_)
  print('标准化后矩阵为:\n',scaler.transform(x),end = '\n\n')
  print('*** 2.数据归一化,映射到区间[min,max]: ')
  min_max_scaler = preprocessing.MinMaxScaler(feature_range = (0,10))
  print(min_max_scaler.fit_transform(x))
if __name__ == '__main__':
  datastandard()
```

运行程序，输出如下：

```
原始数据为:
```

```
[[ 1.  -1.   2.]
 [ 2.   0.   0.]
 [ 0.   1.  -1.]]
method1:指定均值方差数据标准化(默认均值 0 方差 1):
使用 scale()函数按列标准化
标准化后矩阵为:
 [[ 0.          -1.22474487   1.33630621]
 [ 1.22474487   0.          -0.26726124]
 [-1.22474487   1.22474487  -1.06904497]]
cur mean: [0. 0. 0.] cur std: [1. 1. 1.]
使用 scale()函数按行标准化
标准化后矩阵为:
 [[ 0.26726124 -1.33630621   1.06904497]
 [ 1.41421356  -0.70710678  -0.70710678]
 [ 0.           1.22474487  -1.22474487]]
cur mean: [1.48029737e-16 7.40148683e-17 0.00000000e+00] cur std: [1. 1. 1.]
method2:StandardScaler 类,可以保存训练集中的参数
标准化前均值方差为: [1.          0.          0.33333333] [0.81649658 0.81649658 1.24721913]
标准化后矩阵为:
 [[ 0.          -1.22474487   1.33630621]
 [ 1.22474487   0.          -0.26726124]
 [-1.22474487  1.22474487  -1.06904497]]
 *** 2.数据归一化,映射到区间[min,max]:
[[ 5.          0.          10.        ]
 [10.          5.           3.33333333]
 [ 0.          10.          0.        ]]
```

1.12 习题

1. 在 Geany 中运行程序有多种方式,分别是什么?

2. 利用 pip 安装第三方库的方法是什么? 例如安装 requests 库。

3. 什么是 DNA?

4. 利用命令行方式和文本编辑方式,对列表进行排序 list=[0,-4,5,100,4,-9,3,-12,7],并反向输出。

5. 使用元组输入一个数字,将其转换成中文数字。

第 2 章

CHAPTER 2

模型评估与概率统计

2.1 经验误差与过拟合

通常将分类错误的样本数占样本总数的比例称为“错误率”(error rate)，即如果在 m 个样本中有 a 个样本分类错误，即错误率 $E=a/m$；相应地，$1-a/m$ 称为“精度”(accuracy)，即“精度=1－错误率”。更一般地，我们把学习器的实际预测输出与样本的真实输出之间的差异称为“误差”(error)，学习器在训练集上的误差称为“训练误差”(training error)或“经验误差”(empirical error)，在新样本上的误差称为“泛化误差”(generalization error)。显然，我们希望得到泛化误差小的学习器。然而，我们事先并不知道新样本是什么样的，实际能做的是努力使经验误差最小。

在很多情况下，我们可以学得一个经验误差很小、在训练集上表现很好的学习器，例如，甚至对所有训练样本都分类正确，即分类错误率为零，分类精度为 100%，但这是不是我们想要的学习器呢？遗憾的是，这样的学习器在多数情况下表现都不好。

我们实际希望的，是在新样本上能表现得很好的学习器。为了达到这个目的，应该从训练样本中尽可能学出适用于所有潜在样本的“普遍规律”，这样才能在遇到新样本时做出正确的判别。然而，当学习器把训练样本学得“太好”了的时候，很可能已经把训练样本自身的一些特点当作了所有潜在样本都会具有的一般性质，这样就会导致泛化性能下降，这种现象在机器学习中称为“过拟合”(overfitting)。与“过拟合”相对的是“欠拟合”(underfitting)，这是指对训练样本的一般性质尚未学好。

有多种因素可能导致过拟合，其中最常见的情况是由学习能力过于强大，以至于把训练样本所包含的不太一般的特性都学到了，而欠拟合则通常是由于学习能力低下而造成的。欠拟合比较容易克服，例如，在决策树学习中扩展分支、在神经网络学习中增加训练轮数等，而过拟合的处理则很麻烦。过拟合是机器学习面临的关键障碍，各类学习算法都必然带有一些针对过拟合的措施；然而必须认识到，过拟合是无法彻底避免的，我们所能做的只是“缓解”，或者说减小其风险。关于这一点，可大致这样理解：机器学习面临的问题通常是

NP 难甚至更难，而有效的学习算法必然是在多项式时间内运行完成，如果可彻底避免过拟合，则通过经验误差最小化就能获得最优解，这就意味着我们构造性地证明了“P=NP”；因此，只要相信“P≠NP”，过拟合就不可避免。

【例 2-1】 由学习曲线(Learning Curve)来检视过拟合的问题。

```
from sklearn.learning_curve import learning_curve          #学习曲线模块
from sklearn.datasets import load_digits                   #digits 数据集
from sklearn.svm import SVC                                #Support Vector Classifier
import matplotlib.pyplot as plt                            #可视化模块
import numpy as np
""加载 digits 数据集,其包含的是手写体的数字,从 0 到 9。数据集总共有 1797 个样本,每个样本由
64 个特征组成,分别为其手写体对应的 8×8 像素表示,每个特征取值 0～16。"""
digits = load_digits()
X = digits.data
y = digits.target
"""观察样本由小到大的学习曲线变化,采用 K 折交叉验证 cv = 10,选择平均方差检视模型效能
scoring = 'mean_squared_error',样本由小到大分成 5 轮检视学习曲线(10%, 25%, 50%,
75%, 100%):"""
train_sizes, train_loss, test_loss = learning_curve(
    SVC(gamma = 0.001), X, y, cv = 10, scoring = 'mean_squared_error',
    train_sizes = [0.1, 0.25, 0.5, 0.75, 1])
#平均每一轮所得到的平均方差(共 5 轮,分别为样本 10%、25%、50%、75%、100%)
train_loss_mean = - np.mean(train_loss, axis = 1)
test_loss_mean = - np.mean(test_loss, axis = 1)
#可视化图形
plt.plot(train_sizes, train_loss_mean, 'o - ', color = "r",
            label = "Training")
plt.plot(train_sizes, test_loss_mean, 'o - ', color = "g",
           label = "Cross - validation")
plt.xlabel("Training examples")
plt.ylabel("Loss")
plt.legend(loc = "best")
plt.show()
```

运行程序，效果如图 2-1 所示。

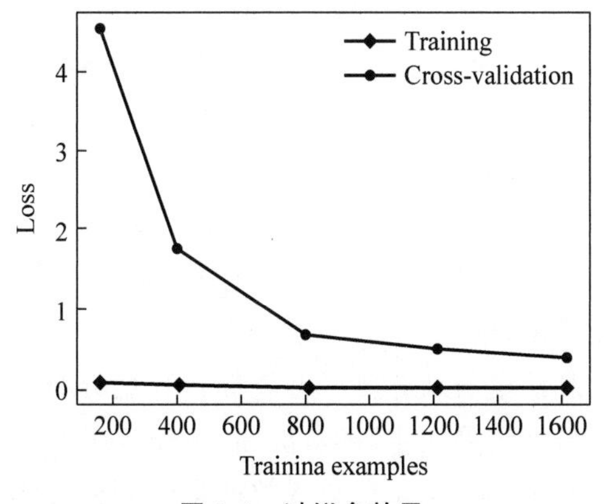

图 2-1　过拟合效果

在现实任务中，我们往往有多种学习算法可供选择，甚至对同一个学习算法，当使用不同的参数配置时，也会产生不同的模型。那么，我们该选用哪一个学习算法、使用哪一种参数配置呢？这就是机器学习中的“模型选择”(model selection)问题。理想的解决方案当然是对候选模型的泛化误差进行评估，然后选择泛化误差最小的那个模型。然而正如上面所讨论的，我们无法直接获得泛化误差，而训练误差又由于过拟合现象的存在而不适合作为标准，那么，在现实中如何进行模型评估与选择呢？下面进行介绍。

2.2 评估方法

通常可通过实验测试来对学习器的泛化误差进行评估并进而做出选择。为此，需使用一个“测试集”(testing set)来测试学习器对新样本的判别能力，然后以测试集上的“测试误差”(testing error)作为泛化误差的近似。通常我们假设测试样本也是从样本真实分布中独立同分布采样而得。但需要注意的是，测试集应该尽可能与训练集互斥，即测试样本尽量不在训练集中出现，且未在训练过程中使用过。

测试样本为什么要尽可能不出现在训练集中呢？为理解这一点，不妨考虑这样一个场景：老师出了10道习题供同学们练习，考试时老师又用这10道题作为试题，这个考虑成绩能否有效地反映出同学们学得好不好呢？答案是否定的，可能有的同学只会做这10道题却能得高分。回到我们的问题上来，我们希望得到的泛化性能强的模型，好比是希望同学们对课程学习得很好、获得了对所学知识“举一反三”的能力；训练样本相当于给同学们练习的习题，测试过程则相当于考虑。显然，如果测试样本被用作训练了，则得到的将是过于“乐观”的估计结果。

可是，我们只有一个包含 m 个样例的数据集 $D=\{(x_1,y_1),(x_2,y_2),\cdots,(x_m,y_m)\}$，既要训练，又要测试，怎样才能做到呢？答案是：通过对 D 进行适当的处理，从中产生出训练集 S 和测试集 T。下面介绍几种常见的做法。

2.2.1 留出法

“留出法”(hold-out)是直接将数据集 D 划分为两个互斥的集合，其中一个集合作为训练集 S，另一个作为测试集 T，即 $D=S\cup T$，$S\cap T=\varnothing$。在 S 上训练出模型后，用 T 来评估其测试误差，作为对泛化误差的估计。

以二分类任务为例，假定 D 包含1000个样本，将其划分为 S 包含700个样本，T 包含300个样本，用 S 进行训练后，如果模型在 T 上有90个样本分类错误，那么其错误率为(90/300)100%=30%，相应地，精度为1−30%=70%。

值得注意的是，训练/测试集的划分要尽可能保持数据分布的一致性，避免因数据划分过程引入额外的偏差而对最终结果产生影响，例如，在分类任务中至少要保持样本的类别比例相似。如果从采样(sampling)的角度来看待数据集的划分过程，则保留类别比例的采样方式通常称为“分层采样”(stratified sampling)。例如,通过对 D 进行分层采样而获得70%样本的训练集 S 和含30%样本的测试集 T,如果 D 包含500个正例、500个负例,则分层采样得到的 S 应包含350个正例、350个负例,而 T 则包含150个正例和150个负例;如果 S、T 中样本类别比例差别很大,则误差估计将由于训练/测试数据分布的差异而产生偏差。

另一个需要注意的问题是,即便在给定训练/测试集的样本比例后,仍存在多种划分方式对初始数据集 D 进行分割。例如,在上面的例子中,可以把 D 中的样本排序,然后把前350个正例放到训练集中,也可以把最后350个正例放到训练集中……这些不同的划分将导致不同的训练/测试集,相应地,模型评估的结果也会有差别。因此,单次使用留出法得到的估计结果往往不够稳定可靠,在使用留出法时,一般采用若干次随机划分、重复进行实验评估后取平均值作为留出法的评估结果。例如,进行100次随机划分,每次产生一个训练/测试集用于实验评估,100次后就得到100个结果,而留出法返回的则这100个结果的平均。

此外,我们希望评估的是用 D 训练出的模型的性能,但留出法需要划分训练/测试集,这会导致一个窘境:如果令训练集 S 包含绝大多数样本,则训练出的模型可能更接近于用 D 训练出的模型,但由于 T 多包含一些样本,因此训练集 S 与 D 差别更大了,被评估的模型与用 D 训练出的模型相比可能有较大差别,从而降低了评估结果的保真性(fidelity)。这个问题没有完美的解决方案,常见做法是将大约2/3～4/5的样本用于训练,剩余样本用于测试。

2.2.2　交叉验证法

“交叉验证法”(cross validation)先将数据集 D 划分为 k 个大小相似的互斥子集,即 $D=D_1\cup D_2\cup\cdots\cup D_k$,$D_i\cap D_j=\varnothing(i\neq j)$。每个子集 D_i 都尽可能保持数据分布的一致性,即从 D 中通过分层采样得到。然后,每次用 $k-1$ 个子集的并集作为训练集,余下的那个子集作为测试集;这样就可以获得 k 组训练/测试集,从而可进行 k 次训练和测试,最终返回的是 k 个测试结果的均值。显然,交叉验证法评估结果的稳定性和保真性在很大程度上取决于 k 的取值,为强调这一点,通常把交叉验证法称为“k 折交叉验证”(k-fold cross validation),k 最常用的取值是10,此时称为10折交叉验证;其他常用的 k 值有5、20等。图2-2给出了10折交叉验证的示意图。

与留出法相似,将数据集 D 划分为 k 个子集同样存在多种划分方式。为减小因样本划分不同而引入的差别,k 折交叉验证通常要随机使用不同的划分重复 p 次,最终的评估结果是这 p 次 k 折交叉验证结果的均值,例如,常见的有“10次10折交叉验证”。

假定数据集 D 中包含 m 个样本,如果令 $k=m$,则得到了交叉验证法的一个特例:留一法(Leave-One-Out,LOO)。显然,留一法不受随机样本划分方式的影响,因为 m 个样本只有唯一的方式划分为 m 个子集——每个子集包含一个样本;留一法使用的训练集与初始数据集相比只少了一个样本,这就使得在绝大多数情况下,留一法中被实际评估的模型与期望

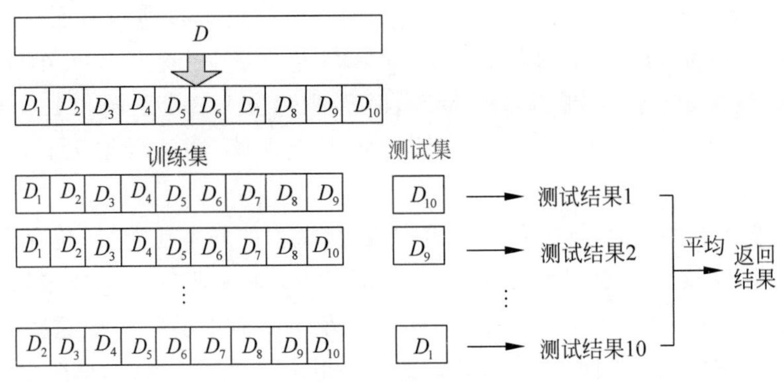

图 2-2 10 折交叉验证图

评估的用 D 训练出的模型很相似，因此，留一法的评估结果往往被认为比较准确。然而，留一法也有其缺陷：在数据集比较大时，训练 m 个模型的计算开销可能是难以忍受的(例如，数据集包含 100 万个样本，则需训练 100 万个模型)，而这还是在未考虑算法调参的情况下。另外，留一法的估计结果也未必永远比其他评估方法准确。

【例 2-2】 scikit-learn 交叉验证。

```
#首先加载数据
>>> import numpy as np
>>> from sklearn import cross_validation
>>> from sklearn import datasets
>>> from sklearn import svm
>>> iris = datasets.load_iris()
>>> iris.data.shape, iris.target.shape
((150, 4), (150,))
```

由上面的代码可知，数据集特征和类标签分别为 iris. data 和 iris. target，接着进行交叉验证：

```
>>> X_train, X_test, y_train, y_test = cross_validation.train_test_split(iris.data, iris.
target, test_size = 0.4, random_state = 0)
>>> X_train.shape, y_train.shape
((90, 4), (90,))
>>> X_test.shape, y_test.shape
((60, 4), (60,))
>>> clf = svm.SVC(kernel = 'linear', C = 1).fit(X_train, y_train)
>>> clf.score(X_test, y_test)
0.9666666666666667
```

上面的 clf 是分类器，可以自己替换，比如可以使用 RandomForest：

```
clf = RandomForestClassifier(n_estimators = 400)
```

一个比较有用的函数是 train_test_split。其功能是从样本中随机的按比例选取 train data 和 test data。形式为：

```
X_train, X_test, y_train, y_test = cross_validation.train_test_split(train_data,train_
target, test_size=0.4, random_state=0)
```

test_size 是样本占比，如果是整数，则是样本的数量。random_state 是随机数的种子。

2.2.3　自助法

我们希望评估的是用 D 训练出的模型，但在留出法和交叉验证法中，由于保留了一部分样本用于测试，因此实际评估的模型所使用的训练集比 D 小，这必然会引入一些因训练样本规模不同而导致的估计偏差。留一法受训练样本规模变化的影响较小，但计算复杂度又太高了。有什么办法可以减少训练样本规模不同造成的影响，同时还能比较高效地进行实验估计呢？

"自助法"(bootsrapping)是一个比较好的解决方案，它直接以自助采样法(bootstrap sampling)为基础。给定包含 m 个样本的数据集 D，我们对它进行采样产生数据集 D'：每次随机从 D 中挑选一个样本，复制并放入 D'，然后再将该样本放回初始数据集 D 中，使得该样本在下次采样时仍有可能被采到；这个过程重复执行 m 次后，就得到了包含 m 个样本的数据集 D'，这就是自助采样的结果。显然，D 中有一部分样本会在 D' 中多次出现，而另一部分样本不出现。可以做一个简单的估计，样本在 m 次采样中始终不被采到的概率是 $\left(1-\frac{1}{m}\right)^m$，取极限得到

$$\lim_{m\to\infty}\left(1-\frac{1}{m}\right)^m=\frac{1}{\mathrm{e}}\approx 0.368$$

即通过自助采样，初始数据集 D 中约有 36.8% 的样本未出现在采样数据集 D' 中。于是可将 D' 用作训练集，$D\backslash D'$("\"作为集合减法)用作测试集；这样，实际评估的模型与期望评估的模型都使用 m 个训练样本，而我们仍有数据总量约 1/3 的、没在训练集中出现的样本用于测试。这样的测试结果亦称为"包外估计"(out-of-bag-estimate)。

自助法在数据集较小、难以有效划分训练/测试集时很有用；此外，自助法能从初始数据集中产生多个不同的训练集，这对集成学习等方法有很大的好处。然而，自助法产生的数据集改变了初始数据集的分布，这会引入估计偏差。因此，在初始数据量足够多时，留出法和交叉验证法更常用。

2.2.4　调参与最终模型

大多数学习算法都有些参数(parameter)需要设定，参数配置不同，学得模型的性能往往有显著差别。因此，在进行模型评估与选择时，除了要对适用学习算法进行选择，还需对算法参数进行设定，这就是通常所说的"参数调节"或简称"调参"(parameter tuning)。

调参和算法选择没有本质区别：对每种参数配置都训练出模型，然后把对应最好模型的参数作为结果。这样的考虑基本是正确的，但有一点需注意：学习算法的很多参数是在实数范围内取值，因此，对每种参数配置都训练出模型是不可行的。现实中常用的做法，是

对每个参数选定一个范围和变化步长,例如,在[0,0.2]范围内以0.05为步长,则实际要评估的候选参数值有5个,最终是从这5个候选值中产生选定值。显然,这样选定的参数值往往不是"最佳"值,但这是在计算开销和性能估计之间进行折中的结果,通过这个折中,学习过程才变得可行。事实上,即使在进行这样的折中后,调参往往仍很困难。可以简单估算一下:假定算法有3个参数,每个参数仅仅考虑5个候选值,这样有不少参数需设定,这将导致极大的调参工程量,以至于在不少应用任务中,参数调得好不好往往对最终模型性能有关键性影响。

给定包含 m 个样本的数据集 D,在模型评估与选择过程中由于需要留出一部分数据进行评估测试,事实上我们只使用了一部分数据训练模型。因此,在模型选择完成后,学习算法和参数配置已选定,此时应该用数据集 D 重新训练模型。这个模型在训练过程中使用了所有 m 个样本,这才是我们最终提交给用户的模型。

另外,需注意的是,我们通常把学得模型在实际使用中遇到的数据称为测试数据,为了加以区分,模型评估与选择中用于评估测试的数据集常称为"验证集"(validation set)。例如,在研究对比不同算法的泛化性能时,用测试集上的判别效果来估计模型在实际使用时的泛化能力,而把训练数据另外划分为训练集和验证集,基于验证集上的性能来进行模型选择和调参。

2.3 性能度量

对学习器的泛化性能进行评估,不仅需要有效可行的实验估计方法,还需要有衡量模型泛化能力的评价标准,这就是性能度量(performance measure)。性能度量反映了任务需求,在对比不同模型的能力时,使用不同的性能度量往往会导致不同的评判结果;这意味着模型的"好坏"是相对的,什么样的模型是好的,不仅取决于算法和数据,还决定于任务需求。

在预测任务中,给定样例集 $D=\{(x_1,y_1),(x_2,y_2),\cdots,(x_m,y_m)\}$,其中 y_i 是示例 x_i 的真实标记。要评估学习器 f 的性能,就要把学习器预测结果 $f(x)$ 与真实标记 y 进行比较。

回归任务最常用的性能度量是"均方误差"(mean squared error)

$$E(f;D)=\frac{1}{m}\sum_{i=1}^{m}(f(x_i)-y_i)^2$$

更一般地,对于数据分布 D 和概率密度函数 $p(\cdot)$,均方误差可描述为:

$$E(f;D)=\int_{x\sim D}(f(x)-y)^2p(x)\mathrm{d}x$$

2.3.1 错误率和精度

错误率和精度是分类任务中最常用的两种性能度量,既适用二分类任务,也适用于多分类任务。错误率是分类错误的样本数占样本总数的比例,精度则是分类正确的样本占样本

总数的比例。对样例集 D,分类错误率定义为:

$$E(f;D)=\frac{1}{m}\sum_{i=1}^{m}\mathbb{I}(f(x_i)\neq y_i)$$

精度定义为:

$$\text{ace}(f;D)=\frac{1}{m}\sum_{i=1}^{m}\mathbb{I}(f(x_i)=y_i)=1-E(f;D)$$

更一般地,对于数据分布 D 和概率密度函数 $p(\cdot)$,错误率与精度可分别描述为:

$$E(f;D)=\int_{x\sim D}\mathbb{I}(f(x)\neq y)p(x)\mathrm{d}x$$

$$\text{ace}(f;D)=\int_{x\sim D}\mathbb{I}(f(x)=y)p(x)\mathrm{d}x=1-E(f;D)$$

2.3.2 查准率与查全率

错误率和精度虽常用,但并不能满足所有任务需求。以西瓜问题为例,假定瓜农拉来一车西瓜,我们用训练好的模型对这车西瓜进行判别,显然,错误率衡量了有多少比例的瓜被判别错误。但是如果我们关心的是“挑出来的西瓜中有多少比例是好瓜”,或者“所有好瓜中有多少比例被挑了出来”,那么错误率显然就不够用了,这时需要使用其他的性能度量。

类似的需求在信息检索、Web 搜索等应用中经常出现。例如,在信息检索中,我们经常会关心“检索出来的信息中有多少比例是用户感兴趣的”“用户感兴趣的信息中有多少被检索出来了”。“查准率”(precision)与“查全率”(recall)是更为适用于此类需求的性能度量。

对于二分类问题,可将样例根据其真实类别与学习器预测类别的组合划分为真正例(true positive)、假正例(false positive)、真负例(true negative)、假负例(false negative)4 种情形,令 TP、FP、TN、FN 分别表示其对应的样例数,则显然有 FP+FP+TN+FN=样例总数。分类结果的“混淆矩阵”(confusion matrix)如表 2-1 所示。

表 2-1 分类结果混淆矩阵

真实情况	预测结果	
	正例	负例
正例	TP(真正例)	FN(假负例)
负例	FP(假正例)	TN(真负例)

查准率 P 与查全率 R 分别定义为:

$$P=\frac{\text{TP}}{\text{TP}+\text{FP}}$$

$$R=\frac{\text{TP}}{\text{TP}+\text{FN}}$$

查准率和查全率是一对矛盾的度量。一般来说,查准率高时,查全率往往偏低;而查全率高时,查准率往往偏低。例如,如果希望好瓜尽可能地多选出来,则可通过增加选瓜的数量来实现,如果将所有西瓜都选上,那么所有的好瓜也必然都被选上了,但这样查准率就会较低;如果希望选出的瓜中好瓜比例尽可能高,则可只挑选最有把握的瓜,但这样就难免会漏掉不少好瓜,使得查全率较低。通常只有在一些简单任务中,才可能使查全率和查准率都很高。

在很多情形下,可根据学习器的预测结果对样例进行排序,排在前面的学习器认为"最可能"是正例的样本,排在最后的则是学习器认为"最不可能"是正例的样本。按此顺序逐个把样本作为正例进行预测,则每次可以计算出当前的查全率、查准率。以查准率为纵轴、查全率为横轴作图,就得到了查准率-查全率曲线,简称"P-R 曲线",显示该曲线的图称为"P-R 图",如图 2-3 所示。

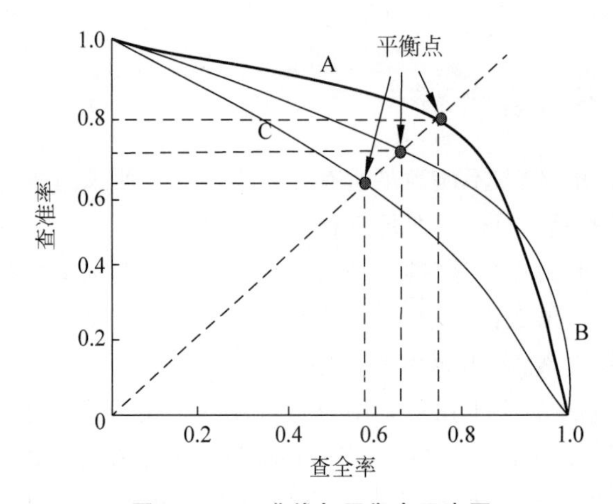

图 2-3　P-R 曲线与平衡点示意图

P-R 图直观地显示出学习器在样本总体上的查全率、查准率。在进行比较时,如果一个学习器 P-R 曲线被另一个学习器的曲线完全"包住",则可断言后者的性能优于前者,例如,图 2-3 中学习器 A 的性能优于学习器 C;如果两个学习器的 P-R 曲线发生了交叉,例如图 2-3 中的 A 与 B,则难以一般性地断言两者孰优孰劣,只能在具体的查准率或查全率条件下进行比较。然而,在很多情形下,人们往往仍希望把学习器 A 与 B 比出个高低。这时一个比较合理的判据是比较 P-R 曲线下面积的大小,它在一定程度上表征了学习器在查准率和查全率上取得相对"双高"的比例。但这个值不太容易估算,因此,人们设计了一些综合考虑查准率、查全率的性能度量。

"平衡点"(Break-Even Point,BEP)就是这样一个度量,它是"查准率=查全率"时的取值,例如图 2-3 中学习器 C 的 BEP 是 0.64,而基于 BEP 的比较,可认为学习器 A 优于 B。

但 BEP 过于简化了,更常用的是 F_1 度量:

$$F_1=\frac{2\times P\times R}{P+R}=\frac{2\times \mathrm{TP}}{\text{样例总数}+\mathrm{TP}-\mathrm{TN}}$$

在一些应用中,对查准率和查全率的重视程度有所不同。例如,在商品推荐系统中,为了尽可能少打扰用户,更希望推荐内容确是用户感兴趣的,此时查准率更重要;而在逃犯信息检索系统中，更希望尽可能少漏掉逃犯，此时查全率更重要。F_1 度量的一般形式——F_β，能表达出对查准率/查全率的不同偏好，它定义为：

$$F_\beta = \frac{(1+\beta^2) \times P \times R}{(\beta^2 \times P) + R}$$

其中，$\beta>0$ 度量了查全率对查准率的相对重要性。$\beta=1$ 时退化为标准的 F_1；$\beta>1$ 时查全率有更大影响；$\beta<1$ 时查准率有更大影响。

一种直接的做法是先在各混淆矩阵上分别计算出查准率和查全率，记为(P_1,R_1)，(P_2,R_2)，…，(P_n,R_n)，再计算平均值，这样就得到"宏查准率"(macro-P)、"宏查全率"(macro-R)，以及相应的"宏 F_1"(macro-F_1)：

$$\text{macro-}P = \frac{1}{n}\sum_{i=1}^{n} P_i$$

$$\text{macro-}R = \frac{1}{n}\sum_{i=1}^{n} R_i$$

$$\text{macro-}F_1 = \frac{2 \times \text{macro-}P \times \text{macro-}R}{\text{macro-}P + \text{macro-}R}$$

还可选将各混淆矩阵的对应元素进行平均，得到 TP、FP、TN、FN 的平均值，分别记为 $\overline{\text{TP}}$、$\overline{\text{FP}}$、$\overline{\text{TN}}$、$\overline{\text{FN}}$，再基于这些平均值计算出"微查准率"(micro-P)、"微查全率"(micro-R)和"微 F_1"(micro-F_1)：

$$\text{micro-}P = \frac{\overline{\text{TP}}}{\overline{\text{TP}} + \overline{\text{FP}}}$$

$$\text{micro-}R = \frac{\overline{\text{TP}}}{\overline{\text{TP}} + \overline{\text{FN}}}$$

$$\text{micro-}F_1 = \frac{2 \times \text{micro-}P \times \text{micro-}R}{\text{micro-}P + \text{micro-}R}$$

2.3.3 ROC 曲线

首先根据分类器的预测结果对样例进行排序：排在最前面的是分类器认为"最可能"是正例的样本，排在最后面的是分类器认为"最不可能"是正例的样本。假设排序后的样本集合为(x_1,y_1)，(x_2,y_2)，…，(x_N,y_N)。

根据此顺序，从前到后依次将样本作为正例进行预测。假设第 i 轮，挑选到了样本(x_i, y_i)。直接将 x_i 记作正例与负例的分隔。然后统计 $x_1,x_2,\cdots,x_i$ 全部判定为正例，$x_{i+1}, x_{i+2},\cdots,x_N$ 全部判定为负例时的真正例率(True Positive Rate，TPR)、假正例率(False Positive Rate，FPR)为：

$$\text{TPR} = \frac{\text{TP}}{\text{TP} + \text{FN}}$$

$$FPR = \frac{FP}{TN + FP}$$

以真正例率为纵轴、假正例率为横轴作图,就得到ROC曲线(该曲线由点{(TPR_1,FPR_1),(TPR_2,FPR_2),…,(TPR_N,FPR_N)}组成),简称ROC(Receiver Operating Characteristic)曲线,显示该曲线的图称为ROC图,如图2-4所示。

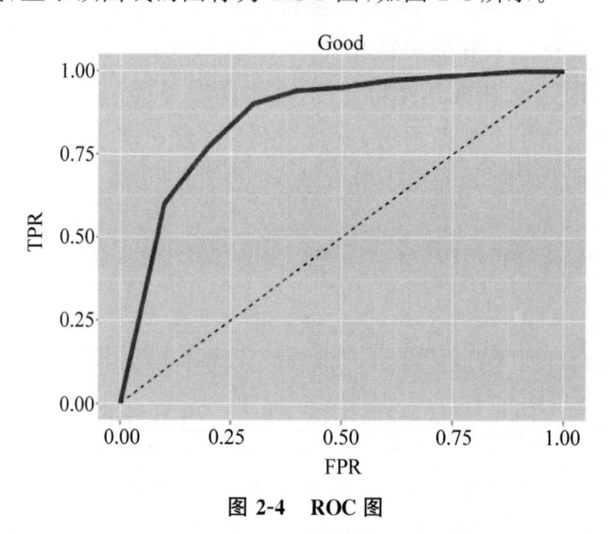

图 2-4 ROC图

在ROC图中,对角线对应于随机猜想模型。点(0,1)对应于理想模型(没有预测错误,FPR恒等于0,TPR恒等于1)。通常ROC曲线越靠近点(0,1)越好。

- 如果一个分类器A的ROC曲线被另一个分类器B的曲线完全包住,则可断言:B的性能好于A。
- 如果一个分类器A的ROC曲线与另一个分类器B的曲线发生了交叉。此时比较ROC曲线下面积的大小,这个面积称为AUC(Area Under ROC Curve)。

P-R曲线和ROC曲线刻画的都是阈值对于分类性能的影响:通常一个分类器对样本预测的结果是一个概率结果,比如0.7。但是样本是不是正例还需要与阈值比较。这个阈值究竟是多少,比如究竟是0.5还是0.9,则影响了分类器的分类性能。

- 如果更重视查准率,则将阈值提升,比如为0.9。
- 如果更重视查全率,则将阈值下降,比如为0.5。

P-R曲线和ROC曲线刻画的是随着阈值变化时,查准率、查全率、假正例等的变化。在每一步中,直接将$\boldsymbol{x}_i$记作正例与负类的分隔,假设分类器对$\boldsymbol{x}_i$预测为正例的概率为p,则实际上该正例作为分隔对应着设置正例阈值为p。迭代过程对应着正例阈值的下降过程(因为所有实例都以降序排列)。

AUC

AUC(area under curve)即ROC曲线下的面积。如果一个学习器的ROC曲线被另一个包住,即后者的性能优于前者;若交叉,则判断ROC曲线下的面积,即AUC。下面给出AUC的一个计算方法。

假设有 $m+n$ 个样本，其中 m 个正样本，n 个负样本。模型对$(m+n)$个样本进行概率预测，得到的每个样本属于正样本的概率，并对这些样本的概率值由大到小进行排序，为 $p_1,p_2,\cdots,p_{m+n}$，那么从样本随意取两个样本的预测概率为 p_i 和 p_j，其中 $p_i>p_j$，如果样本 i 为正样本，样本 j 为负样本，则这种组合为正面组合。

$$\text{auc}=\frac{\text{所有正面组合数}}{m\times n}$$

分母好理解，就是在真实情况下，正负样本的组合数目。分子为正样本的 score 大于负样本 score 的所有组合数目。

关于所有正面组合数的计算可以通过：

首先对 score 从大到小排序，然后令最大 score 对应的 sample 的 rank 为 n，第二个 score 对应 sample 的 rank 为 $n-1$，以此类推。然后把所有的正例样本的 rank 相加，再减去 $M-1$ 种两个正样本组合的情况。得到的就是所有的样本中有多少对正例样本的 score 大于负类样本的 score。所以

$$\text{auc}=\frac{\sum\limits_{\text{正样本}}\text{rank}_i-\frac{M(M+1)}{2}}{M\times N}$$

也就是说，如果模型预测的概率，所有正样本的预测概率都比所有负样本的预测概率大，则 auc 输出为 1。也就是说，auc 评估的是样本概率的排序能力。

2.3.4 代价敏感错误率与代价曲线

在现实任务中常会遇到这样的情况：不同类型的错误所造成的后果不同。例如，在医疗诊断中，错误把患者诊断为健康人与错误把健康人诊断为患者，看起来都是犯了“一次错误”，但后者的影响是增加了进一步检查的麻烦，前者的后果即可能是丧失了拯救生命的最佳时机；再如，门禁系统错误地把可通行人员拦在门外，将使得用体验不佳，但错误把陌生人放进门内，则可能造成严重的安全事故。为权衡不同类型错误所造成的不同损失，可为错误赋予“非均等代价”(unequal cost)。

以二分类任务为例，我们可根据任务的领域知识设定一个“代价矩阵”(cost matrix)，如表 2-2 所示，其中 cost_{ij} 表示将第 i 类样本预测为第 j 类样本的代价。一般来说，$\text{cost}_{ij}=0$；如果将第 0 类判别为第 1 类所造成的损失更大，则 $\text{cost}_{01}>\text{cost}_{10}$；损失程度相关越大，$\text{cost}_{01}$ 与值的差别越大。

表 2-2　二分类代价矩阵

真实类别	预测类别	
	第 0 类	第 1 类
第 0 类	0	cost_{01}
第 1 类	cost_{10}	0

在非均等代价下,我们所希望的不再是简单地最小化错误次数,而是希望最小化“总体代价”(total cost)。如果将表 2-2 中的第 0 类作为正例,第 1 类作为反类,令 D^+ 与 D^- 分别代表样例集 D 的正例子集和负例子集,则“代价敏感”(cost-sensitive)错误率为

$$E(f;D;\mathrm{cost})=\frac{1}{m}\left(\sum_{x_i\in D^+}\mathrm{II}(f(x_i)\neq y_i)\times \mathrm{cost}_{01}+\sum_{x_i\in D^-}\mathrm{II}(f(x_i)\neq y_i)\times \mathrm{cost}_{10}\right)$$

类似地,可给出基于分布定义的代价敏感错误率,以及其他一些性能度量如精度的代价敏感版本。如果令 cost_{ij} 中的 i、j 取值不限于 0、1,则可定义出多分类任务的代价敏感性能度量。

在非均等代价下,ROC 曲线不能直接反映出学习器的期望总体代价,而“代价曲线”(cost curve)则可达到该目的。代价曲线图的横轴是取值为[0,1]的正例概率代价:

$$P(+)\cos=\frac{p\times \mathrm{cost}_{01}}{p\times \mathrm{cost}_{01}+(1-p)\times \mathrm{cost}_{10}}$$

其中,p 是样例为正例的概率;纵轴是取值为[0,1]的归一化代价。

$$\mathrm{cost}_{\mathrm{norm}}=\frac{\mathrm{FNR}\times p\times \mathrm{cost}_{01}+\mathrm{FPR}\times(1-p)\times \mathrm{cost}_{10}}{p\times \mathrm{cost}_{01}+(1-p)\times \mathrm{cost}_{10}}$$

其中 FPR 为假正例率,FNR=1-TPR 是假负例率。代价曲线的绘制很简单:ROC 曲线上每一点对应了代价平面上的一条线段,设 ROC 曲线上的点的坐标为(FPR,TPR),则可相应计算出 FNR,然后在代价平面上绘制一条从(0,FPR)到(1,FNR)的线段,线段下的面积即表示了该条件下的期望总体代价;如此将 ROC 曲线上的每个点转化为代价平面上的一条线段,然后取所有线段的下界,围成的面积即为在所有条件下学习器的期望总体代价,如图 2-5 所示。

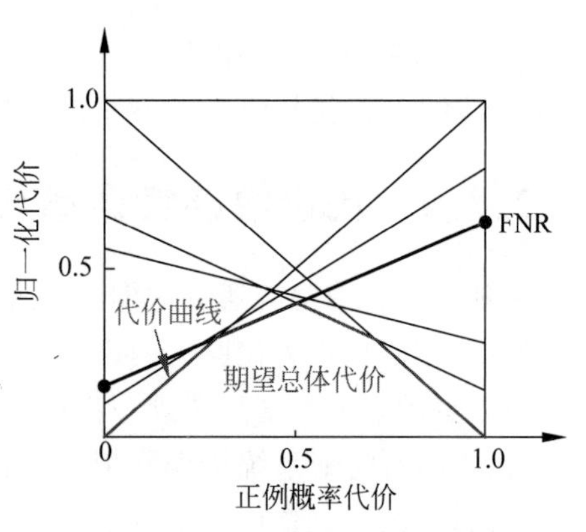

图 2-5　代价曲线与期望总体代价

【例 2-3】 Python 实现分类器性能度量。

```
#导入必要的编程库
import numpy as np
import matplotlib.pyplot as plt
class Performance:
    """
定义一个类,用来分类器的性能度量
    """
    def __init__(self, labels, scores, threshold = 0.5):
        """
        :param labels:数组类型,真实的标签
        :param scores:数组类型,分类器的得分
        :param threshold:检测阈值
        """
```

```
        self.labels = labels
        self.scores = scores
        self.threshold = threshold
        self.db = self.get_db()
        self.TP, self.FP, self.FN, self.TN = self.get_confusion_matrix()
    def accuracy(self):
        """
        :return: 正确率
        """
        return (self.TP + self.TN) / (self.TP + self.FN + self.FP + self.TN)
    def presision(self):
        """
        :return: 准确率
        """
        return self.TP / (self.TP + self.FP)
    def recall(self):
        """
        :return: 召回率
        """
        return self.TP / (self.TP + self.FN)
    def auc(self):
        """
        :return: auc 值
        """
        auc = 0
        prev_x = 0
        xy_arr = self.roc_coord()
        for x, y in xy_arr:
            if x != prev_x:
                auc += (x - prev_x) * y
                prev_x = x
        return auc
    def roc_coord(self):
        """
        :return: roc 坐标
        """
        xy_arr = []
        tp, fp = 0., 0.
        neg = self.TN + self.FP
        pos = self.TP + self.FN
        for i in range(len(self.db)):
            tp += self.db[i][0]
            fp += 1 - self.db[i][0]
            xy_arr.append([fp / neg, tp / pos])
        return xy_arr
    def roc_plot(self):
        """
画 roc 曲线
        :return:
        """
```

```
        auc = self.auc()
        xy_arr = self.roc_coord()
        x = [_v[0] for _v in xy_arr]
        y = [_v[1] for _v in xy_arr]
        plt.title("ROC curve (AUC = %.4f)" % auc)
        plt.ylabel("True Positive Rate")
        plt.xlabel("False Positive Rate")
        plt.plot(x, y)
        plt.show()
    def get_db(self):
        db = []
        for i in range(len(self.labels)):
            db.append([self.labels[i], self.scores[i]])
        db = sorted(db, key = lambda x: x[1], reverse = True)
        return db
    def get_confusion_matrix(self):
        """
计算混淆矩阵
        :return:
        """
        tp, fp, fn, tn = 0., 0., 0., 0.
        for i in range(len(self.labels)):
            if self.labels[i] == 1 and self.scores[i] >= self.threshold:
                tp += 1
            elif self.labels[i] == 0 and self.scores[i] >= self.threshold:
                fp += 1
            elif self.labels[i] == 1 and self.scores[i] < self.threshold:
                fn += 1
            else:
                tn += 1
        return [tp, fp, fn, tn]
if __name__ == '__main__':
    labels = np.array([1, 1, 0, 1, 1, 0, 0, 0, 1, 0])
    scores = np.array([0.9, 0.8, 0.7, 0.6, 0.55, 0.54, 0.53, 0.51, 0.5, 0.4])
    p = Performance(labels, scores)
    acc = p.accuracy()
    pre = p.precision()
    rec = p.recall()
    print('accuracy: %.2f' % acc)
    print('precision: %.2f' % pre)
    print('recall: %.2f' % rec)
    p.roc_plot()
```

运行程序,输出如下,效果如图2-6所示。

```
accuracy: 0.60
precision: 0.56
recall: 1.00
```

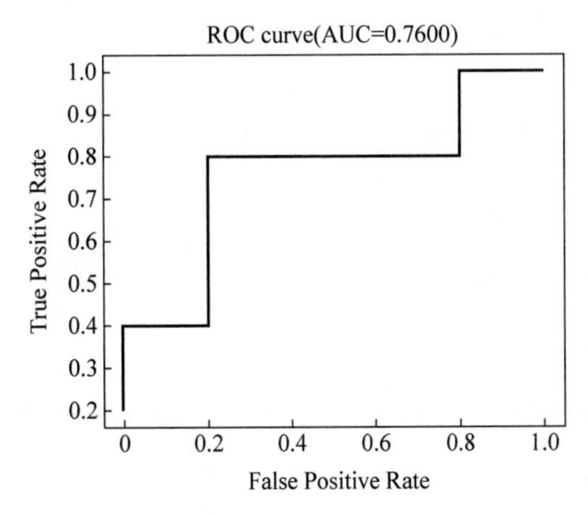

图 2-6　ROC 曲线

【例 2-4】 Python 实现偏差方差分解。

```
from sklearn.metrics import zero_one_loss,log_loss
from sklearn.model_selection import train_test_split, KFold, StratifiedKFold, LeaveOneOut,
cross_val_score
from sklearn.datasets import load_digits,load_iris
from sklearn.svm import LinearSVC,SVC
from sklearn.metrics import accuracy_score, precision_score, recall_score, f1_score,
classification_report
from sklearn.metrics import confusion_matrix,precision_recall_curve,roc_curve
from sklearn.metrics import mean_absolute_error,mean_squared_error,classification_report
from sklearn.multiclass import OneVsRestClassifier
from sklearn.model_selection import validation_curve,learning_curve,GridSearchCV,RandomizedSearchCV
import matplotlib.pyplot as plt
from sklearn.preprocessing import label_binarize
from sklearn.linear_model import LogisticRegression
import numpy as np
#zero_one_loss
y_true=[1,1,1,1,1,0,0,0,0,0]
y_pred=[0,0,0,1,1,1,1,1,0,0]
print("zero_one_loss<fraction>:",zero_one_loss(y_true,y_pred,normalize=True))
print("zero_one_loss<num>:",zero_one_loss(y_true,y_pred,normalize=False))
#log_loss
y_true=[1,1,1,0,0,0]
y_pred=[[0.1,0.9],
        [0.2,0.8],
        [0.3,0.7],
        [0.7,0.3],
        [0.8,0.2],
        [0.9,0.1]
        ]
print("log_loss<average>:",log_loss(y_true,y_pred,normalize=True))
print("log_loss<total>:",log_loss(y_true,y_pred,normalize=False))
#train_test_split
```

```
X = [
      [1,2,3,4],
      [11,12,13,14],
      [21,22,23,24],
      [31,32,33,34],
      [41,42,43,44],
      [51,52,53,54],
      [61,62,63,64],
      [71,72,73,74]
]
Y = [1,1,0,0,1,1,0,0]
X_train,X_test,Y_train,Y_test = train_test_split(X,Y,test_size = 0.4,random_state = 0)
print("X_train = ",X_train)
print("X_test = ",X_test)
print("Y_train = ",Y_train)
print("Y_test = ",Y_test)
X_train, X_test, Y_train, Y_test = train_test_split(X, Y, test_size = 0.4, random_state = 0,
stratify = Y)
print("X_train = ",X_train)
print("X_test = ",X_test)
print("Y_train = ",Y_train)
print("Y_test = ",Y_test)
#KFold
X = np.array([
      [1,2,3,4],
      [11,12,13,14],
      [21,22,23,24],
      [31,32,33,34],
      [41,42,43,44],
      [51,52,53,54],
      [61,62,63,64],
      [71,72,73,74],
      [81,82,83,84]
 ])
Y = np.array([1,1,0,0,1,1,0,0,1])
folder = KFold(n_splits = 3,random_state = 0,shuffle = False)
for train_index,test_index in folder.split(X,Y):
    print("Train Index:",train_index)
    print("Test Index:",test_index)
    print("X_train:",X[train_index])
    print("X_test:",X[test_index])
    print("")
shuffle_folder = KFold(n_splits = 3,random_state = 0,shuffle = True)
for train_index,test_index in shuffle_folder.split(X,Y):
    print("Train Index:",train_index)
    print("Test Index:",test_index)
    print("X_train:",X[train_index])
    print("X_test:",X[test_index])
    print("")
```

运行程序,输出如下:

```
zero_one_loss<fraction>: 0.6
zero_one_loss<num>: 6
log_loss<average>: 0.22839300363692283
log_loss<total>: 1.370358021821537
X_train= [[31, 32, 33, 34], [1, 2, 3, 4], [51, 52, 53, 54], [41, 42, 43, 44]]
X_test= [[61, 62, 63, 64], [21, 22, 23, 24], [11, 12, 13, 14], [71, 72, 73, 74]]
Y_train= [0, 1, 1, 1]
Y_test= [0, 0, 1, 0]
X_train= [[41, 42, 43, 44], [61, 62, 63, 64], [1, 2, 3, 4], [71, 72, 73, 74]]
X_test= [[21, 22, 23, 24], [31, 32, 33, 34], [11, 12, 13, 14], [51, 52, 53, 54]]
Y_train= [1, 0, 1, 0]
Y_test= [0, 0, 1, 1]
Train Index: [3 4 5 6 7 8]
Test Index: [0 1 2]
X_train: [[31 32 33 34]
 [41 42 43 44]
 [51 52 53 54]
 [61 62 63 64]
 [71 72 73 74]
 [81 82 83 84]]
X_test: [[ 1  2  3  4]
 [11 12 13 14]
 [21 22 23 24]]

Train Index: [0 1 2 6 7 8]
Test Index: [3 4 5]
X_train: [[ 1  2  3  4]
 [11 12 13 14]
 [21 22 23 24]
 [61 62 63 64]
 [71 72 73 74]
 [81 82 83 84]]
X_test: [[31 32 33 34]
 [41 42 43 44]
 [51 52 53 54]]

Train Index: [0 1 2 3 4 5]
Test Index: [6 7 8]
X_train: [[ 1  2  3  4]
 [11 12 13 14]
 [21 22 23 24]
 [31 32 33 34]
 [41 42 43 44]
 [51 52 53 54]]
X_test: [[61 62 63 64]
 [71 72 73 74]
 [81 82 83 84]]
```

```
Train Index: [0 3 4 5 6 8]
Test Index: [1 2 7]
X_train: [[ 1  2  3  4]
 [31 32 33 34]
 [41 42 43 44]
 [51 52 53 54]
 [61 62 63 64]
 [81 82 83 84]]
X_test: [[11 12 13 14]
 [21 22 23 24]
 [71 72 73 74]]

Train Index: [0 1 2 3 5 7]
Test Index: [4 6 8]
X_train: [[ 1  2  3  4]
 [11 12 13 14]
 [21 22 23 24]
 [31 32 33 34]
 [51 52 53 54]
 [71 72 73 74]]
X_test: [[41 42 43 44]
 [61 62 63 64]
 [81 82 83 84]]

Train Index: [1 2 4 6 7 8]
Test Index: [0 3 5]
X_train: [[11 12 13 14]
 [21 22 23 24]
 [41 42 43 44]
 [61 62 63 64]
 [71 72 73 74]
 [81 82 83 84]]
X_test: [[ 1  2  3  4]
 [31 32 33 34]
 [51 52 53 54]]
```

2.4 比较检验

有了实验评估方法和性能度量,看起来就能对学习的性能进行评估比较了:先使用某种实验评估方法测得学习器的某个性能度量结果,然后对这些结果进行比较,但怎么做这个"比较"呢?是直接取得性能度量的值然后"比大小"吗?实际上,机器学习中性能比较这件事要比大家想象的复杂得多。这其中涉及几个重要因素:第一,我们希望比较的是泛化性能,然而通过实验评估方法获得的是测试集上的性能,两者的对比结果未必相同;第二,测试集上的性能与测试集本身的选择有很大关系,且不论使用不同大小的测试集会得到不同的结果,即便用相同大小的测试集,如果包含的测试样例不同,测试结果也会有不同;第三,很多机器学习算法本身有一定的随机性,即便用相同的参数设置在同一个测试集上多次运行,其结果也会有不同。那么,有没有适当的方法对学习的性能进行比较呢?

统计假设检验(hypothesis test)为我们进行学习器性能比较提供了重要依据。基于假设检验结果可推断出,如果在测试集上观察到学习器 A 比 B 好,则 A 的泛化性能是否在统计意义上优于 B,以及这个结论的把握有多大。下面具体介绍(默认以错误率为性能度量,用 ε 表示)。

2.4.1 假设检验

假设检验中的"假设"是对学习器泛化错误率分布的某种判断或猜想,例如"$\varepsilon=\varepsilon_0$"。现实任务中我们并不知道学习器的泛化错误率,只能获知其测试错误率 $\hat{\varepsilon}$。泛化错误率与测试错误率未必相同,但直观上二者接近的可能性应比较大,相差很远的可能性比较小。因此,可根据测试错误率估推出泛化错误率的分布。

泛化错误率为 ε 的学习器在一个样本上犯错的概率是 ε;测试错误率 $\hat{\varepsilon}$ 意味着在 m 个测试样本中恰有 $\hat{\varepsilon}\times m$ 个被误分类。假定测试样本是从样本总体分布中独立采样而得,那么泛化错误率为 ε 的学习器将其中 m' 个样本误分类,其余样本全部分类正确的概率是 $\binom{m}{m'}\varepsilon^{m'}(1-\varepsilon)^{m-m'}$;由此可估算出其恰将 $\hat{\varepsilon}\times m$ 个样本误分类的概率如下式所示,这也表达了在包含 m 个样本的测试集上,泛化错误率为 ε 的学习器被测得测试错误率为 $\hat{\varepsilon}$ 的概率:

$$P(\hat{\varepsilon};\varepsilon)=\binom{m}{\hat{\varepsilon}\times m}\varepsilon^{\hat{\varepsilon}\times m}(1-\varepsilon)^{m-\hat{\varepsilon}\times m}$$

给定测试错误率,解 $\frac{\partial P(\hat{\varepsilon};\varepsilon)}{\partial\varepsilon}=0$ 可知,$P(\hat{\varepsilon};\varepsilon)$ 在 $\varepsilon=\hat{\varepsilon}$ 时最大,$|\varepsilon-\hat{\varepsilon}|$ 增大时 $P(\hat{\varepsilon};\varepsilon)$ 减小。这符合二项(binomial)分布,如图 2-7 所示,如果 $\varepsilon=0.3$,则 10 个样本中测得 3 个被误分类的概率最大。

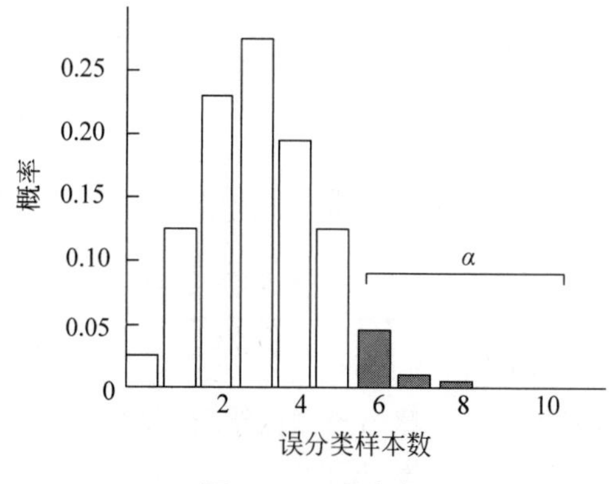

图 2-7　二项分布

可使用“二项检验”(binomial test)对“$\varepsilon \leqslant 0.3$”(即“泛化错误率是否不大于0.3”)这样的假设进行检验。更一般地,考虑假设“$\varepsilon \leqslant \varepsilon_0$”,则在$1-\alpha$的概率内所能观测到的最大错误如下式计算。这里$1-\alpha$反映了结论的“置信度”(confidence),直观地看,相应图2-7中非阴影部分的范围:

$$\bar{\varepsilon} = \max_{\varepsilon} \sum_{i=\varepsilon_0 \times m+1}^{m} \binom{m}{i} \varepsilon^i (1-\varepsilon)^{m-i} < \alpha$$

此时如果测试错误率$\hat{\varepsilon}$小于临界值ε,则根据二项检验可得出结论:在α的显著度下,假设“$\varepsilon \leqslant \varepsilon_0$”不能被拒绝,即能以$1-\alpha$的置信度认为,学习器的泛化错误率不大于$\varepsilon_0$;否则该假设可被拒绝,即在$\alpha$的显著度下可认为学习器的泛化率大于$\varepsilon_0$。

【例2-5】 利用Python实现数据的二项分布。

```
>>> import numpy as np
>>> import matplotlib.pyplot as plt
>>> list_a = np.random.binomial(n = 10,p = 0.2,size = 1000)
>>> #采样1000次,每次进行10组实验,单组实验成功概率为0.2,list_a为每组实验中成功的组数
... plt.hist(list_a,bins = 8,color = 'g',alpha = 0.4,edgecolor = 'b')
(array([ 92., 274., 310., 206.,  88.,  26.,   3.,   1.]), array([0.    , 0.875, 1.75 , 2.625,
3.5   , 4.375, 5.25 , 6.125, 7.    ]), <a list of 8 Patch objects>)
>>> (array([ 157.,  240.,  236.,  208.,  86.,  57.,  13.,   3.]), array([ 0.   ,  1.125,
2.25 ,  3.375,  4.5  ,  5.625,  6.75 ,  7.875,  9.   ]), <a list of 8 Patch objects>)
>>> plt.show()
```

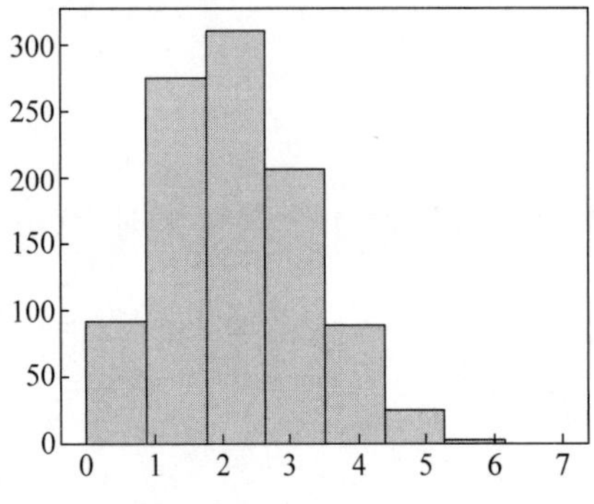

图2-8 数据二项分布

运行程序,效果如图2-8所示。

在很多时候并非仅做一次留出法估计,而是通过多次重复留出法或是交叉验证法等进行多次训练/测试,这样会得到多个测试错误率,此时可使用“t检验”(t-test)。假定得到了k个测试错误率$\hat{\varepsilon}_1$,$\hat{\varepsilon}_2$,…,$\hat{\varepsilon}_k$,则平均测试错误率μ和σ^2为:

$$\mu = \frac{1}{k} \sum_{i=1}^{k} \hat{\varepsilon}_i$$

$$\sigma^2 = \frac{1}{k-1} \sum_{i=1}^{k} (\hat{\varepsilon}_i - \mu)$$

考虑到这k个测试错误率可看作泛化错误率ε_0的独立采样,则变量

$$\tau_t = \frac{\sqrt{k}(\mu - \varepsilon_0)}{\sigma}$$

服从自由度为$k-1$的t分布,如图2-9所示。

对假设“$\mu = \varepsilon_0$”和显著度α,可计算出当测试错误率均值为ε_0时,在$1-\alpha$概率内能观测到的最大错误率,即临界值。表2-3给出了一些常用临界值。

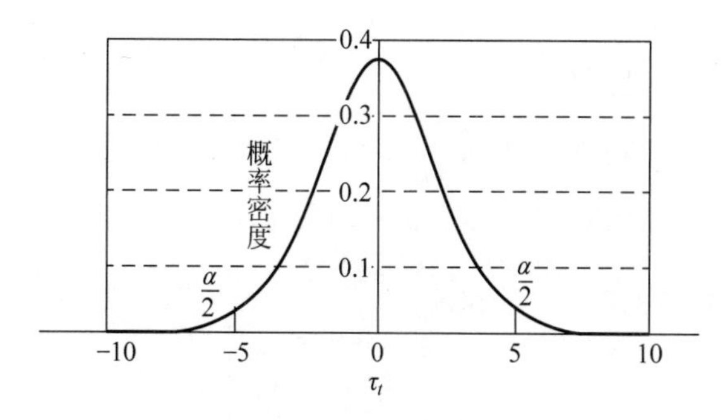

图 2-9 t 分布示意图($k=10$)

表 2-3 双边 t 检验的常用临界值

α	k				
	2	5	10	20	30
0.05	12.706	2.776	2.262	2.093	2.045
0.10	0.314	2.132	1.833	1.729	1.699

【例 2-6】 一个简单的 2 折交叉验证。

```
from sklearn.model_selection import KFold
import numpy as np
X = np.array([[1,2],[3,4],[1,3],[3,5]])
Y = np.array([1,2,3,4])
KF = KFold(n_splits = 2)                    # 建立 2 折交叉验证方法查一下 KFold 函数的参数
for train_index,test_index in KF.split(X):
    print("TRAIN:",train_index,"TEST:",test_index)
    X_train,X_test = X[train_index],X[test_index]
    Y_train,Y_test = Y[train_index],Y[test_index]
    print(X_train,X_test)
    print(Y_train,Y_test)
"""总结: KFold 这个包划分 k 折交叉验证的时候,是以 TEST 集的顺序为主的,举例来说,如果划分 5
折交叉验证,那么 TEST 选取的顺序为[0].[1],[2],[3] """
# 提升
import numpy as np
from sklearn.model_selection import KFold
# Sample = np.random.rand(50,15)              # 建立一个 50 行 12 列的随机数组
Sam = np.array(np.random.randn(1000))         # 1000 个随机数
New_sam = KFold(n_splits = 5)
for train_index,test_index in New_sam.split(Sam): # 对 Sam 数据建立 5 折交叉验证的划分
# for test_index,train_index in New_sam.split(Sam):  # 默认第一个参数是训练集,第二个参数是测试集
    # print(train_index,test_index)
    Sam_train,Sam_test = Sam[train_index],Sam[test_index]
    print('训练集数量:',Sam_train.shape,'测试集数量:',Sam_test.shape)
                                              # 结果表明每次划分的数量
# Stratified k - fold 按照百分比划分数据
from sklearn.model_selection import StratifiedKFold
```

```
import numpy as np
m = np.array([[1,2],[3,5],[2,4],[5,7],[3,4],[2,7]])
n = np.array([0,0,0,1,1,1])
skf = StratifiedKFold(n_splits = 3)
for train_index,test_index in skf.split(m,n):
    print("train",train_index,"test",test_index)
    x_train,x_test = m[train_index],m[test_index]
#Stratified k - fold 按照百分比划分数据
from sklearn.model_selection import StratifiedKFold
import numpy as np
y1 = np.array(range(10))
y2 = np.array(range(20,30))
y3 = np.array(np.random.randn(10))
m = np.append(y1,y2)                                    #生成 1000 个随机数
m1 = np.append(m,y3)
n = [i//10 for i in range(30)]                          #生成 25 个重复数据
skf = StratifiedKFold(n_splits = 5)
for train_index,test_index in skf.split(m1,n):
    print("train",train_index,"test",test_index)
    x_train,x_test = m1[train_index],m1[test_index]
```

运行程序,输出如下:

```
TRAIN: [2 3] TEST: [0 1]
[[1 3]
 [3 5]] [[1 2]
 [3 4]]
[3 4] [1 2]
TRAIN: [0 1] TEST: [2 3]
[[1 2]
 [3 4]] [[1 3]
 [3 5]]
[1 2] [3 4]
训练集数量: (800,) 测试集数量: (200,)
训练集数量: (800,) 测试集数量: (200,)
训练集数量: (800,) 测试集数量: (200,)
训练集数量: (800,) 测试集数量: (200,)
训练集数量: (800,) 测试集数量: (200,)
train [1 2 4 5] test [0 3]
train [0 2 3 5] test [1 4]
train [0 1 3 4] test [2 5]
train [ 2  3  4  5  6  7  8  9 12 13 14 15 16 17 18 19 22 23 24 25 26 27 28 29]
test [ 0  1 10 11 20 21]
train [ 0  1  4  5  6  7  8  9 10 11 14 15 16 17 18 19 20 21 24 25 26 27 28 29]
test [ 2  3 12 13 22 23]
train [ 0  1  2  3  6  7  8  9 10 11 12 13 16 17 18 19 20 21 22 23 26 27 28 29]
test [ 4  5 14 15 24 25]
train [ 0  1  2  3  4  5  8  9 10 11 12 13 14 15 18 19 20 21 22 23 24 25 28 29]
test [ 6  7 16 17 26 27]
train [ 0  1  2  3  4  5  6  7 10 11 12 13 14 15 16 17 20 21 22 23 24 25 26 27]
```

```
test [ 8  9 18 19 28 29]
```

2.4.2　交叉验证 t 检验

对两个学习器 A 和 B，如果使用 k 折交叉验证法得到的测试错误率分别为 $\varepsilon_1^A, \varepsilon_2^A, \cdots, \varepsilon_k^A$ 和 $\varepsilon_1^B, \varepsilon_2^B, \cdots, \varepsilon_k^B$，其中 ε_i^A 和 ε_i^B 是在相同的第 i 折训练/测试集上得到的结果，则可用 k 折交叉验证"成对 t 检验"(paired t-tests)来进行比较检验。这里的基本思想是，如果两个学习器的性能相同，则它们使用相同的训练/测试集得到的测试错误率应相同，即 $\varepsilon_i^A=\varepsilon_i^B$。

具体来说，对 k 折交叉验证产生的 k 对测试错误率：先对每个结果求差，$\Delta_i=\varepsilon_i^A-\varepsilon_i^B$；如果两个学习器性能相同，则差值均值应为零。因此，可根据差值 $\Delta_1, \Delta_2, \cdots, \Delta_k$ 对"学习器 A 与 B 性能相同"这个假设做 t 检验，计算出差值的均值 μ 和方差 σ^2，在显著度 α 下，如果变量

$$\tau_t=\left|\frac{\sqrt{k}\mu}{\sigma}\right|$$

小于临界值 $t_{\frac{\alpha}{2},k-1}$，则假设不能被拒绝，即认为两个学习器的性能没有显著差别；否则可认为两个学习器的性能有显著差别，且平均错误率较小的那个学习器性能较优。这里 $t_{\frac{\alpha}{2},k-1}$ 是自由度为 $k-1$ 和 t 分布上尾部累积分布为 $\frac{\alpha}{2}$ 的临界值。

进行有效假设检验的一个重要前提是测试错误率均为泛化错误率的独立采样。然而，通常情况下由于样本有限，在使用交叉验证等实验估计方法时，不同轮次的训练集会有一定程度的重叠，这就使得测试错误率实际上并不独立，会导致过高估计假设成立的概率。为解决这一问题，可采用"5×2 交叉验证"法。

5×2 交叉验证是做 5 次 2 折交叉检验，在每次 2 折交叉验证之前随机将数据打乱，使得 5 次交叉验证中的数据划分不重复。对两个学习器 A 和 B，第 i 次 2 折交叉验证将产生两对测试错误率，对它们分别求差，得到第 1 折上的差值 Δ_i^1 和第 2 折上的差值 Δ_i^2。为缓解测试错误率的非独立性，仅计算第 1 次 2 折交叉验证的两个结果的平均值 $\mu=0.5(\Delta_1^1+\Delta_1^2)$，但对每次 2 折实验的结果都计算出其方差 $\sigma_i^2=\left(\Delta_i^1-\frac{\Delta_i^1+\Delta_i^2}{2}\right)^2+\left(\Delta_i^2-\frac{\Delta_i^1+\Delta_i^2}{2}\right)^2$。变量

$$\tau_t=\left|\frac{\mu}{\sqrt{0.2\sum_{i=1}^{5}\sigma_i^2}}\right|$$

服从自由度为 5 的 t 分布，其双边检验的临界值 $t_{\frac{\alpha}{2},5}$，当 $\alpha=0.05$ 时为 2.5706，当 $\alpha=0.1$ 时为 2.0150。

2.4.3 McNemar 检验

对二分类问题，使用留出法不仅可估计出学习器 A 和 B 的测试错误率，还可获得两学习器分类结果的差别，即两者都正确，都错误，一个正确、另一个错误的样本数，其“列联表”(contingency table)如表 2-4 所示。

表 2-4 两学习器分类差别列联表

学习器 B	学习器 A	
	正确	错误
正确	e_{00}	e_{01}
错误	e_{10}	e_{11}

如果我们做的假设是两学习器的性能相同，则应有 $e_{01}=e_{10}$，那么变量 $|e_{01}-e_{10}|$ 应当服从正态分布。McNemar 检验考虑变量

$$\tau_{\chi^2}=\frac{(|e_{01}-e_{10}|-1)^2}{e_{01}+e_{10}}$$

服从自由度为 1 的 χ^2 分布，即标准正态分布变量的平方。给定显著度 α，当以上变量值小于临界值 χ_α^2 时，不能拒绝假设，即认为两学习器的性能没有显著差别；否则拒绝假设，即认为两者性能有显著差别，且平均错误率较小的那个学习器性能较优。自由度为 1 的 χ^2 检验的临界值，当 $\alpha=0.05$ 时为 3.8415，当 $\alpha=0.1$ 时为 2.7055。

【例 2-7】 McNemar 检验。

```
import numpy as np
from statsmodels.sandbox.stats.runs import mcnemar
f_obs = np.array([[20, 21],[43, 16]])
(statistic, pVal) = mcnemar(f_obs)
print('p = {0:5.3e}'.format(pVal))
if pVal < 0.05:
    print("There was a significant change in the disease by the treatment.")
```

运行程序，输出如下：

```
p = 8.147e-03
There was a significant change in the disease by the treatment.
```

2.5 偏差和方差

对学习算法除了通过实验估计其泛化性能，人们往往还希望了解它“为什么”具有这样的性能。“偏差-方差分解”(bias-variance decomposition)是解释学习算法泛化性能的一种重要工具。

偏差-方差分解试图对学习算法的期望泛化错误率进行拆解。我们知道，算法在不同训练集上学得的结果很可能不同，即便这些训练集是来自同一个分布。对测试样本 x，令 y_D 为 x 在数据集中的标记，y 为 x 的真实标记，$f(x;D)$ 为训练集 D 上学得模型 f 在 x 上的预测输出。以回归任务为例，学习算法的期望预测为：

$$\bar{f}(x)=E_D[f(x;D)] \tag{2-1}$$

使用样本数相同的不同训练集产生的方差为：

$$\mathrm{var}(x)=E_D[(f(x;D)-\bar{f}(x))^2] \tag{2-2}$$

噪声为：

$$\varepsilon^2=E_D[(y_D-y)^2] \tag{2-3}$$

期望输出与真实标记的差别称为偏差(bias)，即

$$\mathrm{bias}^2(x)=(\bar{f}(x)-y)^2 \tag{2-4}$$

于是，

$$E(f;D)=\mathrm{bias}^2(x)+\mathrm{var}(x)+\varepsilon^2 \tag{2-5}$$

也就是说，泛化误差可分解为偏差、方差与噪声之和。

回顾偏差、方差、噪声的含义：式(2-4)度量了学习算法的期望预测与真实结果的偏离程度，即刻画了学习算法本身的拟合能力；式(2-2)度量了同样大小的训练集的变动所导致的学习性能的变化，即刻画了数据扰动所造成的影响；式(2-3)则表达了在当前任务上任何学习算法所能达到的期望泛化误差的下界，即刻画了学习问题本身的难度。偏差-方差分解说明，泛化性能是由学习算法的能力、数据的充分性以及学习任务本身的难度共同决定的。给定学习任务，为了取得好的泛化能力，需使偏差较小，即能够充分拟合数据，并且使方差较小，即使得数据扰动产生的影响小。

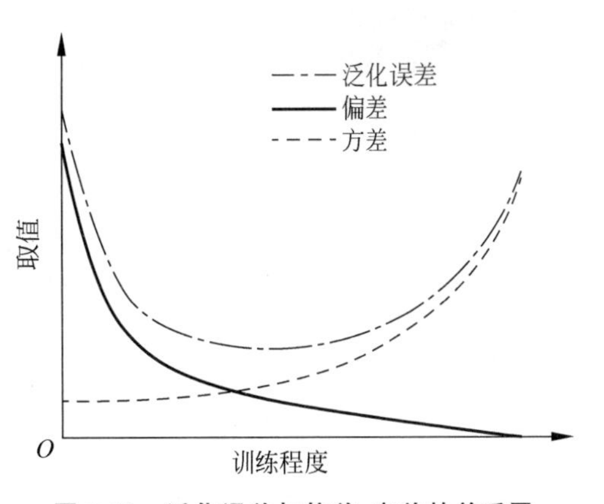

图 2-10 泛化误差与偏差、方差的关系图

一般来说，偏差与方差是有冲突的，这称为偏差-方差窘境(bias-variance dilemma)。图 2-10 给出了一个示意图。给定学习任务，假定我们能控制学习算法的训练程度，则在训练不足时，学习器的拟合能力不够强，训练数据的扰动不足以使学习器产生显著变化，此时偏差主导了泛化错误率；随着训练程度的加深，学习器的拟合能力逐渐增强，训练数据发生的扰动渐渐能被学习器学到，方差逐渐主导了泛化错误率；在训练程度充足后，学习器的拟合能力已非常强，训练数据发生的轻微扰动都会导致学习器发生显著变化，如果训练数据自身的、非全局的特性被学习器学到了，即将发生过拟合。

下面通过一个例子来总结演示性统计分析。

【例 2-8】 Python 描述性统计分析(有一些概念前面没有展开介绍,在此通过实例来感受一下)。

```
from numpy import array
from numpy.random import normal, randint
list_data = [1, 2, 3]                              # 使用 list 创造一组数据
array_data = array([1, 2, 3])                      # 使用 array 创造一组数据
normal_data = normal(0, 10, size = 100)            # 创造一组服从正态分布的定量数据
randint_data = randint(0, 10, size = 100)          # 创造一组服从均匀分布的定性数据
'''
定量: 均值、中位数
定性: 众数
借由数据的中心位置,可以知道数据的平均情况
'''
from numpy import mean, median
from scipy.stats import mode
list_data_mean = mean(list_data)
list_data_median = median(list_data)
list_data_mode = mode(list_data)
randint_data_mean = mean(randint_data)             # 均值相对于中位数来说,包含的信息量更大,
                                                   # 但是更容易受异常影响
randint_data_median = median(randint_data)
randint_data_mode = mode(randint_data)             # 众数是出现次数最多的值
'''
对数据的中心位置有所了解以后,一般我们会想要知道数据以中心位置为标准有多发
散。如果以中心位置来预测新数据,那么发散程度决定了预测的准确性,数据的发散程
度可用极差、方差、标准差、变异系数来衡量 # 极差是只考虑了最大值和最小值的发散
程度指标,相对来说,方差包含了更多的信息,标准差基于方差但是与原始数据同量
级,变异系数基于标准差但是进行了无量纲处理
'''
from numpy import ptp, var, std
list_data_ptp = ptp(list_data)                     # 极差
list_data_var = var(list_data)                     # 方差
list_data_std = std(list_data)                     # 标准差
list_data_mean_std = mean(list_data) / std(list_data)
normal_data_ptp = ptp(normal_data)
normal_data_var = var(normal_data)
normal_data_std = std(normal_data)
normal_data_mean_std = mean(normal_data) / std(normal_data)
'''
均值容易受异常值影响,那么如何衡量偏差,偏差为多少算异常是两个必须要解决的
问题。定义 z - score 为测量值距均值相差的标准差数目,当标准差不为 0 且不接近 0
时,z - score 是有意义的
'''
list_data_zscore = []
randint_data_zscore = []
for i in range(0, len(list_data), 1):
    # 通常来说,z - score 的绝对值大于 3 将视为异常
    list_data_i_zscore = (list_data[i] - mean(list_data)) / std(list_data)
    list_data_zscore.append(list_data_i_zscore)
```

```
for j in range(0, len(randint_data), 1):
    randint_data_i_zscore = (randint_data[i] - mean(randint_data)) / std(randint_data)
    randint_data_zscore.append(randint_data_i_zscore)

'''
有两组数据时,我们关心这两组数据是否相关,相关程度有多少。用协方差(COV)
和相关系数(CORRCOEF)来衡量相关程度。协方差的绝对值越大表示相关程度越大,
协方差为正值表示正相关,负值为负相关,0 为不相关。相关系数基于协方差,但进行
了无量纲处理
'''
from numpy import cov, corrcoef
data1 = [1, 2, 3, 4, 0 ,4, 5, 7, 9, 1]
data2 = [0, 2, 3, 2, 0, 4, 5, 7, 9, 0]
data = array([data1, data2])
'''计算两组数的协方差,参数 bias = 1 表示结果需要除以 N,否则只计算了分子部分,返
回结果为矩阵,第 i 行第 j 列的数据表示第 i 组数与第 j 组数的协方差,对角线为方差'''
data_cov = cov(data, bias = 1)   # cov = (i 到 n 求和)(data1[i] - mean1) * (data2[i] - mean2)/N
'''计算两组数的相关系数,返回结果为矩阵,第 i 行第 j 列的数据表示第 i 组数与第 j 组数的相关系
数,对角线为 1'''
data_corrcoef = corrcoef(data)   # corrcoef = cov/std1 * std2
print (data)
print (data_cov)
print (data_corrcoef)
```

运行程序,输出如下:

```
[[1 2 3 4 0 4 5 7 9 1]
 [0 2 3 2 0 4 5 7 9 0]]
[[7.24 7.68]
 [7.68 8.56]]
[[1.        0.9755624]
 [0.9755624 1.       ]]
```

2.6　习题

1. 通常把分类错误的样本数占样本总数的比例称为________,即如果在 m 个样本中有 a 个样本分类错误,即错误率________;相应地,________称为“精度”(accuracy)。学习器的实际预测输出与样本的真实输出之间的差异称为________,学习器在训练集上的误差称为________或________,在新样本上的误差称为________。

2. 什么是“过拟合”?

3. 什么是性能度量?它反映了什么?

4. 什么是“5×2 交叉验证”?

5. 抛硬币 10 次,每一次正面朝上的概率是 0.4。要求绘制连续几次正面朝上的概率图。

第3章 贝叶斯分类器

CHAPTER 3

贝叶斯分类器是一个相当宽泛的定义，它背后的数学理论根据是相当出名的贝叶斯决策论（Bayesian Decision Theory）。贝叶斯决策论和传统的统计学理论有着区别，其中最不可调和的就是它们各自关于概率的定义。因此，使用了贝叶斯决策论作为基石的贝叶斯分类器，在各个 Python 算法所导出的分类器中也算是比较标新立异的存在。

3.1 贝叶斯学派

贝叶斯分类器是各种分类器中分类错误概率最小或者在预先给定代价的情况下平均风险最小的分类器。它的设计方法是一种最基本的统计分类方法。其分类原理是通过某对象的先验概率，利用贝叶斯公式计算出其后验概率，即该对象属于某一类的概率，选择具有最大后验概率的类作为该对象所属的类。

为了深刻理解贝叶斯分类器，需要先对贝叶斯学派及其决策理论有一个大致的认识。

3.1.1 贝叶斯学派论述

贝叶斯学派强调概率的“主观性”，这一点和传统的、我们比较熟悉的频率学派不同。主要表现在：

- 频率学派强调频率的“自然属性”，认为应该使用事件在重复实验中发生的频率作为其发生的概率的估计。
- 贝叶斯学派不强调事件的“客观随机性”，认为仅仅只是“观察者”不知道事件的结果。换句话说，贝叶斯学派认为：事件之所以具有随机性。仅仅是因为“观察者”的知识不完备，对于“知情者”来说，该事件其实不具备随机性。随机性的根源不在于事件，而在于“观察者”对该事件的知识状态。

举个例子：假设有一个人抛了一枚质地均匀的硬币到地上并迅速将其踩在脚底，而在他面前从近到远坐了三个人。他本人看到了硬币是正面朝上的，而其他三个人也多多少少看到了一些信息，但显然坐得越远，看得就越模糊。频率学派会认为，该硬币是正是反，各自的概率都应该是50%；但是贝叶斯学派会认为，对抛硬币的人来说，硬币是正面的概率就是100%，对离他最近的人来说可能是80%，对离他最远的人来说可能是50%。

所以相比起把模型参数固定、注重样本的随机性的频率学派而言，贝叶斯学派将样本视为固定的，把模型的参数视为关键。在上面这个例子中，样本就是抛出去的那枚硬币，模型的参数就是每个人从中获得的“信息”。对于频率学派而言，每个人获得的“信息”不应该有不同，所以自然会根据“均匀硬币抛出下面的概率为50%”这个“样本的信息”来导出“硬币是正面的概率为50%”这个结论。但是对贝叶斯学派而言，硬币抛出去就抛出去了，问题的关键在于模型的参数，亦即“观察者”从中获得的信息，所以会导致“对于抛硬币的人而言，硬币是正面的概率为100%”这一类的结论。

3.1.2 贝叶斯决策论

在大致知道贝叶斯学派的思想后，就可以介绍贝叶斯决策论了。这里不可避免地要涉及概率论和数理统计的相关定义和知识，幸运的是，它们都是比较基础且直观的部分，无须太多的数学背景就可以知道它们的含义。

- 行动空间 A，它是某项实际工作中可能采取的各种“行动”所构成的集合。

注意：贝叶斯学派注意的是模型参数，所以通常而言我们想要做出的“行动”是“决策模型的参数”。因此我们通常会将行动空间取为参数空间，亦即 $A=\theta$。

- 决策 $\delta(\tilde{\boldsymbol{X}})$，它是样本空间 X 到行动空间 A 的一个映射。换句话说，对于一个单一的样本 $\tilde{\boldsymbol{X}}(\tilde{\boldsymbol{X}}\in X)$，决策函数可以利用它得到 A 中的一个行动。

注意：这里的样本 $\tilde{\boldsymbol{X}}$ 通常是高维的随机向量：$\tilde{\boldsymbol{X}}=(x_1,x_2,\cdots,x_N)^{\mathrm{T}}$；尤其需要分清的是，这个 $\tilde{\boldsymbol{X}}$ 其实是一般意义上的“训练集”，x_i 才是一般意义上的“样本”。

- 损失函数 $L(\theta,a)=LL(\theta,\delta(\tilde{\boldsymbol{X}}))$，它表示参数 $\theta(\theta\in\Theta,\Theta$ 是参数空间)时采取行动 $a(a\in A)$所引起的损失。
- 决策风险 $R(\theta,\delta)$，它是损失函数的期望：$R(\theta,\delta)=EL(\theta,\delta(\tilde{\boldsymbol{X}}))$。
- 先验分布：描述了参数 θ 在已知样本 $\tilde{\boldsymbol{X}}$ 中的分布。
- 平均风险 $\rho(\delta)$，它定义为决策风险 $R(\theta,\delta)$在先验分布下的期望：

$$\rho(\delta)=E_{\xi}R(\theta,\delta)$$

- 贝叶斯决策 δ^*，它满足：

$$\rho(\delta^*)=\inf_{\delta}\rho(\delta)$$

换句话说，贝叶斯决策 δ^* 是在某个先验分布下使得平均风险最小的决策。

寻找一般意义下的贝叶斯决策是相当不易的数学问题，为简洁起见，需要结合具体的算法来推导相应的贝叶斯决策。

3.1.3 贝叶斯原理

贝叶斯决策论在相关概率已知的情况下利用误判损失来选择最优的类别分类。

"风险"(误判损失)= 原本为 c_j 的样本误分类成 c_i 产生的期望损失(如下式,概率乘以损失为期望损失):

$$R(c_i \mid X)=\sum_{j=1}^{N}\lambda_{ij}P(c_j \mid X)$$

为了最小总体风险,只需在每个样本上选择能够使条件风险 $R(c|X)$ 最小的类别标记。

$$h^*(x)=\underset{c\cap y}{\operatorname{argmin}}R(c \mid X)$$

h^* 称为贝叶斯最优分类器,与之对应的总体风险为贝叶斯风险,当 λ 等于 1 时,最优贝叶斯分类器是使后验概率 $P(c|X)$ 最大。

利用贝叶斯判定准则来最小化决策风险,首先要获得后验概率 $P(c|X)$,机器学习则是基于有限的训练样本集尽可能准确地估计出后验概率 $P(c|X)$。通常有两种模型:

(1) 判别式模型。通过直接建模 $P(c|X)$ 来预测(决策树、BP 神经网络、支持向量机)。

(2) 生成式模型。通过对联合概率模型 $P(X,c)$ 进行建模,然后再获得 $P(c|X)$。

$$P(c \mid X)=\frac{P(X,c)}{P(X)}=\frac{P(c)P(X \mid c)}{P(X)}$$

$P(c)$ 是类"先验"概述,$P(X|c)$ 是样本 X 相对于类标记条件概率,或称似然。似然函数的定义为:对同一个似然函数,如果存在一个参数值,使得它的函数值达到最大,那么这个值就是最为"合理"的参数值。

$P(c)$ 代表样本空间中各类样本所占的比例,根据大数定理,当训练集包含充足的独立同分布样本时,可通过各类样本出现的频率进行估计。而 $P(X|c)$ 涉及关于所有属性的联合概率,无法根据样本出现的频率进行估计。

【例 3-1】 Python 实现简单贝叶斯分类。

```
import numpy
#先生成原始数据
n1 = 200;n2 = 40;m = 4;h = 6
#n1 代表总样品数,n2 是测试样品数,m 是种类数,h 是特征数

S1 = numpy.zeros((200,7))
#最后一列代表类别
S1[0:30,0:6] = numpy.random.randn(30,6)
S1[0:30,6] = 1
S1[30:60,0:6] = numpy.random.randn(30,6) * 3 + 10
S1[30:60,6] = 2
S1[60:140,0:6] = numpy.random.randn(80,6) * 5 + 20
S1[60:140,6] = 3
S1[140:,0:6] = numpy.random.randn(60,6) * 10 + 30
S1[140:,6] =
```

```
S2 = numpy.zeros((40,6))
S2[0:10,:] = numpy.random.randn(10,6)
S2[10:20,:] = numpy.random.randn(10,6) * 3 + 10
S2[20:30,:] = numpy.random.randn(10,6) * 5 + 20
S2[30:,:] = numpy.random.randn(10,6) * 10 + 30
#si 为样本,X 为 test 数据
#单个数据在模板空间 Si 中出现的概率
def beiyesi(X,Si):
 S = numpy.cov(Si.T)
 S = numpy.mat(S);m,n = Si.shape
 a = 1/((2 * numpy.pi) ** (n/2) * numpy.linalg.det(S) ** 0.5)
 X = X - numpy.mean(Si,axis = 0)
 ans = numpy.dot(X,S.I)
 ans = numpy.dot(ans,X.T)
 p = numpy.log(a * (numpy.exp( - 0.5 * ans)))
 return p
def many_beiyesi(X,Si):
 #多个数据在模板空间 Si 中出现的概率
 a,b = X.shape
 P = [  beiyesi(X[i,:  ],Si) for i in range(a)]
 return P
def final(X,S,m):
 li = []
 w = []
 a,b = X.shape
 n1,h = S.shape
 h = h - 1
 #P[i,j]代表第 j 个数据在第 i 个模板空间中出现的概率
 P = numpy.zeros((m,a))
 Q = numpy.zeros((m,a))
 #Q[i,j]代表第 j 个数据属于第 i 个模板空间的概率
 for i in range(m):
     li.append(numpy.argwhere(S == i + 1)[:,0])
     w.append(len(li[i]))
     Si = S[li[i],0:h]
     p = many_beiyesi(X,Si)
     for j in range(a):
         P[i,j] = p[j]
 for i in range(m):
     w[i] = float(w[i])/sum(w)
 for i in range(m):
     for j in range(a):
         Q[i,j] = P[i,j] * w[i]/numpy.dot(w,P[:,j])
 return P,Q
P,Q = final(S2,S1,m)
```

运行程序,输出如下:

```
test.py:36: RuntimeWarning: divide by zero encountered in log
  p = numpy.log(a * (numpy.exp( - 0.5 * ans)))
```

```
test.py:64: RuntimeWarning: invalid value encountered in double_scalars
  Q[i,j] = P[i,j] * w[i]/numpy.dot(w,P[:,j])
```

3.2 参数估计

无论是贝叶斯学派还是频率学派，一个无法回避的问题就是如何从已有的样本中获取信息并据此估计目标模型的参数。比较有名的“频率近似概率”其实就是(基于大数定律的)相当合理的估计之一。

3.2.1 似然函数

在数理统计学中，似然函数是一种关于统计模型参数的函数，表示模型参数中的似然性。“似然性”与“或然性”或“概率”意思相近，都是指某种事件发生的可能性，但是在统计学中，“似然性”和“或然性”或“概率”又有明确的区分。概率用于在已知一些参数的情况下，预测接下来的观测所得到的结果，而似然性则是用于在已知某些观测所得到的结果时，对有关事物的性质的参数进行估计。

例如，在已知某个参数 θ 的情况下事件 X 会发生的概率写作：

$$p(X \mid \theta)=\frac{p(X,\theta)}{p(\theta)}$$

根据贝叶斯定理，有：

$$p(X \mid \theta)=\frac{p(X \mid \theta)p(\theta)}{p(X)}$$

因此，可以反过来构造表示似然性的方法：已知有事件 X 发生，运用似然函数 $L(\theta|X)$估计参数 Y 的可能性。

3.2.2 极大似然估计原理

频率学派认为已知一个分布，虽然不知道分布的具体参数，但是却客观上存在固定的参数值。因此可以通过一些准则来确定参数值。这里介绍的极大似然估计就是一种根据采样来估计概率分布参数的经典方法。

最大似然估计会寻找关于 θ 的最可能的值(即，在所有可能的 θ 取值中，寻找一个值使这个采样的“可能性”最大化，相当于是利用概率密度函数参数去拟合采样的结果)。现在的工作就是最大化似然函数：

$$p(\theta \mid X)=\frac{p(X \mid \theta)p(\theta)}{p(X)}$$

根据大数定律，当训练集包含充足的独立同分布样本时，$p(X)$可以通过各类样本出现的频率来进行估计。在这里，已知样本之后，就可以估算出 $p(X)$的值，并将其当作固定值处理。

现在需要根据所有可能 θ 的取值，选取一个让 $p(\theta|X)$ 最大化的值。这里还是以正态分布为例。为了简化运算，我们对似然函数取对数。最大化一个似然函数同最大化它的自然对数是等价的，因为自然对数 log 是一个连续且在似然函数的值域内严格递增的上凸函数。

3.2.3 极大似然估计(ML 估计)

如果将模型描述成一个概率模型，那么一个自然的想法是希望得到的模型参数 θ 能够使得在训练集 $\widetilde{\boldsymbol{X}}$ 作为输入时、模型输出的概率达到极大。这里就有一个似然函数的概念，它能够输出 $\widetilde{\boldsymbol{X}}=(x_1,x_2,\cdots,x_N)^{\mathrm{T}}$ 在模型参数 θ 下的概率：

$$p(\widetilde{\boldsymbol{X}} \mid \theta)=\prod_{i=1}^{N} p(x_i \mid \theta)$$

我们希望找到的 $\hat{\theta}$，就是使得似然函数在 $\widetilde{\boldsymbol{X}}$ 作为输入时达到极大的参数。

$$\hat{\theta}=\underset{\theta}{\operatorname{argmax}} p(\widetilde{\boldsymbol{X}} \mid \theta)=\underset{\theta}{\operatorname{argmax}} \prod_{i=1}^{N} p(x_i \mid \theta)$$

举个例子：假设一个暗箱中有白球、黑球共两个，显然不知道具体的颜色分布情况，但是知道这两个球是完全一样的。现在有放回地从箱子里抽了两个球，发现两次抽出来的结果是一黑一白，那么该如何估计箱子里面球的颜色？从直观上来说，似乎箱子中也是一黑一白比较合理，下面就来说明“一黑一白”这个估计就是极大似然估计。

在这个问题中，模型的参数 θ 可以设为从暗箱中抽出黑球的概率，样本 x_i 可以描述为第 i 次取出的球是否是黑球；如果是就是取 1，否则取 0。这样，似然函数就可以描述为：

$$p(\widetilde{\boldsymbol{X}} \mid \theta)=\theta^{x_1+x_2}(1-\theta)^{2-x_1-x_2}$$

直接对它求极大值(虽然可行但是)不太方便，通常的做法是将似然函数取对数之后再进行极大值的求解：

$$\ln p(\widetilde{\boldsymbol{X}} \mid \theta)=(x_1+x_2)\ln\theta+2-x_1-x_2\ln(1-\theta)$$

$$\Rightarrow \frac{\partial \ln p}{\partial \theta}=\frac{x_1+x_2}{\theta}-\frac{2-x_1-x_2}{1-\theta}$$

从而可知：

$$\frac{\partial \ln p}{\partial \theta}=0 \Rightarrow \theta=\frac{x_1+x_2}{\theta}$$

由于 $x_1+x_2=1$，所以得 $\hat{\theta}=0.5$，亦即应该估计从暗箱中抽出黑球的概率是 50%；既然暗箱中的两个球完全一样，我们应该估计暗箱中的颜色分布为一黑一白。

从以上的讨论可以看出，极大似然估计视待估计参数为一个未知但固定的量，不考虑“观察者”的影响(亦即不考虑先验知识的影响)，是传统的频率学派的做法。

【例 3-2】 利用 Python 对正态分布的数据进行最大似然估计。

```
import numpy as np
import matplotlib.pyplot as plt
fig = plt.figure()
mu = 30                                                  #分配的平均值
sigma = 2                                                #分布的标准偏差
x = mu + sigma * np.random.randn(10000)
def mle(x):
    """
极大似然估计
    :param x:
    :return:
    """
    u = np.mean(x)
    return u, np.sqrt(np.dot(x - u, (x - u).T) / x.shape[0])
print(mle(x))
num_bins = 100
plt.hist(x, num_bins)
plt.show()
```

运行程序,效果如图 3-1 所示。

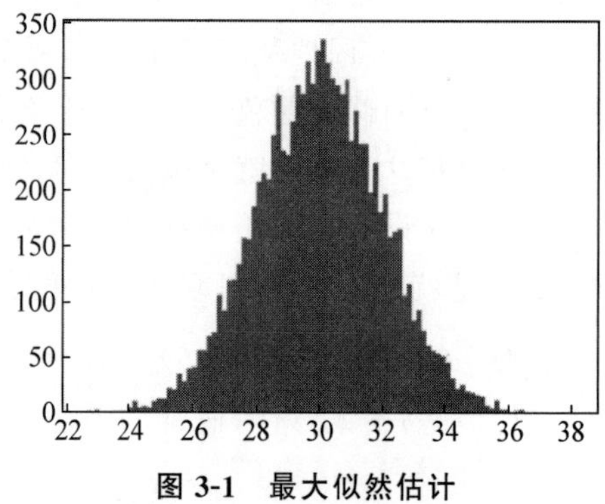

图 3-1 最大似然估计

3.2.4 极大后验概率估计(MAP 估计)

相比起极大似然估计,极大后验概率估计是更贴合贝叶斯学派思想的做法。事实上,甚至也有不少人直接称其为“贝叶斯估计”。

在讨论 MAP 估计之前,有必要先知道何为后验概率 $p(\theta|\widetilde{\boldsymbol{X}})$。它可以理解为参数 θ 在训练集 $\widetilde{\boldsymbol{X}}$ 下所谓的“真实的出现概率”,能够利用参数的先验概率 $p(\theta)$、样本的先验概率 $p(\widetilde{\boldsymbol{X}})$和条件概率 $p(\widetilde{\boldsymbol{X}} \mid \theta)=\prod_{i=1}^{N} p(x_i \mid \theta)$ 通过贝叶斯公式导出。

而 MAP 估计的核心思想,就是将待估参数 θ 看成是一个随机变量,从而引入了极大似然估计中没有引入的、参数 θ 的先验分布。MAP 估计 $\hat{\theta}_{\text{MAP}}$ 的定义为：

$$\hat{\theta}_{\text{MAP}} = \underset{\theta}{\arg\max}\, p(\theta \mid \widetilde{\boldsymbol{X}}) = \underset{\theta}{\arg\max}\, p(\theta) \prod_{i=1}^{N} p(x_i \mid \theta)$$

同样，为了计算简便，通常对此式取对数：

$$\hat{\theta}_{\text{MAP}} = \underset{\theta}{\arg\max} \ln p(\theta \mid \widetilde{\boldsymbol{X}}) = \underset{\theta}{\arg\max}\left[\ln p(\theta) + \sum_{i=1}^{N} \ln p(x_i \mid \theta)\right]$$

可以看到，从形式上，极大后验概率估计只比极大似然估计多了 $\ln p(\theta)$ 这一项，但它们背后的思想相当不同。下面在具体讨论朴素贝叶斯算法时将会看到：朴素贝叶斯在估计参数时选用了极大似然估计法，但是在做决策时则选用了 MAP 估计。

和极大似然估计相比，MAP 估计的一个显著优势在于它可以引入所谓的"先验知识"，这正是贝叶斯学派的精髓。当然这个优势同时也伴随着劣势：它要求我们对模型参数有相对较好的认知，否则会相当大地影响到结果的合理性。

既然先验分布如此重要，那么对于先验分布是否有比较合理的选取方法呢？事实上，如何确定先验分布这个问题，正是贝叶斯统计中最困难、最具有争议性却又必须解决的问题。虽然这个问题确实有许多现代的研究成果，但遗憾的是，尚未能有一个较完善的理论和普适的方法。

所选择的参数 θ 的先验分布，应该与由它和训练集确定的后验分布属同一类型。

此时先验分布又叫共轭先验分布。这里面所谓的"同一类型"其实又是难有恰当定义的概念，但是可以直观地理解为：概率性质相似的所有分布归为"同一类型"。比如，所有的正态分布都是"同一类型"的。

3.3 朴素贝叶斯

在朴素贝叶斯这个名字中，"朴素"二字对应着"独立性假设"这一个朴素的假设，"贝叶斯"则对应"后验概率最大化"这一贝叶斯学派的思想。

3.3.1 基本框架

朴素贝叶斯算法一个非常重要的基本假设称为独立性假设，其大致叙述如下：

如果样本空间 X 是 n 维的，那么对 $\forall x = (x^{(1)}, x^{(2)}, \cdots, x^{(n)})^{\mathrm{T}} \in X$，假设 $x^{(i)}$ 是由随机变量 $X^{(i)}$ 生成的，且 $X^{(1)}, X^{(2)}, \cdots, X^{(n)}$ 之间在各种意义下相互独立。

在朴素贝叶斯算法思想下，一般来说会衍生出以下 3 种不同的模型。

- 离散型朴素贝叶斯(MultinomialNB)：所有维度的特征都是离散型随机变量。
- 连续型朴素贝叶斯(GaussianNB)：所有维度的特征都是连续型随机变量。
- 混合型朴素贝叶斯(MergedNB)：各个维度的特征有离散型也有连续型。

由浅入深，我们先用离散型朴素贝叶斯来说明一些普适性的概念，连续型和混合型的相关定义是类似的。

- 朴素贝叶斯的模型参数即是类别的选择空间（假设一共有 K 类：$c_1,c_2,\cdots,c_K$）：

$$\Theta=\{y=c_1,y=c_2,\cdots,y=c_K\}$$

- 朴素贝叶斯总的参数空间 $\tilde{\Theta}$ 本应包括模型参数的先验概率 $p(\theta_k)=p(y=c_k)$、样本空间在模型参数下的条件概率 $p(X|\theta_k)=p(X|y=c_k)$和样本空间本身的概率 $p(X)$。

但由于我们采取样本空间的子集 $\tilde{X}$ 作为训练集，所以在给定的 $\tilde{X}$ 下，$p(X)=p(\tilde{X})$是常数，因此可以把它从参数空间中删去。换句话说，我们关心的只有模型参数的先验概率和样本空间在模型参数下的条件概率：

$$\tilde{\Theta}=\{p(\theta),p(X\mid\theta):\theta\in\Theta\}$$

- 行动空间 A 是朴素贝叶斯总的参数空间 $\tilde{\Theta}$。
- 决策就是后验概率最大化：

$$\delta(\tilde{X})=\hat{\theta}=\underset{\tilde{\theta}\in\tilde{\Theta}}{\operatorname{argmax}}\,p(\tilde{\theta}\mid\tilde{X})$$

  在 $\hat{\theta}$ 确定后，模型的决策就可以具体写成（这一步用到了独立性假设）：

$$\begin{aligned}f(x^*)&=\underset{c_k}{\operatorname{argmax}}\,\hat{p}(c_k\mid X=x^*)\\&=\underset{c_k}{\operatorname{argmax}}\,\hat{p}(y=c_k)\prod_{j=1}^{N}\hat{p}(X^{(j)}=x^{*(j)}\mid y=c_k)\end{aligned}$$

- 损失函数会随模型的不同而不同。在离散型朴素贝叶斯中，损失函数就是比较简单的0-1损失函数：

$$L(\theta,\delta(\tilde{X}))=\sum_{i=1}^{N}\tilde{L}(y_i,f(x_i))=\sum_{i=1}^{N}I(y_i\neq f(x_i))$$

  这里的 I 是示性函数，它满足：

$$I(y_i\neq f(x_i))=\begin{cases}1, & y_i\neq f(x_i)\\0, & y_i=f(x_i)\end{cases}$$

从上述定义出发，可以利用两种参数估计方法导出离散型计算朴素贝叶斯的算法。下面介绍其算法。

输入：训练数据集 $D=\{(x_1,y_1),(x_2,y_2),\cdots,(x_N,y_N)\}$。

过程（利用 ML 估计导出模型的具体参数）：

(1) 计算先验概率 $p(y=c_k)$的极大似然估计

$$\hat{p}(y=c_k)=\frac{\sum_{i=1}^{N}I(y_i=c_k)}{N},\quad k=1,2,\cdots,K$$

(2) 计算条件概率 $p(X^{(j)}=a_{ji}|y=c_k)$ 的极大似然估计(设每一个单独输入的 n 维向量 $\boldsymbol{x}$ 的 j 维特征 $x^{(j)}$ 可能的取值集合为 $\{a_{ji},a_{j(i+1)},\cdots,a_{js_j}\}$)：

$$p(X^{(j)}=a_{ji} \mid y=c_k)=\frac{\sum_{i=1}^{N} I(x_i^{(j)}=a_{jl},y_i=c_k)}{\sum_{i=1}^{N} I(y_i=c_k)}$$

输出(利用 MAP 估计进行决策)：朴素贝叶斯模型，能够估计数据 $\boldsymbol{x}^*=(x^{*(1)}, x^{*(2)},\cdots,x^{*(n)})^{\mathrm{T}}$ 的类别：

$$y=f(\boldsymbol{x}^*)=\underset{c_k}{\operatorname{argmax}}\hat{p}(y=c_k)\prod_{j=1}^{n}\hat{p}(X^{(j)}=x^{*(j)} \mid y=c_k)$$

由上述算法可以清晰地梳理出朴素贝叶斯算法背后的数学思想：

- 使用极大似然估计导出模型的具体参数(先验概率、条件概率)。
- 使用极大后验概率估计出作为模型的决策(输出使得数据后验概率最大化的类别)。

【例 3-3】 在一个简单、虚拟的数据集上应用离散型朴素贝叶斯算法以加深对算法的理解。该数据集如表 3-1 所示。

表 3-1　气球数据集 1.0

颜　色	大　小	测试人员	测试动作	结　果
黄色	小	成人	用手打	不爆炸
黄色	小	成人	用脚踩	爆炸
黄色	小	小孩	用手打	不爆炸
黄色	小	小孩	用脚踩	不爆炸
黄色	大	成人	用手打	爆炸
黄色	大	成人	用脚踩	爆炸
黄色	大	小孩	用手打	不爆炸
黄色	大	小孩	用脚踩	爆炸
紫色	小	成人	用手打	不爆炸
紫色	小	小孩	用手打	不爆炸
紫色	大	成人	用脚踩	爆炸
紫色	大	小孩	用脚踩	爆炸

该数据集的电子版本可参见 https://github.com/cr=arefree0910/MachineLearning/blob/master/_Data/balloon1.0.txt。我们想预测的是样本：

紫色	小	小孩	用脚踩

所导致的结果。容易观察到的是，气球的颜色对结果不起丝毫影响，所以在算法中该项特征可以直接去掉。因此从直观上来说，以样本所导致的结果应该是“不爆炸”，我们用离散型朴素贝叶斯算法来看看是否确实如此。首先需要计算类别的先验概率，易得：

$$p(\text{不爆炸})=p(\text{爆炸})=0.5$$

也可得到类别的先验概率对决策不起作用。继而需要依次求出第2、3、4个特征(大小、测试人员、测试动作)的条件概率,它们才是决定新样本所属类别的关键。易得:

$$p(\text{小气球}\mid\text{不爆炸})=\frac{5}{6},\quad p(\text{大气球}\mid\text{不爆炸})=\frac{1}{6}$$

$$p(\text{小气球}\mid\text{爆炸})=\frac{1}{6},\quad p(\text{大气球}\mid\text{不爆炸})=\frac{1}{6}$$

$$p(\text{成人}\mid\text{不爆炸})=\frac{1}{3},\quad p(\text{小孩}\mid\text{不爆炸})=\frac{2}{3}$$

$$p(\text{成人}\mid\text{爆炸})=\frac{2}{3},\quad p(\text{小孩}\mid\text{爆炸})=\frac{1}{3}$$

$$p(\text{用手打}\mid\text{不爆炸})=\frac{5}{6},\quad p(\text{用脚踩}\mid\text{不爆炸})=\frac{1}{6}$$

$$p(\text{用手打}\mid\text{爆炸})=\frac{1}{6},\quad p(\text{用脚踩}\mid\text{爆炸})=\frac{5}{6}$$

那么在条件"紫色小气球、小孩用脚踩"下,知(注意可以忽略颜色和先验概率):

$$\hat{p}(\text{不爆炸})=p(\text{小气球}\mid\text{不爆炸})\times p(\text{小孩}\mid\text{不爆炸})\times p(\text{用脚踩}\mid\text{爆炸})=\frac{5}{54}$$

$$\hat{p}(\text{爆炸})=p(\text{小气球}\mid\text{爆炸})\times p(\text{小孩}\mid\text{爆炸})\times p(\text{用脚踩}\mid\text{爆炸})=\frac{5}{108}$$

所以确定认为,给定样本所导致的结果是"不爆炸"。

需要指出的是,该算法存在一个问题:如果训练集中某个类别 c_k 的数据没有涵盖第 j 维特征的第1个取值,相应估计的条件概率 $\hat{p}(X^{(j)}=a_{jl}\mid y=c_k)$ 就是0,从而导致模型可能会在测试集上的分类产生误差。解决这个问题的办法是在各个估计中加入平滑项(也有这种做法就是叫贝叶斯估计的说法),其过程为:

(1) 计算先验概率。

$$p_\lambda(y=c_k)=\frac{\sum_{i=1}^{N}I(y_i=c_k)+\lambda}{N+K\lambda},\quad k=1,2,\cdots,K$$

(2) 计算条件概率。

$$p_\lambda(X^{(j)}=a_{jl}\mid y=c_k)=\frac{\sum_{i=1}^{N}I(x_i^{(j)}a_{jl},y_i=c_k)+\lambda}{\sum_{i=1}^{N}I(y_i=c_k)+S_j\lambda}$$

$\lambda=0$ 时就是极大似然估计,$\lambda=1$ 时则叫作拉普拉斯平滑(Laplace Smoothing)。拉普拉斯平滑是常见的做法,在实现中也会默认使用它。将气球数据集1.0稍做变动以彰显加入平滑项的重要性。新数据集如表3-2所示。

表 3-2 气球数据集 1.5

颜色	大小	测试人员	测试动作	结果
黄色	小	成人	用手打	不爆炸
黄色	小	成人	用脚踩	爆炸
黄色	小	小孩	用手打	不爆炸
黄色	小	小孩	用脚踩	爆炸
黄色	小	小孩	用脚踩	爆炸
黄色	小	小孩	用脚踩	爆炸
黄色	大	成人	用手打	爆炸
黄色	大	成人	用脚踩	爆炸
黄色	大	小孩	用手打	不爆炸
紫色	小	成人	用手打	不爆炸
紫色	小	小孩	用手打	不爆炸
紫色	大	小孩	用手打	不爆炸

该数据集的电子版本可以参见 https://github.com/cr=arefree0910/MachineLearning/blob/master/_Data/balloon1.5.txt。可以看到,这个数据集是"不太均衡"的:它对样本"黄色小气球,小孩用脚踩"重复进行了 3 次实验,而对所有紫色气球样本实验的结果都是"不爆炸"。如果此时想预测"紫色小气球,小孩用脚踩"的结果,虽然从直观上来说应该是"爆炸",但我们会发现,此时由于

$$p(\text{用脚踩} \mid \text{不爆炸}) = p(\text{紫色} \mid \text{爆炸}) = 0$$

所以会直接导致

$$\hat{p}(\text{不爆炸}) = \hat{p}(\text{爆炸}) = 0$$

从而只能随机进行决策。此时加入平滑项就显得比较重要了,由拉普拉斯平滑,可知(注意类别的先验概率仍然不造成影响):

$$p(\text{黄色} \mid \text{不爆炸}) = \frac{3+1}{6+2}, \quad p(\text{紫色} \mid \text{不爆炸}) = \frac{3+1}{6+2}$$

$$p(\text{黄色} \mid \text{爆炸}) = \frac{1+1}{6+2}, \quad p(\text{紫色} \mid \text{爆炸}) = \frac{0+1}{6+2}$$

$$p(\text{小气球} \mid \text{不爆炸}) = \frac{4+1}{6+2}, \quad p(\text{大气球} \mid \text{不爆炸}) = \frac{2+1}{6+2}$$

$$p(\text{小气球} \mid \text{爆炸}) = \frac{4+1}{6+2}, \quad p(\text{大气球} \mid \text{爆炸}) = \frac{2+1}{6+2}$$

$$p(\text{成人} \mid \text{不爆炸}) = \frac{2+1}{6+2}, \quad p(\text{小孩} \mid \text{不爆炸}) = \frac{4+1}{6+2}$$

$$p(\text{成人} \mid \text{爆炸}) = \frac{3+1}{6+2}, \quad p(\text{小孩} \mid \text{爆炸}) = \frac{3+1}{6+2}$$

$$p(\text{用手打} \mid \text{不爆炸}) = \frac{6+1}{6+2}, \quad p(\text{用脚踩} \mid \text{不爆炸}) = \frac{0+1}{6+2}$$

$$p(用手打 \mid 爆炸)=\frac{1+1}{6+2},\quad p(用脚踩 \mid 爆炸)=\frac{5+1}{6+2}$$

从而可算得：

$$\hat{p}(不爆炸)=\frac{25}{1024},\quad \hat{p}(爆炸)=\frac{25}{512}$$

因此，我们确实应该认为给定样本所导致的结果是“爆炸”。

接着我们来看看如何进行3种模型的实现。考虑到代码重用和可拓展性，需要搭建一个基本架构，它应该定义好3种模型都会用到的通用功能，例如：

- 定义获取训练集里类别先验概率的函数；
- 将核心训练步骤以外的训练步骤进行定义，其中核心训练步骤需要训练出一个决策函数，该决策函数能够输出给定数据的后验概率；
- 利用决策函数定义预测函数和评估函数。

我们先来看看这个架构的基本框架：

```
import numpy as np
#定义好贝叶斯模型的基类,方便以后的拓展
class NaiveBayes(ClassifierBase):
 """
 self._x,self._y: 记录训练集的变量
 self._data: 核心数组,存储实际使用的条件概率的相关信息
 self._func: 模型核心——决策函数,能够根据输入的x、y输出对应的后验概率
 self._n_possibilities: 记录各个维度特征取值个数的数组: [S1,S2,…,SN]
 self._labelled_x: 记录按类别分开后的输入数据的数组
 self._label_zip: 记录类别相关信息的数组,视具体算法,定义会有所不同
 self._cat_counter: 核心数组,记录第i类数据的个数(cat是category的缩写)
 self._con_counter: 核心数组,用于记录数据条件概率的原始极大似然估计
 self._label_dic: 核心字典,用于记录数值化类别时的转换关系
 self._feat_dice: 核心字典,用于记录数值化各维度特征(feat)时的转换关系
 """
   NaiveBayesTiming = Timing()
   def __init__(self, **kwargs):
        super(NaiveBayes, self).__init__(**kwargs)
        self._x = self._y = None
        self._data = self._func = None
        self._n_possibilities = None
        self._labelled_x = self._label_zip = None
        self._cat_counter = self._con_counter = None
        self.label_dict = self._feat_dicts = None
        self._params["lb"] = kwargs.get("lb", 1)
        #重载_getitem_运算符以避免定义大量property
        def_getitem_(self,item):
            if isinstance(item,str):
                return getattr(self,"_" + item)
        #留下抽象方法让子类定义,这里的tar_idx参数和self._tar_idx的意义一致
        def feed_data(self,x,y,sample_weight = None):
            pass
```

```
    #留下抽象方法让子类定义,这里的 sample_weight 参数代表着样本权重
    def feed_sample_weight(self,sample_weight = None):
        pass
```

注意：让模型支持输入样本权重,更多的是为了使模型能够应用在提升方法中。这里只说一个直观理解：样本权重体现了各个样本的"重要性"。

上面这些代码定义的基本框架会在本书很多算法中出现,对于相同的结构,不会再进行详尽的相关注释。同样,即使是在接下来介绍的朴素贝叶斯相关算法的实现中,也有不少是具有普适性的。

```
#定义具有普适性的训练函数
@NaiveBayesTiming.timeit(level = 2, prefix = "[API] ")
def fit(self, x = None, y = None, sample_weight = None, lb = None):
    if sample_weight is None:
        sample_weight = self._params["sample_weight"]
    if lb is None:
        lb = self._params["lb"]
    #如果没有传入 x,y,那么就用传入的 x,y 的初始化模型
    if x is not None and y is not None:
        self.feed_data(x, y, sample_weight)
    #调用核心算法得到决策函数
    self._func = self._fit(lb)
#留下抽象核心算法让子类定义
def _fit(self, lb):
    pass
```

以上是模型训练相关的过程,下面就是模型的预测和评估过程。由浅入深,我们先进行"朴素的"实现。

```
#定义预测单一样本的函数
#参数 get_raw_result 控制该函数是输出预测的类别还是输出相应的后验概率
#get_raw_result = False 则输出类别,get_raw_result = True 则输出后验概率
    @NaiveBayesTiming.timeit(level = 1, prefix = "[API] ")
    def predict_one(self, x, get_raw_result = False):
      #在进行预测之前,要先把新的输入数据数值化
      #如果输入的是 Numpy 数组,要先将它转换成 Python 的数组
      #这是因为 Python 数组在数值化这个操作上要更快
        if type(x) is np.ndarray:
            x = x.tolist()
        #否则,复制数组
        else:
            x = x[:]
        #调用相关方法进行数值化,该方法随具体模型的不同而不同
        x = self._transfer_x(x)
        m_arg, m_probability = 0, 0
        #遍历各类别、找到能使后验概率最大化的类别
        for i in range(len(self._cat_counter)):
          p = self._func(x, i)
          if p > m_probability:
```

```
                m_arg, m_probability = i, p
            if not get_raw_result:
                return self.label_dict[m_arg]
            return m_probability
    #定义预测多样本的函数,本质是不断调用上面定义的 predict_one 函数
        @NaiveBayesTiming.timeit(level = 3, prefix = "[API] ")
        def predict(self, x, get_raw_result = False, ** kwargs):
            return np.array([self.predict_one(xx, get_raw_result) for xx in x])
    #定义能对新数据进行评估的方法,这里暂以简单地输出准确率作为演示
        def evalute(self, x,y):
        y_pred = self.predict(x)
        print("Acc:{:12.6}%".format(100 * np.sum(y_pred == y)/len(y)))
```

注意:之所以称上述实现是“朴素的”,是因为预测单一样本的函数只是在算法没有向量化时的一个临时产物。在算法完成向量化后,模型就能进行批量预测,该函数就可以删去了。

3.3.2 朴素贝叶斯分类算法实现二分类

朴素贝叶斯是一种有监督的分类算法,可以进行二分类或者多分类。

【例 3-4】 一个数据集实例如表 3-3 所示。现在有一个新的样本,X=(年龄:<=30,收入:中,是否学生:是,信誉:中),目标是利用朴素贝叶斯分类来进行分类。

表 3-3 数据集实例

编 号	描述属性				类别属性
	年 龄	收 入	学 生	信 誉	购买计算机
1	≤30	高	否	中	否
2	≤30	高	否	优	否
3	31~40	高	否	中	是
4	>40	中	否	中	是
5	>40	低	是	中	是
6	>40	低	是	优	否
7	31~40	低	是	优	是
8	≤30	中	否	中	否
9	≤30	低	是	中	是
10	>40	中	是	中	是
11	≤30	中	是	优	是
12	31~40	中	否	优	是
13	31~40	高	是	中	是
14	>40	中	否	优	否

假设类别为 $C(c_1=是,c_2=否)$,我们的目标是求出 $p(c_1|X)$和 $p(c_2|X)$,比较谁更大,就将 X 分为某个类。

可以将这个实例中的描述属性和类别属性与公式对应起来，然后计算。

描述属性 $A=\{A_1,A_2,A_3,A_4\}=\{$年龄,收入,学生与否,信誉$\}$

A_1 取值分别为 $a_{11}=$'<=30',$a_{12}=$'30～40',$a_{13}=$'>40'

A_2 取值分别为 $a_{21}=$'低',$a_{22}=$'中',$a_{23}=$'高'

A_3 取值分别为 $a_{31}=$'是',$a_{32}=$'否'

A_4 取值分别为 $a_{41}=$'中',$a_{42}=$'优'

类别属性 C：$c_1=$'是',$c_2=$'否'

样本可以表示为 $X=(a_{11},a_{22},a_{31},a_{41})$，待求的概率分别是

$$p(c_1X)=p(c_1)p(a_{11}\mid c_1)p(a_{22}\mid c_1)p(a_{31}\mid c_1)p(a_{41}\mid c_1)$$

$$p(c_2X)=p(c_2)p(a_{11}\mid c_2)p(a_{22}\mid c_2)p(a_{31}\mid c_2)p(a_{41}\mid c_2)$$

计算过程：

$$p(c_1)=\frac{9}{14},p(a_{11}\mid c_1)=\frac{2}{9},p(a_{22}\mid c_1)=\frac{4}{9},p(a_{31}\mid c_1)=\frac{6}{9},p(a_{41}\mid c_1)=\frac{6}{9}$$

$$p(c_2)=\frac{5}{14},p(a_{11}\mid c_2)=\frac{3}{5},p(a_{22}\mid c_2)=\frac{2}{5},p(a_{31}\mid c_2)=\frac{1}{5},p(a_{41}\mid c_2)=\frac{2}{5}$$

所以，

$$p(c_1X)=\frac{9}{14}\times\frac{2}{9}\times\frac{4}{9}\times\frac{5}{9}\times\frac{5}{9}\approx 0.02821$$

$$p(c_2X)=\frac{5}{14}\times\frac{3}{5}\times\frac{2}{5}\times\frac{1}{5}\times\frac{2}{5}\approx 0.006857$$

由 $p(c_1X)>p(c_2X)$ 可知，样本 X 将被分类为 $c_1=$'是'，会购买计算机。

利用 Python 编写上述实例对应的代码为：

```
#针对"买计算机"实例进行朴素贝叶斯分类
if __name__ == '__main__':
    #描述属性分别用数字替换
    #年龄, <= 30 --> 0, 31～40 --> 1, > 40 --> 2
    #收入, '低' --> 0, '中' --> 1, '高' --> 2
    #是否学生, '是' --> 0, '否' --> 1
    #信誉: '中' --> 0, '优' --> 1
    #类别属性用数字替换
    #是否购买计算机是 --> 0, 否 --> 1
    MAP = [{'<= 30': 0, '31～40': 1, '> 40': 2},
           {'低': 0, '中': 1, '高': 2},
           {'是': 0, '否': 1},
           {'中': 0, '优': 1},
           {'是': 0, '否': 1}]
    #训练样本
    train_samples = ["<= 30 高否中否",
                     "<= 30 高否优否",
                     "31～40 高否中是",
                     "> 40 中否中是",
                     "> 40 低是中是",
```

```
                        ">40 低是优否",
                        "31～40 低是优是",
                        "<=30 中否中否",
                        "<=30 低是中是",
                        ">40 中是中是",
                        "<=30 中是优是",
                        "31～40 中否优是",
                        "31～40 高是中是",
                        ">40 中否优否"]
#下面步骤将文字转化为对应数字
train_samples = [sample.split(' ') for sample in train_samples]
#print(train_samples)
#exit()
train_samples = [[MAP[i][attr] for i, attr in enumerate(sample)]for sample in train_samples]
#print(train_samples)
#待分类样本
X = '<=30 中是中'
X = [MAP[i][attr] for i, attr in enumerate(X.split(' '))]
#训练样本数量
n_sample = len(train_samples)
#单个样本的维度：描述属性和类别属性个数
dim_sample = len(train_samples[0])
#计算每个属性有哪些取值
attr = []
for i in range(0, dim_sample):
    attr.append([])
for sample in train_samples:
    for i in range(0, dim_sample):
        if sample[i] not in attr[i]:
            attr[i].append(sample[i])
#每个属性取值的个数
n_attr = [len(attr) for attr in attr]
#记录不同类别的样本个数
n_c = []
for i in range(0, n_attr[dim_sample-1]):
    n_c.append(0)
#计算不同类别的样本个数
for sample in train_samples:
    n_c[sample[dim_sample-1]] += 1
#计算不同类别样本所占概率
p_c = [n_cx / sum(n_c) for n_cx in n_c]
#print(p_c)
#将用户按照类别分类
samples_at_c = {}
for c in attr[dim_sample-1]:
    samples_at_c[c] = []
for sample in train_samples:
    samples_at_c[sample[dim_sample-1]].append(sample)
#记录每个类别的训练样本中,取待分类样本的某个属性值的样本个数
n_attr_X = {}
```

```
    for c in attr[dim_sample - 1]:
        n_attr_X[c] = []
        for j in range(0, dim_sample - 1):
            n_attr_X[c].append(0)
    #计算每个类别的训练样本中,取待分类样本的某个属性值的样本个数
    for c, samples_at_cx in zip(samples_at_c.keys(), samples_at_c.values()):
        for sample in samples_at_cx:
            for i in range(0, dim_sample - 1):
                if X[i] == sample[i]:
                    n_attr_X[c][i] += 1
    #字典转化为 list
    n_attr_X = list(n_attr_X.values())
    #print(n_attr_X)
    #存储最终的概率
    result_p = []
    for i in range(0, n_attr[dim_sample - 1]):
        result_p.append(p_c[i])
    #计算概率
    for i in range(0, n_attr[dim_sample - 1]):
        n_attr_X[i] = [x/n_c[i] for x in n_attr_X[i]]
        for x in n_attr_X[i]:
            result_p[i] *= x
    print('概率分别为', result_p)
    #找到概率最大对应的那个类别,就是预测样本的分类情况
    predict_class = result_p.index(max(result_p))
    print(predict_class)
```

运行程序,输出如下:

```
概率分别为 [0.0011757789535567313, 0.16457142857142862]
1
```

输出结果表明:样本被分为第一类,即会购买计算机。对应的概率与手动计算的结果相同。

3.3.3 贝叶斯算法实现垃圾邮件分类

实例所讲解的是如何通过 Python 将文本读取,并且将每一个文本生成对应的词向量并返回。实例的背景是对 30 封邮件(包含 15 封正常邮件、15 封垃圾邮件)通过贝叶斯算法进行分类。

主要分为如下几个部分:

(1) 读取所有邮件;

(2) 建立词汇表;

(3) 生成每封邮件对应的词向量(词集模型);

(4) 用 sklearn 中的朴素贝叶斯算法进行分类;

(5) 生成性能评估报告。

下面先介绍需要用到的功能函数。思路：用所给的文本建立一个词汇表，就是将用所有出现的单词构成一个不重复的集合，即不含同一个单词。

```
def createVocabList(dataSet):
    vocabSet = set([])                          #创建空集
    for document in dataSet:
        vocabSet = vocabSet | set(document)     #两个并集
    return list(vocabSet)
postingList = [['my', 'dog', 'dog','has']]
print(createVocabList(postingList))
>>>['has', 'my', 'dog']
```

将所有的大写字母转换成小写字母，并且去掉长度小于两个字符的单词：

```
def textParse(bigString):                       #输入一个大字符串,输出是单词列表
    import re
    listOfTokens = re.split(r'\W*', bigString)
    return [tok.lower() for tok in listOfTokens if len(tok) > 2]
                                                #去掉长度小于两个字符的单词,2可以自己调节
s = 'i Love YYUU'
print(textParse(s))
>> ['love', 'yyuu']
```

构建词向量有两种方式：第一种是用文本中出现的单词，同词汇表向量进行对比，如果出现在词汇表中，则对应位置为1，反之为0。这种方式只管有无出现，不管出现次数，称为词集模型(set-of-words model)；第二种是同时统计出现次数，称为词袋模型(bag-of-words model)。

```
def setOfWords2Vec(vocabList, inputSet):
    returnVec = [0]*len(vocabList)
    for word in inputSet:
        if word in vocabList:
            returnVec[vocabList.index(word)] = 1
        else: print( "the word: %s is not in my Vocabulary!" % word)
    return returnVec
vocabulary = ['wo','do','like','what','go']
text = ['do','go','what','do']
print(setOfWords2Vec(vocabulary,text))
>> [0, 1, 0, 1, 1]
def bagOfWords2Vec(vocabList, inputSet):
    returnVec = [0]*len(vocabList)
    for word in inputSet:
        if word in vocabList:
            returnVec[vocabList.index(word)] += 1
        else: print("the word: %s is not in my Vocabulary!" % word)
    return returnVec
vocabulary = ['wo','do','like','what','go']
text = ['do','go','what','do']
print(setOfWords2Vec(vocabulary,text))
>> [0, 2, 0, 1, 1]
```

将上面3个函数写在一起；下面的操作方式只是针对本例，但是只要稍做修改同样能够适用于其他场合。

```
def createVocabList(dataSet):                #建立词汇表
    vocabSet = set([])                       #创建空集
    for document in dataSet:
        vocabSet = vocabSet | set(document)  #两个并集
    return list(vocabSet)
def setOfWords2Vec(vocabList, inputSet):     #建立词向量
    returnVec = [0] * len(vocabList)
    for word in inputSet:
        if word in vocabList:
            returnVec[vocabList.index(word)] = 1
        else: print("the word: %s is not in my Vocabulary!" % word)
    return returnVec
def textParse(bigString):                    #输入一个大字符串,输出是单词列表
    import re
    listOfTokens = re.split(r'\W*', bigString)
    return [tok.lower() for tok in listOfTokens if len(tok) > 2]
def preProcessing():
    docList = []; classList = []; fullText = []
    for i in range(1,26):
        wordList = textParse(open('email/spam/%d.txt' % i).read())
        docList.append(wordList)             #读取文本
        classList.append(1)                  #读取每个文本的标签
        wordList = textParse(open('email/ham/%d.txt' % i).read())
        docList.append(wordList)
        classList.append(0)
    vocabList = createVocabList(docList) #create vocabulary        #生成词向表
    data = []
    target = classList
    for docIndex in range(30):               #本例一共有30个文本
        data.append(setOfWords2Vec(vocabList,docList[docIndex]))生成词向量
    return data,target                       #返回处理好的词向量和标签
```

对数据进行训练并预测：

```
import textProcess as tp
from sklearn.naive_bayes import MultinomialNB
from sklearn.cross_validation import train_test_split
from sklearn.metrics import classification_report
data,target = tp.preProcessing()
X_train,X_test,y_train,y_test = train_test_split(data,target,test_size = 0.25)
mnb = MultinomialNB()
mnb.fit(X_train,y_train)
y_pre = mnb.predict((X_test))
print (y_pre)                                #预测结果
print (y_test)                               #实际结果
print ('The accuracy of Naive Bayes Classifier is',mnb.score(X_test,y_test))
print (classification_report(y_test,y_pre))
```

3.3.4 MultinomialNB 的实现

对于离散型朴素贝叶斯模型的实现，由于核心算法都是在进行“计数”工作，所以问题的关键就转换为如何进行计数。幸运的是，Numpy 中的一个方法——bincount 就是专门用来计数的，它能够非常快速地数出一个数组中各个数字出现的频率；而且由于它是 Numpy 自带的方法，其速度比 Python 标准库 collections 中的计数器 Counter 还要快上许多。不幸的是，该方法有两个缺点：

- 只能处理非负整数型的数组；
- 向量中的最大值即为返回的数组的长度，换句话说，如果用 bincount 方法对一个长度为 1、元素为 1000 的数组计数，返回的结果就是 999 个 0 加 1 个 1。

所以在做数据预处理时就要充分考虑到这两点，具体代码为：

```
#导入基本架构 Basic
from b_NaiveBayes.Original.Basic import *
class MultinomialNB(NaiveBayes):
    #定义预处理数据的方法
    def feed_data(self, x, y, sample_weight = None):
      #分情况将输入向量 x 进行转置
      if isinstance(x,list):
            features = map(list,zip( * x))
      else:
            features = x.T
      #利用 Python 中内置的高级数据结构——集合,获取各个维度的特征和类别
      #为了利用 bincount 方法来优化算法,将所有特征从 0 开始数值化
      #注意:需要将数值化过程中的转换关系记录成字典,否则无法对新数据进行判断
      features = [set(feat) for feat in features]
      feat_dics = [{_1:i for i,_1 in enumerate(feats)} for feats in features]
      label_dic = {_1:i for i, _1 in enumerate(set(y))}
      #利用转换字典更新训练集
      x = np.array([  [  feat_dics[i][_1] for i,_1 in enumerate(sample)]  for sample in features])
      y = np.array([  label_dic[yy] for yy in y])
      #利用 Numpy 中的 bincount 方法,获得各类别的数据的个数
          cat_counter = np.bincount(y)
          #记录各维度特征的取值个数
          n_possibilities = [len(feats) for feats in features]
          #获取各类别数据的下标
          labels = [y == value for value in range(len(cat_counter))]
          #利用下标获取记录按类别分开后的输入数据的数组
          labelled_x = [x[ci].T for ci in labels]
          #更新模型的各个属性
          self._x, self._y = x, y
          self._labelled_x, self._label_zip = labelled_x, list(zip(labels, labelled_x))
          self._cat_counter, self._feat_dicts, self._n_possibilities = cat_counter, feat_
dicts, n_possibilities
          self.label_dict = label_dict
          #调用处理样本权重的函数,以更新记录条件概率的数组
```

```
        self.feed_sample_weight(sample_weight)
    #定义处理样本权重的函数
    def feed_sample_weight(self, sample_weight = None):
        self._con_counter = []
        #利用 Numpy 的 bincount 方法获取带权重的条件概率的极大似然估计
        for dim, p in enumerate(self._n_possibilities):
            if sample_weight is None:
                self._con_counter.append([
                    np.bincount(xx[dim], minlength = p) for xx in self._labelled_x])
            else:
                local_weights = sample_weight * len(sample_weight)
                self._con_counter.append([
                    np.bincount(xx[dim], weights = local_weights[label], minlength = p)
                    for label, xx in self._label_zip])
```

注意：这样做确实会让训练过程加速很多，但是同时也会使预测过程的速度下降一些（因为预测时要先将输入数据数值化）；视具体情况的不同，数据预处理部分的实现可以有所不同。

下面的核心函数就变为调用与整合数据预处理时记录下来的信息的过程：

```
#定义核心训练函数
def _fit(self, lb):
    n_dim = len(self._n_possibilities)
    n_category = len(self._cat_counter)
    p_category = self.get_prior_probability(lb)
    #data 即为存储加了平滑项后的条件概率的数组
    data = [[] for _ in range(n_dim)]
    for dim, n_possibilities in enumerate(self._n_possibilities):
        data[dim] = [
            [(self._con_counter[dim][c][p] + lb) / (self._cat_counter[c] + lb * n_possibilities)
             for p in range(n_possibilities)] for c in range(n_category)]
    self._data = [np.asarray(dim_info) for dim_info in data]
    #利用 data 生成决策函数
    def func(input_x, tar_category):
        rs = 1
        #遍历各个维度,利用 data 和条件独立性假设计算联合条件概率
        for d, xx in enumerate(input_x):
            rs * = data[d][tar_category][xx]
            #利用先验概率和联合条件概率计算后验概率
        return rs * p_category[tar_category]
  #返回决策函数
    return func
#定义数值化数据的函数
def _transfer_x(self, x):
    for j, char in enumerate(x):
        x[j] = self._feat_dicts[j][char]
    return x
```

至此，第一个通用的朴素贝叶斯模型就完全搭建完毕了，可以用之前的气球数据集

1.0、1.5 来简单地评估我们的模型。首先要定义一个能够将文件的数据转化为 Python 数组的类：

```
def get_dataset(name, path, n_train = None, tar_idx = None, shuffle = True,
                quantize = False, quantized = False, one_hot = False, ** kwargs):
    x = []
    #将编码设为 utf8 以便读入中文等特殊字符
    with open(path, "r", encoding = "utf8") as file:
        if DataUtil.is_naive(name):
            #如果是气球数据集的话,直接依逗号分隔数据即可
            if "balloon" in name:
                for sample in file:
                    x.append(sample.strip().split(","))
#默认打乱数据
    if shuffle:
        np.random.shuffle(x)
    #默认类别在最后一列
    tar_idx = -1 if tar_idx is None else tar_idx
    y = np.array([xx.pop(tar_idx) for xx in x])
    x = np.array(x)
    #默认全部都是训练样本
    if quantized:
        return x, y
#如果传入了训练样本数,则依之将数据集切分为训练集和测试集
    return(x[:n_train], y[:n_train]), (x[n_train:], y[n_train:])
```

以下为 MultinomialNB 的评估代码：

```
if _name_ == '_main_':
    #导入标准库 time 以计时,导入 DataUtil 类以获取数据
    from Util import DataUtil
    import time
    #遍历 1.0、1.5 两个版本的气球数据集
    for dataset in ("balloon1.0", "balloon1.5"):
     #读入数据
        _x, _y = DataUtil.get_dataset(dataset, "../../_Data/{}.txt".format(dataset))
        #实例化模型并进行训练,同时记录整个过程花费的时间
        learning_time = time.time()
        nb = MultinomialNB()
        nb.fit(_x, _y)
        learning_time = time.time() - learning_time
        print("=" * 30)
        print(dataset)
        print("-" * 30)
        #评估模型的表现,同时记录评估过程花费的时间
        estimation_time = time.time()
        nb.evaluate(_x, _y)
        estimation_time = time.time() - estimation_time
        #将记录下来的耗时输出
        print(
```

```
        "Model building  : {:12.6} s\n"
        "Estimation      : {:12.6} s\n"
        "Total           : {:12.6} s".format(
            learning_time, estimation_time,
            learning_time + estimation_time
        )
    )
```

运行以上代码，得到结果：

```
balloo1.0
Acc:        100.0%
Model building  :   0.0s
Estimation      :   0.0s
Total           :   0.0s
----------------------------------------------------------
balloo1.5
Acc:        91.6667%
Model building  :   0.0s
Estimation      :   0.0s
Total           :   0.0s
```

由于数据量太少，所以建模和评估的过程耗费的时间已是可以忽略不计的程度。气球数据集1.5是“不太均衡”的数据集，所以朴素贝叶斯在其上的表现会比较差。

仅仅在一个虚构的数据集上进行评估可能不太有说服力，下面通过自带的digits数据来评估我们的模型。

【例3-5】 通过digits数据来评估模型。

(1) 导入必要的库。

```
from sklearn import datasets,cross_validation,naive_bayes
import numpy as np
import matplotlib.pyplot as plt
```

(2) 显示Digit Dataset数据集。

```
def show_digits():
    digits = datasets.load_digits()
    fig = plt.figure()
    print("vector from images 0:",digits.data[0])
    for i in range(25):
        ax = fig.add_subplot(5,5,i + 1)
        ax.imshow(digits.images[i],cmap = plt.cm.gray_r,interpolation = 'nearest')
    plt.show()          #效果如图3-2所示
show_digits()
vector from images 0: [ 0.   0.   5. 13.   9.   1.   0.   0.   0.   0. 13. 15. 10. 15.   5.   0.   0.   3.
 15.   2.   0. 11.   8.   0.   0.   4. 12.   0.   0.   8.   8.   0.   0.   5.   8.   0.
  0.   9.   8.   0.   0.   4. 11.   0.   1. 12.   7.   0.   0.   2. 14.   5. 10. 12.
  0.   0.   0.   0.   6. 13. 10.   0.   0.   0.]
```

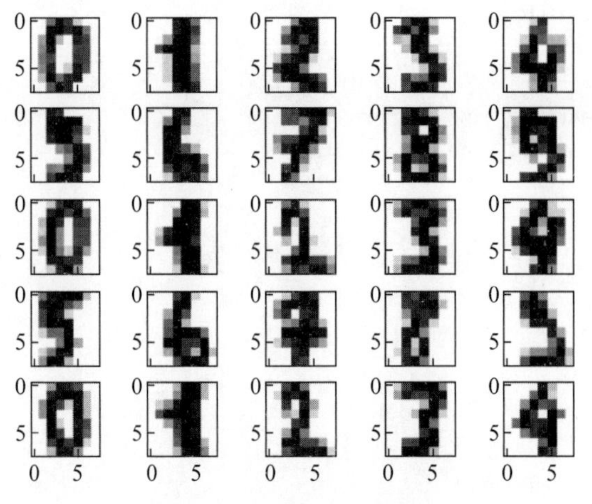

图 3-2 Digit Dataset 数据集

(3) 加载数据。

```
def load_data():
    digits = datasets.load_digits()
    return cross_validation.train_test_split(digits.data, digits.target, test_size = 0.25,
random_state = 0)
```

(4) 测试多项式贝叶斯分类器。

```
def test_MultinomialNB( * data):
    X_train, X_test, y_train, y_test = data
    cls = naive_bayes.MultinomialNB()
    cls.fit(X_train, y_train)
    print('Training Score: %.2f' % cls.score(X_train, y_train))
    print('Testing Score: %.2f' % cls.score(X_test, y_test))
X_train, X_test, y_train, y_test = load_data()
test_MultinomialNB(X_train, X_test, y_train, y_test)
```

(5) 检验不同的 a 对多项式贝叶斯分类器的预测性能的影响。

```
def test_MultinomialNB_alpha( * data):
    X_train, X_test, y_train, y_test = data
    alphas = np.logspace( - 2, 5, num = 200)
    train_scores = []
    test_scores = []
    for alpha in alphas:
        cls = naive_bayes.MultinomialNB(alpha = alpha)
        cls.fit(X_train, y_train)
        train_scores.append(cls.score(X_train, y_train))
        test_scores.append(cls.score(X_test, y_test))
    # 绘图
    fig = plt.figure()
    ax = fig.add_subplot(1,1,1)
    ax.plot(alphas, train_scores, label = "Training Score")
```

```
    ax.plot(alphas,test_scores,label = "Testing Score")
    ax.set_xlabel(r" $ alpha $ ")
    ax.set_ylabel("score")
    ax.set_ylim(0,1.0)
    ax.set_title("MultinomialNB")
    ax.set_xscale("log")
    plt.show()          #效果如图 3-3 所示
X_train,X_test,y_train,y_test = load_data()
test_MultinomialNB_alpha(X_train,X_test,y_train,y_test)
Training Score:0.91
Testing Score:0.91
```

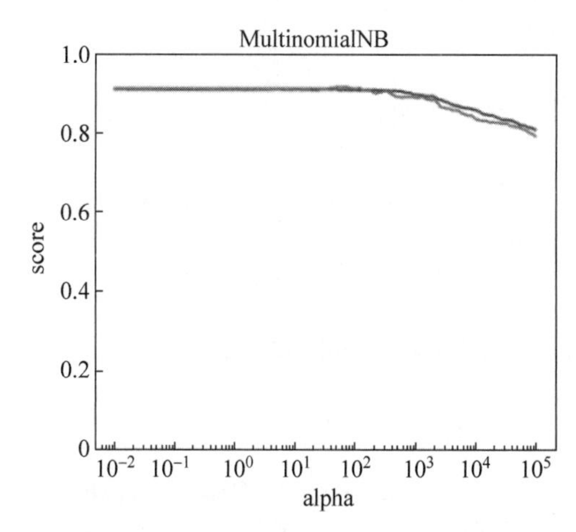

图 3-3　MultinomialNB 预测性能曲线图

3.3.5　GaussianNB 的实现

有了实现离散朴素贝叶斯的经验，就可以触类旁通地实现连续朴素贝叶斯模型了。

处理连续型变量有一个最直观的方法：使用小区间切割，直接使其离散化。由于这种方法较难控制小区间的大小，而且对训练集质量的要求比较高，所以选用第二种方法：假设该变量服从正态分布(或称高斯分布，Gaussian Distribution)，再利用极大似然估计来计算该变量的"条件概率"(仅展示和离散型算法中不同的部分)，具体过程为：

(1) 与离散型算法一致。

(2) 计算"条件概率"$p(X^{(j)}=a_{jl}|y=c_k)$：

$$p(X^{(j)}=a_{jl} \mid y=c_k)=\frac{1}{\sqrt{2\pi}\sigma_{jk}}\mathrm{e}^{-\frac{(a_{jl}-\mu_{jk})^2}{2\sigma_{jk}^2}}$$

这里有两个参数 μ_{jk}、σ_{jk}，它们可以用极大似然估计法定义：

$$\hat{\mu}_{jk}=\frac{1}{N_k}\sum_{i=1}^{N}x_i^{(j)}I(y_i=c_k)$$

$$\sigma_{jk}^2=\frac{1}{N_k}\sum_{i=1}^{N}(x_i^{(j)}-\mu_{jk})^2 I(y_i=c_k)$$

注意：这里的"条件概率"其实是"条件概率密度"，真正的条件概率其实是0(因为连续型变量单点概率为0)。这样做的合理性涉及比较深的概率论知识，此处不介绍。

所以在实现GaussianNB之前，需要先实现一个能够计算正态分布密度和进行正态分布极大似然估计的类：

```
import numpy as np
from math import pi, exp
#记录 sqrt(2π),避免该项的重复运算
sqrt_pi = (2 * pi) ** 0.5
class NBFunctions:
    #定义正态分布的密度函数
    @staticmethod
    def gaussian(x, mu, sigma):
        return exp( - (x - mu) ** 2 / (2 * sigma ** 2)) / (sqrt_pi * sigma)
     #定义进行极大似然估计的函数
     #它能返回一个存储着计算条件概率密度的函数的列表
    @staticmethod
    def gaussian_maximum_likelihood(labelled_x, n_category, dim):
        mu = [np.sum(
            labelled_x[c][dim]) / len(labelled_x[c][dim]) for c in range(n_category)]
        sigma = [np.sum(
            (labelled_x[c][dim] - mu[c]) ** 2)/len(labelled_x[c][dim]) for c in range(n_category)]
    #利用极大似然估计得到的μ和σ,定义生成计算条件概率密度的函数 func
        def func(_c):
            def sub(x):
                return NBFunctions.gaussian(x, mu[_c], sigma[_c])
            return sub
    #利用 func 返回目标列表
        return [func(_c = c) for c in range(n_category)]
```

由于算法中只有条件概率相关的定义变了，所以只需要将相关的函数重新定义即可。此外，由于输入数据肯定是数值数据，所以数据预处理会简单不少(至少不用因为要对输入进行特殊的数值化处理而记录其转换字典了)。考虑到MultinomialNB处的注释基本上把框架的思想都说明清楚了，因此在接下来的GaussianNB的代码实现中会适当减少注释。

【例3-6】 连续型朴素贝叶斯的实现。

```
from b_NaiveBayes.Original.Basic import *
class GaussianNB(NaiveBayes):
    GaussianNBTiming = Timing()
    def feed_data(self, x, y, sample_weight = None):
        #简单地调用 Python 自带的 float 方法将输入数据数值化
        x = np.array([list(map(lambda c: float(c), sample)) for sample in x])
        #数值化类别向量
        labels = list(set(y))
        label_dict = {label: i for i, label in enumerate(labels)}
```

```
        y = np.array([label_dict[yy] for yy in y])
        cat_counter = np.bincount(y)
        labels = [y == value for value in range(len(cat_counter))]
        labelled_x = [x[label].T for label in labels]
        #更新模型的各个属性
        self._x, self._y = x.T, y
        self._labelled_x, self._label_zip = labelled_x, labels
        self._cat_counter, self.label_dict = cat_counter, {i: l for l, i in label_dict.items()}
        self.feed_sample_weight(sample_weight)
```

可以看到,数据预处理这一步确实要轻松很多。接着只需要再定义训练用的代码就可以了,它们和 MultinomialNB 中的实现大同小异:

```
 #定义处理样本权重的函数
def feed_sample_weight(self, sample_weight = None):
    if sample_weight is not None:
        local_weights = sample_weight * len(sample_weight)
        for i, label in enumerate(self._label_zip):
            self._labelled_x[i] * = local_weights[label]
@GaussianNBTiming.timeit(level = 1, prefix = "[Core] ")
def _fit(self, lb):
    n_category = len(self._cat_counter)
    p_category = self.get_prior_probability(lb)
    #利用极大似然估计获得计算条件概率的函数,使用数组变量 data 进行存储
    data = [
        NBFunctions.gaussian_maximum_likelihood(
            self._labelled_x, n_category, dim) for dim in range(len(self._x))]
    self._data = data
    def func(input_x, tar_category):
        rs = 1
        for d, xx in enumerate(input_x):
        #由于 data 中存储的是函数,所以需要调用它来进行条件概率的计算
            rs * = data[d][tar_category](xx)
        return rs * p_category[tar_category]
    return func
```

由于数据本身就是数值的,所以数据转换函数只需直接返回输入值即可:

```
@staticmethod
def _transfer_x(x):
return x
```

至此,连续型朴素贝叶斯模型就搭建完毕,运行程序,输出如下:

```
Acc:      48.3333 %
Acc:      47.8343 %
Model building   :   0.0551443 s
Estimation       :   0.715473 s
Total            :   0.770618 s
```

可看到,建模的速度比 MultionialNB 要快,但是预测的速度非常慢(MultinomialNB 比

它快四五倍)。这是因为 GaussianNB 在预测时要进行大量正态分布密度的计算,而我们还没有进行算法的向量化。

连续型朴素贝叶斯同样能够进行和离散型朴素贝叶斯类似的可视化,下面用自带的 digits 数据来评估我们的模型。

【例 3-7】 利用高斯朴素贝叶斯模型实现光学字符识别。

光学字符识别问题:手写数字识别。简单地说,这个问题包括图像中字符的定位和识别两部分。为了演示方便,我们选择使用 Scikit-Learn 中自带的手写数字数据集。

(1) 加载并可视化手写数字。

首先用 Scikit-Learn 的数据获取接口加载数据,并简单统计一下:

```
>>> from sklearn.datasets import load_digits
>>> digits = load_digits()
>>> digits.images.shape
(1797, 8, 8)
>>> import matplotlib.pyplot as plt
>>> fig,axes = plt.subplots(10,10, figsize=(8, 8),subplot_kw={'xticks':[], 'yticks':[]},
gridspec_kw=dict(hspace=0.1, wspace=0.1))
    >>> for i, ax in enumerate(axes.flat):
     ... ax.imshow(digits.images[i], cmap='binary', interpolation='nearest')
     ...ax.text(0.05, 0.05, str(digits.target[i]),transform=ax.transAxes, color='green')
    >>> plt.show()
```

这份图像数据是一个三维矩阵:共有 1797 个样本,每张图像都是 8×8 像素。对前 100 张图进行可视化,如图 3-4 所示。

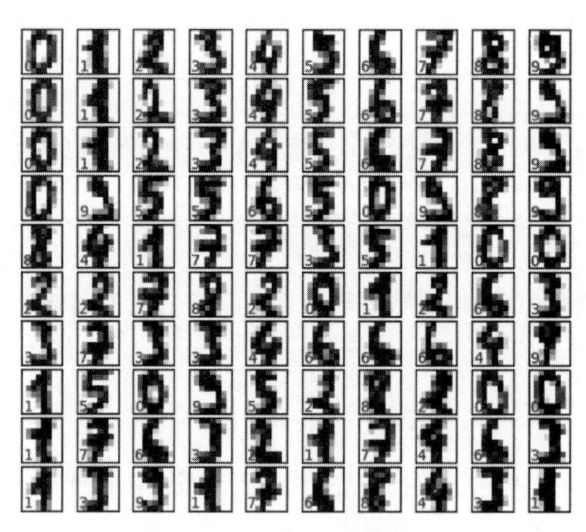

图 3-4 原始光学字符

为了在 Scikit-Learn 中使用数据,需要一个维度为[n_samples, n_features]的二维特征矩阵——可以将每个样本图像的所有像素都作为特征,也就是将每个数字的 8×8 像素平铺成长度为 64 的一维数组。另外,还需要一个目标数组,用来表示每个数字的真实值(标签)。

这两份数据已经放在手写数字数据集的 data 与 target 属性中，直接使用即可：

```
>>> X = digits.data
>>> X.shape
(1797, 64)
>>> y = digits.target
>>> y.shape
(1797,)
```

(2) 无监督学习：降维。

虽然想对具有 64 维参数空间的样本进行可视化，但是在如此高维度的空间中进行可视化十分困难。因此，需要借助无监督学习方法将维度降到二维。在此试试流形学习算法中的 Isomap 算法对数据进行降维：

```
>>> from sklearn.manifold import Isomap
>>> iso = Isomap(n_components = 2)
>>> iso.fit(digits.data)
Isomap(eigen_solver = 'auto', max_iter = None, n_components = 2, n_jobs = 1,
    n_neighbors = 5, neighbors_algorithm = 'auto', path_method = 'auto', tol = 0)
>>> data_projected = iso.transform(digits.data)
>>> data_projected.shape
(1797, 2)
```

现在数据已经投影到二维，把数据画出来，看看从结构中能发现什么：

```
>>> plt.scatter(data_projected[:, 0], data_projected[:, 1], c = digits.target, edgecolor = 'none',
alpha = 0.5, cmap = plt.cm.get_cmap('Spectral', 10))
>>> plt.colorbar(label = 'digit label', ticks = range(10))
>>> plt.clim( - 0.5, 9.5)
>>> plt.show()              #效果如图 3-5 所示
```

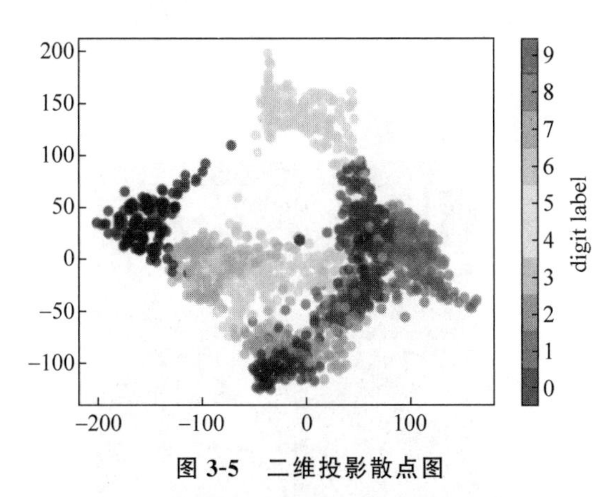

图 3-5 二维投影散点图

这幅图呈现出了非常直观的效果，让我们知道数字在 64 维空间中的分离(可识别)程度。虽然有些瑕疵，但从总体上看，各个数字在参数空间中的分离程度还是令人满意的。这其实告诉我们：用一个非常简单的有监督分类算法就可以完成任务。下面来演示一下。

(3) 数字分类。

我们需要找到一个分类算法,对手写数字进行分类。先将数据分成训练集和测试集,然后用高斯朴素贝叶斯模型来拟合:

```
>>> from sklearn.model_selection import train_test_split
>>> Xtrain,Xtest,ytrain,ytest = train_test_split(X,y,random_state=0)
>>> from sklearn.naive_bayes import GaussianNB
>>> model = GaussianNB()
>>> model.fit(Xtrain,ytrain)
GaussianNB(priors=None)
>>> y_model = model.predict(Xtest)
```

模型预测已经完成,现在用模型在训练集中的正确识别样本量与总训练样本量进行对比,获得模型的准确率:

```
>>> from sklearn.metrics import accuracy_score
>>> accuracy_score(ytest,y_model)
0.8333333333333334
```

可以看出,通过一个非常简单的模型,数字识别率就可以达到 80% 以上。但仅依靠这个指标,我们无法知道模型哪里做得不够好,解决这个问题的办法就是用混淆矩阵(confusion matrix)。可以用 Scikit-Learn 计算混淆矩阵,然后用 Seaborn 画出来:

```
>>> from sklearn.metrics import confusion_matrix
>>> mat = confusion_matrix(ytest,y_model)
>>> import seaborn as sns
>>> sns.heatmap(mat, square=True, annot=True, cbar=False)
<matplotlib.axes._subplots.AxesSubplot object at 0x000001636AC15438>
>>> plt.xlabel('predicted value')
Text(0.5,64.2268,'predicted value')
>>> plt.ylabel('true value')
Text(633.841,0.5,'true value')
>>> plt.show()                 #效果如图 3-6 所示
```

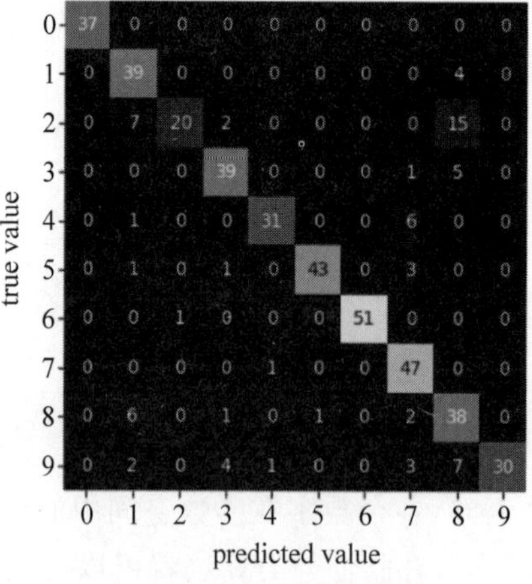

图 3-6　数字识别模型图

从图 3-6 可以看出，误判的主要原因在于许多数字 2 被误判成了数字 1 或数字 8。另一种显示模型特征的直观方式是将样本画出来，然后把预测标签放在左下角，用绿色表示预测正确，用红色表示预测错误：

```
>>> fig, axes = plt.subplots(10, 10, figsize = (8, 8),subplot_kw = {'xticks':[], 'yticks':[]},
gridspec_kw = dict(hspace = 0.1, wspace = 0.1))
>>> test_images = Xtest.reshape( - 1,8,8)
>>> for i, ax in enumerate(axes.flat):
  ax.imshow(test_images[i], cmap = 'binary', interpolation = 'nearest')
  ax.text(0.05, 0.05, str(y_model[i]),transform = ax.transAxes,color = 'green' if (ytest[i] ==
y_model[i]) else 'red')
>>> plt.show()                    #效果如图 3-7 所示
```

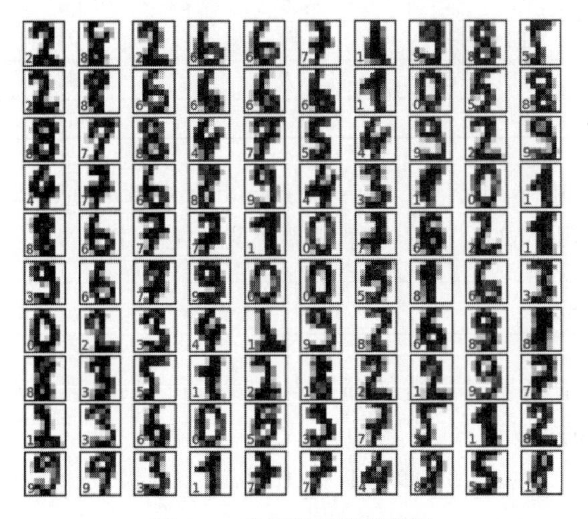

图 3-7　光学字符识别结果

彩色图片

图 3-7

3.3.6　MergedNB 的实现

混合型贝叶斯算法主要有两种提示：

- 用某种分布的密度函数算出训练集中各个样本连续型特征相应维度的密度之后，根据这些密度的情况将该维度离散化，最后再训练离散型朴素贝叶斯模型。
- 直接结合离散型朴素贝叶斯和连续型朴素贝叶斯：

$$y = f(x^*) = \underset{c_k}{\operatorname{argmax}} p(y = c_k) \prod_{j \in S_1} p(X^{(j)} = x^{*(j)} = c_k) \prod_{j \in S_2} p(X^{(j)} = x^{*(j)} = c_k)$$

其中，S_1 和 S_2 代表离散、连续维度的集合，条件概率由 3.3.1 节及 3.3.5 节的算法给出。

可以直观看出，第二种提法可能会比第一种提法要“激进”一些，因为如果某个连续型维度采用的分布特别“大起大落”，那么该维度可能会直接“主导”整个决策。但是考虑到实现的简洁和直观，我们还演示了第二种提法的实现。

可以对气球数据集 1.0 稍做变动，将“气球大小”这个特征改为“气球直径”，然后再手动做一次分类，以加深对混合型朴素贝叶斯算法的理解。新数据集如表 3-4 所示。

表 3-4　气球数据集 2.0

颜　色	直　径	测试人员	测试动作	结　果
黄色	10	成人	用手打	不爆炸
黄色	15	成人	用脚踩	爆炸
黄色	9	小孩	用手打	不爆炸
黄色	9	小孩	用脚踩	不爆炸
黄色	19	成人	用手打	爆炸
黄色	21	成人	用脚踩	爆炸
黄色	16	小孩	用手打	不爆炸
黄色	22	小孩	用脚踩	爆炸
紫色	10	成人	用手打	不爆炸
紫色	12	小孩	用手打	不爆炸
紫色	22	成人	用脚踩	爆炸
紫色	21	小孩	用脚踩	爆炸

该数据集的电子版本可参见 https://github.com/carefree0910/MachineLearning/blob/master/_Data/balloon2.0.txt。我们需要预测的是样本：

紫色	10	小孩	用脚踩

除了“大小”变成“直径”，其余特征都一点未变，所以只需再计算直径的条件概率（密度）。由 GaussianNB 的算法可知：

$$\hat{\mu}_{不爆炸}=\frac{10+9+9+16+10+12}{6}=11$$

$$\hat{\mu}_{爆炸}=\frac{15+19+21+22+22+21}{6}=20$$

$$\hat{\sigma}_{不爆炸}=\frac{1}{6}[(10-\hat{\mu}_{不爆炸})^2+\cdots+(12-\hat{\mu}_{不爆炸})^2]=6$$

$$\hat{\sigma}_{爆炸}=\frac{1}{6}[(15-\hat{\mu}_{爆炸})^2+\cdots+(21-\hat{\mu}_{爆炸})^2]=6$$

从而，

$$\hat{p}(不爆炸)=\frac{1}{\sqrt{2\pi}\hat{\sigma}_{不爆炸}}\mathrm{e}^{-\frac{((10-\hat{\mu}_{不爆炸})^2)}{2\hat{\sigma}^2_{不爆炸}}}\times p(小孩\mid 不爆炸)\times p(用脚踩\mid 不爆炸)\approx 0.0073$$

$$\hat{p}(爆炸)=\frac{1}{\sqrt{2\pi}\hat{\sigma}_{爆炸}}\mathrm{e}^{-\frac{((10-\hat{\mu}_{爆炸})^2)}{2\hat{\sigma}^2_{爆炸}}}\times p(小孩\mid 爆炸)\times p(用脚踩\mid 爆炸)\approx 0.0046$$

因此应认为给定样本所导致的结果是“不爆炸”，这和直观感受大体相符。接着看一下具体如何实现：

```
from b_NaiveBayes.Original.Basic import *
from b_NaiveBayes.Original.MultinomialNB import MultinomialNB
from b_NaiveBayes.Original.GaussianNB import GaussianNB

class MergedNB(NaiveBayes):
    MergedNBTiming = Timing()
    """
初始化结构
    self._whether_discrete:记录各个维度的变量是否是离散型变量
    self._whether_continuous:记录各个维度的变量是否是连续型变量
    self._multinomial,self._gaussian:离散型、连续型朴素贝叶斯模型
    """
    def __init__(self, ** kwargs):
        self._multinomial, self._gaussian = MultinomialNB(), GaussianNB()

        if wc is None:
            self._whether_discrete = self._whether_continuous = None
        else:
            self._whether_continuous = np.asarray(wc)
            self._whether_discrete = ~self._whether_continuous
```

对模型的训练进行实现，代码为：

```
   #分别利用 MultinomialNB 和 GaussianNB 的数据预处理方法进行数据处理
  def feed_data(self, x, y, sample_weight = None):
      if sample_weight is not None:
          sample_weight = np.asarray(sample_weight)
      x, y, wc, features, feat_dicts, label_dict = DataUtil.quantize_data(
          x, y, wc = self._whether_continuous, separate = True)
      #如果没有指定哪些维度连续,则用 quantize_data 中朴素的方法判定哪些维度连续
      if self._whether_continuous is None:
        #通过 Numpy 中对逻辑非的支持进行快速运算
          self._whether_continuous = wc
          self._whether_discrete = ~self._whether_continuous
      self.label_dict = label_dict
      discrete_x, continuous_x = x
      cat_counter = np.bincount(y)
      self._cat_counter = cat_counter
      labels = [y == value for value in range(len(cat_counter))]
    #训练离散型朴素贝叶斯
      labelled_x = [discrete_x[ci].T for ci in labels]
      self._multinomial._x, self._multinomial._y = x, y
       self._multinomial._labelled_x, self._multinomial._label_zip = labelled_x, list(zip
(labels, labelled_x))
      self._multinomial._cat_counter = cat_counter
      self._multinomial._feat_dicts = [dic for i, dic in enumerate(feat_dicts) if self._whether_
discrete[i]]
      self._multinomial._n_possibilities = [len(feats) for i, feats in enumerate(features)
                                            if self._whether_discrete[i]]
      self._multinomial.label_dict = label_dict
```

```
        #训练连续型朴素贝叶斯
        labelled_x = [continuous_x[label].T for label in labels]
        self._gaussian._x, self._gaussian._y = continuous_x.T, y
        self._gaussian._labelled_x, self._gaussian._label_zip = labelled_x, labels
        self._gaussian._cat_counter, self._gaussian.label_dict = cat_counter, label_dict
        #处理样本权重
        self.feed_sample_weight(sample_weight)
    #分别利用 MultinomialNB 和 GaussianNB 处理样本权重的方法来处理样本权重
    def feed_sample_weight(self, sample_weight = None):
        self._multinomial.feed_sample_weight(sample_weight)
        self._gaussian.feed_sample_weight(sample_weight)
    #分别利用 MultinomialNB 和 GaussianNB 的训练函数来进行训练
    def _fit(self, lb):
        self._multinomial.fit()
        self._gaussian.fit()
        p_category = self._multinomial.get_prior_probability(lb)
        discrete_func, continuous_func = self._multinomial["func"], self._gaussian["func"]
        #将 MultinomialNB 和 GaussianNB 的决策函数直接合成 MergedNB 的决策函数
        #由于这两个决策函数都乘了先验概率,所以需要除掉一个先验概率
        def func(input_x, tar_category):
            input_x = np.asarray(input_x)
            return discrete_func(
        input_x[self._whether_discrete].astype(np.int), tar_category) * continuous_func(
            input_x[self._whether_continuous], tar_category) / p_category[tar_category]
        return func
```

上述实现有一个显而易见的可以优化的地方：我们一共在代码中重复计算了 3 次先验概率，但其实只计算一次就可以了，考虑到这一点不是性能瓶颈，为了代码的连贯性和可读性，就没有进行这个优化。数据转换函数则相对而言要复杂一些，因为需要跳过连续维度，将离散维度挑出来进行数值化：

```
 #实现转换混合型数据的方法,要注意利用 MultinomialNB 的相应变量
def _transfer_x(self, x):
    feat_dicts = self._multinomial["feat_dicts"]
    idx = 0
    for d, discrete in enumerate(self._whether_discrete):
      #如果是连续维度,直接调用 float 方法将其转为浮点数
        if not discrete:
            x[d] = float(x[d])
        else:
          #如果是离散维度,利用转换字典进行数值化
            x[d] = feat_dicts[idx][x[d]]
        if discrete:
            idx += 1
    return x
```

至此，混合型朴素贝叶斯模型就搭建完毕了。

3.3.7 BernoulliNB 分类器实现

BernoulliNB 是伯努利贝叶斯分类器，它假设特征的条件概率分布满足二项分布：

$$P(X^{(j)} \mid y=c_k)=pX^{(j)}+(1-p)(1-X^{(j)})$$

其中，要求特征的取值为 $X^{(j)}\in\{0,1\}$，且 $P(X^{(j)}=1|y=c_k)=p$。

【例 3-8】 用自带的 digits 数据来评估 BernoulliNB 分类器。

(1) 载入必要的库。

```
from sklearn import datasets,cross_validation,naive_bayes
import numpy as np
import matplotlib.pyplot as plt
```

(2) 观察 digit Dataset。

```
def show_digits():
    digits = datasets.load_digits()
    fig = plt.figure()
    print('vector from  images 0:',digits.data[0])
    for i in range(25):
         ax = fig.add_subplot(5,5,i+1)
         ax.imshow(digits.images[i],cmap = plt.cm.gray_r,interpolation = 'nearest')
    plt.show()
 show_digits()
vector from  images 0:[ 0.   0.   5. 13.   9.   1.   0.   0.   0.   0. 13. 15. 10. 15.   5.   0.   0.   3.
 15.   2.   0. 11.   8.   0.   0.   4. 12.   0.   0.   8.   8.   0.   0.   5.   8.   0.
  0.   9.   8.   0.   0.   4. 11.   0.   1. 12.   7.   0.   0.   2. 14.   5. 10. 12.
  0.   0.   0.   0.   6. 13. 10.   0.   0.   0.]
```

(3) 加载数据集。

```
def load_data():
    digits = datasets.load_digits()
    return cross_validation.train_test_split(digits.data,digits.target,test_size = 0.25,
random_state = 0)
```

(4) 伯努利贝叶斯分类器。

```
def test_BernoulliNB( *data):
    X_train, X_test, y_train, y_test = data
    cls = naive_bayes.BernoulliNB()
    cls.fit(X_train,y_train)
    print("Training score: %.2f" % cls.score(X_train, y_train))
    print("Testing score: %.2f" % cls.score(X_test,y_test))
X_train, X_test, y_train, y_test = load_data()
test_BernoulliNB(X_train, X_test, y_train, y_test)
Training score:0.87
Testing score:0.85
```

(5) 检验不同的 a 对伯努利贝叶斯分类器的预测性能的影响。

```
def test_BernoulliNB_alpha( *data):
    X_train, X_test, y_train, y_test = data
    alphas = np.logspace( -2,5,num = 200)
    train_scores = []
```

```
    test_scores = []
    for alpha in alphas:
        cls = naive_bayes.BernoulliNB(alpha = alpha)
        cls.fit(X_train,y_train)
        train_scores.append(cls.score(X_train,y_train))
        test_scores.append(cls.score(X_test,y_test))
```

（6）绘图。

```
    fig = plt.figure()
    ax = fig.add_subplot(1,1,1)
    ax.plot(alphas,train_scores,label = 'Training Score')
    ax.plot(alphas,test_scores,label = 'Testing Score')
    ax.set_xlabel(r'$\alpha$')
    ax.set_ylabel('score')
    ax.set_ylim(0,1.0)
    ax.set_title('BernoulliNB')
    ax.set_xscale('log')
    ax.legend(loc = 'best')
    plt.show()                    #效果如图 3-8 所示
X_train, X_test, y_train, y_test = load_data()
test_BernoulliNB_alpha(X_train, X_test, y_train, y_test)
```

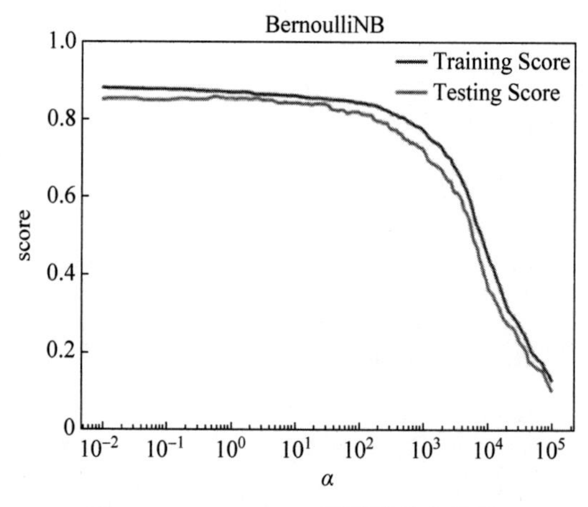

图 3-8 BernoulliNB 预测性能曲线图

（7）考虑 binarize 参数对伯努利贝叶斯分类器的影响。

```
def test_BernoulliNB_binarize( * data):
    X_train, X_test, y_train, y_test = data
    min_x = min(np.min(X_train.ravel()),np.min(X_test.ravel())) - 0.1
    max_x = max(np.max(X_train.ravel()),np.max(X_test.ravel())) + 0.1
    binarizes = np.linspace(min_x,max_x,endpoint = True,num = 100)
    train_scores = []
    test_scores = []
    for binarize in binarizes:
        cls = naive_bayes.BernoulliNB(binarize = binarize)
```

```
        cls.fit(X_train,y_train)
        train_scores.append(cls.score(X_train,y_train))
        test_scores.append(cls.score(X_test,y_test))
    #绘图
    fig = plt.figure()
    ax = fig.add_subplot(1,1,1)
    ax.plot(binarizes,train_scores,label = 'Training Score')
    ax.plot(binarizes,test_scores,label = 'Testing Score')
    ax.set_xlabel('binarize')
    ax.set_ylabel('score')
    ax.set_ylim(0,1.0)
    ax.set_xlim(min_x - 1,max_x + 1)
    ax.set_title('BernoulliNB')
    ax.legend(loc = 'best')
    plt.show()                #效果如图 3-9 所示
X_train, X_test, y_train, y_test = load_data()
test_BernoulliNB_binarize(X_train, X_test, y_train, y_test)
```

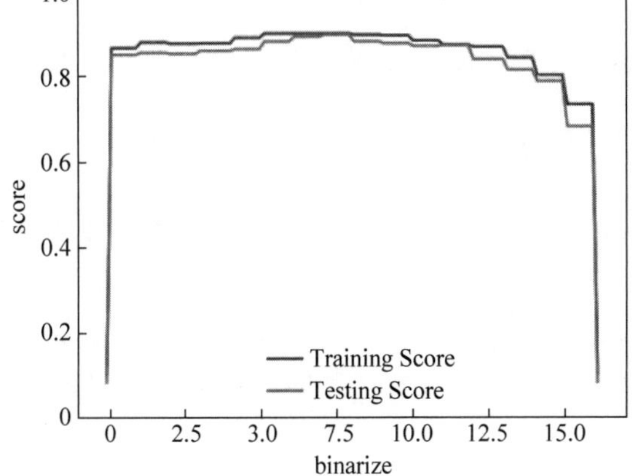

图 3-9 binarize 参数对 BernoulliNB 的影响

3.4 半朴素贝叶斯

朴素贝叶斯导出的分类器只是贝叶斯分类器中的一小类，它所做的独立性假设在绝大多数的情况下都显得太强，现实任务中这个假设往往难以成立。为了做出改进，人们尝试在不过于增加模型复杂度的前提下，将独立性假设进行各种弱化。在由此衍生出来的模型中，比较经典的就是半朴素贝叶斯(Semi-Naive Bayes)模型和贝叶斯网模型(Bayesian Network)两种。

由于提出条件独立性假设的原因正是联合概率难以求解，所以在弱化假设的时候同样应该避免引入过多的联合概率，这也正是半朴素贝叶斯的基本想法。比较常见的半朴素贝叶斯算法有如下 3 种。

3.4.1 ODE 算法

顾名思义，ODE 算法（One-Dependent Estimator，独依赖估计）各个维度的特征至多依赖一个其他维度的特征。从公式上来说，它在描述条件概率时会多出一个条件：

$$p(c_k \mid X=x)=p(y=c_k)\prod_{i=1}^{n}p(X^{(j)}=x^{(j)} \mid Y=c_k, X^{(\mathrm{pa}_j)}=x^{(\mathrm{pa}_j)})$$

这里的 pa_j 代表维度 j 所“独依赖”的维度。

3.4.2 SPODE 算法

SPODE 算法（Super-Parent ODE，超父独依赖估计）是 ODE 算法的一个特例。在该算法中，所有维度的特征都独依赖于同一个维度的特征，这个被共同依赖的特征就叫作“超父”（Super-Parent）。如果它的维度是第 pa 维，知：

$$p(c_k \mid X=x)=p(y=c_k)\prod_{i=1}^{n}p(X^{(j)}=x^{(j)} \mid Y=c_k, X^{(\mathrm{pa})}=x^{(\mathrm{pa})})$$

一般而言，会选择通过交叉验证来选择超父。

3.4.3 AODE 算法

AODE 算法（Averaged One-Dependent Estimator，集成独依赖估计）的背后有提升方法的思想。AODE 算法会利用 SPODE 算法并尝试将许多个训练后的、有足够的训练数据量支撑的 SPODE 模型集成在一起来构建最终的模型。一般来说，AODE 会以所有维度的特征作为超父训练 n 个 SPODE 模型，然后线性组合出最终的模型。

3.5 贝叶斯网

贝叶斯网又称“信念网”（Belief Network），比起朴素贝叶斯，它背后还蕴含了图论的思想。贝叶斯网有许多奇妙的性质，详细讨论的不可避免地要使用到图论的术语，这里仅仅对其做一个直观的介绍。

贝叶斯网络既然带了“网”字，它的结构自然可以直观地看作一张网络，其中，网络的节点就是单一样本的各个维度上的随机变量 $X^{(1)}, X^{(2)}, \cdots, X^{(n)}$，连接节点的边就是节点之间的依赖关系。

注意：贝叶斯网络一般要求这些边是“有方向的”，同时整张网络中不能出现“环”。无向的贝叶斯网络通常是由有向贝叶斯网络无向化得到的，此时它被称为 moral graph（除了把所有有向边改成无向边以外，moral graph 还需要将有向网络中不相互独立的随机变量之间连上一条无向边，细节略），基于它能够非常直观，故可迅速地看出变量间的条件独立性。

显然，有了代表各个维度随机变量的节点和代表这些节点之间依赖关系的边之后，各个随机变量之间的条件依赖关系都可以通过这张网络表示出来。类似的在条件随机场中也有用到，可以说是一个适用范围非常泛的思想。

贝叶斯网络的学习在网络结构已经确定的情况下相对简单，其思想和朴素贝叶斯类似：只需要对训练集相应的条件进行"计数"即可，所以贝叶斯网的学习任务主要归结于如何找到最恰当的网络结构。常见的做法是定义一个用来打分的函数并基于该函数通过某种搜索手段来决定结构。如同很多最优化算法一样，在所有可能的结构空间中搜索最优结构是一个 NP 完全问题，无法在合理的时间内求解，所以一般会使用替代的方法求近似最优解。常见的方法有两种：一种是贪心法，比如，先确定一个初始的网络结构并从该结构出发，每次增添一条边、删去一条边或调整一条边的方向，期望通过这些手段能够使评分函数的值变大；另一种是直接限定假设空间，比如，假设要求的贝叶斯网络一定是一个树形结构。

与学习方法相比，贝叶斯网的决策方法并不简单。虽说最理想的情况是直接根据贝叶斯网络的结构所决定的联合概率密度来计算后验概率，但是这样的计算被证明是 NP 完全问题。换句话说，只要贝叶斯网络稍微复杂一点，这种精确的计算就无法在合理的时间内完成。所以同样要借助近似法求解，一种常见的做法是吉布斯采样（Gibbs Sampling），它的定义涉及马尔可夫链的相关知识，这里不展开介绍。

3.6 习题

1. 在数理统计学中，________是一种关于统计模型中的参数的函数，表示模型参数中的________。

2. 贝叶斯学派强调概率的"主观性"与传统的频率学派不同有什么不同？

3. 和极大似然估计相比，MAP 有一个显著的优势，是什么？

4. 在朴素贝叶斯算法下衍生出 3 种不同的模型，是哪 3 种？

5. 利用高斯贝叶斯分类器对自带的 digits 数据集进行训练与测试。

第 4 章

CHAPTER 4

频域与快速傅里叶变换

4.1 频率直方图

频率直方图(frequency histogram)也称为频率分布直方图,是统计学中表示频率分布的图形。在直角坐标系中,用横轴表示随机变量的取值,横轴上的每个小区间对应一个组的组距,作为小矩形的底边;纵轴表示频率与组距的比值,并用它作为小矩形的高,以这种小矩形构成的一组图称为频率直方图。

【例 4-1】 绘制概率分布图与累计概率函数图。

```
import numpy as np
import matplotlib.pyplot as plt
#概率分布直方图
#高斯分布
#均值为 0
mean = 100
#标准差为 1,反映数据集中还是分散的值
sigma = 1
x = mean + sigma * np.random.randn(10000)
fig,(ax0,ax1) = plt.subplots(nrows = 2,figsize = (9,6))
#第二个参数表示柱子是宽一些还是窄一些,参数越大越窄
ax0.hist(x,100,normed = 1,histtype = 'bar',facecolor = 'yellowgreen',alpha = 0.75)
##pdf 概率分布图,一万个数落在某个区间内的数有多少个
ax0.set_title('pdf')
ax1.hist(x,20,normed = 1,histtype = 'bar',facecolor = 'pink',alpha = 0.75,cumulative = True,
rwidth = 0.8)
#cdf 累计概率函数,cumulative 累计。比如需要统计小于 5 的数的概率
ax1.set_title("cdf")
fig.subplots_adjust(hspace = 0.4)
plt.show()
```

运行程序,效果如图 4-1 所示。

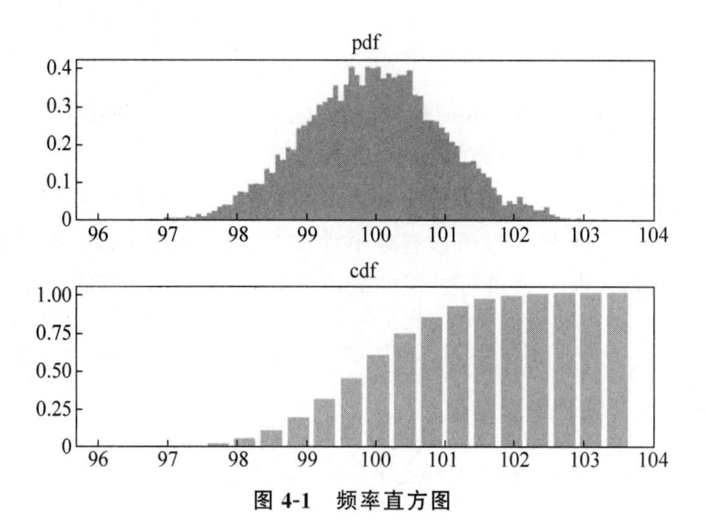

图 4-1 频率直方图

4.2 傅里叶变换

傅里叶变换是信号领域沟通时域和频域的桥梁，在频域中可以更方便地进行一些分析。傅里叶主要针对的是平稳信号的频率特性分析，简单说就是具有一定周期性的信号，因为傅里叶变换采取的是有限采样的方式，所以对于采样长度和采样对象有着一定的要求。

4.2.1 一维傅里叶变换

假设函数 $f(x)$为实变量，且在$(-\infty,+\infty)$内绝对可积，则 $f(x)$的傅里叶变换定义如下：

$$F(u)=\int_{-\infty}^{+\infty} f(x)\mathrm{e}^{-2\mathrm{j}\pi ux}\,\mathrm{d}x$$

假设 $F(u)$可积，求 $f(x)$的傅里叶变换定义为：

$$f(x)=\int_{-\infty}^{+\infty} F(u)\mathrm{e}^{2\mathrm{j}\pi ux}\,\mathrm{d}u$$

在积分区间内，$f(x)$必须满足只有有限个第一类间断点、有限个极值点和绝对可积的条件，并且 $F(u)$也是可积的。傅里叶变换和傅里叶逆变换称为傅里叶变换对，并且是可逆的。正、傅里叶逆变换的唯一区别为幂的符号。$F(u)$为一个复函数，由实部和虚部构成，如式(4-1)所示。

$$F(u)=R(u)+\mathrm{j}I(u) \tag{4-1}$$

由于 $F(u)$为复函数，根据复数的特点，可以知道有复数的模和实部和虚部的关系，如式(4-2)所示，复数在实平面上的向量角度和实部和虚部的关系，如式(4-3)所示。

$$|F(u)|=\sqrt{[R(u)^2+I(u)^2]} \tag{4-2}$$

$$\theta(u)=\arctan\left[\frac{I(u)}{R(u)}\right] \tag{4-3}$$

其中，$|F(u)|$称为 $f(x)$的振幅谱或傅里叶谱，$F(u)$称为 $f(x)$的幅值谱，$\theta(u)$称为 $f(x)$的相位谱。$E(u)=F^2(u)$，$E(u)$称为 $f(x)$的能量谱。

实际问题的时间或空间函数的区间是有限的，或其频谱为截止频率，当频率的横坐标超过一定范围时，函数值已趋于 0，即可以忽略不计。将 $f(x)$和 $F(u)$的有效宽度同样等分为 N 个小间隔，对连续傅里叶变换进行近似的数值计算，得到离散的傅里叶变换定义为：

$$F(u)=\frac{1}{N}\sum_{x=0}^{N-1}f(x)\exp\left(\frac{-\mathrm{j}2\pi ux}{N}\right)$$

一维离散傅里叶变换逆变换为

$$f(x)=\sum_{u=0}^{N-1}F(u)\exp\left(\frac{\mathrm{j}2\pi ux}{N}\right)$$

4.2.2 二维傅里叶变换

从一维傅里叶变换容易推广到二维傅里叶变换。

如果假设 $f(x,y)$为实变量，并且 $F(u,v)$可积，则存在以下傅里叶变换对，其中，u、v 为频率变量：

$$F(u,v)=\int_{-\infty}^{+\infty}\int_{-\infty}^{+\infty}f(x,y)\mathrm{e}^{-\mathrm{j}2\pi(ux+vy)}\mathrm{d}x\,\mathrm{d}y$$

其逆变换为：

$$f(x,y)=\int_{-\infty}^{+\infty}\int_{-\infty}^{+\infty}F(u,v)\mathrm{e}^{\mathrm{j}2\pi(ux+vy)}\mathrm{d}u\,\mathrm{d}v$$

与一维傅里叶变换一样，二维傅里叶变换可写为如下形式：

振幅谱为

$$|F(u,v)|=\sqrt{[R^2(u,v)+I^2(u,v)]}$$

相位谱为

$$\theta(u)=\arctan\left[\frac{I(u,v)}{R(u,v)}\right]$$

能量谱为

$$p(u,v)=|F(u,v)|^2=[R^2(u,v)+I^2(u,v)]$$

幅值谱表明了各正弦分量出现了多少，而相位谱信息表明了各正弦分量在图像中出现的位置。对于整幅图像来说，只要各正弦分量保持原相位，幅值就不那么重要。所以大多数实用滤波器都只能影响幅值，而几乎不改变相位信息。

二维离散傅里叶变换：对于 $M\times N$ 图像，如果假设 $f(x,y)$为实变量，并且 $F(u,v)$可积，则存在以下傅里叶变换，其中，u、v 为频率变量：

$$F(u,v)=\frac{1}{MN}\sum_{x=0}^{M-1}\sum_{y=0}^{N-1}f(x,y)\exp\left[-\mathrm{j}2\pi\left(\frac{ux}{M}+\frac{vy}{N}\right)\right] \tag{4-4}$$

逆变换为

$$f(x,y)=\frac{1}{MN}\sum_{u=0}^{M-1}\sum_{v=0}^{N-1}F(u,v)\exp\left[\mathrm{j}2\pi\left(\frac{ux}{M}+\frac{vy}{N}\right)\right]$$

对于 $N\times N$ 图像,如果假设 $f(x,y)$为实变量,并且 $F(u,v)$可积,那么存在以下傅里叶变换对,其中,u、v 为频率变量:

$$F(u,v)=\frac{1}{N^2}\sum_{x=0}^{N-1}\sum_{y=0}^{N-1}f(x,y)\exp\left[-\mathrm{j}2\pi\left(\frac{ux+vy}{N}\right)\right]$$

$$f(x,y)=\frac{1}{N^2}\sum_{u=0}^{N-1}\sum_{v=0}^{N-1}F(x,y)\exp\left[\mathrm{j}2\pi\left(\frac{ux+vy}{N}\right)\right]$$

4.2.3 Python 实现傅里叶变换

在 Python 的 numpy 模块中提供了对应的函数求出频谱图。这里用到的是 numpy 的 fft 模块,它提供了进行快速傅里叶变换的功能,在这个模块中很多函数都存在对应的逆操作。

numpy. fft. fft(a, n=None, axis=-1, norm=None):计算一维的傅里叶变换。

numpy. fft. ifft(a, n=None, axis=-1, norm=None):上面函数的逆操作。

numpy. fft. fft2(a, n=None, axis=-1, norm=None):计算二维的傅里叶变换。

numpy. fft. fftn:计算 n 维的傅里叶变换。

numpy. fft. rfftn:计算 n 维实数的傅里叶变换。

numpy. fft. fftfreq:返回傅里叶变换的采样频率。

np. fft. fftshift:将快速傅里叶变换输出中的直流分量移动到频谱的中央。

下面直接通过实例来演示 Python 傅里叶的实现。

【例 4-2】 利用 Python 实现傅里叶变换。

```
"""一维傅里叶变换"""
>>> import numpy as np
>>> import matplotlib.pyplot as plt
>>> x = np.linspace(0,2 * np.pi,50)
>>> x
array([0.        , 0.12822827, 0.25645654, 0.38468481, 0.51291309,
       0.64114136, 0.76936963, 0.8975979 , 1.02582617, 1.15405444,
       1.28228272, 1.41051099, 1.53873926, 1.66696753, 1.7951958 ,
       1.92342407, 2.05165235, 2.17988062, 2.30810889, 2.43633716,
       2.56456543, 2.6927937 , 2.82102197, 2.94925025, 3.07747852,
       3.20570679, 3.33393506, 3.46216333, 3.5903916 , 3.71861988,
       3.84684815, 3.97507642, 4.10330469, 4.23153296, 4.35976123,
       4.48798951, 4.61621778, 4.74444605, 4.87267432, 5.00090259,
       5.12913086, 5.25735913, 5.38558741, 5.51381568, 5.64204395,
       5.77027222, 5.89850049, 6.02672876, 6.15495704, 6.28318531])
>>> wave = np.cos(x)
>>> transformed = np.fft.fft(wave)              #傅里叶变换
```

```
>>> plt.plot(transformed)                       #绘制变换后的信号
C:\Users\ASUS\Anaconda3\lib\site - packages\numpy\core\numeric.py:492: ComplexWarning:
Casting complex values to real discards the imaginary part
  return array(a, dtype, copy = False, order = order)
[<matplotlib.lines.Line2D object at 0x000001314A589BE0>]
>>> plt.show()                                  #效果如图 4-2 所示
"""傅里叶逆变换"""
>>> plt.plot(np.fft.ifft(transformed))          #逆变换
[<matplotlib.lines.Line2D object at 0x0000013148F8FE48>]
>>> plt.show()
```

变换后的点用 np.fft 中的 ifft 就可以逆变换回去，得到它的余弦的图像，效果如图 4-3 所示。

```
"""移频(针对作傅里叶变换的数据)"""
>>> plt.plot(shifted)
[<matplotlib.lines.Line2D object at 0x0000013148FFBF60>]
>>> plt.show()
```

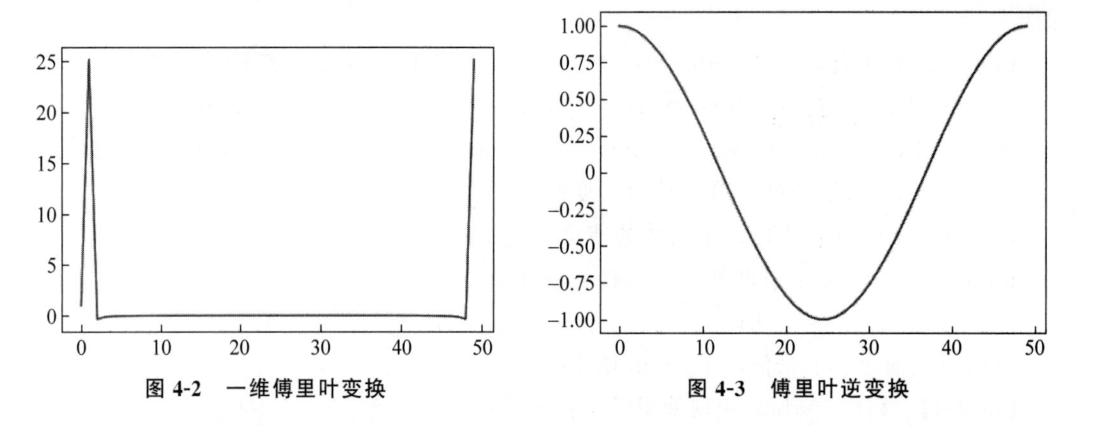

图 4-2　一维傅里叶变换　　　　图 4-3　傅里叶逆变换

使用 np.fft 中的 ffshift 可以对信号进行移频操作，还有 iffshift 可以将移频后的信号还原成之前的，效果如图 4-4 所示。

```
""" 对移频后的信号进行傅里叶逆变换"""
>>> plt.plot(np.fft.ifft(shifted))
[<matplotlib.lines.Line2D object at 0x00000131490562E8>]
>>> plt.show()                                  #效果如图 4-5 所示
"""二维傅里叶变换"""
>>> import numpy as np
>>> import matplotlib.pyplot as plt
>>> x = np.random.rand(10,10)                   #二维随机信号
>>> wave = np.cos(x)
>>> plt.plot(wave)
>>> plt.show()                                  #效果如图 4-6 所示
>>> transformed = np.fft.fft2(wave)
>>> plt.plot(transformed)
>>> plt.show()                                  #效果如图 4-7 所示
```

```
>>> plt.plot(np.fft.ifft2(transformed))          #二维逆变换
>>> plt.show()                                   #效果如图 4-8 所示
```

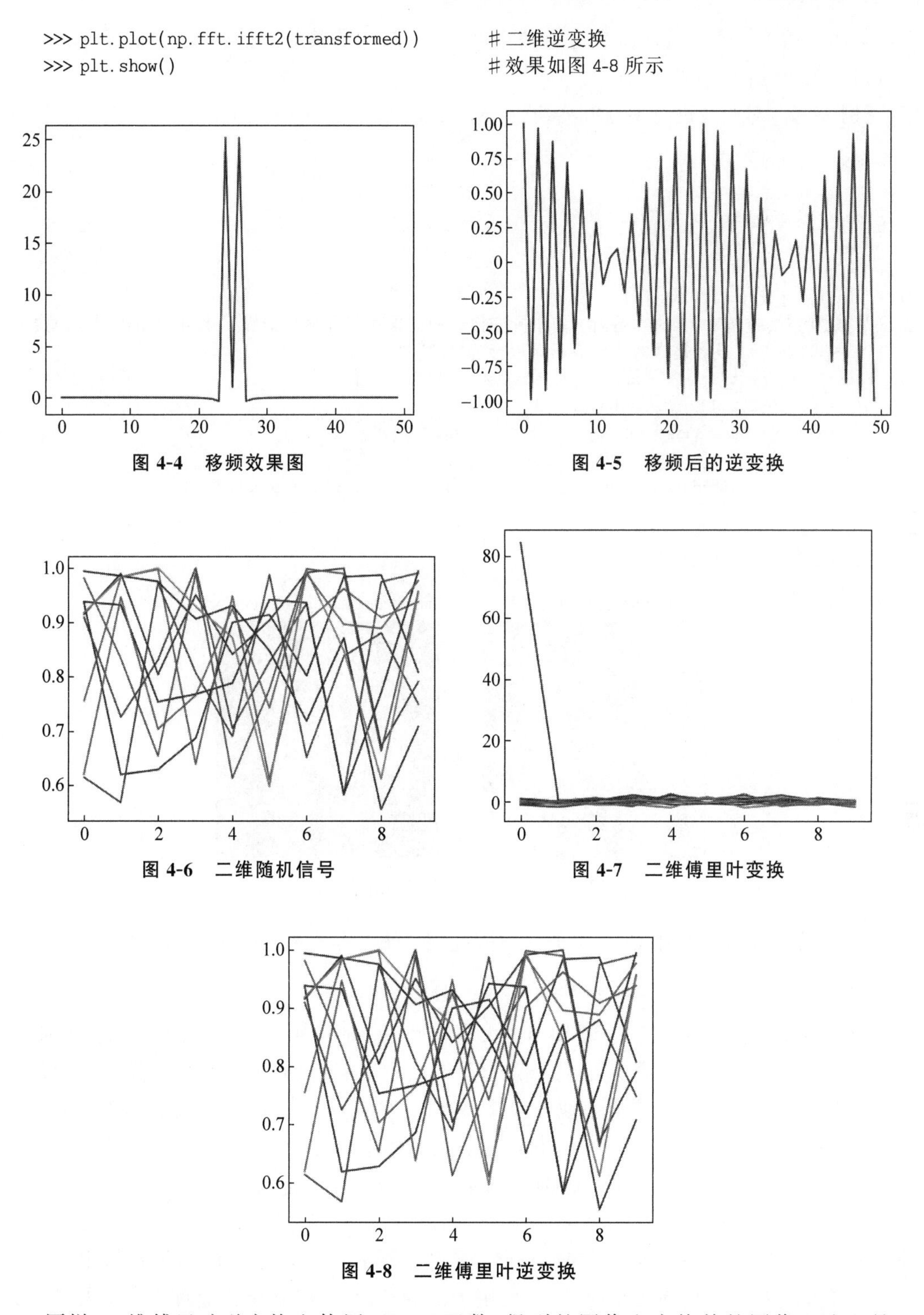

图 4-4　移频效果图

图 4-5　移频后的逆变换

图 4-6　二维随机信号

图 4-7　二维傅里叶变换

图 4-8　二维傅里叶逆变换

同样,二维傅里叶逆变换也使用 ifft2()函数,得到的图像和变换前的图像理论上是一样的。

上面的例子是通过对随机数进行傅里叶一维、二维及其对应的逆变换，在 Python 中，也可以对图像进行傅里叶变换。

【例 4-3】 对图像进行傅里叶变换。

```
import cv2
import numpy as np
import matplotlib.pyplot as plt
img1 = cv2.imread('a1.jpg',0)
f = np.fft.fft2(img1)
fshift = np.fft.fftshift(f)
"""之所以要进行对数转换,是因为傅里叶变换后的结果对于在显示器显示来讲范围比较大,这样对于一些小的变化或者是高的变换值不能进行观察"""
magnitude_spectrum = 20 * np.log(np.abs(fshift))
plt.subplot(1,2,1),plt.imshow(img1)
plt.title('input image by numpy'),plt.xticks([]),plt.yticks([])
plt.subplot(1,2,2),plt.imshow(magnitude_spectrum)
plt.title('magnitude spectrum by numpy'),plt.xticks([]),plt.yticks([])
plt.show()
```

运行程序，效果如图 4-9 所示。

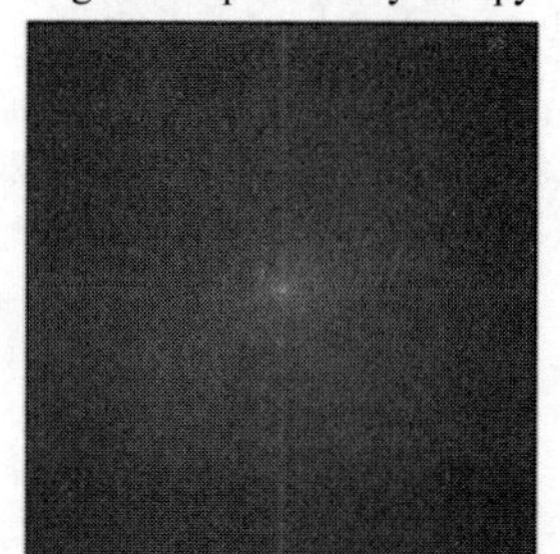

图 4-9 对图像进行傅里叶变换

当然，在 Python 中，用 opencv 的函数速度会更快一点。函数的调用格式为：

```
cv2.dft(src, dst = None, flags = None, nonzeroRows = None)
```

其中，参数 src 是输入图像。dst 是输出的大小和尺寸。nonzeroRows：当参数不为零时，函数假定只有 nonzeroRows 输入数组的第一行（未设置）或者只有输出数组的第一个（设置）包含非零，因此函数可以更有效率地处理其余的行，并节省一些时间，这种技术对计算阵列互相关或使用 DFT 卷积非常有用。flags 是转换的标志，具体如下：

- DFT _INVERSE——执行反向一维或二维转换，而不是默认的正向转换。
- DFT _SCALE——缩放结果，由阵列元素的数量除以它。
- DFT _ROWS——执行正向或反向变换所述输入矩阵的每个单独的行的；该标志使我们能够同时转换多个向量，并可用于减少开销（有时甚至比处理本身大几倍），以执行三维和更高维度的转换等。

- DFT_COMPLEX_OUTPUT——执行一维或二维实数组的正向转换；结果虽然是一个复杂的数组，但具有复共轭对称性，这样的数组可以打包成一个与输入大小相同的实数组，这是最快的选择，这是默认的功能。然而，我们可能希望得到一个完整的复杂数组（为了更简化频谱分析）——传递该标志以使该函数能够产生全尺寸的复数输出数组。
- DFT _REAL_OUTPUT——执行一维或二维复数阵列的逆变换；结果通常是相同大小的复数数组，但是，如果输入数组具有共轭复数对称性（例如，它是带有标志的正向变换的结果），则输出为真实数组；而函数本身并不检查输入是否对称，可以通过标志，然后函数将假设对称，并产生实际的输出数组（注意，当输入被打包成一个实数组，并且逆变换为该函数将输入视为一个打包的复共轭对称数组，输出也将是一个实数组）。

【例 4-4】 利用 opencv 函数实现傅里叶变换。

```
import cv2
import numpy as np
import matplotlib.pyplot as plt
img1 = cv2.imread('a1.jpg',0)
dft = cv2.dft(np.float32(img1),flags = cv2.DFT_COMPLEX_OUTPUT)
dft_shift = np.fft.fftshift(dft)
magnitude_spectrum = 20 * np.log(cv2.magnitude(dft_shift[:,:,0],dft_shift[:,:,1]))
plt.subplot(1,2,1),plt.imshow(img1)
plt.title('input image'),plt.xticks([]),plt.yticks([])
plt.subplot(1,2,2),plt.imshow(magnitude_spectrum)
plt.title('magnitude spectrum'),plt.xticks([]),plt.yticks([])
plt.show()
```

运行程序，效果如图 4-10 所示。

图 4-10　opencv 函数实现傅里叶变换

观察可知，图 4-9 与图 4-10 的图片效果是一致的。

我们要在画出频谱图的基础上对图像在频域上进行操作，然后再傅里叶逆变换回去。第一个了解的是高通滤波去除低频部分，通常可以求出边界来。

【例 4-5】 对图像进行掩模操作。

```
import cv2
```

```
import numpy as np
import matplotlib.pyplot as plt
img1 = cv2.imread('a1.jpg',0)
f = np.fft.fft2(img1)
fshift = np.fft.fftshift(f)
rows,cols = img1.shape
crow,ccol = np.ceil(rows/2),np.ceil(cols/2)
crow,ccol = np.int(crow),np.int(ccol)
#注意 fshift 是用来与原图像进行掩模操作的但是具体的。这一部分与低通的有些相对的意思。
fshift[crow - 30:crow + 30,ccol - 30:ccol + 30] = 0
f_ishift = np.fft.ifftshift(fshift)
img_back = np.fft.ifft2(fshift)
img_back = np.abs(img_back)
plt.subplot(1,2,1),plt.imshow(img1)
plt.title('input image'),plt.xticks([]),plt.yticks([])
plt.subplot(1,2,2),plt.imshow(img_back)
plt.title('image after HPF'),plt.xticks([]),plt.yticks([])
plt.show()
```

运行程序,效果如图 4-11 所示。

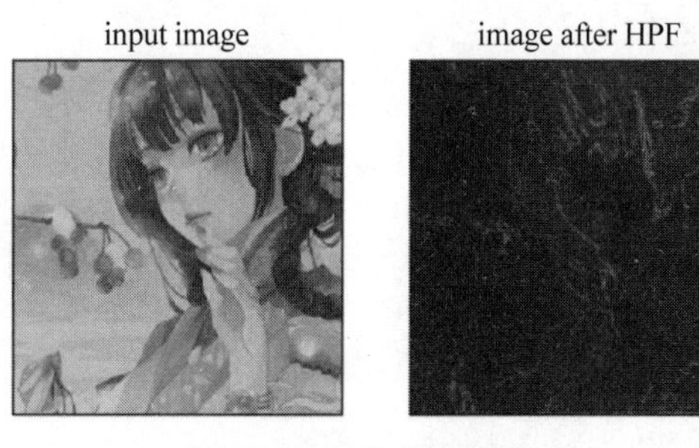

图 4-11　图像的掩模操作

接下来实现的是通过低通滤波将 gapin 部分除去,实际上就是对图像进行模糊操作。

【例 4-6】 对图像进行模糊操作。

```
import cv2
import numpy as np
import matplotlib.pyplot as plt
img1 = cv2.imread('a1.jpg',0)
dft = cv2.dft(np.float32(img1),flags = cv2.DFT_COMPLEX_OUTPUT)
dft_shift = np.fft.fftshift(dft)
magnitude_spectrum = 20 * np.log(cv2.magnitude(dft_shift[:,:,0],dft_shift[:,:,1]))
rows,cols = img1.shape
#下面有对数据的取整,还有数据类型转换的操作,否则 mask 会出问题
crow,ccol = np.ceil(rows/2),np.ceil(cols/2)
crow,ccol = np.int(crow),np.int(ccol)
mask = np.zeros((rows,cols,2),np.uint8)
mask[crow - 30:crow + 30,ccol - 30:ccol + 30] = 1
fshift = dft_shift * mask
f_ishift = np.fft.ifftshift(fshift)
```

```
img_back = cv2.idft(f_ishift)
img_back = cv2.magnitude(img_back[:,:,0],img_back[:,:,1])
plt.subplot(1,2,1),plt.imshow(img1)
plt.title('input image'),plt.xticks([]),plt.yticks([])
plt.subplot(1,2,2),plt.imshow(img_back)
plt.title('magnitude spectrum'),plt.xticks([]),plt.yticks([])
plt.show()
```

运行程序,效果如图 4-12 所示。

图 4-12　图像模糊操作

4.3　快速傅里叶变换

快速傅里叶变换(FFT)可以将一个信号变换到频域。有些信号在时域上很难看出具有什么特征,但是如果变换到频域之后,就很容易看出其特征了。这就是很多信号分析采用 FFT 变换的原因。另外,FFT 可以将一个信号的频谱提取出来,这在频谱分析方面是经常使用的。

FFT 即离散傅里叶变换(DFT)的快速算法,它是根据离散傅里叶变换的奇、偶、虚、实等特性,对离散傅里叶变换的算法进行改进获得的。假设采样频率为 F_s,信号频率 F,采样点数为 N,那么 FFT 之后结果就是一个为 N 点的复数。每一个点就对应着一个频率点,这点的模值就是该频率值下的幅度特性。对于采样频率为 F_s,采样点为 N 的频率,做 FFT 之后,某一点 n(n 从 1 开始)表示频率为:$F_n=\frac{(n-1)\times F_s}{N}$;该点的模值除以$\frac{N}{2}$就是对应该频率下的信号的幅度(对于直流信号是除以 N);该点的相位即是对应该频率下的信号的相位。相位的计算可用函数 atan2(b,a)计算。atan2(b,a)是求坐标为(a,b)点的角度值,范围从−pi 到 pi。要精确到 xHz,则需要采样长度为 1/x 秒的信号,并做 FFT。要提高频率分辨率,就需要增加采样点数,这在一些实际的应用中是不现实的,需要在较短的时间内完成分析。解决这个问题的方法有频率细分法,比较简单的方法是采样比较短的时间信号,然后在后面补充一定数量的 0,使其长度达到需要的点数,再做 FFT,这在一定程度上能够提高频率分辨力。由于 FFT 结果的对称性,通常我们只使用前半部分的结果,即小于采样频率一半的结果。

【例 4-7】 假设一个信号，它含有一个频率为 180Hz、幅度为 7V 的交流信号，一个频率为 390Hz、幅度为 1.5V 的交流信号，一个频率为 600Hz、幅度为 5.1V 的交流信号。用数学表达式就是如下：

```
y = 7 * np.sin(2 * np.pi * 180 * x) + 1.5 * np.sin(2 * np.pi * 390 * x) + 5.1 * np.sin(2 * np.pi * 600 * x)
```

实现的 Python 代码为：

```
import numpy as np
from scipy.fftpack import fft, ifft
import matplotlib.pyplot as plt
import seaborn
"""采样点选择 1400 个,因为设置的信号频率分量最高为 600Hz,根据采样定理知采样频率要大于信
号频率 2 倍,所以这里设置采样频率为 1400Hz(即 1s 内有 1400 个采样点)"""
x = np.linspace(0,1,1400)
#设置需要采样的信号,频率分量有 180,390 和 600
y = 7 * np.sin(2 * np.pi * 180 * x) + 1.5 * np.sin(2 * np.pi * 390 * x) + 5.1 * np.sin(2 * np.pi *
600 * x)
yy = fft(y)                                    #快速傅里叶变换
yreal = yy.real                                #获取实数部分
yimag = yy.imag                                #获取虚数部分
yf = abs(fft(y))                               #取模
yf1 = abs(fft(y))/((len(x)/2))                 #归一化处理
yf2 = yf1[range(int(len(x)/2))]                #由于对称性,只取一半区间
xf = np.arange(len(y))                         #频率
xf1 = xf
xf2 = xf[range(int(len(x)/2))]                 #取一半区间
#原始波形
plt.subplot(221)
plt.plot(x[0:50],y[0:50])
plt.title('Original wave')
#混合波的 FFT(双边频率范围)
plt.subplot(222)
plt.plot(xf,yf,'r')                            #显示原始信号的 FFT 模值
#注意这里的颜色可以查询颜色代码表
plt.title('FFT of Mixed wave(two sides frequency range)',fontsize = 7,color = '#7A378B')
#混合波的 FFT(归一化)
plt.subplot(223)
plt.plot(xf1,yf1,'g')
plt.title('FFT of Mixed wave(normalization)',fontsize = 9,color = 'r')
plt.subplot(224)
plt.plot(xf2,yf2,'b')
plt.title('FFT of Mixed wave)',fontsize = 10,color = '#F08080')
plt.show()
```

运行程序，效果如图 4-13 所示，可以看到，在第 181 点、第 391 点和第 601 点附近有比较大的值。分别计算这 3 个点的模值，结果如下：

```
181 点: 4900
391 点: 1030
601 点: 2600
```

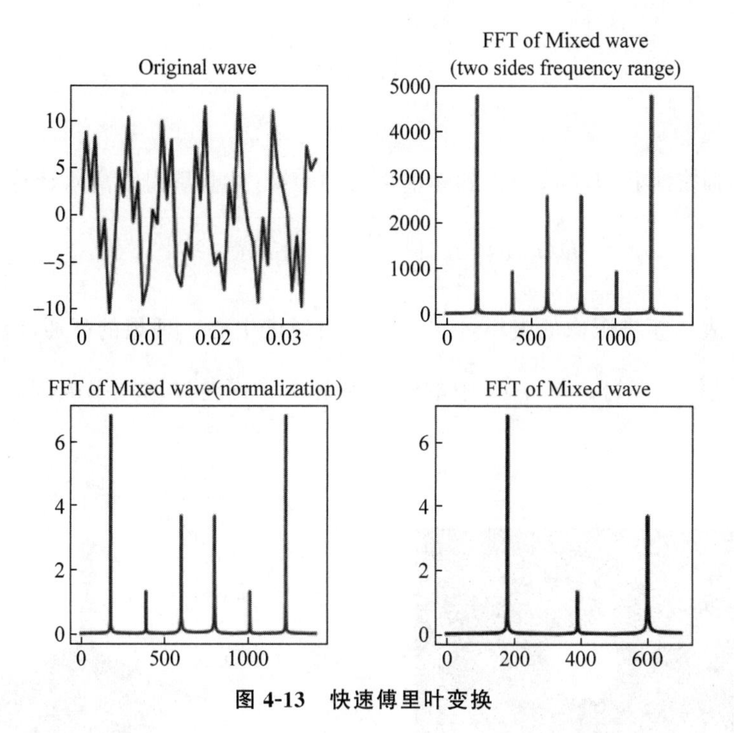

图 4-13　快速傅里叶变换

按照公式,可以计算出 180Hz 信号的幅度为 4900/(N/2)=384/(1400/2)=7；390Hz 信号的幅度为 1030/(N/2)=1030/(1400/2)=1.5。可见,从频谱分析出来的幅度是正确的。

4.4　频域滤波

频域滤波是在频率域对图像做处理的一种方法。步骤如图 4-14 所示。

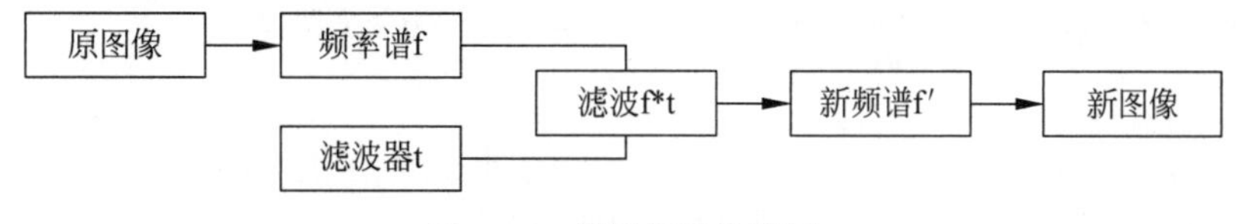

图 4-14　频域滤波步骤图

滤波器大小和频谱大小相同,相乘即可得到新的频谱。滤波后的结果显示,低通滤波去掉了高频信息,即细节信息,留下的低频信息代表了概貌。常用的例子,比如美图秀秀的磨皮,去掉了脸部细节信息(痘坑、痘印、暗斑等)。高通滤波则相反。

4.4.1　低通滤波器

顾名思义,低通滤波器的作用是：让低频信息通过,过滤高频信息。理想的低通滤波器模板为：

$$H(u,v)=\begin{cases}1, & D(u,v)\leqslant D_0\\ 0, & D(u,v)>D_0\end{cases}$$

其中，D_0 表示通带半径，$D(u,v)$是到频谱中心的距离（欧几里得距离），计算公式为：

$$D(u,v)=\sqrt{\left(u-\frac{M}{2}\right)^2+\left(v-\frac{N}{2}\right)^2}$$

其中，M 和 N 表示频谱图像的大小，$\left(\frac{M}{2},\frac{N}{2}\right)$即为频谱中心。理想的高通滤波器与此相反，1 减去低通滤波模板即可。图 4-15 中的白点就是所允许通过的频率范围。其三维图像如图 4-16 所示。

图 4-15　频率范围图

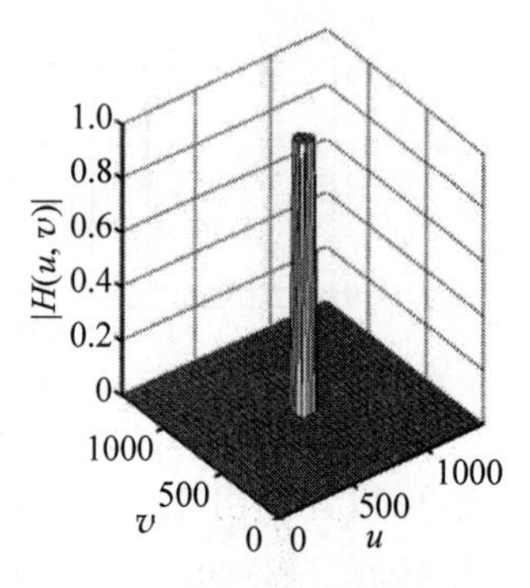

图 4-16　三维图像

【例 4-8】　频域的低通滤波器。

```
#导入必要的库
import matplotlib.pyplot as plt
import numpy as np
import cv2
img = cv2.imread('a1.jpg',0)                    #直接读为灰度图像
plt.imshow(img,cmap = "gray")
plt.axis("off")
plt.show()                                      #效果如图 4-17(a)所示
#使用 numpy 自带的 fft 库完成从频率域到空间域的转换
f = np.fft.fft2(img)
fshift = np.fft.fftshift(f)
#取绝对值：将复数变化成实数,取对数的目的是为了将数据变化为 0～255
s1 = np.log(np.abs(fshift))
plt.subplot(121),plt.imshow(s1,'gray')
plt.title('Frequency Domain')
plt.show()                                      #效果如图 4-17(b)所示
```

matplotlib 对于不是 uint8 的图像会自动把图像的数值缩放为 0～255，在频率域上试着取不同的 D_0，再将其反变换到空间域，查看效果。

(a) 原始灰度图像

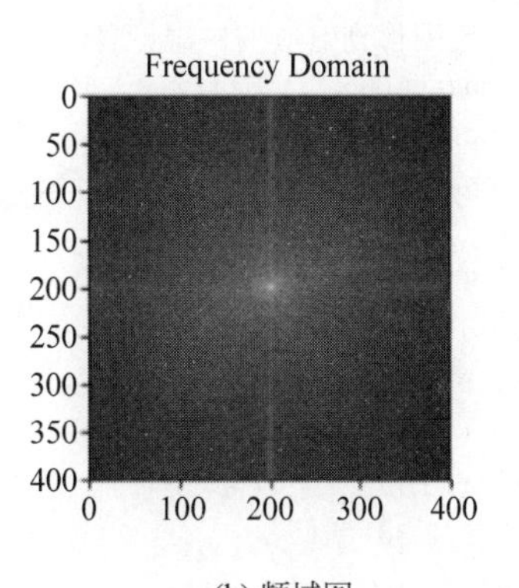

(b) 频域图

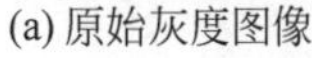

图 4-17　频域的低通滤波器效果图

```
def make_transform_matrix(d,image):
    transfor_matrix = np.zeros(image.shape)
    center_point = tuple(map(lambda x:(x-1)/2,s1.shape))
    for i in range(transfor_matrix.shape[0]):
        for j in range(transfor_matrix.shape[1]):
            def cal_distance(pa,pb):
                from math import sqrt
                dis = sqrt((pa[0]-pb[0])**2+(pa[1]-pb[1])**2)
                return dis
            dis = cal_distance(center_point,(i,j))
            if dis <= d:
                transfor_matrix[i,j] = 1
            else:
                transfor_matrix[i,j] = 0
    return transfor_matrix
d_1 = make_transform_matrix(10,fshift)
d_2 = make_transform_matrix(30,fshift)
d_3 = make_transform_matrix(50,fshift)
#设定距离分别为10、30、50,其通过的频率的范围如图4-18所示
plt.subplot(131)
plt.axis("off")
plt.imshow(d_1,cmap="gray")
plt.title('D_1 10')
plt.subplot(132)
plt.axis("off")
plt.title('D_2 30')
plt.imshow(d_2,cmap="gray")
plt.subplot(133)
plt.axis("off")
plt.title("D_3 50")
plt.imshow(d_3,cmap="gray")
plt.show()
```

运行程序,效果如图 4-18 所示。

```
#通过频率范围得到对应的映射图像
img_d1 = np.abs(np.fft.ifft2(np.fft.ifftshift(fshift * d_1)))
img_d2 = np.abs(np.fft.ifft2(np.fft.ifftshift(fshift * d_2)))
img_d3 = np.abs(np.fft.ifft2(np.fft.ifftshift(fshift * d_3)))
plt.subplot(131)
plt.axis("off")
plt.imshow(img_d1,cmap = "gray")
plt.title('D_1 10')
plt.subplot(132)
plt.axis("off")
plt.title('D_2 30')
plt.imshow(img_d2,cmap = "gray")
plt.subplot(133)
plt.axis("off")
plt.title("D_3 50")
plt.imshow(img_d3,cmap = "gray")
plt.show()
```

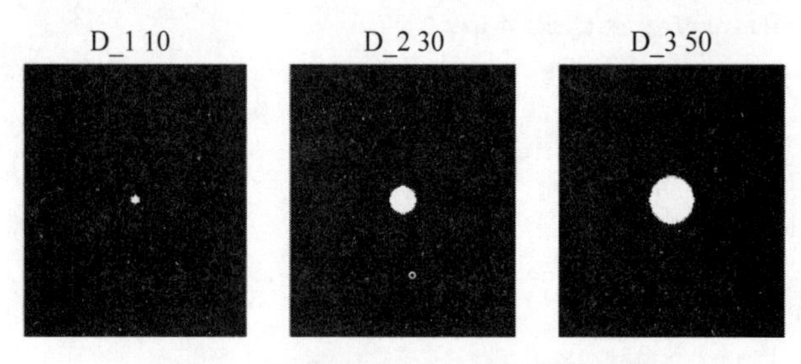

图 4-18　不同 D0 允许通过的频率范围

运行程序,效果如图 4-19 所示。

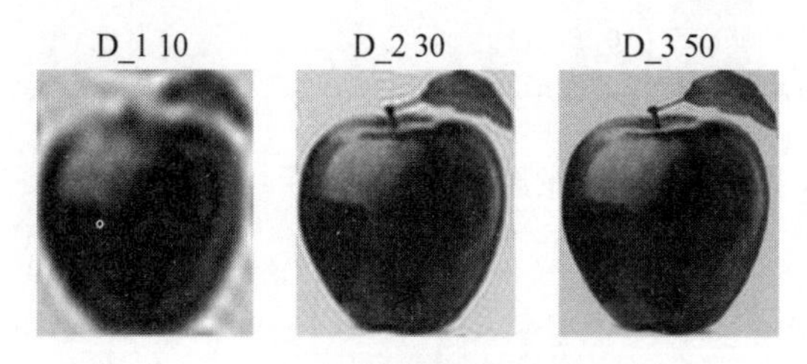

图 4-19　复原图像效果

4.4.2　高通滤波器

高通滤波器同低通滤波器非常类似,只不过二者通过的波正好是相反的,其表达式为:

$$H(u,v)=\begin{cases}0, & D(u,v)\leqslant D_0\\ 1, & D(u,v)>D_0\end{cases}$$

其对应允许通过的频率范围及三维图像如图 4-20 所示。

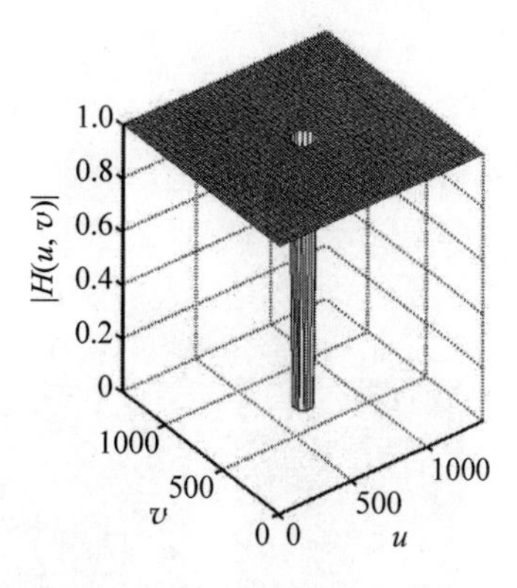

(a) 允许通过频率范围　　　　(b) 三维图像

图 4-20　高通滤波器频率图

以 Python 实现高通滤波器的代码为：

```
def highPassFilter(image,d):
    f = np.fft.fft2(image)
    fshift = np.fft.fftshift(f)
    def make_transform_matrix(d):
        transfor_matrix = np.zeros(image.shape)
        center_point = tuple(map(lambda x:(x-1)/2,s1.shape))
        for i in range(transfor_matrix.shape[0]):
            for j in range(transfor_matrix.shape[1]):
                def cal_distance(pa,pb):
                    from math import sqrt
                    dis = sqrt((pa[0] - pb[0]) ** 2 + (pa[1] - pb[1]) ** 2)
                    return dis
                dis = cal_distance(center_point,(i,j))
                if dis <= d:
                    transfor_matrix[i,j] = 0
                else:
                    transfor_matrix[i,j] = 1
        return transfor_matrix
    d_matrix = make_transform_matrix(d)
    new_img = np.abs(np.fft.ifft2(np.fft.ifftshift(fshift * d_matrix)))
    return new_img
img_d1 = highPassFilter(img,10)
img_d2 = highPassFilter(img,30)
img_d3 = highPassFilter(img,50)
plt.subplot(131)
plt.axis("off")
plt.imshow(img_d1,cmap = "gray")
plt.title('D_1 10')
plt.subplot(132)
plt.axis("off")
plt.title('D_2 30')
plt.imshow(img_d2,cmap = "gray")
```

```
plt.subplot(133)
plt.axis("off")
plt.title("D_3 50")
plt.imshow(img_d3,cmap = "gray")
plt.show()
```

运行程序,效果如图 4-21 所示。

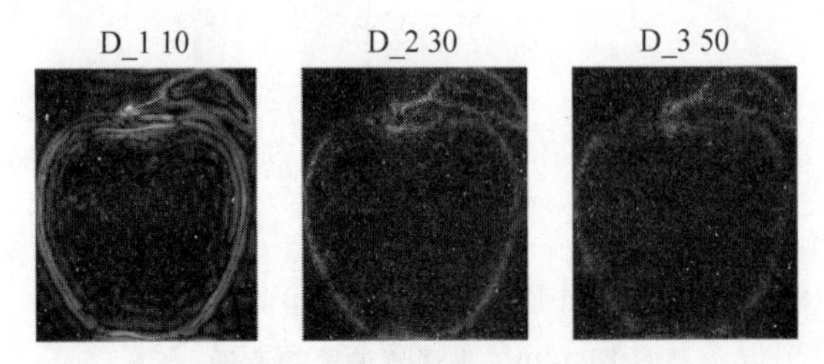

图 4-21 高通滤波器 D0 设置效果图

由图 4-21 可见,当 $D_0=10$ 时,苹果的边缘最清楚。

4.4.3 频率域高通滤波器

1. 高斯高通滤波器

频率域高斯高通滤波器的公式如下:

$$H(u,v)=1-\mathrm{e}^{\frac{-D^2(u,v)}{2D_0^2}}$$

其对应允许通过的频率范围及三维图像如图 4-22 所示。

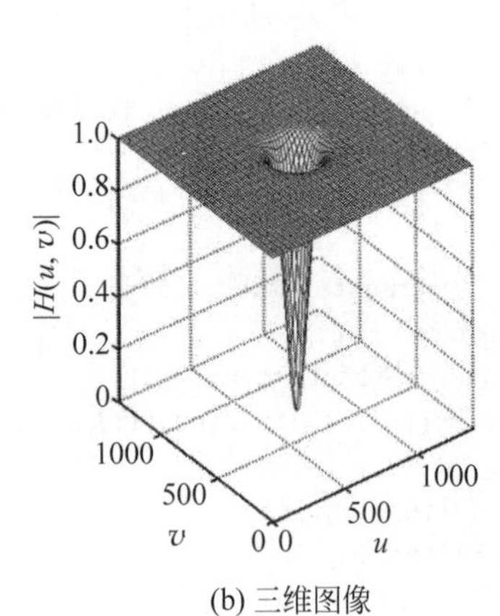

(a) 允许通过频率范围 (b) 三维图像

图 4-22 高通滤波器频率图

以 Python 实现高斯高通滤波器的代码为:

```
def GaussianHighFilter(image,d):
    f = np.fft.fft2(image)
    fshift = np.fft.fftshift(f)
    def make_transform_matrix(d):
```

```
        transfor_matrix = np.zeros(image.shape)
        center_point = tuple(map(lambda x:(x - 1)/2,s1.shape))
        for i in range(transfor_matrix.shape[0]):
            for j in range(transfor_matrix.shape[1]):
                def cal_distance(pa,pb):
                    from math import sqrt
                    dis = sqrt((pa[0] - pb[0]) ** 2 + (pa[1] - pb[1]) ** 2)
                    return dis
                dis = cal_distance(center_point,(i,j))
                transfor_matrix[i,j] = 1 - np.exp( - (dis ** 2)/(2 * (d ** 2)))
        return transfor_matrix
    d_matrix = make_transform_matrix(d)
    new_img = np.abs(np.fft.ifft2(np.fft.ifftshift(fshift * d_matrix)))
    return new_img
#使用高斯滤波器 d 分别为 10、30、50 实现的效果
img_d1 = GaussianHighFilter(img,10)
img_d2 = GaussianHighFilter(img,30)
img_d3 = GaussianHighFilter(img,50)
plt.subplot(131)
plt.axis("off")
plt.imshow(img_d1,cmap = "gray")
plt.title('D_1 10')
plt.subplot(132)
plt.axis("off")
plt.title('D_2 30')
plt.imshow(img_d2,cmap = "gray")
plt.subplot(133)
plt.axis("off")
plt.title("D_3 50")
plt.imshow(img_d3,cmap = "gray")
plt.show()
```

运行程序,效果如图 4-23 所示。

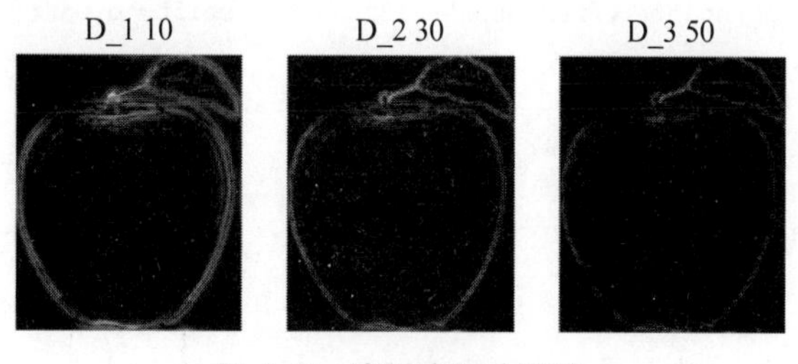

图 4-23 高斯高通滤波器

由图 4-23 可见,当 $D_0=10$ 时,苹果的轮廓是最清晰的。

2. 高斯低通滤波器

高斯低通滤波器的公式为:

$$H(u,v)=\mathrm{e}^{\frac{-D^2(u,v)}{2D_0^2}}$$

当 D_0 取值不同时，其滤波效果是不一样的，如图 4-24 所示。

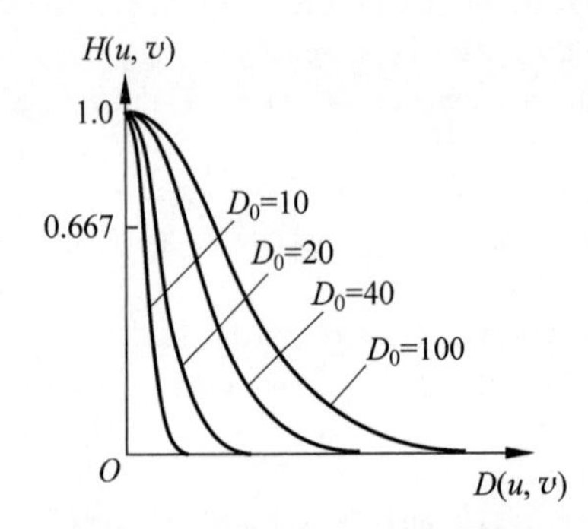

图 4-24 D_0 取值与滤波效果图

其对应的 Python 实现高斯低通滤波器的代码为：

```
def GaussianLowFilter(image,d):
    f = np.fft.fft2(image)
    fshift = np.fft.fftshift(f)
    def make_transform_matrix(d):
        transfor_matrix = np.zeros(image.shape)
        center_point = tuple(map(lambda x:(x-1)/2,s1.shape))
        for i in range(transfor_matrix.shape[0]):
            for j in range(transfor_matrix.shape[1]):
                def cal_distance(pa,pb):
                    from math import sqrt
                    dis = sqrt((pa[0]-pb[0])**2+(pa[1]-pb[1])**2)
                    return dis
                dis = cal_distance(center_point,(i,j))
                transfor_matrix[i,j] = np.exp(-(dis**2)/(2*(d**2)))
        return transfor_matrix
    d_matrix = make_transform_matrix(d)
    new_img = np.abs(np.fft.ifft2(np.fft.ifftshift(fshift*d_matrix)))
    return new_img
#使用高斯滤波器 d 分别为 10、30、50 实现的效果
img_d1 = GaussianLowFilter(img,10)
img_d2 = GaussianLowFilter(img,30)
img_d3 = GaussianLowFilter(img,50)
plt.subplot(131)
plt.axis("off")
plt.imshow(img_d1,cmap="gray")
plt.title('D_1 10')
plt.subplot(132)
plt.axis("off")
plt.title('D_2 30')
plt.imshow(img_d2,cmap="gray")
plt.subplot(133)
plt.axis("off")
plt.title("D_3 50")
```

```
plt.imshow(img_d3,cmap = "gray")
plt.show()
```

运行程序,效果如图 4-25 所示。

图 4-25 高斯低通滤波效果

由图 4-25 可见,当 $D_0=50$ 时,苹果的轮廓是最清晰的,基本上与原图一致。

4.4.4 巴特沃斯滤波器

巴特沃斯滤波器的公式为:

$$H(u,v)=\frac{1}{1+\left[\frac{D(u,v)}{D_0}\right]^{2n}}$$

从图 4-26 上看,函数图像更圆滑,用幂系数 n 可以改变滤波器的形状。n 越大,则该滤波器越接近于理想滤波器,如图 4-27 所示。

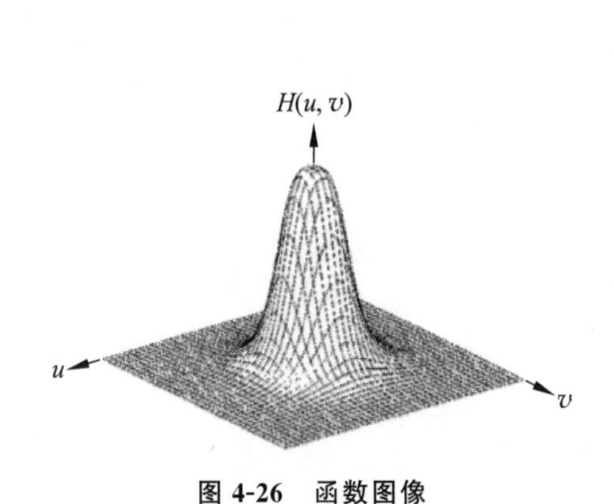

图 4-26 函数图像

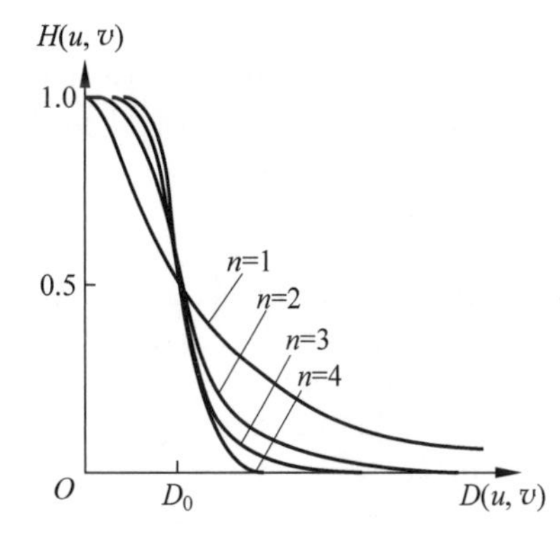

图 4-27 幂系数图像

以 Python 实现巴特沃斯滤波器的代码为:

```
def butterworthPassFilter(image,d,n):
    f = np.fft.fft2(image)
    fshift = np.fft.fftshift(f)
    def make_transform_matrix(d):
        transfor_matrix = np.zeros(image.shape)
        center_point = tuple(map(lambda x:(x - 1)/2,s1.shape))
```

```
        for i in range(transfor_matrix.shape[0]):
            for j in range(transfor_matrix.shape[1]):
                def cal_distance(pa,pb):
                    from math import sqrt
                    dis = sqrt((pa[0] - pb[0]) ** 2 + (pa[1] - pb[1]) ** 2)
                    return dis
                dis = cal_distance(center_point,(i,j))
                transfor_matrix[i,j] = 1/((1 + (d/dis)) ** n)
        return transfor_matrix
    d_matrix = make_transform_matrix(d)
    new_img = np.abs(np.fft.ifft2(np.fft.ifftshift(fshift * d_matrix)))
    return new_img
plt.subplot(231)
butter_100_1 = butterworthPassFilter(img,100,1)
plt.imshow(butter_100_1,cmap = "gray")
plt.title("d = 100,n = 1")
plt.axis("off")
plt.subplot(232)
butter_100_2 = butterworthPassFilter(img,100,2)
plt.imshow(butter_100_2,cmap = "gray")
plt.title("d = 100,n = 2")
plt.axis("off")
plt.subplot(233)
butter_100_3 = butterworthPassFilter(img,100,3)
plt.imshow(butter_100_3,cmap = "gray")
plt.title("d = 100,n = 3")
plt.axis("off")
plt.subplot(234)
butter_100_1 = butterworthPassFilter(img,30,1)
plt.imshow(butter_100_1,cmap = "gray")
plt.title("d = 30,n = 1")
plt.axis("off")
plt.subplot(235)
butter_100_2 = butterworthPassFilter(img,30,2)
plt.imshow(butter_100_2,cmap = "gray")
plt.title("d = 30,n = 2")
plt.axis("off")
plt.subplot(236)
butter_100_3 = butterworthPassFilter(img,30,3)
plt.imshow(butter_100_3,cmap = "gray")
plt.title("d = 30,n = 3")
plt.axis("off")
plt.show()
```

运行程序,效果如图 4-28 所示,可以看出,当 $d=30,n=1$ 时,苹果的轮廓最清晰。通过下面代码可以明显地观察到过大的 n 造成的振铃现象:

```
butter_5_1 = butterworthPassFilter(img,5,1)
plt.imshow(butter_5_1,cmap = "gray")
plt.title("d = 5,n = 3")
```

```
plt.axis("off")
plt.show()
```

效果如图 4-29 所示。

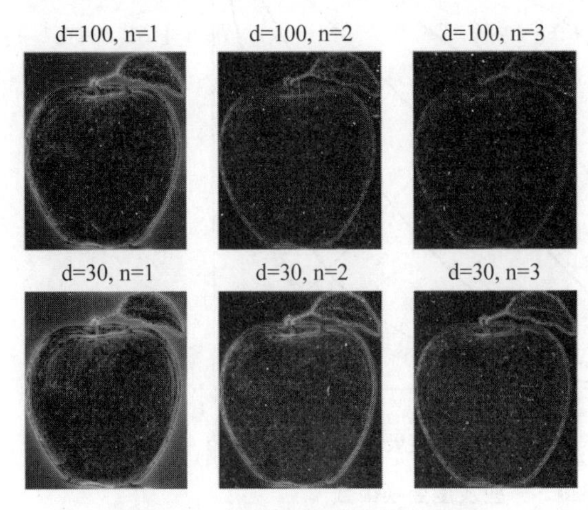

图 4-28　巴特沃斯滤波器效果图

图 4-29　振铃现象

4.5　平滑空域滤波器

空间域处理是直接对像素进行操作的方法，这是相对于频率域处理而言的。空间域处理主要分为两大类：灰度变换和空间滤波。灰度变换在图像单个像素上操作，主要以对比度和阈值处理为目的。空间滤波涉及改善性能的操作，通过空间域来处理。

空间域处理均可由下式表达：

$$g(x,y)=T[f(x,y)]$$

其中，$f(x,y)$表示输入图像，$g(x,y)$表示输出图像，T 为变换算子(数学规则)。灰度变换可以看作域的大小为 1×1 维的空间域处理，在这种情况下，上式变换为灰度变换函数：

$$s=T(r)$$

其中 r 和 s 分别为输入灰度和输出灰度。

4.5.1　基本灰度变换函数

常用的基本函数有 3 类：线性函数、对数函数(对数和反对数)和幂律函数(n 次和 n 次根)。一些基本灰度变换函数如图 4-30 所示。

图像反转适用于增强嵌入在一幅图像暗区域中的白色或灰色细节。变换公式为：

$$s=L-1-r$$

图像灰度级范围为$[0,L-1]$。

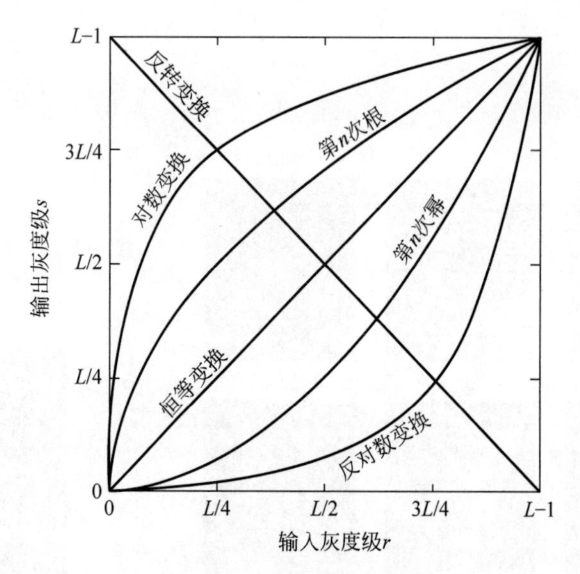

图 4-30 一些灰度变换函数

【例 4-9】 图像的反转变换演示实例。

```
import numpy as np
import cv2
import matplotlib.pyplot as plt
def reverse(img):
    output = 255 - img
    return output
img1 = cv2.imread('breast.png')                    #前头加 r 是消除反斜杠转义
cv2.imshow('input', img1)
x = np.arange(0, 256, 0.01)
y = 255 - x
plt.plot(x, y, 'r', linewidth=1)
plt.title('反转变换函数图')
plt.xlim([0, 255]), plt.ylim([0, 255])
plt.show()
img_output = reverse(img1)
cv2.namedWindow('output', cv2.WINDOW_NORMAL)  #可改变窗口大小
cv2.imshow('output', img_output)
cv2.waitKey(0)
cv2.destroyAllWindows()
```

运行程序，效果如图 4-31 及图 4-32 所示。

4.5.2 对数变换

对数变换可以拉伸范围较窄的低灰度值，同时压缩范围较宽的高灰度值。可以用来扩展图像中的暗像素值，同时压缩亮像素值。其表达式为：

$$s = c\log(r+1)$$

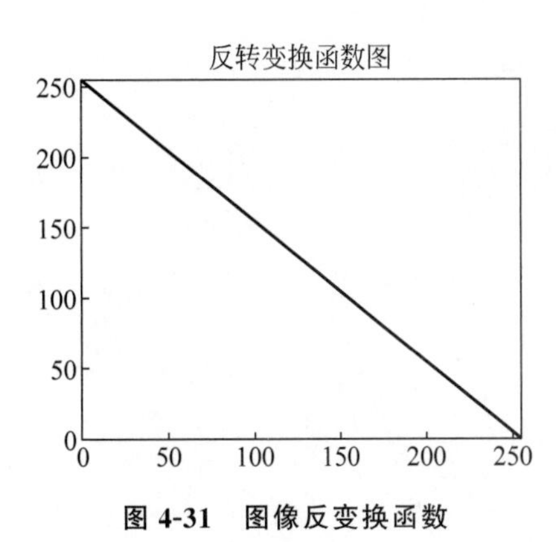

图 4-31 图像反变换函数

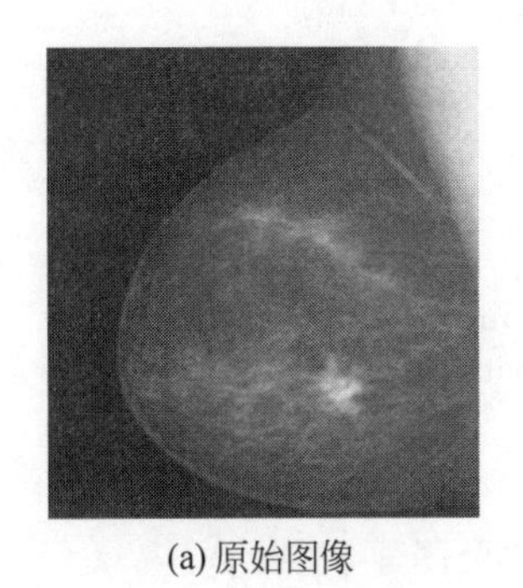

(a) 原始图像

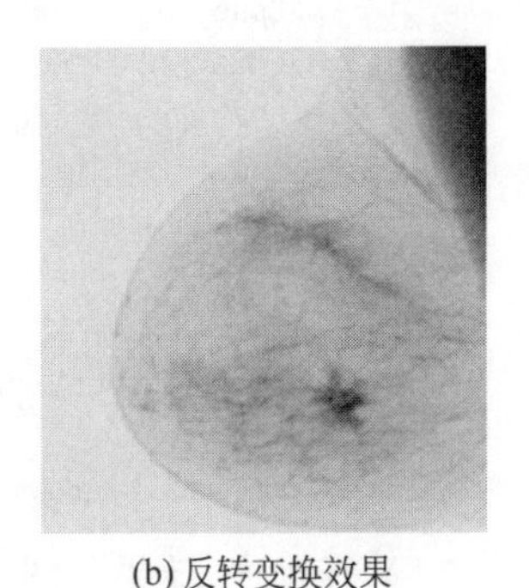

(b) 反转变换效果

图 4-32 图像反转变换效果

其中，c 为常数，$r+1$ 可以使函数向左移一个单位，得到的 s 均大于 0。

一个典型的应用是傅里叶频谱(幅度谱)的显示。对傅里叶频谱进行对数变化，图 4-33 中蓝线为变换函数，注意 x 轴量级为 10 的 7 次方，直接被压缩为 0～17.5，效果非常明显。图 4-34 是经过对数变换，又经过最大最小值变换后的频谱。

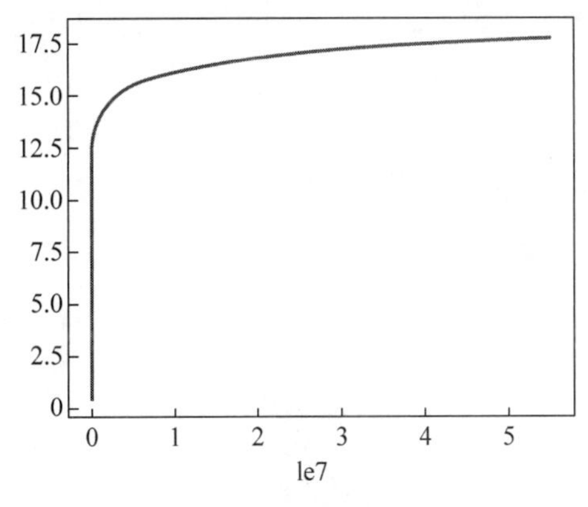

图 4-33 对数变化曲线

图 4-34 傅里叶频谱图

彩色图片
图 4-33

【例 4-10】 图像的对数变换。

```
"""对数变换"""
import numpy as np
import matplotlib.pyplot as plt
import cv2
def log_plot(c):
    x = np.arange(0, 256, 0.01)
    y = c * np.log(1 + x)
    plt.plot(x, y, 'r', linewidth = 1)
    plt.title('对数变换函数')
    plt.xlim(0, 255), plt.ylim(0, 255)
    plt.show()
def log(c, img):
```

```
    output_img = c * np.log(1.0 + img)
    output_img = np.uint8(output_img + 0.5)
    return output_img
img_input = cv2.imread('a2.jpg')
cv2.imshow('input', img_input)
log_plot(42)
img_output = log(42, img_input)
cv2.imshow('output', img_output)
cv2.waitKey(0)
cv2.destroyAllWindows()
```

运行程序,效果如图 4-35 及图 4-36 所示。

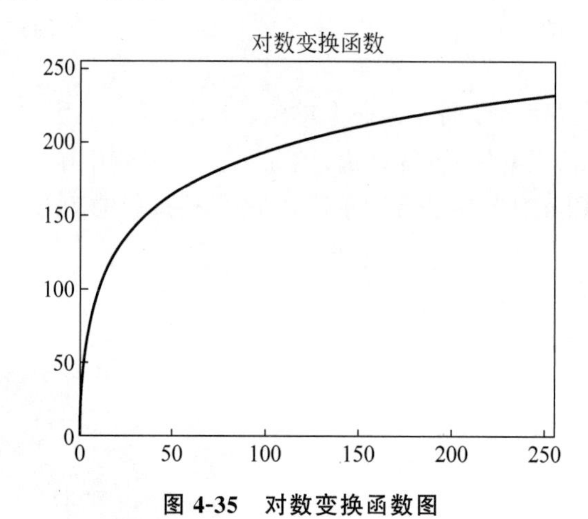

图 4-35 对数变换函数图

(a) 原始图像

(b) 对数变换效果

图 4-36 图像的对数变换效果

4.5.3 幂律(伽马)变换

幂律(伽马)变换的基本形式为:

$$s = cr^{\gamma}$$

其中,c 和 r 为正常数,对于不同的 γ 值,有不同的曲线,如图 4-37 所示。

幂律(伽马)变换多用在图像整体偏暗,扩展灰度级。另外一种情况是,图像有“冲淡”的

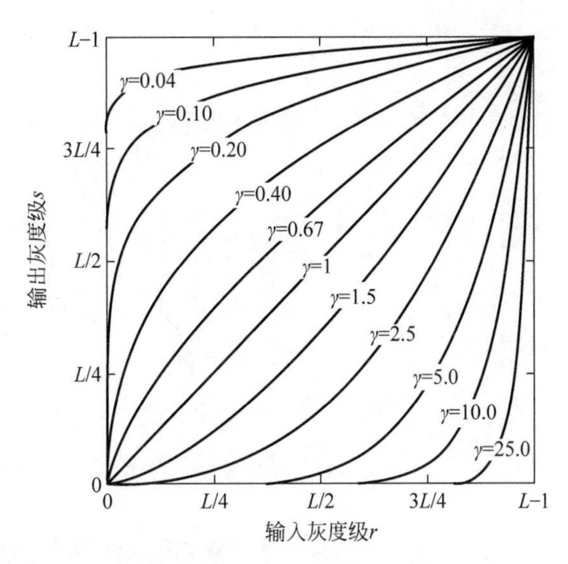

图 4-37 不同 γ 值的曲线效果

外观(很亮白),需要压缩中高以下的大部分的灰度级。

【例 4-11】 图像的伽马变换。

```
"""幂律变换(伽马)"""
import numpy as np
import matplotlib.pyplot as plt
import cv2
def gamma_plot(c, v):
    x = np.arange(0, 256, 0.01)
    y = c * x ** v
    plt.plot(x, y, 'r', linewidth = 1)
    plt.title('伽马变换函数')
    plt.xlim([0, 255]), plt.ylim([0, 255])
    plt.show()
def gamma(img, c, v):
    lut = np.zeros(256, dtype = np.float32)
    for i in range(256):
        lut[i] = c * i ** v
    output_img = cv2.LUT(img, lut)
    output_img = np.uint8(output_img + 0.5)    #这句一定要加上
    return output_img
img_input = cv2.imread('lena.png', cv2.IMREAD_GRAYSCALE)
cv2.imshow('imput', img_input)
gamma_plot(0.00000005, 4.0)
img_output = gamma(img_input, 0.00000005, 4.0)
cv2.imshow('output', img_output)
cv2.waitKey(0)
cv2.destroyAllWindows()
```

运行程序,效果如图 4-38 及图 4-39 所示。

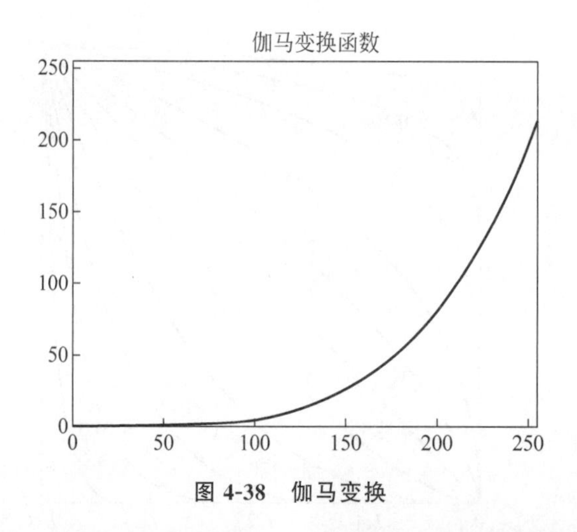

图 4-38 伽马变换

(a) 原始图像

(b) 伽马变换后的效果

图 4-39 图像伽马变换效果

4.6 线性滤波器

平滑滤波用于模糊处理和降低噪声。模糊处理常用于预处理任务中,如在目标提取之前去除图像中的一些琐碎细节,以及桥接直线或曲线的缝隙。通过线性或非线性平滑滤波也可降低噪声。线性滤波器的设计常基于对傅里叶变换的分析。

4.6.1 均值滤波器

均值滤波器也叫平均值或加权平均值,常见的平滑处理应用就是降低噪声。它会去除与滤波器模板尺寸相比较小的像素区域。然而,由于图像边缘也是由图像灰度尖锐变化带来的特性,所以均值滤波处理存在不希望看到的边缘模糊效应。

空间均值处理的一个重要应用是为了对感兴趣的物体得到一个粗略的描述而模糊一幅

图像。这样，那些较小物体的灰度与背景融合在一起，较大物体变得像“斑点”而易于检测。模板的大小由那些即将融入背景中的物体尺寸来决定，如图 4-40 所示。

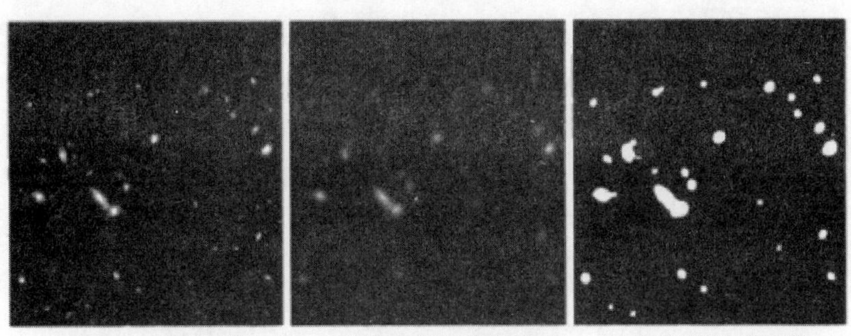

(a) 528×485像素图像　(b) 15×15均值模板滤波的图像　(c) 均值滤波后的图像

图 4-40　不同的图像模板

由图 4-40 可看出，(b)中图像的一些部分或者融入背景中，或者亮度降低，这就是波的效果。

【例 4-12】 图像的平滑效果。

```
"""
均值滤波
"""
import numpy as np
import cv2
#定义函数,生成椒盐噪声图像
def salt_pepperNoise(src):
    dst = src.copy()
    num = 1000                              #1000 个噪声点
    ndim = np.ndim(src)
    row, col = np.shape(src)[0:2]
    for i in range(num):
        x = np.random.randint(0, row)       #随机生成噪声点位置
        y = np.random.randint(0, col)
    indicator = np.random.randint(0, 2)     #生成随机数 0 和 1,决定是椒噪声还是盐噪声
        #灰度图像
        if ndim == 2:
            if indicator == 0:
                dst[x, y] = 0
            else:
                dst[x, y] = 255
        #彩色图像
        elif ndim == 3:
            if indicator == 0:
                dst[x, y, :] = 0
            else:
                dst[x, y, :] = 255
    return dst
#定义函数,实现均值滤波
```

```
def meanFilter(src, wsize):                          #src为输入图像,wsize为窗口大小
    border = np.uint8(wsize/2.0)                     #计算扩充边缘
    addBorder = cv2.copyMakeBorder(src, border, border, border, border, cv2.BORDER_REFLECT_101)
                                                     #扩充后
    dst = src.copy()
    filterWin = 1.0/(wsize ** 2) * np.ones((wsize, wsize), dtype = np.float32)   #定义窗口
    row, col = np.shape(addBorder)
    #滑动,开始滤波
    for i in range(border, row - border):
        for j in range(border, col - border):
            temp = addBorder[i - border:i + border + 1, j - border:j + border + 1]
            newValue = np.sum(temp * filterWin)      #均值滤波
            dst[i - border, j - border] = newValue
    dst = np.uint8(dst + 0.5)
    return dst
img = cv2.imread('lena.png', cv2.IMREAD_GRAYSCALE)
#生成椒盐图
saltPimg = salt_pepperNoise(img)
cv2.imshow('saltPepper', saltPimg)
#均值滤波
MeanFimg = meanFilter(saltPimg, 3)
cv2.imshow('MeanFilter', MeanFimg)
cv2.waitKey(0)
cv2.destroyAllWindows()
```

运行程序,效果如图4-41所示。

(a) 带椒盐噪声的图像

(b) 平滑后的图像

图4-41 图像平滑效果

4.6.2 非线性滤波器

这种滤波器以统计排序的值代替中心像素的值。如,中值滤波器。它的主要功能是使拥有不同灰度的点看起来更接近于它的相邻点,具有非常优秀的去噪能力,而且比相同尺寸的线性平滑滤波的模糊程度明显要低,中值滤波处理椒盐噪声非常有效。另外,还有最大值和最小值滤波器。

【例 4-13】 实现图像的中值滤波、最大值滤波、最小值滤波。

```
"""
非线性滤波,包括中值滤波,
最大值滤波,最小值滤波
"""
import numpy as np
import cv2
#定义函数,生成椒盐噪声图像
def salt_pepperNoise(src):
    dst = src.copy()
    num = 1000                                   #1000 个噪声点
    ndim = np.ndim(src)
    row, col = np.shape(src)[0:2]
    for i in range(num):
        x = np.random.randint(0, row)            #随机生成噪声点位置
        y = np.random.randint(0, col)
     indicator = np.random.randint(0, 2)         #生成随机数 0 和 1,决定是椒噪声还是盐噪声
        #灰度图像
        if ndim == 2:
            if indicator == 0:
                dst[x, y] = 0
            else:
                dst[x, y] = 255
        #彩色图像
        elif ndim == 3:
            if indicator == 0:
                dst[x, y, :] = 0
            else:
                dst[x, y, :] = 255
    return dst
#定义函数,实现中值滤波,最大值滤波,最小值滤波
def nonlinearFilter(src, wsize):
    border = np.uint8(wsize / 2.0)
    addBorder = cv2.copyMakeBorder(src, border, border, border, border, cv2.BORDER_REFLECT_101)
    dst = src.copy()
    row, col = np.shape(addBorder)
    #开始滑动
    for i in range(border, row - border):
        for j in range(border, col - border):
            temp = addBorder[i - border:i + border + 1, j - border:j + border + 1]
            newValue = np.median(temp)           #中值滤波
            #newValue = np.max(temp)             #最大值滤波
            #newValue = np.min(temp)             #最小值滤波
            dst[i - border, j - border] = newValue
    return dst
img = cv2.imread('lena.png', cv2.IMREAD_GRAYSCALE)
#生成椒盐图
```

```
saltPimg = salt_pepperNoise(img)
cv2.imshow('saltPepper', saltPimg)
#中值,最大值,最小值滤波
Fimg = nonlinearFilter(saltPimg, 3)
cv2.imshow('nonlinearFilter', Fimg)
cv2.waitKey(0)
cv2.destroyAllWindows()
```

运行程序,得到图像的中值滤波效果,如图4-42所示。

(a) 带椒盐噪声的图像

(b) 中值滤波后的效果

图4-42 图像中值滤波效果

中值滤波是用窗口内像元的中值来代替中心像元的亮度值。均值滤波和中值滤波非常基础,均值滤波相当于低通滤波,有将图像模糊化的趋势,对椒盐噪声基本无能为力。中值滤波的优点是可以很好地过滤掉椒盐噪声,缺点是易造成图像的不连续性。

而同样带椒盐的图像,最大值滤波效果如图4-43所示。

(a) 带椒盐噪声的图像

(b) 最大值滤波后的效果

图4-43 图像最大值滤波效果

最大值滤波是用窗口内像元的最大值来代替中心像元的亮度值,可以发现图像中的亮点,并消除图像中的"椒"噪声(亮度值小的噪声)。

而同样带椒盐的图像,最小值滤波效果如图4-44所示。

最小值滤波是用窗口内像元的最小值来代替中心像元的亮度值,可以发现图像中的暗点,并消除图像中的"盐"噪声(亮度值大的噪声)。

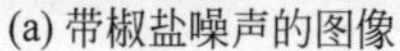

(a) 带椒盐噪声的图像　　(b) 最小值滤波后的效果

图 4-44　图像最小值滤波效果

4.7　锐化空间滤波

锐化处理的主要目的是突出灰度的过渡部分。增强边缘和其他突变(噪声),削弱灰度变化缓慢的区域。

4.7.1　基本概述

图像模糊可用均值平滑实现。因均值处理与积分类似,在逻辑上,锐化处理可由空间微分来实现。微分算子的响应强度与图像的突变程度成正比,这样,图像微分增强边缘和其他突变,而削弱灰度变化缓慢的区域。

微分算子必须保证以下几点:

(1) 在恒定灰度区域的微分值为 0;

(2) 在灰度台阶或斜坡处微分值非 0;

(3) 沿着斜坡的微分值非 0。

一阶函数 $f(x)$的一阶微分定义:

$$\frac{\partial f}{\partial x}=f(x+1)-f(x)$$

二阶微分定义:

$$\frac{\partial^2 f}{\partial x^2}=f(x+1)+f(x-1)-2f(x)$$

对于二维图像函数 $f(x,y)$是一样的,只不过我们将沿着两个空间轴处理偏微分,图 4-45 对一段水平灰度剖面的一阶数字函数和一阶微分、二阶微分做了详细说明。

为了便于观看,在图 4-45 中,已用虚线将数据点连接起来。

数字图像的边缘在灰度上常常类似于斜坡过渡,这样就导致图像的一阶微分产生较粗的边缘。因为沿着斜坡的微分非 0。另一方面,二阶微分产生由 0 分开的一个像素宽的双

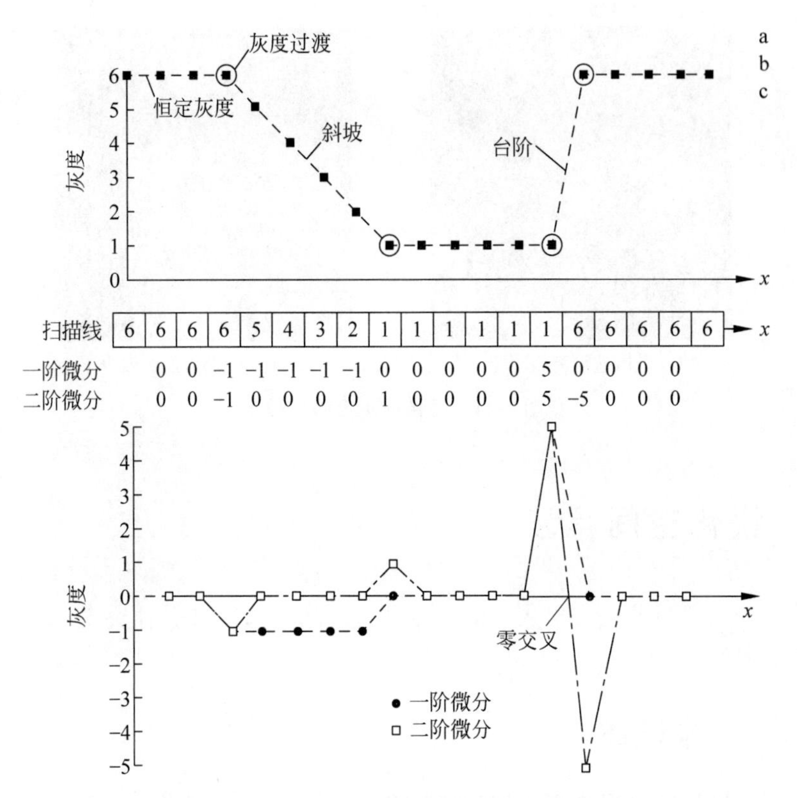

图 4-45 灰度与一阶微分、二阶微分剖面图

边缘。由此得出结论，二阶微分在增强细节方面比一阶微分好得多。

4.7.2 拉普拉斯算子

我们要的是一个各向同性滤波器，这种滤波器的响应与滤波器作用的图像的突变方向无关。也就是说，各向同性滤波器是旋转不变的，即将原图像旋转后进行滤波处理的结果和先对图像滤波然后再旋转的结果相同。最简单的各向同性微分算子即拉普拉斯算子。

一个二维图像函数 $f(x,y)$的拉普拉斯算子定义为：

$$\nabla^2 f = \frac{\partial^2 f}{\partial x^2} + \frac{\partial^2 f}{\partial y^2}$$

任意阶微分都是线性操作，所以拉普拉斯变换也是一个线性算子。于是：

$$\frac{\partial^2 f}{\partial x^2} = f(x+1,y) + f(x-1,y) - 2f(x,y)$$

$$\frac{\partial^2 f}{\partial y^2} = f(x,y+1) + f(x,y-1) - 2f(x,y)$$

$$\nabla^2 f(x,y) = f(x+1,y) + f(x-1,y) + f(x,y+1) + f(x,y-1) - 4f(x,y)$$

对应的滤波模板为图 4-46(a)，这是一个旋转 90°的各向同性模板，另外还有对角线方向 45°的各个同性模板，还有其他两个常见的拉普拉斯模板。a、b 与 c、d 的区别是符号的差别，效果是一样的。

0	1	0
1	-4	1
0	1	0

(a) 滤波器模板

1	1	1
1	-8	1
1	1	1

(b) 对角项的扩展模板

0	-1	0
-1	4	-1
0	-1	0

(c) 常用的拉普拉斯实现 1

-1	-1	-1
-1	8	-1
-1	-1	-1

(d) 常用的拉普拉斯实现2

图 4-46　滤波器模板

拉普拉斯是一种微分算子，因此它强调的是图像中灰度的突变。将原图像和拉普拉斯图像叠加，可以复原背景特性并保持拉普拉斯锐化处理的效果。如果模板的中心系数为负，那么必须将原图像减去拉普拉斯变换后的图像，从而得到锐化效果。所以，拉普拉斯对图像增强的基本方法可表示为：

$$g(x,y)=f(x,y)+c[\nabla^2 f(x,y)]$$

其中，$f(x,y)$和 $g(x,y)$分别是输入图像和锐化后的图像，如果使用图 4-46 中的 a、b 滤波模板，则 $c=-1$；如果使用另外两个，则 $c=1$。

【例 4-14】 图像的拉普拉斯算子变换。

```
"空间滤波 - 锐化 - 拉普拉斯算子"
import numpy as np
import cv2
#定义函数,实现拉普拉斯算子
def Laplace(src):
    template = np.ones((3, 3), dtype = np.float32)          #模板
    template[1, 1] = -8.0
    addBorderImg = cv2.copyMakeBorder(src, 1, 1, 1, 1, cv2.BORDER_REFLECT_101)  #扩充边界
    row, col = src.shape
    dst = np.zeros((row, col), dtype = np.int16)
    for i in range(row):
        for j in range(col):
            temp = addBorderImg[i:i + 3, j:j + 3]
            dst[i, j] = np.sum(template * temp)
    return dst
inputImg = cv2.imread(r'a3.png', cv2.IMREAD_GRAYSCALE)
cv2.imshow('input', inputImg)
laplaceImg = Laplace(inputImg)                             #拉普拉斯滤波后的图像
laplaceImg1 = laplaceImg
laplaceImg1[laplaceImg1 < 0] = 0
laplaceImg1 = np.uint8(laplaceImg1)
cv2.imshow('laplace', laplaceImg1)
outputImg = np.zeros(inputImg.shape, dtype = np.float32)   #锐化图像
outputImg = inputImg - laplaceImg
outputImg[outputImg < 0] = 0
outputImg[outputImg > 255] = 255
outputImg = np.uint8(outputImg)
```

```
cv2.namedWindow('output', cv2.WINDOW_NORMAL)
cv2.imshow('output', outputImg)
cv2.waitKey(0)
cv2.destroyAllWindows()
```

运行程序,效果如图 4-47 所示。

(a) 原始图像

(b) 拉普拉斯滤波后的图像

(c) 锐化后图像

图 4-47 图像的拉普拉斯滤波效果

4.8 习题

1. 傅里叶变换是信号领域沟通________和________的桥梁,傅里叶变换针对的主要是平稳信号的________,具有一定________的信号。

2. ________是离散傅里叶变换(DFT)的快速算法,它是根据离散傅里叶变换的________、________、________、________等特性,对离散傅里叶变换的算法进行改进获得的。

3. 微分算子必须保证哪几点?

4. 对给定的数据,绘制区间长度相同的直方图。

5. 利用 Python 绘制频谱图。

第5章 CHAPTER 5 线性回归

线性模型是一类统计模型的总称，它包括了线性回归模型、方差分析模型、协方差分析模型和线性混合效应模型(或称方差分量模型)等。许多生物、医学、经济、管理、地质、气象、农业、工业、工程技术等领域的现象都可以用线性模型来近似描述。因此线性模型成为现代统计学中应用最为广泛的模型之一。

5.1 概述

给定样本 $\boldsymbol{x}$，用列向量表示该样本 $\boldsymbol{x}=(x^{(1)},x^{(2)},\cdots,x^{(n)})^{\mathrm{T}}$。样本有 n 种特征，我们用 $x^{(i)}$ 表示样本 $\boldsymbol{x}$ 的第 i 个特征。线性模型(Linear model)的形式为：

$$f(\boldsymbol{x})=\boldsymbol{w}\cdot\boldsymbol{x}+b$$

其中 $\boldsymbol{w}=(w^{(1)},w^{(2)},\cdots,w^{(n)})^{\mathrm{T}}$ 为每个特征对应的权重生成的权重向量，称为权重向量，权重向量直观地表达了各个特征在预测中的重要性。

线性模型中的“线性”其实就是一系列一次特征的线性组合，在二维空间中是一条直线，在三维空间中是一个平面，然后推广到 n 维空间，这样可以理解为广义的线性模型。

线性模型非常简单，易于建模，应用广泛，主要包括岭回归、lasso 回归、Elastic Net、逻辑回归、线性判别分析等。

5.2 普通线性回归

线性回归是一种回归分析技术。回归分析本质上就是一个函数估计的问题(函数估计包括参数估计和非参数估计两类)，就是找出因变量和自变量之间的因果关系。回归分析的因变量应该是连续变量，如果因变量为离散变量，则问题转化为分类问题，回归分析是一个有监督学习的问题。

5.2.1 基本概述

给定数据集 $T=\{(\boldsymbol{x}_1,y_1),(\boldsymbol{x}_2,y_2),\cdots,(\boldsymbol{x}_N,y_N)\}$,$\boldsymbol{x}_i\in X\subseteq\mathbf{R}^n$,$y_i\in Y\subseteq\mathbf{R}$,$i=1,2,\cdots,N$,其中 $\boldsymbol{x}_i=(x_i^{(1)},x_i^{(2)},\cdots,x_i^{(n)})^{\mathrm{T}}$。需要学习的模型为:

$$f(\boldsymbol{x})=\boldsymbol{w}\cdot\boldsymbol{x}+b$$

也即根据已知的数据集 T 来计算参数 $\boldsymbol{w}$ 和 b。

对于给定的样本 $\boldsymbol{x}$,其预测值为 $\hat{y}_i=f(\boldsymbol{x}_i)=\boldsymbol{w}\cdot\boldsymbol{x}_i+b$。采用平方损失函数,则在训练集 T 上,模型的损失函数为:

$$L(f)=\sum_{i=1}^{N}(\hat{y}_i-y_i)^2=\sum_{i=1}^{N}(\boldsymbol{w}\cdot\boldsymbol{x}_i+b-y_i)^2$$

我们的目标是损失函数的最小化,即:

$$(\boldsymbol{w}^*,b^*)=\underset{\boldsymbol{w},b}{\arg\min}\sum_{i=1}^{N}(\boldsymbol{w}\cdot\boldsymbol{x}_i+b-y_i)^2$$

可以采用梯度下降法来求解上述最优化问题的数值解。在使用梯度下降法时,要注意特征归一化(Feature Scaling)。

特征归一化有两个好处:

(1) 提升模型的收敛速度,比如两个特征 x_1 和 x_2,x_1 的取值为 0~2000,而 x_2 的取值为 1~5,假如只有这两个特征,对其进行优化时,会得到一个窄长的椭圆形,导致在梯度下降时,梯度的方向为垂直等高线的方向而走"之"字形路线,这样会使迭代很慢。相比之下,归一化之后,是一个圆形,梯度的方向为直接指向圆心,迭代就会很快。可见,归一化可以大大减少寻找最优解的时间。

(2) 提升模型精度,归一化的另一个好处是提高精度,这在涉及一些距离计算的算法时效果显著,比如算法要计算欧几里得距离,上面 x_2 的取值范围比较小,涉及距离计算时其对结果的影响远比 x_1 带来的小,所以这就会造成精度的损失。

因此归一化很有必要,它可以让各个特征对结果做出的贡献相同。在求解线性回归的模型时,还有一个问题要注意,那就是特征组合问题,比如房子的长度和宽度作为两个特征参与模型的构造,不如将二者相乘得到的面积作为一个特征来进行求解,这样就在特征选择上做了减少维度的工作。

上述最优化问题实际上是有解析解的,可以用最小二乘法求解解析解,该问题称为多元线性回归(multivariate linear regression)。令:

$$\tilde{\boldsymbol{w}}=(w^{(1)},w^{(2)},\cdots,w^{(n)},b)^{\mathrm{T}}=(\boldsymbol{w}^{\mathrm{T}},b)^{\mathrm{T}}$$

$$\tilde{\boldsymbol{x}}=(x^{(1)},x^{(2)},\cdots,x^{(n)},1)^{\mathrm{T}}=(\boldsymbol{x}^{\mathrm{T}},1)^{\mathrm{T}}$$

$$\boldsymbol{y}=(y_1,y_2,\cdots,y_N)^{\mathrm{T}}$$

则:

$$\sum_{i=1}^{N}(\boldsymbol{w}\cdot\boldsymbol{x}_i+b-y_i)^2=(\boldsymbol{y}-(\tilde{\boldsymbol{x}}_1,\tilde{\boldsymbol{x}}_2,\cdots,\tilde{\boldsymbol{x}}_N)^{\mathrm{T}}\tilde{\boldsymbol{w}})^{\mathrm{T}}(\boldsymbol{y}-(\tilde{\boldsymbol{x}}_1,\tilde{\boldsymbol{x}}_2,\cdots,\tilde{\boldsymbol{x}}_N)^{\mathrm{T}}\tilde{\boldsymbol{w}})$$

令：

$$\boldsymbol{x}=(\tilde{\boldsymbol{x}}_1,\tilde{\boldsymbol{x}}_2,\cdots,\tilde{\boldsymbol{x}}_N)^{\mathrm{T}}=\begin{bmatrix}\tilde{\boldsymbol{x}}_1^{\mathrm{T}}\\\tilde{\boldsymbol{x}}_2^{\mathrm{T}}\\\vdots\\\tilde{\boldsymbol{x}}_N^{\mathrm{T}}\end{bmatrix}=\begin{bmatrix}x_1^{(1)} & x_1^{(2)} & \cdots & x_1^{(n)} & 1\\x_2^{(1)} & x_2^{(2)} & \cdots & x_2^{(n)} & 1\\\vdots & \vdots & \ddots & \vdots & \vdots\\x_N^{(1)} & x_N^{(2)} & \cdots & x_N^{(n)} & 1\end{bmatrix}$$

则：

$$\tilde{\boldsymbol{w}}^*=\underset{\tilde{\boldsymbol{w}}}{\arg\min}(\boldsymbol{y}-\boldsymbol{x}\tilde{\boldsymbol{w}})^{\mathrm{T}}(\boldsymbol{y}-\boldsymbol{x}\tilde{\boldsymbol{w}})$$

令 $E_{\tilde{\boldsymbol{w}}}=(\boldsymbol{y}-\boldsymbol{x}\tilde{\boldsymbol{w}})^{\mathrm{T}}(\boldsymbol{y}-\boldsymbol{x}\tilde{\boldsymbol{w}})$，求它的极小值。对 $\tilde{\boldsymbol{w}}$ 求导令导数为零，得到解析解：

$$\frac{\partial E_{\tilde{\boldsymbol{w}}}}{\partial\tilde{\boldsymbol{w}}}=2\boldsymbol{x}^{\mathrm{T}}(\boldsymbol{x}\tilde{\boldsymbol{w}}-\boldsymbol{y})=\boldsymbol{0}\Rightarrow\boldsymbol{x}^{\mathrm{T}}\boldsymbol{x}\tilde{\boldsymbol{w}}-\boldsymbol{x}^{\mathrm{T}}\boldsymbol{y}$$

- 当 $\boldsymbol{x}^{\mathrm{T}}\boldsymbol{x}$ 为满秩矩阵或者正定矩阵时，可得：

  $$\tilde{\boldsymbol{w}}^*=(\boldsymbol{x}^{\mathrm{T}}\boldsymbol{x})^{-1}\boldsymbol{x}^{\mathrm{T}}\boldsymbol{y}$$

  其中 $(\boldsymbol{x}^{\mathrm{T}}\boldsymbol{x})^{-1}$ 为 $\boldsymbol{x}^{\mathrm{T}}\boldsymbol{x}$ 的逆矩阵。于是得到的多元线性回归模型为：

  $$f(\tilde{\boldsymbol{x}}_i)=\tilde{\boldsymbol{x}}_i^{\mathrm{T}}\tilde{\boldsymbol{w}}^*$$

- $\boldsymbol{x}^{\mathrm{T}}\boldsymbol{x}$ 不是满秩矩阵。比如 $N<n$（样本数量小于特征种类的数量），根据 $\boldsymbol{x}$ 的秩小于或等于 (N,n) 中的最小值，即小于或等于 N（矩阵的秩一定小于或等于矩阵的行数和列数）；而矩阵 $\boldsymbol{x}^{\mathrm{T}}\boldsymbol{x}$ 是 $n\times n$ 大小的，它的秩一定小于或等于 N，因此不是满秩矩阵。此时存在多个解析解。常见的做法是引入正则化项，如 L_1 正则化或者 L_2 正则化。以 L_2 正则化为例：

  $$\tilde{\boldsymbol{w}}^*=\underset{\tilde{\boldsymbol{w}}}{\arg\min}\left[(\boldsymbol{y}-\boldsymbol{x}\tilde{\boldsymbol{w}})^{\mathrm{T}}(\boldsymbol{y}-\boldsymbol{x}\tilde{\boldsymbol{w}})+\lambda\|\tilde{\boldsymbol{w}}\|_2^2\right]$$

  其中，$\lambda>0$ 调整正则化项与均方误差的比例；$\|\cdots\|_2$ 为 L_2 范数。

根据上述原理，得到多元线性回归算法。

- 输入：数据集 $T=\{(\boldsymbol{x}_1,y_1),(\boldsymbol{x}_2,y_2),\cdots,(\boldsymbol{x}_N,y_N)\}$，$\boldsymbol{x}_i\in X\subseteq\mathbf{R}^n$，$y_i\in Y\subseteq\mathbf{R}$，$i=1,2,\cdots,N$，正则化项系数 $\lambda>0$。
- 输出：

  $$f(\boldsymbol{x})=\boldsymbol{w}\cdot\boldsymbol{x}+b$$

- 算法步骤。

  ① 令：

  $$\tilde{\boldsymbol{w}}=(w^{(1)},w^{(2)},\cdots,w^{(n)},b)^{\mathrm{T}}=(\boldsymbol{w}^{\mathrm{T}},b)^{\mathrm{T}}$$

  $$\tilde{\boldsymbol{x}}=(x^{(1)},x^{(2)},\cdots,x^{(n)},1)^{\mathrm{T}}=(\boldsymbol{x}^{\mathrm{T}},1)^{\mathrm{T}}$$

  $$\boldsymbol{y}=(y_1,y_2,\cdots,y_N)^{\mathrm{T}}$$

  计算：

$$\boldsymbol{x}=(\tilde{\boldsymbol{x}}_1,\tilde{\boldsymbol{x}}_2,\cdots,\tilde{\boldsymbol{x}}_N)^{\mathrm{T}}=\begin{bmatrix}\tilde{\boldsymbol{x}}_1^{\mathrm{T}}\\ \tilde{\boldsymbol{x}}_2^{\mathrm{T}}\\ \vdots\\ \tilde{\boldsymbol{x}}_N^{\mathrm{T}}\end{bmatrix}=\begin{bmatrix}x_1^{(1)} & x_1^{(2)} & \cdots & x_1^{(n)} & 1\\ x_2^{(1)} & x_2^{(2)} & \cdots & x_2^{(n)} & 1\\ \vdots & \vdots & \ddots & \vdots & 1\\ x_N^{(1)} & x_N^{(2)} & \cdots & x_N^{(n)} & 1\end{bmatrix}$$

② 求解：

$$\tilde{\boldsymbol{w}}^*=\underset{\tilde{\boldsymbol{w}}}{\arg\min}\left[(\boldsymbol{y}-\boldsymbol{x}\tilde{\boldsymbol{w}})^{\mathrm{T}}(\boldsymbol{y}-\boldsymbol{x}\tilde{\boldsymbol{w}})+\lambda\|\tilde{\boldsymbol{w}}\|_2^2\right]$$

③ 最终的模型：

$$f(\tilde{\boldsymbol{x}}_i)=\tilde{\boldsymbol{x}}_i^{\mathrm{T}}\tilde{\boldsymbol{w}}^*$$

5.2.2 Python 实现

前面对普通线性回归的求解过程进行了介绍，下面直接通过 Python 来实现线性回归的求解。

【例 5-1】 Python 实现线性回归模型。

```
#导入必要的编程库
import numpy as np
from pylab import *
"""训练得到 w 和 b 的向量"""
def train_wb(X, y):
    """
    :param X:N*D 的数据
    :param y:X 对应的 y 值
    :return: 返回(w,b)的向量
    """
    if np.linalg.det(X.T * X) != 0:
        wb = ((X.T.dot(X).I).dot(X.T)).dot(y)
        return wb
def test(x, wb):
    return x.T.dot(wb)
"""获得数据的函数"""
def getdata():
    x = []; y = []
    file = open("ex0.txt", 'r')
    for line in file.readlines():
        temp = line.strip().split("\t")
        x.append([float(temp[0]),float(temp[1])])
        y.append(float(temp[2]))
    return (np.mat(x), np.mat(y).T)
"""画图函数,分别把训练用的数据的散点图还有回归直线画出来了"""
def draw(x, y, wb):
    #画回归直线 y = wx+b
    a = np.linspace(0, np.max(x))                    #横坐标的取值范围
    b = wb[0] + a * wb[1]
```

```
    plot(x, y, '.')
    plot(a, b)
    show()
X, y = getdata()
wb = train_wb(X, y)
draw(X[:, 1], y, wb.tolist())
```

运行程序,效果如图 5-1 所示。

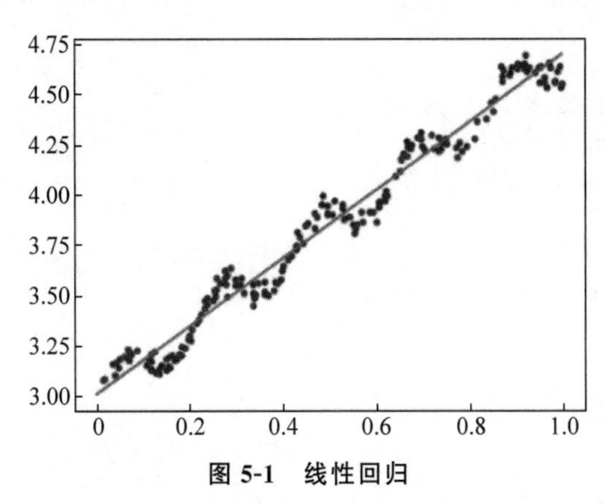

图 5-1 线性回归

【例 5-2】 以表 5-1 为例,针对运输里程、运输次数与运输总时间的关系,建立多元线性回归模型。

表 5-1 运输里程、运输次数与运输总时间的关系

运 输 里 程	运 输 次 数	运输总时间
100	4	9.3
50	3	4.8
100	4	8.9
100	2	6.5
50	2	4.2
80	2	6.2
75	3	7.4
65	4	6.0
90	3	7.6
90	2	6.1

Python 的实现代码为:

```
import numpy as np
from sklearn import datasets,linear_model
#定义训练数据
x = np.array([[100,4,9.3],[50,3,4.8],[100,4,8.9],
              [100,2,6.5],[50,2,4.2],[80,2,6.2],
              [75,3,7.4],[65,4,6],[90,3,7.6],[90,2,6.1]])
```

```
print(x)
X = x[:,:-1]
Y = x[:,-1]
print(X,Y)
#训练数据
regr = linear_model.LinearRegression()
regr.fit(X,Y)
print('coefficients(b1,b2...):',regr.coef_)
print('intercept(b0):',regr.intercept_)
#预测
x_test = np.array([[102,6],[100,4]])
y_test = regr.predict(x_test)
print(y_test)
```

运行程序，输出如下：

```
[[100.    4.    9.3]
 [ 50.    3.    4.8]
 [100.    4.    8.9]
 [100.    2.    6.5]
 [ 50.    2.    4.2]
 [ 80.    2.    6.2]
 [ 75.    3.    7.4]
 [ 65.    4.    6. ]
 [ 90.    3.    7.6]
 [ 90.    2.    6.1]]
[[100.   4.]
 [ 50.   3.]
 [100.   4.]
 [100.   2.]
 [ 50.   2.]
 [ 80.   2.]
 [ 75.   3.]
 [ 65.   4.]
 [ 90.   3.]
 [ 90.   2.]] [9.3 4.8 8.9 6.5 4.2 6.2 7.4 6.  7.6 6.1]
coefficients(b1,b2...): [0.0611346  0.92342537]
intercept(b0): -0.868701466781709
[10.90757981  8.93845988]
```

如果特征向量中存在分类型变量，例如车型，则需要进行特殊处理，数据如表 5-2 所示。

表 5-2 车型、运输里程、运输次数与运输总时间的关系

运输里程	输出次数	车型	隐式转换	运输总时间
100	4	1	010	9.3
50	3	0	100	4.8
100	4	1	010	8.9
100	2	2	001	6.5
50	2	2	001	4.2

续表

运输里程	输出次数	车 型	隐式转换	运输总时间
80	2	1	010	6.2
75	3	1	010	7.4
65	4	0	100	6.0
90	3	0	100	7.6
100	4	1	010	9.3
50	3	0	100	4.8
100	4	1	010	8.9
100	2	2	001	6.5

Python 的实现代码为：

```
import numpy as np
from sklearn.feature_extraction import DictVectorizer
from sklearn import linear_model
#定义数据集
x = np.array([[100,4,1,9.3],[50,3,0,4.8],[100,4,1,8.9],
              [100,2,2,6.5],[50,2,2,4.2],[80,2,1,6.2],
              [75,3,1,7.4],[65,4,0,6],[90,3,0,7.6],
              [100,4,1,9.3],[50,3,0,4.8],[100,4,1,8.9],[100,2,2,6.5]])
x_trans = []
for i in range(len(x)):
    x_trans.append({'x1':str(x[i][2])})
vec = DictVectorizer()
dummyX = vec.fit_transform(x_trans).toarray()
x = np.concatenate((x[:,:-2],dummyX[:,:],x[:,-1].reshape(len(x),1)),axis=1)
x = x.astype(float)
X = x[:,:-1]
Y = x[:,-1]
print(x,X,Y)
#训练数据
regr = linear_model.LinearRegression()
regr.fit(X,Y)
print('coefficients(b1,b2...):',regr.coef_)
print('intercept(b0):',regr.intercept_)
```

运行程序，输出如下：

```
[[100.   4.   0.   1.   0.   9.3]
 [ 50.   3.   1.   0.   0.   4.8]
 [100.   4.   0.   1.   0.   8.9]
 [100.   2.   0.   0.   1.   6.5]
 [ 50.   2.   0.   0.   1.   4.2]
 [ 80.   2.   0.   1.   0.   6.2]
 [ 75.   3.   0.   1.   0.   7.4]
 [ 65.   4.   1.   0.   0.   6. ]
 [ 90.   3.   1.   0.   0.   7.6]
```

```
 [100.    4.    0.    1.    0.    9.3]
 [ 50.    3.    1.    0.    0.    4.8]
 [100.    4.    0.    1.    0.    8.9]
 [100.    2.    0.    0.    1.    6.5]] [[100.   4.   0.   1.   0.]
 [ 50.   3.   1.   0.   0.]
 [100.   4.   0.   1.   0.]
 [100.   2.   0.   0.   1.]
 [ 50.   2.   0.   0.   1.]
 [ 80.   2.   0.   1.   0.]
 [ 75.   3.   0.   1.   0.]
 [ 65.   4.   1.   0.   0.]
 [ 90.   3.   1.   0.   0.]
 [100.   4.   0.   1.   0.]
 [ 50.   3.   1.   0.   0.]
 [100.   4.   0.   1.   0.]
 [100.   2.   0.   0.   1.]]
[9.3 4.8 8.9 6.5 4.2 6.2 7.4 6.  7.6 9.3 4.8 8.9 6.5]
coefficients(b1,b2...): [ 0.05452507  0.70930079 -0.18019642  0.60821607 -0.42801964]
intercept(b0): 0.19899589563177766
```

5.3 广义线性模型

考虑单调可导函数 $h(\cdot)$，令 $h(y)=\boldsymbol{w}^{\mathrm{T}}\boldsymbol{x}+b$，这样得到的模型称为广义线性模型(generalized linear model)。

广义线性模型的一个典型的例子就是对数线性回归。当 $h(\cdot)=\ln(\cdot)$ 时的广义线性模型就是对数线性回归，即

$$\ln y=\boldsymbol{w}^{\mathrm{T}}\boldsymbol{x}+b$$

它是通过 $\exp(\boldsymbol{w}^{\mathrm{T}}\boldsymbol{x}+b)$ 拟合 y 的。它虽然称为广义线性回归，但实质上是非线性的。

【例 5-3】 本例中使用一个 2 次函数加上随机的扰动来生成 500 个点，然后尝试用 1、2、100 次方的多项式对该数据进行拟合。

拟合的目的是使得根据训练数据能够拟合出一个多项式函数，这个函数能够很好地拟合现有数据，并且能对未知的数据进行预测。

```
import matplotlib.pyplot as plt
import numpy as np
import scipy as sp
from scipy.stats import norm
from sklearn.pipeline import Pipeline
from sklearn.linear_model import LinearRegression
from sklearn.preprocessing import PolynomialFeatures
from sklearn import linear_model
''''' 数据生成 '''
x = np.arange(0, 1, 0.002)
y = norm.rvs(0, size=500, scale=0.1)
```

```
y = y + x ** 2
''''' 均方误差根 '''
def rmse(y_test, y):
    return sp.sqrt(sp.mean((y_test - y) ** 2))
''''' 与均值相比的优秀程度,介于 0~1。0 表示不如均值,1 表示完美预测。这个版本的实现是参考
scikit-learn 官网文档 '''
def R2(y_test, y_true):
    return 1 - ((y_test - y_true) ** 2).sum() / ((y_true - y_true.mean()) ** 2).sum()
def R22(y_test, y_true):
    y_mean = np.array(y_true)
    y_mean[:] = y_mean.mean()
    return 1 - rmse(y_test, y_true) / rmse(y_mean, y_true)
plt.scatter(x, y, s = 5)
degree = [1,2,100]
y_test = []
y_test = np.array(y_test)
for d in degree:
    clf = Pipeline([('poly', PolynomialFeatures(degree = d)),
                    ('linear', LinearRegression(fit_intercept = False))])
    clf.fit(x[:, np.newaxis], y)
    y_test = clf.predict(x[:, np.newaxis])
    print(clf.named_steps['linear'].coef_)
    print('rmse = %.2f, R2 = %.2f, R22 = %.2f, clf.score = %.2f' %
      (rmse(y_test, y),
       R2(y_test, y),
       R22(y_test, y),
       clf.score(x[:, np.newaxis], y)))
    plt.plot(x, y_test, linewidth = 2)
plt.grid()
plt.legend(['1','2','100'], loc = 'upper left')
plt.show()
```

运行程序,输出如下,效果如图 5-2 所示。

```
[-0.17646909  1.01838941]
rmse = 0.12, R2 = 0.86, R22 = 0.63, clf.score = 0.86
[-0.02872693  0.1283764   0.8917966 ]
rmse = 0.10, R2 = 0.91, R22 = 0.69, clf.score = 0.91
[-1.11632925e-01  4.29980995e+01 -4.76106227e+03  2.49103305e+05
 -7.46452218e+06  1.41084996e+08 -1.78775541e+09  1.58133296e+10
 -1.00114941e+11  4.58895566e+11 -1.51772245e+12  3.53223913e+12
…
  4.46276417e+11 -5.96923498e+11 -1.51906488e+12 -1.90374020e+12
 -1.63247529e+12 -7.23567011e+11  5.91292805e+11  1.81499049e+12
  2.17224445e+12  1.00237307e+12 -1.37732005e+12 -3.02020489e+12
  1.81820159e+12]
rmse = 0.09, R2 = 0.91, R22 = 0.70, clf.score = 0.91
```

这里要注意几点:

(1) 误差分析。做回归分析,常用的误差主要有均方误差根(RMSE)和 R-平方(R2)。RMSE 是预测值与真实值的误差平方根的均值。这种度量方法很流行(Netflix 机器学习比

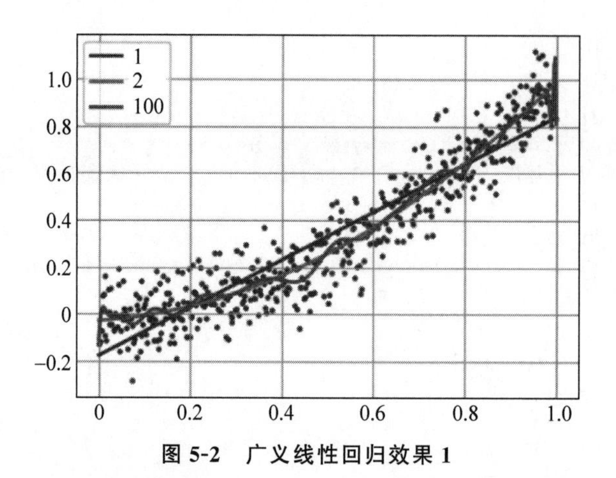

图 5-2　广义线性回归效果 1

赛的评价方法)，是一种定量的权衡方法。

R2 方法是将预测值跟使用均值的情况下相比，看能好多少。R2 通常在(0,1)区间。0 表示还不如什么都不预测，直接取均值的情况，而 1 表示所有预测跟真实结果完美匹配的情况。我们看到多项式次数为 1 的时候，虽然拟合得不太好，但 R2 也能达到 0.82。二次多项式提高到了 0.88。而次数提高到 100 次时，R2 也只提高到了 0.89。

(2) 过拟合。使用 100 次方多项式做拟合，效果确实是好了一些，但该模型的据测能力很差。而且注意看多项式系数，出现了大量的大数值，甚至达到 10 的 12 次方。这里修改代码，将 500 个样本中的最后 2 个从训练集中移除，但在测试中仍然会测试所有 500 个样本。

```
clf.fit(x[:498, np.newaxis], y[:498])
```

这样修改后的多项式拟合结果如下，效果如图 5-3 所示。

```
[ - 0.16490619  0.97634264]
rmse = 0.13, R2 = 0.83, R22 = 0.59, clf.score = 0.83
[ 0.0046522   - 0.04921213  1.03174524]
rmse = 0.10, R2 = 0.90, R22 = 0.68, clf.score = 0.90
……
rmse = 0.35, R2 = - 0.31, R22 = - 0.15, clf.score = - 0.31
```

彩色图片
图 5-3

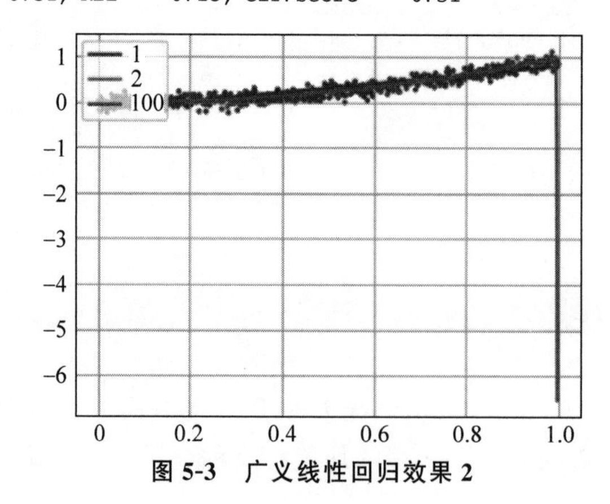

图 5-3　广义线性回归效果 2

仅仅只是缺少了最后2个训练样本，绿线（100次方多项式拟合结果）的预测发生了剧烈的偏差，R2也急剧下降到0.57。而反观一次多项式和二次多项式的拟合结果，R2反而略微上升了。

这说明高次多项式过度拟合了训练数据，包括其中大量的噪声，导致其完全丧失了对数据趋势的预测能力。前面也看到，100次多项式拟合出的系数数值无比巨大。人们自然想到通过在拟合过程中限制这些系数数值的大小来避免生成这种畸形的拟合函数。

其基本原理是将拟合多项式的所有系数绝对值之和（L_1 正则化）或者平方和（L_2 正则化）加入惩罚模型中，并指定一个惩罚力度因子 w，来避免产生这种畸形系数。

这样的思想应用在了岭（Ridge）回归（使用 L_2 正则化）、Lasso法（使用 L_1 正则化）、弹性网（Elastic net，使用 L_1+L_2 正则化）等方法中，都能有效避免过拟合。

下面以岭回归为例看看100次多项式的拟合是否有效。将代码修改如下：

```
clf = Pipeline([('poly', PolynomialFeatures(degree = d)),
                    ('linear', linear_model.Ridge ())])
clf.fit(x[:400, np.newaxis], y[:400])
```

修改程序后，输出如下，效果如图5-4所示。

```
[0.          0.76953671]
rmse = 0.15, R2 = 0.78, R22 = 0.53, clf.score = 0.78
[0.          0.29611609 0.62106811]
rmse = 0.11, R2 = 0.88, R22 = 0.65, clf.score = 0.88
…
rmse = 0.11, R2 = 0.88, R22 = 0.65, clf.score = 0.88
```

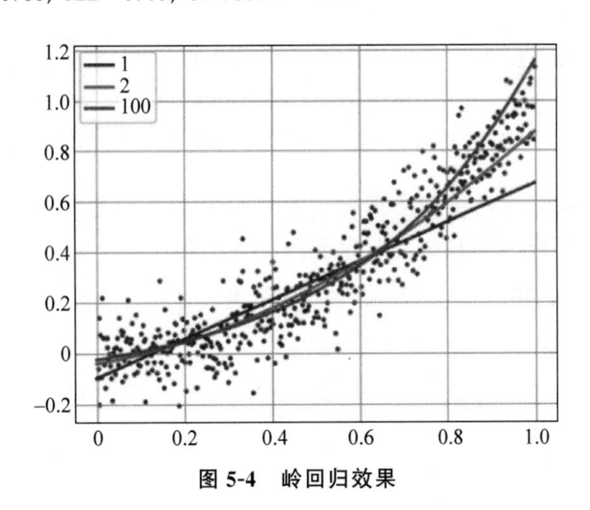

图5-4 岭回归效果

由图5-4可以看到，100次多项式的系数参数变得很小，大部分都接近于0。

另外值得注意的是，使用岭回归之类的惩罚模型后，一次多项式或二次多项式回归的R2值可能会稍微低于基本线性回归。

这样的模型即使使用100次多项式，在训练400个样本、预测500个样本的情况下不仅有更小的 R2 误差，还具备优秀的预测能力。

5.4 逻辑回归

线性模型也可以用于分类。考虑二分类问题，给定数据集 $T=\{(\boldsymbol{x}_1,y_1),(\boldsymbol{x}_2,y_2),\cdots,(\boldsymbol{x}_N,y_N)\}$，$\boldsymbol{x}_i\in X\subseteq\mathbf{R}^n$，$y_i\in Y\subseteq\mathbf{R}$，$i=1,2,\cdots,N$，其中 $\boldsymbol{x}_i=(x_i^{(1)},x_i^{(2)},\cdots,x_i^{(n)})^{\mathrm{T}}$。我们需要知道 $P(y/\boldsymbol{x})$，这里用条件概率的原因是：预测的时候都是已知 $\boldsymbol{x}$，然后需要判断此时对应的 y 值。

考虑到 $\boldsymbol{w}\cdot\boldsymbol{x}+b$ 取值是连续的，因此它不能拟合离散变量。可以考虑用它来拟合条件概率 $P(y=1/\boldsymbol{x})$，因为概率的取值也是连续的，但是对于 $\boldsymbol{w}\neq\boldsymbol{0}$（如果等于零向量，则没有求解的价值），$\boldsymbol{w}\cdot\boldsymbol{x}+b$ 取值是从 $-\infty\sim+\infty$，不符合概率取值为 0～1，因此考虑采用广义线性模型，最理想的是单位阶跃函数：

$$P(y=1/\boldsymbol{x})=\begin{cases}0, & z<0\\ 0.5, & z=0\\ 1, & z>0\end{cases},\quad z=\boldsymbol{w}\cdot\boldsymbol{x}+b$$

但是阶跃函数不满足单调可导的性质。退而求其次，我们寻找一个可导的、与阶跃函数相似的函数。对数概率函数(logistic function)就是这样的一个替代函数：

$$P(y=1/\boldsymbol{x})=\frac{1}{1+\mathrm{e}^{-z}},\quad z=\boldsymbol{w}\cdot\boldsymbol{x}+b$$

由于 $P(y=0/\boldsymbol{x})=1-P(y=1/\boldsymbol{x})$，所以有 $\ln\dfrac{P(y=1/\boldsymbol{x})}{P(y=0/\boldsymbol{x})}=z=\boldsymbol{w}\cdot\boldsymbol{x}+b$。$\ln\dfrac{P(y=1/\boldsymbol{x})}{P(y=0/\boldsymbol{x})}$表示样本为正例的可能性与负例的可能性之比，称为概率(odds)，反映了样本作为正例的相对可能性。概率的对数称为对数概率(log odds，也称为 logit)。

下面给出逻辑回归模型参数估计：给定训练数据集 $T=\{(\boldsymbol{x}_1,y_1),(\boldsymbol{x}_2,y_2),\cdots,(\boldsymbol{x}_N,y_N)\}$，$\boldsymbol{x}_i\in X\subseteq\mathbf{R}^n$，$y_i\in\{0,1\}$。模型估计的原理是：用极大似然估计法估计模型参数。

为了便于讨论，将参数 b 吸收进 $\boldsymbol{w}$ 中，令：

$$\tilde{\boldsymbol{w}}=(w^{(1)},w^{(2)},\cdots,w^{(n)},b)^{\mathrm{T}}\in\mathbf{R}^{n+1},\quad \tilde{\boldsymbol{x}}=(x^{(1)},x^{(2)},\cdots,x^{(n)},1)^{\mathrm{T}}\in\mathbf{R}^{n+1}$$

令 $P(y=1/\boldsymbol{x})=\pi(\tilde{\boldsymbol{x}})=\dfrac{\exp(\tilde{\boldsymbol{w}}\cdot\tilde{\boldsymbol{x}})}{1+\exp(\tilde{\boldsymbol{w}}\cdot\tilde{\boldsymbol{x}})}$，$P(y=0/\boldsymbol{x})=1-\pi(\tilde{\boldsymbol{x}})$，则似然函数为：

$$\prod_{i=1}^{N}[\pi(\tilde{\boldsymbol{x}})]^{y_i}[1-\pi(\tilde{\boldsymbol{x}})]^{1-y_i}$$

对数似然函数为：

$$L(\tilde{\boldsymbol{w}})=\sum_{i=1}^{N}[y_i\log\pi(\tilde{\boldsymbol{x}})+(1-y_i)\log(1-\pi(\tilde{\boldsymbol{x}}))]$$

$$= \sum_{i=1}^{N}\left[y_i \log \frac{\pi(\tilde{\boldsymbol{x}})}{1-\pi(\tilde{\boldsymbol{x}})} + \log(1-\pi(\tilde{\boldsymbol{x}}))\right]$$

又由于 $\pi(\tilde{\boldsymbol{x}})=\dfrac{\exp(\tilde{\boldsymbol{w}}\cdot\tilde{\boldsymbol{x}})}{1+\exp(\tilde{\boldsymbol{w}}\cdot\tilde{\boldsymbol{x}})}$,因此:

$$L(\tilde{\boldsymbol{w}})=\sum_{i=1}^{N}[y_i(\tilde{\boldsymbol{w}}\cdot\tilde{\boldsymbol{x}})-\log(1+\exp((\tilde{\boldsymbol{w}}\cdot\tilde{\boldsymbol{x}}))]$$

对 $L(\tilde{\boldsymbol{w}})$求极大值,得到 $\tilde{\boldsymbol{w}}$ 的估计值。设估计值为 $\tilde{\boldsymbol{w}}^*$,则逻辑回归模型为:

$$P(Y=1/X=\tilde{\boldsymbol{x}})=\frac{\exp(\tilde{\boldsymbol{w}}^*\cdot\tilde{\boldsymbol{x}})}{1+\exp(\tilde{\boldsymbol{w}}^*\cdot\tilde{\boldsymbol{x}})}$$

$$P(Y=0/X=\tilde{\boldsymbol{x}})=\frac{1}{1+\exp(\tilde{\boldsymbol{w}}^*\cdot\tilde{\boldsymbol{x}})}$$

提示:通常用梯度下降法或者拟牛顿法来求解该最大值问题。

以上讨论的都是二分类的逻辑回归模型,可以推广到多分类逻辑回归模型。设离散型随机变量 Y 的取值集合为$\{1,2,\cdots,K\}$,则多分类逻辑回归模型为:

$$P(Y=k/\tilde{\boldsymbol{x}})=\frac{\exp(\tilde{\boldsymbol{w}}_k\cdot\tilde{\boldsymbol{x}})}{1+\sum_{k=1}^{K-1}\exp(\tilde{\boldsymbol{w}}_k\cdot\tilde{\boldsymbol{x}})},\quad k=1,2,\cdots,K-1$$

$$P(Y=K/\tilde{\boldsymbol{x}})=\frac{1}{1+\sum_{k=1}^{K-1}\exp(\tilde{\boldsymbol{w}}_k\cdot\tilde{\boldsymbol{x}})},\quad \tilde{\boldsymbol{x}}\in\mathbf{R}^{n+1},\tilde{\boldsymbol{w}}_k\in\mathbf{R}^{n+1}$$

其参数估计方法与二分类逻辑回归模型类似。

【例 5-4】 对给定的数据进行逻辑回归分析。

```
from numpy import *
filename = ('testSet.txt')                      #文件目录
def loadDataSet():                              #读取数据(这里只有两个特征)
    dataMat = []
    labelMat = []
    fr = open(filename)
    for line in fr.readlines():
        lineArr = line.strip().split()
        dataMat.append([1.0, float(lineArr[0]), float(lineArr[1])])   #代码中的 1.0,表示
方程的常量比如两个特征 X1,X2,共需要三个参数,W1 + W2 * X1 + W3 * X2
        labelMat.append(int(lineArr[2]))
    return dataMat,labelMat
def sigmoid(inX):                               #sigmoid 函数
    return 1.0/(1 + exp( - inX))
def gradAscent(dataMat, labelMat):              #梯度上升求最优参数
    dataMatrix = mat(dataMat)                   #将读取的数据转换为矩阵
    classLabels = mat(labelMat).transpose()     #将读取的数据转换为矩阵
    m,n = shape(dataMatrix)
    alpha = 0.001                               #设置梯度的阈值,该值越大梯度上升幅度越大
```

```
    maxCycles = 500                            #设置迭代的次数,一般看实际数据进行设定,
                                               #有些可能 200 次就够了
    weights = ones((n,1))                      #设置初始的参数,并都赋默认值为 1。注意这里
                                               #权重以矩阵形式表示三个参数
    for k in range(maxCycles):
        h = sigmoid(dataMatrix * weights)
        error = (classLabels - h)              #求导后差值
        weights = weights + alpha * dataMatrix.transpose() * error  #迭代更新权重
    return weights
"""随机梯度上升,当数据量比较大时,每次迭代都选择全量数据进行计算,计算量会非常大。所以采
用每次迭代中一次只选择其中的一行数据进行更新权重。"""
def stocGradAscent0(dataMat, labelMat):
    dataMatrix = mat(dataMat)
    classLabels = labelMat
    m,n = shape(dataMatrix)
    alpha = 0.01
    maxCycles = 500
    weights = ones((n,1))
    for k in range(maxCycles):
        for i in range(m):                     #遍历计算每一行
            h = sigmoid(sum(dataMatrix[i] * weights))
            error = classLabels[i] - h
            weights = weights + alpha * error * dataMatrix[i].transpose()
    return weights
"""改进版随机梯度上升,在每次迭代中随机选择样本来更新权重,并且随迭代次数增加,权重变化
越小。"""
def stocGradAscent1(dataMat, labelMat):
    dataMatrix = mat(dataMat)
    classLabels = labelMat
    m,n = shape(dataMatrix)
    weights = ones((n,1))
    maxCycles = 500
    for j in range(maxCycles):                 #迭代
        dataIndex = [i for i in range(m)]
        for i in range(m):                     #随机遍历每一行
            alpha = 4/(1 + j + i) + 0.0001     #随迭代次数增加,权重变化越小
            randIndex = int(random.uniform(0,len(dataIndex)))  #随机采样
            h = sigmoid(sum(dataMatrix[randIndex] * weights))
            error = classLabels[randIndex] - h
            weights = weights + alpha * error * dataMatrix[randIndex].transpose()
            del(dataIndex[randIndex])          #去除已经抽取的样本
    return weights
def plotBestFit(weights):                      #画出最终分类的图
    import matplotlib.pyplot as plt
    dataMat,labelMat = loadDataSet()
    dataArr = array(dataMat)
    n = shape(dataArr)[0]
    xcord1 = []; ycord1 = []
    xcord2 = []; ycord2 = []
    for i in range(n):
```

```
        if int(labelMat[i]) == 1:
            xcord1.append(dataArr[i,1])
            ycord1.append(dataArr[i,2])
        else:
            xcord2.append(dataArr[i,1])
            ycord2.append(dataArr[i,2])
    fig = plt.figure()
    ax = fig.add_subplot(111)
    ax.scatter(xcord1, ycord1, s = 30, c = 'red', marker = 's')
    ax.scatter(xcord2, ycord2, s = 30, c = 'green')
    x = arange( - 3.0, 3.0, 0.1)
    y = ( - weights[0] - weights[1] * x)/weights[2]
    ax.plot(x, y)
    plt.xlabel('X1')
    plt.ylabel('X2')
    plt.show()
def main():
    dataMat, labelMat = loadDataSet()
    weights = gradAscent(dataMat, labelMat).getA()
    plotBestFit(weights)
if __name__ == '__main__':
    main()
```

运行程序,效果如图 5-5 所示。

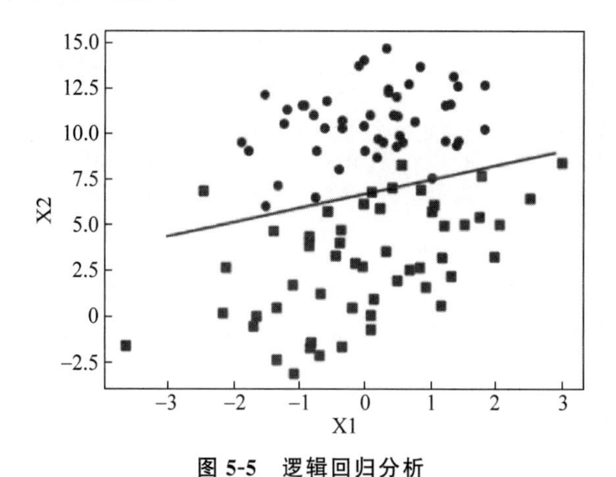

图 5-5 逻辑回归分析

5.5 岭回归

岭回归是在最小二乘法的基础之上的,所以要了解岭回归,首先要了解最小二乘的回归原理。设有多重线性回归模型 $y=\boldsymbol{x}\beta+\varepsilon$,参数 β 的最小二乘估计为:

$$\hat{\beta}=(\boldsymbol{x}^{\mathrm{T}}\boldsymbol{x})^{-1}\boldsymbol{x}^{\mathrm{T}}y$$

当自变量间存在多重共线性,即 $|\boldsymbol{x}^{\mathrm{T}}\boldsymbol{x}|\approx 0$ 时,设想给 $|\boldsymbol{x}^{\mathrm{T}}\boldsymbol{x}|$ 加上一个正常数矩阵($k>0$),

那么$|x^{T}x|+kI$接近奇异的程度就会比接近奇异的程度小得多。考虑到变量的量纲问题，要先对数据标准化，标准化捕捉设计矩阵仍用x表示，定义称为岭回归估计，其中，k称为岭参数。由于假设x已经标准化，所以就是自变量样本相关阵。y可以标准化也可以未标准化，如果y也经过标准化，那么计算的实际是标准化岭回归估计。k作为β的估计应比最小二乘估计稳定，$k=0$时的岭回归估计就是普通的最小二乘估计。因为岭参数k不是唯一确定的，所以得到的岭回归实际是回归参数的一个估计族。

岭回归的参数估计为：

$$\hat{\beta}(k)=(x^{T}x+kI)^{-1}x^{T}y$$

【例 5-5】 随机产生100组数据集，每组数据集包含25个点，每个点满足：$y=\sin(2\pi x)+\varepsilon$，这里$x\in\{0.041\times i,i=1,2,\cdots,24\}$，$e$是添加的高斯噪声$(0,0.3^2)$。在每组数据集上用具有不同$\lambda$的7阶多项式进行岭回归拟合。

```
import numpy as np
import matplotlib.pyplot as plt
from tkinter import _flatten
x_arange = 0.041 * np.arange(0, 25, 1)                    #每组数据的25个点
y_True = np.sin(2 * np.pi * x_arange)                     #每个数据点对应的值(没有添加噪声)
y_Noise = np.zeros(y_True.shape)                          #添加噪声的值
x_Prec = np.linspace(0, 24 * 0.041, 100)                  #画图范围
mu = 0                                                    #噪声的mu值
sigma = 0.3                                               #噪声的sigma值
Num = 100                                                 #100组数据集
n = 8                                                     #7阶多项式
lamda = [np.exp(1), np.exp(0), np.exp(-5), np.exp(-10)]   #不同的lambda值
phi = np.mat(np.zeros((x_arange.size, n)))                #phi矩阵
x = np.mat(x_arange).T                                    #输入数据矩阵
#phi矩阵运算
for i_n in range(n):
    for y_n in range(x_arange.size):
        phi[y_n, i_n] = x[y_n, 0] ** i_n
plt.figure(figsize = (15, 10))
index = 221
for i_lamda in lamda:
    plt.subplot(index)
    index += 1
    plt.title("lambda = %f" % i_lamda)
    plt.plot(x_Prec, np.sin(2 * np.pi * x_Prec), color = 'g')
    for k in range(Num):
        for i in range(x_arange.size):
            y_Noise[i] = y_True[i] + np.random.normal(mu, sigma)
        y = np.mat(y_Noise).T
        #求解w参数
        W = (phi.T * phi + i_lamda * np.eye(n)).I * phi.T * y
        ploy = list(_flatten(W.T.tolist()))
        ploy.reverse()
        p = np.poly1d(ploy)
```

```
    if k % 5 == 0:                                  # 只画 20 条曲线
        plt.plot(x_Prec, p(x_Prec), color = 'r')
plt.show()
```

运行程序，效果如图 5-6 所示。

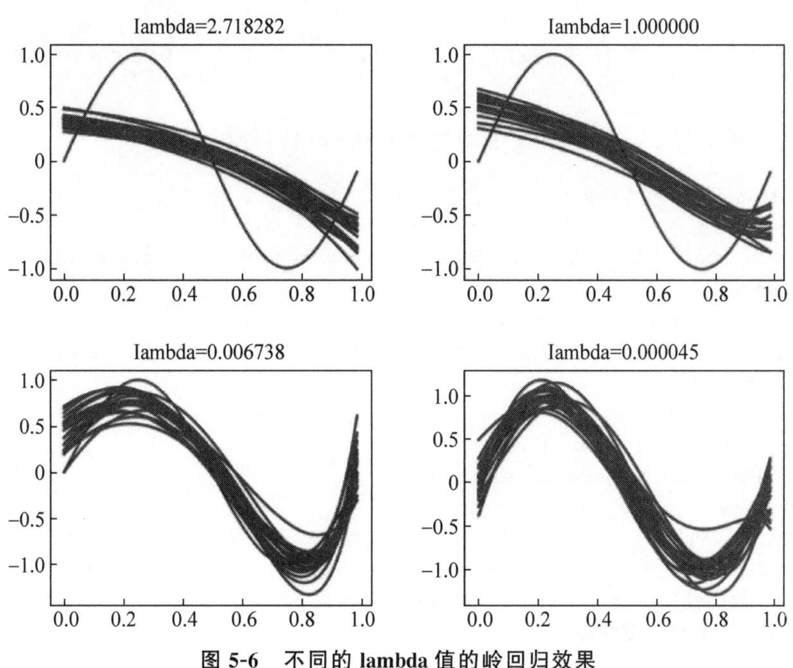

图 5-6 不同的 lambda 值的岭回归效果

5.6 Lasso 回归

Lasso 回归与岭回归非常相似，它们的差别在于使用了不同的正则化项。最终都实现了约束参数从而防止过拟合的效果。Lasso 之所以重要，还有另一个原因，即 Lasso 能够将一些作用比较小的特征的参数训练为 0，从而获得稀疏解。也就是说，用这种方法，在训练模型的过程中实现了降维(特征筛选)的目的。

Lasso 回归的代价函数为：

$$J(\boldsymbol{\theta})=\frac{1}{2m}\sum_{i=1}^{m}(y^{(i)}-(\boldsymbol{w}\boldsymbol{x}^{(i)}+b))^2+\lambda\|\boldsymbol{w}\|_1=\frac{1}{2}\mathrm{MSE}(\boldsymbol{\theta})+\lambda\sum_{i=1}^{m}|\theta_i| \quad (5\text{-}1)$$

式中的 $\boldsymbol{w}$ 是长度为 n 的向量，不包括截距项的系数 θ_0，$\boldsymbol{\theta}$ 是长度为 $n+1$ 的向量，包括截距项的系数 θ_0，m 为样本数，n 为特征数。$\|\boldsymbol{w}\|_1$ 表示参数 $\boldsymbol{w}$ 的 L_1 范数，也是一种表示距离的函数。加入 $\boldsymbol{w}$ 表示三维空间中的一个点(x,y,z)，那么 $\|\boldsymbol{w}\|_1=|x|+|y|+|z|$，即各个方向上的绝对值(长度)之和。

式(5-1)的梯度为：

$$\nabla_{\boldsymbol{\theta}}\text{MSE}(\boldsymbol{\theta}) + \lambda \begin{pmatrix} \text{sigm}(\theta_1) \\ \text{sigm}(\theta_2) \\ \vdots \\ \text{sigm}(\theta_n) \end{pmatrix}$$

其中，$\text{sigm}(\theta_i)$由θ_i的符号决定：$\theta_i>0$，$\text{sigm}(\theta_i)=1$；$\theta_i=0$，$\text{sigm}(\theta_i)=0$；$\theta_i<0$，$\text{sigm}(\theta_i)=-1$。

【例 5-6】 利用 Lasso 回归对自带的数据集进行回归分析。

```
import matplotlib.pyplot as plt
import numpy as np
from sklearn import datasets, linear_model, discriminant_analysis, cross_validation
def load_data():
    diabetes = datasets.load_diabetes()
    return cross_validation.train_test_split(diabetes.data, diabetes.target, test_size =
0.25, random_state = 0)
def test_lasso( * data):
    X_train, X_test, y_train, y_test = data
    lassoRegression = linear_model.Lasso()
    lassoRegression.fit(X_train, y_train)
    print("权重向量:%s,b的值为:%.2f" % (lassoRegression.coef_, lassoRegression.intercept_))
    print("损失函数的值:%.2f" % np.mean((lassoRegression.predict(X_test) - y_test) ** 2))
    print("预测性能得分: %.2f" % lassoRegression.score(X_test, y_test))
#测试不同的α值对预测性能的影响
def test_lasso_alpha( * data):
    X_train, X_test, y_train, y_test = data
    alphas = [0.01, 0.02, 0.05, 0.1, 0.2, 0.5, 1, 2, 5, 10, 20, 50, 100, 200, 500, 1000]
    scores = []
    for i, alpha in enumerate(alphas):
        lassoRegression = linear_model.Lasso(alpha = alpha)
        lassoRegression.fit(X_train, y_train)
        scores.append(lassoRegression.score(X_test, y_test))
    return alphas, scores
def show_plot(alphas, scores):
    figure = plt.figure()
    ax = figure.add_subplot(1, 1, 1)
    ax.plot(alphas, scores)
    ax.set_xlabel(r"$\alpha$")
    ax.set_ylabel(r"score")
    ax.set_xscale("log")
    ax.set_title("lasso")
    plt.show()
if __name__ == '__main__':
    X_train, X_test, y_train, y_test = load_data()
    #使用默认的 alpha
    #test_lasso(X_train, X_test, y_train, y_test)
    #使用自己设置的 alpha
    alphas, scores = test_lasso_alpha(X_train, X_test, y_train, y_test)
```

```
show_plot(alphas, scores)
```

运行程序,效果如图 5-7 所示。

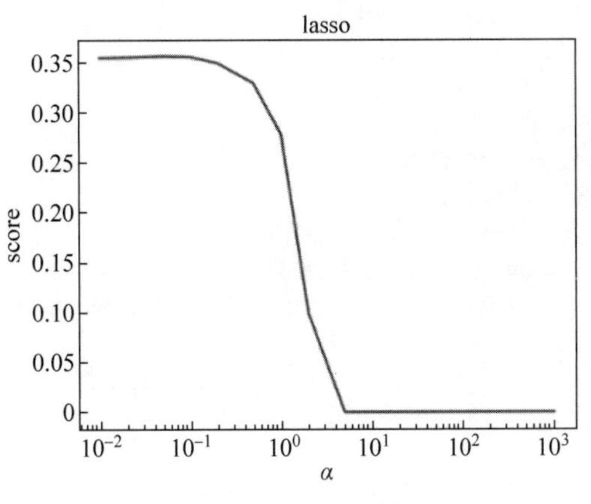

图 5-7 lasso 回归

5.7 弹性网络

弹性网络(Elastic Net)结合了岭回归和 Lasso 回归,由两者加权平均所得。据介绍,这种方法在特征数大于训练集样本数或有些特征之间高度相关时比 Lasso 更加稳定。其代价函数为:

$$J(\theta)=\frac{1}{2}\text{MSE}(\theta)+r\lambda\sum_{i=1}^{m}|\theta_i|+\frac{1-r}{2}\lambda\sum_{i=1}^{n}\theta_i^2$$

其中,r 表示 L_1 所占的比例。

【例 5-7】 用 Python 实现弹性网络算法(多变量)。使用鸢尾花数据集,后 3 个特征作为特征,用来预测第一个特征。

```
#导入必要的编程库,创建计算图,加载数据集
import matplotlib.pyplot as plt
import tensorflow as tf
import numpy as np
from sklearn import datasets
from tensorflow.python.framework import ops
ops.get_default_graph()
sess = tf.Session()
iris = datasets.load_iris()
x_vals = np.array([[x[1], x[2], x[3]] for x in iris.data])
y_vals = np.array([y[0] for y in iris.data])
#声明学习率,批量大小,占位符和模型变量,模型输出
learning_rate = 0.001
batch_size = 50
x_data = tf.placeholder(shape = [None, 3], dtype = tf.float32)   #占位符大小为3
```

```
y_target = tf.placeholder(shape = [None, 1], dtype = tf.float32)
A = tf.Variable(tf.random_normal(shape = [3,1]))
b = tf.Variable(tf.random_normal(shape = [1,1]))
model_output = tf.add(tf.matmul(x_data, A), b)
#对于弹性网络回归算法,损失函数包括 L1 正则和 L2 正则
elastic_param1 = tf.constant(1.)
elastic_param2 = tf.constant(1.)
l1_a_loss = tf.reduce_mean(abs(A))
l2_a_loss = tf.reduce_mean(tf.square(A))
e1_term = tf.multiply(elastic_param1, l1_a_loss)
e2_term = tf.multiply(elastic_param2, l2_a_loss)
loss = tf.expand_dims(tf.add(tf.add(tf.reduce_mean(tf.square(y_target - model_output)),
e1_term), e2_term), 0)
#初始化变量,声明优化器,然后遍历迭代运行,训练拟合得到参数
init = tf.global_variables_initializer()
sess.run(init)
my_opt = tf.train.GradientDescentOptimizer(learning_rate)
train_step = my_opt.minimize(loss)
loss_vec = []
for i in range(1000):
   rand_index = np.random.choice(len(x_vals), size = batch_size)
   rand_x = x_vals[rand_index]
   rand_y = np.transpose([y_vals[rand_index]])
   sess.run(train_step, feed_dict = {x_data:rand_x, y_target:rand_y})
   temp_loss = sess.run(loss, feed_dict = {x_data:rand_x, y_target:rand_y})
   loss_vec.append(temp_loss)
   if (i+1) % 250 == 0:
     print('Step#' + str(i+1) +'A = ' + str(sess.run(A)) + 'b = ' + str(sess.run(b)))
     print('Loss = ' + str(temp_loss))
#现在能观察到,随着训练迭代后损失函数已收敛
plt.plot(loss_vec, 'k--')
plt.title('Loss per Generation')
plt.xlabel('Generation')
plt.ylabel('Loss')
plt.show()
```

运行程序,输出如下,效果如图 5-8 所示。

```
Step#250A = [[1.3357686 ]
 [0.7352283 ]
 [0.12850094]]b = [[-1.4265894]]
Loss = [1.9901819]
Step#500A = [[1.3833795 ]
 [0.6989296 ]
 [0.03573647]]b = [[-1.2994616]]
Loss = [1.9257231]
Step#750A = [[ 1.3752384e+00]
 [ 6.9431901e-01]
 [-3.4378259e-05]]b = [[-1.1875116]]
Loss = [1.7963648]
```

```
Step#1000A = [[1.3545375e+00]
 [6.8431729e-01]
 [3.3413176e-05]]b=[[-1.0804418]]
Loss= [1.7084534]
```

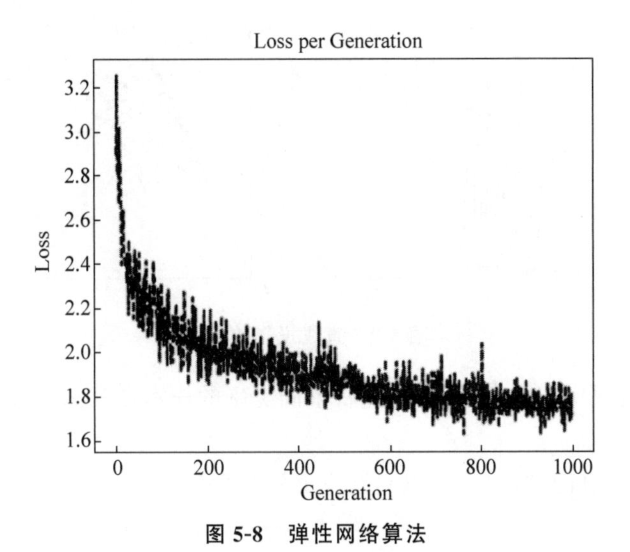

图 5-8 弹性网络算法

5.8 线性判别分析

线性判别分析(Linear Discriminant Analysis,LDA)的思想是：

- 训练时,设法将训练样本投影到一条直线上,使得同类样本的投影点尽可能地接近,异类样本的投影点尽可能地远离。要学习的就是这样的一条直线。
- 预测时,将待预测样本投影到学到的直线上,根据它的投影点的位置来判定它的类别。

5.8.1 线性判别二分类情况

回顾之前的逻辑回归方法,给定 m 个 n 维特征的训练样例,每个 $\boldsymbol{x}^{(i)}, i=1,2,\cdots,m$ 对应一个类标签 $y^{(i)}$。我们就是要学习出参数$\boldsymbol{\theta}$,使得 $y^{(i)}=g(\boldsymbol{\theta})^{\mathrm{T}}\boldsymbol{x}^{(i)}$。

现在只考虑二分类情况,也就是 $y=1$ 或 $y=0$。为了方便表示,先换符号重新定义问题,给定特征为 d 维的 N 个样例,$\boldsymbol{x}^{(i)}=(x_1^{(i)},x_2^{(i)},\cdots,x_1^{(i)})$,其中有 N_1 个样例属于类别 w_1,另外 N_2 个样例属于类别 w_2。

现在我们觉得原始特征数太多,想将 d 维特征降到只有一维,又要保证类别能够“清晰”地反映在低维数据上,也就是说,这一维就能决定每个样例的类别。我们将这个最佳的向量称为 $\boldsymbol{w}$(d 维),那么样例 $\boldsymbol{x}$(d 维)到 $\boldsymbol{w}$ 上的投影可以用下式来计算：

$$\boldsymbol{y}=\boldsymbol{w}^{\mathrm{T}}\boldsymbol{x}$$

这里得到的 y 值不是0/1值，而是 $\boldsymbol{x}$ 投影到直线上的点到原点的距离。若 $\boldsymbol{x}$ 是二维的，则要找一条直线（方向为 $\boldsymbol{w}$）来做投影，然后寻找最能使样本点分离的直线，如图5-9所示。

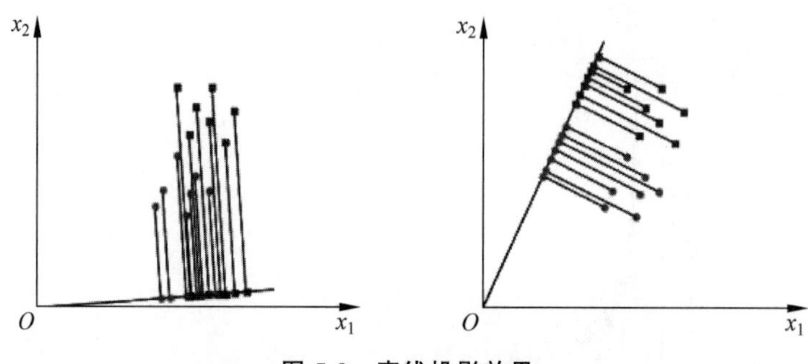

图5-9 直线投影效果

从直观上看，右图比较好，可以很好地将不同类别的样本点分离。接着从定量的角度来找到这个最佳的 $\boldsymbol{w}$。

首先寻找每类样例的均值（中心点），这里 i 只有两个：

$$\mu_i = \frac{1}{N_i}\sum_{\boldsymbol{x}\in w_i}\boldsymbol{x}$$

由于 $\boldsymbol{x}$ 到 $\boldsymbol{w}$ 投影后的样本点均值为：

$$\tilde{\mu}_i = \frac{1}{N_i}\sum_{y\in w_i} y = \frac{1}{N_i}\sum_{\boldsymbol{x}\in w_i}\boldsymbol{w}^{\mathrm{T}}\boldsymbol{x} = \boldsymbol{w}^{\mathrm{T}}\mu_i$$

由此可知，投影后的均值也就是样本中心点的投影。那什么是最佳直线（$\boldsymbol{w}$）呢？首先发现，能够使投影后的两类样本中心点尽量分离的直线是好的直线，定量表示就是：

$$J(\boldsymbol{w}) = |\tilde{\mu}_1 - \tilde{\mu}_2| = |\boldsymbol{w}^{\mathrm{T}}(\mu_1 - \mu_2)|$$

$J(\boldsymbol{w})$ 越大越好，但只考虑 $J(\boldsymbol{w})$ 是不行的，观察图5-10。

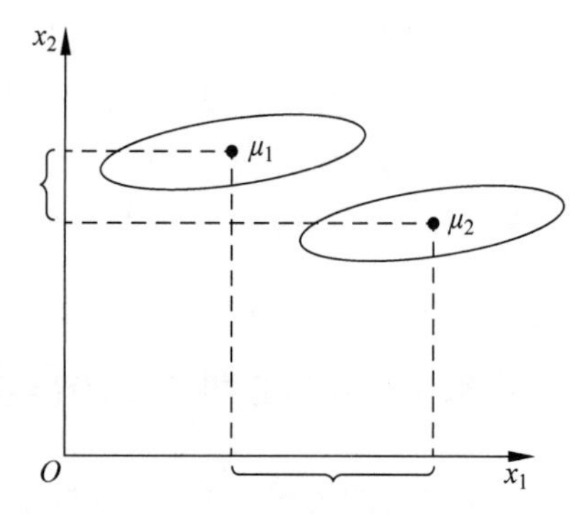

图5-10 样本点分布图

样本点均匀分布在椭圆里，投影到横轴 x_1 上时能够获得更大的中心点间距 $J(\boldsymbol{w})$，但是由于有重叠，x_1 不能分离样本点。投影到纵轴 x_2 上，虽然 $J(\boldsymbol{w})$ 较小，但是能够分离样本点。因此还需要考虑样本点之间的方差，方差越大，样本点越难以分离。

我们使用另外一个度量值，称作散列值（scatter），对投影后的类求散列值，如下：

$$\tilde{s}_i^2 = \sum_{y\in w_i}(y - \tilde{\mu}_i)^2$$

从上式可以看出，只是少除以样本数量的方差值，散列值的几何意义是样本点的密集程度，值越大，越分散；反之，越集中。而我们想要的投影后的样本点是：不同类别的样本点越分开越好，同类的越聚集越好，也就是均值差越大越好，散列值越小越好。因此，可以使用 $J(\boldsymbol{w})$ 和 s 来度量，最终的度量公式为：

$$J(\boldsymbol{w})=\frac{|\tilde{\mu}_1-\tilde{\mu}_2|^2}{\tilde{s}_1^2+\tilde{s}_2^2}$$

因此，只需寻找使 $J(\boldsymbol{w})$ 最大的 $\boldsymbol{w}$ 即可。

先把散列值公式展开，

$$\tilde{s}_i^2=\sum_{y\in w_i}(y-\tilde{\mu}_i)^2=\sum_{\boldsymbol{x}\in w_i}(\boldsymbol{w}^{\mathrm{T}}\boldsymbol{x}-\boldsymbol{w}^{\mathrm{T}}\mu_i)^2=\sum_{\boldsymbol{x}\in w_i}\boldsymbol{w}^{\mathrm{T}}(\boldsymbol{x}-\mu_i)(\boldsymbol{x}-\mu_i)^{\mathrm{T}}\boldsymbol{w} \tag{5-2}$$

定义上式的中间部分：

$$s_i=\sum_{x\in w_i}(\boldsymbol{x}-\mu_i)(\boldsymbol{x}-\mu_i)^{\mathrm{T}} \tag{5-3}$$

这个公式就是样例数的协方差矩阵，称为散列矩阵(scatter matrix)。继续定义：

$$s_w=s_1+s_2$$

称 $\boldsymbol{s}_w$ 为类内散度矩阵。回到式(5-2)中，使用 s_i 替换中间部分，得

$$\tilde{s}_i^2=\boldsymbol{w}^{\mathrm{T}}s_i\boldsymbol{w}$$

$$\tilde{s}_1^2+\tilde{s}_2^2=\boldsymbol{w}^{\mathrm{T}}s_w\boldsymbol{w}$$

然后，展开分子

$$(\tilde{\mu}_1-\tilde{\mu}_2)^2=(\boldsymbol{w}^{\mathrm{T}}\mu_1-\boldsymbol{w}^{\mathrm{T}}\mu_2)^2=\boldsymbol{w}^{\mathrm{T}}(\mu_1-\mu_2)(\mu_1-\mu_2)^{\mathrm{T}}\boldsymbol{w}=\boldsymbol{w}^{\mathrm{T}}\boldsymbol{s}_{\mathrm{B}}\boldsymbol{w}$$

其中 $\boldsymbol{s}_{\mathrm{B}}=(\mu_1-\mu_2)(\mu_1-\mu_2)^{\mathrm{T}}$ 称为类间散度矩阵，是两个向量的外积，为一个矩阵，秩为1。那么 $J(\boldsymbol{w})$ 最终可以表示为

$$J(\boldsymbol{w})=\frac{\boldsymbol{w}^{\mathrm{T}}\boldsymbol{s}_{\mathrm{B}}\boldsymbol{w}}{\boldsymbol{w}^{\mathrm{T}}\boldsymbol{s}_w\boldsymbol{w}}$$

在求导前，需要对分母进行归一化，因为不做归一的话，无论 $\boldsymbol{w}$ 扩大多少倍，上式都成立，也就无法确定 w。所以令 $\|\boldsymbol{w}^{\mathrm{T}}\boldsymbol{s}_w\boldsymbol{w}\|=1$，加入拉格朗日乘子后，求导：

$$c(w)=\boldsymbol{w}^{\mathrm{T}}\boldsymbol{s}_{\mathrm{B}}\boldsymbol{w}-\lambda(\boldsymbol{w}^{\mathrm{T}}\boldsymbol{s}_w\boldsymbol{w}-1)$$

$$\Rightarrow\frac{\mathrm{d}c}{\mathrm{d}w}=2\boldsymbol{s}_{\mathrm{B}}\boldsymbol{w}-2\lambda\boldsymbol{s}_w\boldsymbol{w}=0$$

$$\Rightarrow\boldsymbol{s}_{\mathrm{B}}\boldsymbol{w}=\lambda\boldsymbol{s}_w\boldsymbol{w}$$

用到了矩阵微积分，求导时可以简单地把 $\boldsymbol{w}^{\mathrm{T}}\boldsymbol{s}_w\boldsymbol{w}$ 当作 $\boldsymbol{s}_w\boldsymbol{w}^2$ 看待。如果 $\boldsymbol{s}_w$ 可逆，那么将求导后的结果两边都乘以 $\boldsymbol{s}_w^{-1}$，得

$$\boldsymbol{s}_w^{-1}\boldsymbol{s}_{\mathrm{B}}\boldsymbol{w}=\lambda\boldsymbol{w} \tag{5-4}$$

即 $\boldsymbol{w}$ 就是矩阵 $\boldsymbol{s}_w^{-1}\boldsymbol{s}_{\mathrm{B}}$ 的特征向量了。这个公式称为费希尔判别准则。由 $\boldsymbol{s}_{\mathrm{B}}=(\mu_1-\mu_2)(\mu_1-\mu_2)^{\mathrm{T}}$，有 $\boldsymbol{s}_{\mathrm{B}}\boldsymbol{w}=(\mu_1-\mu_2)(\mu_1-\mu_2)^{\mathrm{T}}w=(\mu_1-\mu_2)\lambda_w$，将其代入公式(5-4)中得

$$\boldsymbol{s}_w^{-1}\boldsymbol{s}_{\mathrm{B}}\boldsymbol{w}=\boldsymbol{s}_w^{-1}(\mu_1-\mu_2)\lambda_w=\lambda\boldsymbol{w}$$

由于对 $\boldsymbol{w}$ 扩大缩小任何倍不影响结果，因此可以约去两边的未知常数 λ 和 λ_w，得到：

$$\boldsymbol{w}=\boldsymbol{s}_w^{-1}(\mu_1-\mu_2)$$

至此,我们只需要求出原始样本的均值和方差就可以求出最佳的方向 $\boldsymbol{w}$,这就是 Fisher 于 1936 年提出的线性判别分析。二维样本的投影结果如图 5-11 所示。

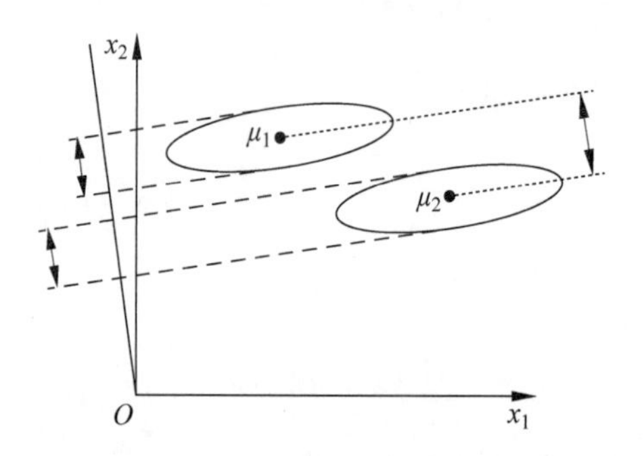

图 5-11 二维样本的投影结果

5.8.2 线性判别多类情况

前面是针对只有两个类的情况,假设类别变成多个了,那么要怎么改变,才能保证投影后类别能够分离呢?之前讨论的是如何将 d 维降到一维,现在类别多了,一维可能已经不能满足要求。假设有 C 个类别,需要 K 维向量(或者叫作基向量)来做投影。

将这 K 维向量表示为 $\boldsymbol{W}=(w_1,w_2,w_K)$。将样本点在这 K 维向量投影后结果表示为 $(y_1,y_2,\cdots,y_K)$,有以下公式成立:

$$y_i=\boldsymbol{w}_i^{\mathrm{T}}\boldsymbol{x}$$

$$y=\boldsymbol{w}^{\mathrm{T}}\boldsymbol{x}$$

仍然从类间散列度和类内散列度来考虑。当样本是二维时,从几何意义上考虑,如图 5-12 所示。

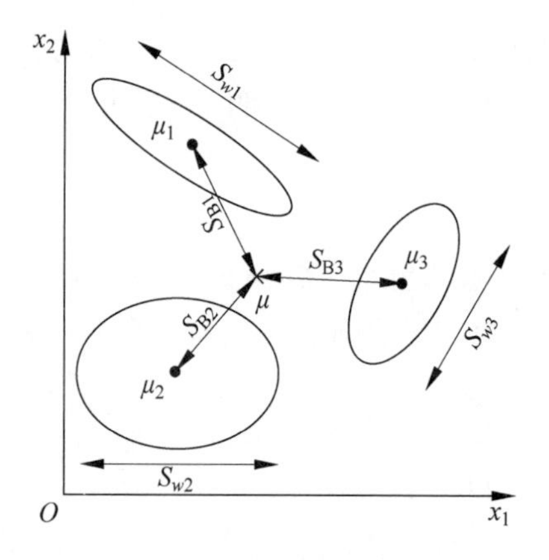

图 5-12 类间散列度和类内散列度几何图

其中,μ_i 和 $\boldsymbol{s}_w$ 与 5.8.1 节的含义一样,$\boldsymbol{s}_{w_1}$ 是类别 1 里的样本点相对于该类中心点 μ_1 的散列度。$\boldsymbol{s}_{\mathrm{B}_1}$ 变成类别 1 中心点相对于样本点心点 $\boldsymbol{\mu}$ 的协方差矩阵,即类 1 相对于 $\boldsymbol{\mu}$ 的散列程度。$\boldsymbol{s}_w$ 为:

$$\boldsymbol{s}_w=\sum_{i=1}^{c}\boldsymbol{s}_{w_i}$$

$\boldsymbol{s}_{w_i}$ 的计算公式不变,仍然类似于类内部样本点的协方差矩阵:

$$\boldsymbol{s}_{w_i}=\sum_{\boldsymbol{x}\in w_i}(\boldsymbol{x}-\mu_i)(\boldsymbol{x}-\mu_i)^{\mathrm{T}}$$

$\boldsymbol{s}_{\mathrm{B}}$ 需要改变,原来度量的是两个均值点的散列情况,现在度量的是每类的均值点相对于样本中心的散列情况。类似于将 μ_i 看作样本点,$\boldsymbol{\mu}$ 是均值的协方差矩阵,如果某类里面的样本点较多,那么其权重稍大,权重用$\frac{N_i}{N}$表示,但由于 $J(\boldsymbol{w})$对倍数不敏感,因此使用 N_i。

$$\boldsymbol{s}_{\mathrm{B}}=\sum_{i=1}^{c} N_i(\mu_i-\boldsymbol{\mu})(\mu_i-\boldsymbol{\mu})^{\mathrm{T}}$$

其中,$\boldsymbol{\mu}=\frac{1}{N}\sum_{\forall \boldsymbol{x}}\boldsymbol{x}=\frac{1}{N}\sum_{\boldsymbol{x}\in w_i} N_i\mu_i$ 是所有样本的均值。

上面讨论的都是在投影前的公式变化,但真正的 $J(\boldsymbol{w})$的分子分母都是在投影后计算的。下面看一下样本点投影后的公式改变:

这两个是第 i 类样本点在某基向量上投影后的均值计算公式:

$$\tilde{\mu}_i=\frac{1}{N_i}\sum_{\boldsymbol{y}\in w_i}\boldsymbol{y}$$

$$\tilde{\boldsymbol{\mu}}=\frac{1}{N}\sum_{\forall y}\boldsymbol{y}$$

下面两个是在某基向量上投影后的 $\boldsymbol{s}_w$ 和 $\boldsymbol{s}_{\mathrm{B}}$:

$$\tilde{\boldsymbol{s}}_w=\sum_{i=1}^{c}\sum_{\boldsymbol{y}\in w_i}(\boldsymbol{y}-\tilde{\mu}_i)(\boldsymbol{y}-\tilde{\mu}_i)^{\mathrm{T}}$$

$$\tilde{\boldsymbol{s}}_{\mathrm{B}}=\sum_{i=1}^{c} N_i(\tilde{\mu}_i-\tilde{\boldsymbol{\mu}})(\tilde{\mu}_i-\tilde{\boldsymbol{\mu}})^{\mathrm{T}}$$

其实就是将$\boldsymbol{\mu}$ 换成$\tilde{\boldsymbol{\mu}}$。

综合各个投影向量($\boldsymbol{w}$)上的 $\tilde{\boldsymbol{s}}_w$ 和 $\tilde{\boldsymbol{s}}_{\mathrm{B}}$,更新这两个参数,得到:

$$\tilde{\boldsymbol{s}}_w=\boldsymbol{w}^{\mathrm{T}}\boldsymbol{s}_w\boldsymbol{w}$$

$$\tilde{\boldsymbol{s}}_{\mathrm{B}}=\boldsymbol{w}^{\mathrm{T}}\boldsymbol{s}_{\mathrm{B}}\boldsymbol{w}$$

$\boldsymbol{w}$ 是基向量矩阵,$\tilde{\boldsymbol{s}}_w$ 是投影后的各个类内部的散列矩阵之和,$\tilde{\boldsymbol{s}}_{\mathrm{B}}$ 是投影后各个类中心相对于全样本中心投影的散列矩阵之和。

在 5.8.1 节的公式 $J(\boldsymbol{w})$,分子是两类中心距,分母是每个类自己的散列度。现在投影方向是多维了,分子需要做一些改变,我们不是求两样本中心距之和,而是求每类中心相对于全样本中心的散列度之和。然而,最后的 $J(\boldsymbol{w})$形式为:

$$J(\boldsymbol{w})=\frac{|\tilde{\boldsymbol{s}}_{\mathrm{B}}|}{|\tilde{\boldsymbol{s}}_w|}=\frac{|\boldsymbol{w}^{\mathrm{T}}\boldsymbol{s}_{\mathrm{B}}\boldsymbol{w}|}{\boldsymbol{w}^{\mathrm{T}}\boldsymbol{s}_w\boldsymbol{w}}$$

由于得到的分子分母都是散列矩阵,要将矩阵变成实数,需要取行列式。又因为行列式的值实际上是矩阵特征值的积,一个特征值可以表示在该特征向量上的发散程度。因此使用行列式来计算。整个问题又回归求 $J(\boldsymbol{w})$的最大值了,固定分母为 1,然后求导,得出最后结果:

$$\boldsymbol{s}_{\mathrm{B}}\boldsymbol{w}_i=\lambda\boldsymbol{s}_w w_i$$

与 5.8.1 节得出的结论一样:$\boldsymbol{s}_w^{-1}\boldsymbol{s}_{\mathrm{B}}w_i=\lambda w_i$。因此还是归结到求矩阵的特征值,首先

求出 $s_w^{-1}s_B$ 的特征值，然后取前 K 个特征向量组成 w 矩阵即可。

5.8.3 线性判别分析实现

5.8.1 节和 5.8.2 节分别介绍了线性判别分析对二分类、多分类过程进行了介绍，下面直接通过例子来演示线性判别分析的实现。

【例 5-8】 演示线性判别分析对随机数据的判别。

```
'''
LDA 算法实现
'''
import os
import sys
import numpy as np
from numpy import *
import operator
import matplotlib
import matplotlib.pyplot as plt
def createDataSet():
    group1 = mat(random.random((2,4)) + 10)
    group2 = mat(random.random((2,4)) + 2)
    return group1, group2
#计算样本均值
#参数 samples 为 n×m 维矩阵，其中 n 表示维数，m 表示样本个数
def compute_mean(samples):
    mean_mat = mean(samples, axis = 1)
    return mean_mat
#计算样本类内离散度
"""参数 samples 表示样本向量矩阵，大小为 nxm，其中 n 表示维数，m 表示样本个数
参数 mean 表示均值向量，大小为 1xd，d 表示维数，大小与样本维数相同，即 d = m"""
def compute_withinclass_scatter(samples, mean):
    #获采样本维数，样本个数
    dimens,nums = samples.shape[:2]
    #将所有样本向量减去均值向量
    samples_mean = samples - mean
    #初始化类内离散度矩阵
    s_in = 0
    for i in range(nums):
        x = samples_mean[:,i]
        s_in += dot(x,x.T)
    return s_in
if __name__ == '__main__':
    group1,group2 = createDataSet()
    print ("group1 :\n",group1)
    print ("group2 :\n",group2)
    mean1 = compute_mean(group1)
    print ("mean1 :\n",mean1)
    mean2 = compute_mean(group2)
    print ("mean2 :\n",mean2)
```

```
s_in1 = compute_withinclass_scatter(group1, mean1)
print ("s_in1 :\n",s_in1)
s_in2 = compute_withinclass_scatter(group2, mean2)
print ("s_in2 :\n",s_in2)
#求总类内离散度矩阵
s = s_in1 + s_in2
print( "s :\n",s)
#求 s 的逆矩阵
s_t = s.I
print ("s_t :\n",s_t)
#求解权向量
w = dot(s_t, mean1 - mean2)
print ("w :\n",w)
#判断(2,3)是在哪一类
test1 = mat([1,1])
g = dot(w.T, test1.T - 0.5 * (mean1 - mean2))
print("g(x) :",g)
#判断(4,5)是在哪一类
test2 = mat([10,10])
g = dot(w.T, test2.T - 0.5 * (mean1 - mean2))
print("g(x) :",g)
```

运行程序,输出如下:

```
 [2.81742415 2.64585055 2.16746183 2.80708945]]
mean1 :
 [[10.54752722]
 [10.58633559]]
mean2 :
 [[2.70746802]
 [2.6094565 ]]
s_in1 :
 [[ 0.70944616 -0.24457606]
 [-0.24457606  0.10698882]]
s_in2 :
 [[0.11233544 0.03508707]
 [0.03508707 0.27899314]]
s :
 [[ 0.8217816  -0.20948899]
 [-0.20948899  0.38598196]]
s_t :
 [[1.41226396 0.76649631]
 [0.76649631 3.00680512]]
w :
 [[17.18648137]
 [29.99429734]]
g(x) : [[-139.82117865]]
g(x) : [[284.80582973]]
```

5.9 习题

1. 线性模型是一类统计模型的总称，它包括了________、________、________和________等。

2. 特征归一化有两个好处，是什么？

3. 拟合时，需要注意几点？

4. Lasso 重要的原因有哪些？

5. 创建一组随机三维数据，绘制方程 $z=ax+by+c$ 的空间平面。

第 6 章

CHAPTER 6

多分类器系统

多分类器系统也称集成学习(ensemble learning),图 6-1 显示出集成学习的一般结构:先产生一组“个体学习器”(individual learner),再用某种策略将它们结合起来。个体学习器通常由一个现有的学习算法(例如决策树算法、BP 神经网络算法等)从训练数据产生,此时集成中只包含同种类型的个体学习器,例如“决策树集成”中全是决策树,“神经网络集成”中全是神经网络,这样的多分类器是“同质”的(homogeneous)。同质集成中的个体学习器也称“基学习器”(base learner),相应的学习算法称为“基学习算法”(base learning algorithm)。

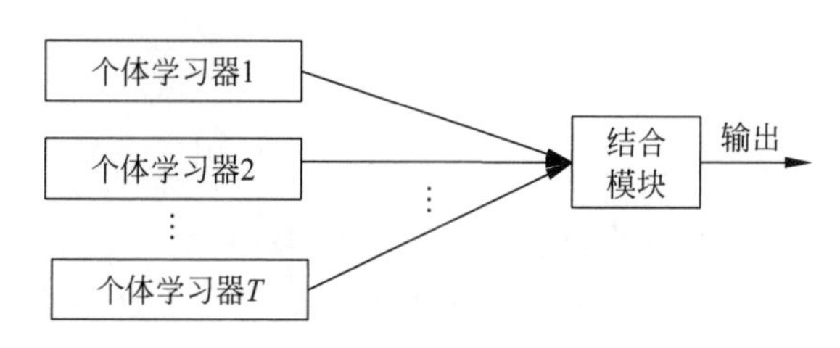

图 6-1　多分类器系统

多分类器也可包含不同类型的个体学习器,例如同时包含决策树和神经网络,这样的多分类器是“异质”的(heterogenous)。异质集成中的个体学习器由不同的学习算法生成,这时就不再有基学习算法;相应地,个体学习器一般不称为基学习器,常称为“组件学习器”(component learner)或直接称为个体学习器。

6.1　多分类器系统原理及误差

多分类器通过组合多个个体学习器来获取比单个个体学习器显著优越的泛化性能。通常选取个体学习器的准则是:

- 个体学习器要有一定的准确性,预测能力不能太差;
- 个体学习器要具有多样性,即学习器之间要有差异。

提示：通常基于实际考虑，人们往往使用预测能力较强的个体学习器（即强学习器与之对应的为弱学习器）。强学习器的一个显著好处就是可以使用较少数量的个体学习器来集成即可获得很好的效果。

考虑一个二分类问题。假设真实类别的取值空间为$\boldsymbol{Y}=\{-1,+1\}$，基类分类器的错误率为ε，即对每个基分类器h_i有：

$$P(h_i(\boldsymbol{x}) \neq y)=\varepsilon$$

其中，y为$\boldsymbol{x}$的真实类别标记。

假设多分类器结合了M个基分类器$h_1,h_2,\cdots,h_M$。然后通过简单投票法来组合这些基分类器，即若有超过半数的基分类器正确，则集成分类就正确。根据描述，给出多分类器如下：

$$H(\boldsymbol{x})=\operatorname{sign}\left(\sum_{i=1}^{M} h_i(\boldsymbol{x})\right)$$

多分类器预测错误的条件为：k个基分类器预测正确，其中$k \leqslant \left\lfloor \frac{M}{2} \right\rfloor$（即少于一半的基分类器预测正确），$M-k$个基分类器预测错误。假设基分类器的错误率相对独立，则多分类器预测错误的概率为：

$$P(H(\boldsymbol{x}) \neq y)=\sum_{k=0}^{\lfloor M/2 \rfloor} C_M^k (1-\varepsilon)^k \varepsilon^{M-k}$$

根据 Hoeffding 不等式有：

$$P(H(\boldsymbol{x}) \neq y)=\sum_{k=0}^{\lfloor M/2 \rfloor} C_M^k (1-\varepsilon)^k \varepsilon^{M-k} \leqslant \exp\left(-\frac{1}{2} M(1-2\varepsilon)^2\right)$$

可以看出，随着$M \to \infty$，多分类器预测错误的概率$P(H(\boldsymbol{x}) \neq y) \to 0$。

值得注意的是，假设基分类器的错误率相互独立。实际上这些基分类器的错误率很难相互独立，因为这些基分类器是为了解决同一个问题训练出来的，而且通常是采用相同的算法从同一个训练集中产生的。

根据个体学习器的生成方式，目前的多分类器方法大概可以分为以下两类。

- Boosting 算法：在 Boosting 算法中，个体学习器之间存在强依赖关系、必须串行生成。
- Bagging 算法：在 Bagging 算法中，个体学习器之间不存在强依赖关系，可同时生成。

6.2 Bagging 与 AdaBoost 算法

6.2.1 Bagging 算法

Bagging 是 1996 年由 Breiman 提出的，它的思想根源是数理统计中非常重要的 Bootstrap 理论。Bootstrap 可以翻译成“自举”，它通过模拟的方法来逼近样本的概率分布函数。可以想象这样一个场景：现在有一个包含N个样本的数据集$X=\{x_1,x_2,\cdots,x_N\}$，

这 N 个样本是由随机变量 x 独立生成的。我们想要研究 x 的均值估计 $\tilde{x}=\frac{1}{N}\sum_{i=1}^{N}x_i$ 的统计特性(误差、方差等),但由于研究统计特性是需要大量样本的,而数据集 X 只能给我们提供一个 $\tilde{x}$ 的样本,从而导致无法进行研究。

在这种场景下,容易想到的一种解决方案是:通过 x 的分布生成更多的数据集 X_1,X_2,…,X_M,每个数据集都包含 N 个样本。这 M 个数据集都能产生一个均值估计,从而就有了 M 个均值估计的样本。那么只要 M 足够大,就能研究 $\tilde{x}$ 的统计特性。

当然这种解决方案的一个最大困难就是:我们不知道 x 的真实分布。Bootstrap 就是针对这个困难提出的一个解决办法:通过不断地"自采样"来模拟随机变量真实分布生成的数据集。具体而言,Bootstrap 的做法是:

- 从 X 中随机抽出一个样本(亦即抽出 $x_1,x_2,\cdots,x_N$ 的概率相同);
- 将该样本的副本放入数据集 X_j;
- 将该样本放回 X 中。

以上 3 个步骤将重复 N 次,从而使得 X_j 中有 N 个样本。这个过程将对 $j=1,2,\cdots$,M 都进行一遍,从而最终能得到 M 个含有 N 个样本的数据集 $X_1,X_2,\cdots,X_M$。

简单来说,Bootstrap 其实就是一个有放回的随机采样过程,所以原始数据$\{x_1,x_2,\cdots,x_N\}$中可能会在 $X_1,X_2,\cdots,X_M$ 中重复出现,也有可能不出现在 $X_1,X_2,\cdots,X_M$ 中。事实上,由于 X 中一个样本在 N 次采样中始终不被采到的概率为$\left(1-\frac{1}{N}\right)^N$,且:

$$\lim_{N\to\infty}\left(1-\frac{1}{N}\right)^N \to \frac{1}{\mathrm{e}}\approx 0.368$$

所以在统计意义上可以认为,$X_j(j=1,2,\cdots,M)$中含有 X 中 63.2%的样本。

这种模拟的方法在理论上是具有最优性的。事实上,这种模拟的本质和经验分布函数对真实分布函数的模拟几乎一致:

- Bootstrap 以$\frac{1}{N}$的概率,有放回地从 X 中抽取 N 个样本作为数据集,并以之估计真实分布生成的具有 N 个样本的数据集。
- 经验分布函数则是在 N 个样本点上以每点的概率为$\frac{1}{N}$作为概率密度函数,然后进行积分的函数。

经验分布函数的数学表达为:

$$F_N(x)=\frac{1}{N}\sum_{i=1}^{N}I_{(-\infty,x]}(x_i)$$

可以看出,经验分布函数用到了频率估计概率的思想。用它来模拟真实分布函数能够得到很好的效果。

知道 Bootstrap 是什么后,就可以来看 Bagging 的具体定义了。Bagging 的全称是 Bootstrap Aggregating,其思想为:

- 用 Bootstrap 生成出 M 个数据集；
- 用这 M 个数据集训练出 M 个弱分类器；
- 最终模型即为这 M 个弱分类器的简单组合。

所谓简单组合，是指：

- 对于分类问题使用简单的投票表决；
- 对于回归问题则进行简单的取平均。

简单组合虽说简单，其背后仍然是有数学理论作为支撑的。考虑二分类问题：

$$y \in \{-1, +1\}$$

假设样本空间到类别空间的真实映射为 f，我们得到的 M 个弱分类器模型 $G_1, G_2, \cdots, G_M$ 所对应的映射为 $g_1, g_2, \cdots, g_M$，那么简单组合下的最终模型对应的映射即为：

$$g(x) = \operatorname{sign}\left(\sum_{j=1}^{N} g_j(x)\right)$$

这里的 sign 是符号函数，满足：

$$\operatorname{sign}(x) = \begin{cases} -1, & x < 0 \\ +1, & x > 0 \end{cases}$$

sign(0)既可为-1也可为$+1$，令其有 50%的概率输出-1、$+1$也是可行的。

如果此时假设每个弱分类器的错误率为 ε，则

$$p(g_i(x) \neq f(x)) = \varepsilon$$

如果假设弱分类器的错误率相互独立，那么由霍夫丁不等式(Hoeffding's Inequality)可得：

$$p(G(x) \neq f(x)) = \sum_{j=0}^{\left[\frac{N}{2}\right]} \binom{M}{j} (1-\varepsilon)^j \varepsilon^{M-j} \leqslant \exp\left(-\frac{1}{2}M(1-2\varepsilon)^2\right)$$

亦即最终模型的错误率随弱分类器的个数 M 的增加，将会以指数级下降并最终趋于 0。

值得注意的是，我们做了一个非常强的关键假设——假设弱分类器的错误率相互独立。这可以说是不可能做到的，因为这些弱分类器想要解决的都是同一个问题，且使用的训练集也都源自同一个数据集。

但不管怎么说，由以上分析获得了一个重要信息：弱分类器之间的"差异"似乎应该尽可能大。基于此，结合 Bagging 的特点，可以得出这样一个结论：对于"不稳定"(或说对训练集敏感：若训练样本稍有改变，得到的从样本空间到类别空间的映射 g 就会产生较大的变化)的分类器，Bagging 能够显著地对其进行提升。这也是被大量实验结果所证实了的。

Bagging 有一个著名的拓展应用叫"随机森林"，从名字就容易想到，它是当个体模型为决策树时的 Bagging 算法。不过需要指出的是，随机森林算法不仅对样本进行 Bootstrap 采样，对每个节点调用生成算法时都会随机挑选出一个可选特征空间的子空间作为该决策树的可选特征空间；同时，生成好个体决策树后不进行剪枝，而是保持原始的形式。换句话说，随机森林算法流程大致如下：

- 用 Booststrap 生成 M 个数据集；
- 用这 M 个数据集训练出 M 棵不进行后剪枝的决策树，且在每棵决策树的生成过程中，每次对节点进行划分时，都从可选特征（比如说有 d 个）中随机挑选出 k 个（$k\leqslant d$）特征，然后依信息增益的定义从这 k 个特征中选出信息增益最大的特征作为划分标准；
- 最终模型即为这 M 个弱分类器的简单组合。

注意：有一种说法是随机森林中的个体决策树模型只能使用 CART 树。

也就是说，除了和一般 Bagging 算法那样对样本进行随机采样以外，随机森林还对特征进行了某种意义上的随机采样。这样做的意义是直观的：通过对特征引入随机扰动，可以使个体模型之间的差异进一步增加，从而提升最终模型的泛化能力。而这个特征选取的随机性，恰恰被上述算法第二步中的参数 k 所控制：

- 如果 $k=d$，那么训练出来的决策树和一般意义下的决策树别无二致，亦即特征选取这部分不具有随机性；
- 如果 $k=1$，那么生成决策树的每一步都是在随机选择属性，亦即特征选取的随机性达到最大。

Breiman 在提出随机森林算法的同时指出，一般情况下，推荐取 $k=\log_2 d$。

6.2.2 PAC 与 Boosting 算法

虽然同属集成学习方法，但 Boosting 和 Bagging 的数学理论根基不尽相同：Boosting 产生于计算学习理论（Computational Learning Theory）。一般而言，如果只是应用机器学习，则无须对它进行太多的了解，因此本节只对其最基本的概率近似正确（PAC）学习理论中的“可学习性”（Learnability）进行简要的介绍。

PAC 学习整体来说是一个比较纯粹的数学理论。有一种说法是，PAC 学习是统计学家研究机器学习的方式，它关心模型的可解释性，然而机器学习专家通常更关心模型的预测能力，这也正是说无须太过了解它的原因。下面就来看看这个直观解释。

PAC 提出的一个主要的假设，就是它要求数据是从某个稳定的概率分布中产生的。直观地说，就是样本在样本空间中的分布状况不能随时间的变化而变化，否则就失去了学习的意义（因为学习到的永远只是“某个时间”的分布，如果未知数据所处时间的分布状况和该时间数据的分布状况不同，模型就直接失效了）。然后所谓的 PAC 可学习性，就是看学习的算法是否能够在合理的时间（多项式时间）内，以足够大的概率输出一个错误率足够小的模型。由此，所谓的“强可学习”和“弱可学习”的概念就很直观了：

- 如果存在一个多项式算法可以学习出准确率很高的模型，则称为强可学习；
- 如果存在一个多项式算法可以学习但准确率仅仅略高于随机猜测，则称为弱可学习。

虽然我们区分定义了这两个概念，不过这两个概念在 PAC 学习框架下是完全等价的。这意味着对于一个学习问题，只要我们找到了一个“弱学习算法”，就可以把它变成一个“强学习算法”。其意义是深刻的,因为往往粗糙的“弱学习算法”比较好找,而相对精确的“强学习算法”却难得一求。

那么具体而言应该怎么做呢？这里就需要用到所谓的 Boosting(提升方法)了。提升方法可以定义为用于将由“弱学习算法”生成“弱模型”,提升成与“强学习算法”所生成的“强模型”性能差不多的模型的方法,它的基本组成单元是许许多多的“弱模型”。然后通过某种手段把它们集成为最终模型。虽然该过程听上去和 Bagging 差不多,但它们的思想和背后的数学理论有较大区别,因此加以辨析是有必要的。

需要指出的是,Boosting 事实上是一簇算法,该簇算法有一个类似的框架。

- 根据当前的数据训练出一个弱模型。
- 根据该弱模型的表现调整数据的样本权重。具体而言：
  ◎ 让该弱模型做错的样本在后续训练中获得更多的关注；
  ◎ 让该弱模型做对的样本在后续训练中获得更少的关注。
- 最后再根据该弱模型的表现决定该弱模型的“话语权”,亦即投票表决时的“可信度”。自然,表现越好就越有话语权。

可以证明：当训练样本有无穷多时,Boosting 能让弱模型集成出一个对训练样本集的准确率任意高的模型。然而实际任务中训练样本当然不可能有无穷多,所以问题就转为了如何在固定的训练集上应用 Boosting 方法。而在 1996 年,由 Freund 和 Schapire 所提出的 AdaBoost(Adaptive Boosting)正是一个相当不错的解决方案,在理论和实验上均有优异的表现。虽然 AdaBoost 背后的理论深究起来可能会有些繁复,但它的思想并没有脱离 Boosting 簇算法的那一套框架。值得一提的是,Boosting 还有一套比较有意思的解释方法,具体在 6.2.3 节介绍。

6.2.3 AdaBoost 算法

6.2.2 节的 Bagging 的数学基础是 Boostrap 理论,但还没有讲 Boosting 的数学基础。本节将直观地阐述 Boosting 簇的代数算法——AdaBoost 算法。

1. AdaBoost 算法陈述

为不失一般性,我们以二分类问题来进行讨论,很容易得知此时我们的弱模型、强模型和最终模型；对应的分类器分别为弱分类器、强分类器和最终分类器。再不妨假设现有一个二分类的训练数据集：

$$D=[(x_1,y_1),(x_2,y_2),\cdots,(x_n,y_n)]$$

其中,每个样本点都是由实例 x_i 和 y_i 组成,且：

$$x_i \in X \subseteq \mathbf{R}^n; \quad y_i \in Y=\{-1,+1\}$$

这里的 X 是样本空间,Y 是类别空间。AdaBoost 会利用如下的步骤,从训练数据中训练出一系列的弱分类器,然后把这些弱分类器集成为一个强分类器,其过程为：

输入——训练数据集(包含 N 个数据)、弱学习算法及对应的弱分类器、迭代次数 M

过程。

（1）初始化训练数据的权值分布

$$W_0=(w_{01},w_{02},\cdots,w_{0N})$$

（2）对 $k=0,1,\cdots,M-1$，

① 使用权值分布为 W_k 的训练数据集训练弱分类器

$$g_{k+1}(x):X\rightarrow\{-1,+1\}$$

② 计算 $g_{k+1}(x)$在训练数据集上的加权错误率

$$e_{k+1}=\sum_{i=1}^{N}w_{ki}I(g_{k+1}(x_i)\neq y_i)$$

③ 根据加权错误率计算 $g_{k+1}(x)$的“话语权”

$$\alpha_{k+1}=\frac{1}{2}\ln\frac{1-e_{k+1}}{e_{k+1}}$$

④ 根据 $g_{k+1}(x)$的表现更新训练数据集的权值分布：被 $g_{k+1}(x)$误分的样本（$y_ig_{k+1}(x_i)<0$ 的样本）要相对地（以 $\mathrm{e}^{-\alpha_{k+1}}$ 为比例地）减少其权重，

$$w_{k+1,i}=\frac{w_{ki}}{Z_k}\cdot\exp(-\alpha_{k+1}y_ig_{k+1}(x_i))$$

$$W_{k+1}=(w_{k+1,1},w_{k+1,2},\cdots,w_{k+1,N})$$

这里的 Z_k 是规范化因子，

$$Z_k=\sum_{i=1}^{N}w_{ki}\cdot\exp(-\alpha_{k+1}y_ig_{k+1}(x_i))$$

它的作用是将 W_{k+1} 归一化成为一个概率分布。

（3）加权集成弱分类器

$$f(x)=\sum_{k=1}^{M}\alpha_kg_k(x)$$

输出：最终分类器 $g(x)$

$$g(x)=\mathrm{sign}(f(x))=\mathrm{sign}\left(\sum_{k=1}^{M}\alpha_kg_k(x)\right)$$

在分配弱分类器的话语权时用到了一个公式：$\alpha_{k+1}=\frac{1}{2}\ln\frac{1-e_{k+1}}{e_{k+1}}$。在该公式中，话语权 α_{k+1} 会随着加权错误率 $e_{k+1}\in[0,1]$的增大而减小。它们之间的函数关系如图 6-2 所示。

大多数情况下训练出来的弱分类器的 $e_k<0.5$，对应的是图 6-2 左半边的部分；不过即使我们的弱分类器非常差，以至于 $e_k>0.5$，由于此时 $\alpha_k<0$，亦即我们知道该分类器的表决应该反过来看，所以也不会出问题。

2. 弱模型的选择

需要指出的是，用 Boosting 进行提升的弱模型的学习能力不宜太强，否则使用

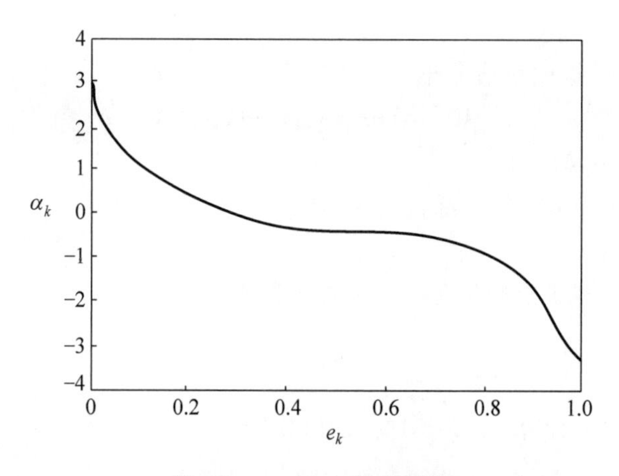

图 6-2 α_k 与 e_k 的关系图

Boosting 就没有太大的意义,甚至从原理上不太兼容。直观地说,Boosting 是为了让各个弱模型专注于“某一方面”,最后加权表决,如果使用了较强的弱模型,可能一个弱模型就包揽了好几方面,最后可能反而会模棱两可,起不到“提升”的效果。而且从迭代的角度来说,可以想象:如果使用较强的弱模型,那么可能第一次产生的模型就已经达到“最优”,从而使得模型没有“提升空间”。

还需要指出的是,虽然从理论上来说使用弱模型进行集成足以获得一个相当不错的最终模型,但从原理上说,使用较强的模型来进行集成也可以。考虑到不同的场合,有时确实可以选用较强的模型来作为个体模型。

那么所谓的不太强的弱模型大概是怎样的呢?一个比较直观的例子就是限制层数的决策树。极端的情况就是限定它只能有一层,进行提升后的模型就相当于提升树(Boosting Tree),它被认为是统计学习中性能最好的方法之一,既可以用来做分类,也可以拿来做回归,是个相当强力的模型。

3. AdaBoost 算法解释

首先给出结论:AdaBoost 算法是前向分步算法的特例,AdaBoost 模型等价于损失函数为指数函数的加法模型。

其中,加法模型的定义是直观且熟悉的:

$$f(x)=\sum_{k=1}^{M}\alpha_k g(x;\Theta_k)$$

这里的 $g(x;\Theta_k)$为基函数,α_k 是基函数的权重,Θ_k 是基函数的参数。显然,AdaBoost 算法的最后一步生成的模型正是这么一个加法模型。

而所谓的前向分步算法,就是从前向后,一步一步地学习加法模型中的每一个基函数及其权重,而非将 $f(x)$作为一个整体来训练,这也正是 AdaBoost 的思想。

如果此时需要最小化的损失函数是指数损失函数 $L(y,f(x))=\exp[-yf(x)]$,那么通过一系列的数学推导后可以证明,此时的加法模型确实等价于 AdaBoost 模型。

实际上 AdaBoost 是为数不多的先有算法、后有解释的模型。也就是说，先有了 AdaBoost，然后数学家看到它的表现非常好之后，才开始绞尽脑汁想出了一套适用于 AdaBoost 的数学理论。更有意思的是，该数学理论并非毫无意义：在 AdaBoost 的回归问题中，就可以用前向分步算法的理论，将每一步的训练转化为拟合当前模型的残差，从而简化了训练步骤。下面简单地叙述其原理。

加法模型的等价叙述为：

$$f_{k+1}(x)=f_k(x)=g_{k+1}(x;\Theta_{k+1})$$

其中，g_{k+1} 为第 $k+1$ 步的基函数（即 AdaBoost 中的弱分类器），Θ_{k+1} 为其参数。当采用平方误差损失函数 $L(y,f(x))=[y-f(x)]^2$ 时，可知第 $k+1$ 步的损失变为：

$$L=[y-f_{k+1}(x)]^2=[y-f_k(x)-g_{k+1}(x)]^2=[r_k(x)-g_{k+1}(x)]^2$$

其中，$r_k(x)=y-f_k(x)$是第 k 步模型的残差。

从上式可以看出，在第 $k+1$ 步时，为了最小化损失 L，只需让当前的基函数 g_{k+1} 拟合当前模型的残差 r_k 即可，这就完成了 AdaBoost 回归问题的转化。比较具有代表性的问题是回归问题的提升树算法，它正是利用了以上叙述的转化技巧来进行模型训练的。

【例 6-1】 利用 AdaBoost 对二分类后的 MNIST 数据集进行训练。

```
import pandas as pd
import time
from sklearn.cross_validation import train_test_split
from sklearn.metrics import accuracy_score
from sklearn.ensemble import AdaBoostClassifier
if __name__ == '__main__':
    print("Start read data...")
    time_1 = time.time()
    raw_data = pd.read_csv('train.csv', header = 0)
    data = raw_data.values
    features = data[::, 1::]
    labels = data[::, 0]
    #随机选取 33%数据作为测试集,剩余为训练集
    train_features, test_features, train_labels, test_labels = train_test_split(features,
labels, test_size = 0.33, random_state = 0)
    time_2 = time.time()
    print('read data cost %f seconds' % (time_2 - time_1))
    print('Start training...')
    #n_estimators 表示要组合的弱分类器个数;
    #algorithm 可选{'SAMME', 'SAMME.R'},默认为'SAMME.R',表示使用的是 real boosting 算法,
'SAMME'表示使用的是 discrete boosting 算法
    clf = AdaBoostClassifier(n_estimators = 100,algorithm = 'SAMME.R')
    clf.fit(train_features,train_labels)
    time_3 = time.time()
    print('training cost %f seconds' % (time_3 - time_2))
    print('Start predicting...')
    test_predict = clf.predict(test_features)
    time_4 = time.time()
    print('predicting cost %f seconds' % (time_4 - time_3))
    score = accuracy_score(test_labels, test_predict)
```

```
print("The accuracy score is %f" % score)
```

运行程序,输出如下：

```
Start read data...
read data cost 4.850252 seconds
Start training...
training cost 78.455014 seconds
Start predicting...
predicting cost 1.744684 seconds
The accuracy score is 0.733694
```

4. 前向分步加法模型

AdaBoost 分类模型可以等价为损失函数为指数函数的前向分步加法模型。

假设经过 k 轮迭代后,前向分步算法已经得到了加法模型 $f_k(x)$,也即

$$f_k(x)=f_{k-1}(x)+\alpha_k g_k(x)=f_{k-2}(x)+\alpha_{k-1}g_{k-1}(x)+\alpha_k g_k(x)$$
$$=\cdots=\sum_{i=1}^{k}\alpha_i g_i(x)$$

可知,第 $k+1$ 轮的模型 f_{k+1} 可表示为：

$$f_{k+1}(x)=f_k(x)+\alpha_{k+1}g_{k+1}(x)$$

我们关心的问题是,如何在 $f_k(x)$确定下来的情况下,训练出第 $k+1$ 轮的个体分类器 $g_{k+1}(x)$及其权重 α_{k+1}。注意,损失函数是指数函数,也即

$$L=\sum_{i=1}^{N}\exp[-y_i f_{k+1}(x_i)]=\sum_{i=1}^{N}w_{ki}\exp[-y_i\alpha_{k+1}g_{k+1}(x_i)]$$

其中,

$$w_{ki}=\exp[-y_i f_k(x_i)]$$

在 $f_k(x)$确定下来的情况下是常数。由于我们的最终目的是最小化损失函数,所以 α_{k+1} 和 $g_{k+1}(x)$就可以表示为：

$$L=\sum_{i=1}^{N}\exp[-y_i f_{k+1}(x_i)]=\sum_{i=1}^{N}w_{ki}\exp[-y_i\alpha_{k+1}g_{k+1}(x_i)]$$

$$(\alpha_{k+1},g_{k+1}(x))=\underset{\alpha,g}{\operatorname{argmin}}\sum_{i=1}^{N}w_{ki}\exp[-y_i\alpha g(x_i)]$$
$$=\underset{\alpha,g}{\operatorname{argmin}}\sum_{y_i=g(x_i)}w_{ki}\mathrm{e}^{-\alpha}+\sum_{y_i\neq g(x_i)}w_{ki}\mathrm{e}^{\alpha}$$
$$=\underset{\alpha,g}{\operatorname{argmin}}(\mathrm{e}^{\alpha}-\mathrm{e}^{-\alpha})\sum_{i=1}^{N}w_{ki}I(y_i\neq g(x_i))+\mathrm{e}^{-\alpha}\sum_{i=1}^{N}w_{ki}$$
$$=\underset{\alpha,g}{\operatorname{argmin}}(\mathrm{e}^{\alpha}-\mathrm{e}^{-\alpha})\sum_{i=1}^{N}w_{ki}I(y_i\neq g(x_i))+\mathrm{e}^{-\alpha}$$

上式可以分两步求解。先看当 α 确定下来后该如何得出 $g_{k+1}(x)$，很容易得知：

$$g_{k+1}(x)=\underset{g}{\operatorname{argmin}}\sum_{i=1}^{N}w_{ik}I(y_i\neq g(x_i))$$

亦即第 $k+1$ 步的个体分类器应该使训练集上的加权错误率最小。不妨设解出的 $g_{k+1}(x)$ 在训练集上的加权错误率为 e_{k+1}，也即

$$\sum_{i=1}^{N}w_{ik}I(y_i\neq g(x_i))\triangleq e_{k+1}$$

需要利用它来确定 α_{k+1}。注意到对目标函数求偏导后得到：

$$\alpha_{k+1}=\underset{\alpha}{\operatorname{argmin}}(\mathrm{e}^{\alpha}-\mathrm{e}^{-\alpha})e_{k+1}+\mathrm{e}^{-\alpha}$$

$$\Leftrightarrow(\mathrm{e}^{\alpha_{k+1}}-\mathrm{e}^{-\alpha_{k+1}})e_{k+1}-\mathrm{e}^{-\alpha_{k+1}}=0$$

$$\Leftrightarrow\alpha_{k+1}=\frac{1}{2}\ln\frac{1-e_{k+1}}{e_{k+1}}$$

这和 AdaBoost 中确定个体分类器权重的式子一样。接下来只需要证明样本权重更新的式子也彼此一致即可得证，而事实上，由于：

$$f_{k+1}(x)=f_k(x)+\alpha_{k+1}g_{k+1}(x)$$

从而，

$$\begin{aligned}w_{k+1,i}&=\exp[-y_if_{k+1}(x_i)]\\&=\exp[-y_if_k(x_i)]\cdot\exp[-y_i\alpha_{k+1}g_{k+1}(x_i)]\\&=w_{ki}\cdot\exp[-y_i\alpha_{k+1}g_{k+1}(x_i)]\end{aligned}$$

注意，我们要将样本权重归一化，所以必须有：

$$w_{k+1,i}\leftarrow\frac{w_{k+1,i}}{Z_k}$$

其中，

$$Z_k=\sum_{i=1}^{N}w_{k+1,i}=\sum_{i=1}^{N}w_{k,i}\cdot\exp[-\alpha_{k+1}y_ig_{k+1}(x_i)]$$

因此，

$$w_{k+1,i}=\frac{w_{ki}}{Z_k}\cdot\exp[-y_i\alpha_{k+1}g_{k+1}(x_i)]$$

这和 AdaBoost 中更新样本权重的式子一模一样。

下面通过一个实例来演示 Python 实现 AdaBoost 算法。

【例 6-2】 AdaBoost 算法实战(基于单层决策树构建弱分类器)，其散点图如图 6-3 所示。

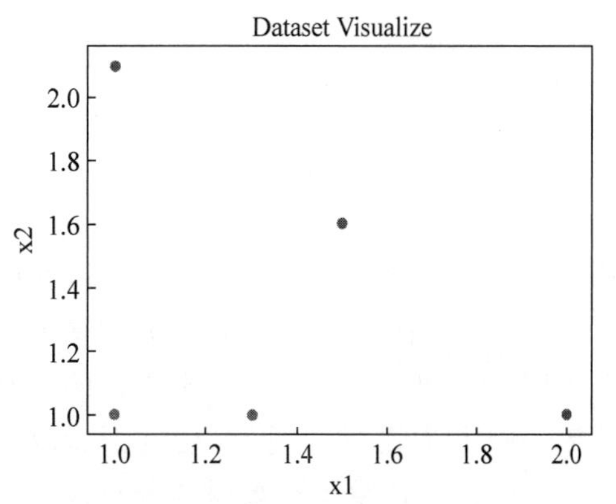

图 6-3 数据散点图

彩色图片
图 6-3

由图6-3可以看出，试着从某个坐标轴上选择一个值(即选择一条与坐标轴平行的直线)来将所有的蓝色圆点和橘色圆点分开，这显然是不可能的。这就是单层决策树难以处理的一个著名问题。通过使用多棵单层决策树，可以构建出一个能够对该数据集完全正确分类的分类器，代码为：

```
from numpy import *
import numpy as np
import matplotlib.pyplot as plt
def loadSimData():
  """
创建单层决策树的数据集
  """
  dataMat = np.matrix([[1., 2.1],
                       [1.5, 1.6],
                       [1.3, 1.],
                       [1., 1.],
                       [2., 1.]])
  classLabels = [1.0, 1.0, -1.0, -1.0, 1.0]
  return dataMat, classLabels
def showDataSet(dataMat, labelMat):
  """
数据可视化
  """
  data_plus = []                                    #正样本
  data_minus = []                                   #负样本
  for i in range(len(dataMat)):
      if labelMat[i] > 0:
          data_plus.append(dataMat[i])
      else:
          data_minus.append(dataMat[i])
  data_plus_np = np.array(data_plus)
  data_minus_np = np.array(data_minus)              #转化成 numpy 中的数据类型
  plt.scatter(np.transpose(data_plus_np)[0], np.transpose(data_plus_np)[1])
  plt.scatter(np.transpose(data_minus_np)[0], np.transpose(data_minus_np)[1])
  plt.title("Dataset Visualize")
  plt.xlabel("x1")
  plt.ylabel("x2")
  plt.show()
if __name__ == '__main__':
  data_Arr, classLabels = loadSimData()
  showDataSet(data_Arr, classLabels)
```

彩色图片
图6-4

由图6-4可看到，蓝色横线上的是一个类别，蓝色横线下边是一个类别。显然，此时有一个蓝点分类错误，计算此时的分类误差错误率为1/5=0.2。这个横线与坐标轴的y轴的交点，就是我们设置的阈值，通过不断改变阈值的大小，找到使单层决策树的分类误差最小

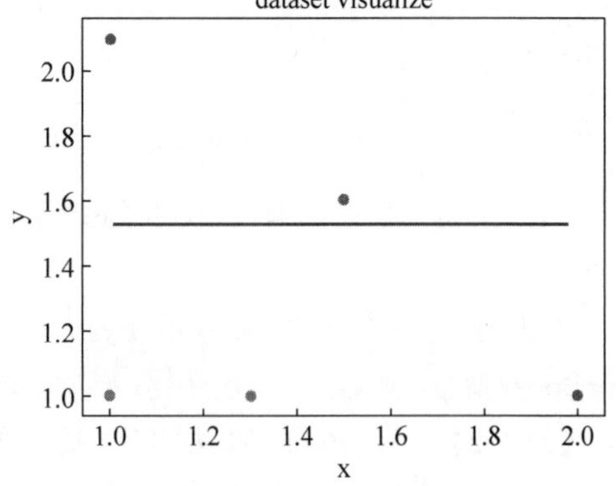

图6-4 对散点图进行分类

的阈值。同理，竖线也是如此，找到最佳分类的阈值，就找到了最佳单层决策树。实现代码为：

```
import numpy as np
import matplotlib.pyplot as plt
#数据集可视化
def loadSimpleData():
    dataMat = np.matrix([[1., 2.1],
                         [1.5, 1.6],
                         [1.3, 1.],
                         [1., 1.],
                         [2., 1.]])
    classLabels = [1.0, 1.0, -1.0, -1.0, 1.0]
    return dataMat, classLabels
def showDataSet(dataMat, labelMat):
    data_plus = []
    data_minus = []
    for i in range(len(dataMat)):
        if labelMat[i] > 0:
            data_plus.append(dataMat[i])
        else:
            data_minus.append(dataMat[i])
    data_plus_np = np.array(data_plus)
    data_minus_np = np.array(data_minus)
    plt.scatter(np.transpose(data_plus_np)[0], np.transpose(data_plus)[1])
    plt.scatter(np.transpose(data_minus_np)[0], np.transpose(data_minus)[1])
    plt.title("dataset visualize")
    plt.xlabel("x")
    plt.ylabel("y")
    plt.show()
#构建单层决策树分类函数
def stumpClassify(dataMat, dimen, threshval, threshIneq):
    """
        dataMat:数据矩阵
        dimen:第 dimen 列,即第几个特征
        threshval:阈值
        threshIneq:标志
返回值 retArray: 分类结果
    """
    retArray = np.ones((np.shape(dataMat)[0], 1))         #初始化 retArray 为 1
    if threshIneq == "lt":
        retArray[dataMat[:, dimen] <= threshval] = -1.0 #如果小于阈值,则赋值为-1
    else:
        retArray[dataMat[:, dimen] > threshval] = 1.0      #如果大于阈值,则赋值为-1
    return retArray
"""找到数据集上最佳的单层决策树,单层决策树是指只考虑其中的一个特征,在该特征的基础上进
行分类,寻找分类错误率最低的阈值即可。例如此处的例子是,如果以第一列特征为基础,阈值选择
1.3,并且设置>1.3 的为-1,<1.3 的为+1,这样就构造出了一个二分类器"""
def buildStump(dataMat, classLabels, D):
    """
```

```
        dataMat:数据矩阵
        classLabels:数据标签
        D: 样本权重
返回值是:bestStump:最佳单层决策树信息;minError:最小误差;bestClasEst: 最佳的分类结果
    """
    dataMat = np.matrix(dataMat)
    labelMat = np.matrix(classLabels).T
    m, n = np.shape(dataMat)
    numSteps = 10.0
    bestStump = {}                                          #存储最佳单层决策树信息的字典
    bestClasEst = np.mat(np.zeros((m, 1)))                  #最佳分类结果
    minError = float("inf")
    for i in range(n):                                      #遍历所有特征
        rangeMin = dataMat[:, i].min()
        rangeMax = dataMat[:, i].max()
        stepSize = (rangeMax - rangeMin) / numSteps         #计算步长
        for j in range(-1, int(numSteps) + 1):
            for inequal in ["lt", "gt"]:
                threshval = (rangeMin + float(j) * stepSize)  #计算阈值
                predictVals = stumpClassify(
                    dataMat, i, threshval, inequal)         #计算分类结果
                errArr = np.mat(np.ones((m, 1)))            #初始化误差矩阵
                errArr[predictVals == labelMat] = 0         #分类完全正确,赋值为0
                """
            基于权重向量D而不是其他错误计算指标来评价分类器的,不同的分类器计算方法不
            一样;计算弱分类器的分类错误率——这里没有采用常规方法来评价这个分类器的分
            类准确率,而是乘上了样本权重D"""
                weightedError = D.T * errArr
                print("split: dim %d, thresh %.2f, thresh ineqal: %s, the weighted error
is %.3f" % (
                    i, threshval, inequal, weightedError))
                if weightedError < minError:
                    minError = weightedError
                    bestClasEst = predictVals.copy()
                    bestStump["dim"] = i
                    bestStump["thresh"] = threshval
                    bestStump["ineq"] = inequal
    return bestStump, minError, bestClasEst
```

以上代码,通过遍历,改变不同的阈值,计算最终的分类误差,找到分类误差最小的分类方式,即为我们要找的最佳单层决策树。这里lt表示less than,表示分类方式,对于小于阈值的样本点赋值为−1;gt表示greater than,也是表示分类方式,对于大于阈值的样本点赋值为−1。经过遍历,可以找到,训练好的最佳单层决策树的最小分类误差为0,也就是说,对于该数据集,无论用什么样的单层决策树,分类误差最小就是0。这就是我们训练好的弱分类器。接下来,使用AdaBoost算法提升分类器性能,将分类误差缩短到0,看以下代码是如何实现AdaBoost算法的。

```
#使用AdaBoost算法提升弱分类器性能
```

```
def adbBoostTrainDS(dataMat, classLabels, numIt = 40):
    """
        dataMat:数据矩阵
        classLabels:标签矩阵
        numIt:最大迭代次数
返回值: weakClassArr  训练好的分类器   aggClassEst:类别估计累计值
    """
    weakClassArr = []
    m = np.shape(dataMat)[0]
    D = np.mat(np.ones((m, 1)) / m)                  #初始化样本权重D
    aggClassEst = np.mat(np.zeros((m, 1)))
    for i in range(numIt):
        bestStump, error, classEst = buildStump(
            dataMat, classLabels, D)                 #构建单个单层决策树
        #计算弱分类器权重alpha,使error不等于0,因为分母不能为0
        alpha = float(0.5 * np.log((1.0 - error) / max(error, 1e-16)))
        bestStump["alpha"] = alpha                   #存储每个弱分类器的权重alpha
        weakClassArr.append(bestStump)               #存储单个单层决策树
        print("classEst: ", classEst.T)
        expon = np.multiply(-1 * alpha *
                        np.mat(classLabels).T, classEst)  #计算e的指数项
        D = np.multiply(D, np.exp(expon))
        D = D / D.sum()
        #计算AdaBoost误差,当误差为0时,退出循环
        aggClassEst += alpha * classEst              #计算类别估计累计值——注意这里包括了
                                                     #目前已经训练好的每一个弱分类器
        print("aggClassEst: ", aggClassEst.T)
        aggErrors = np.multiply(np.sign(aggClassEst) != np.mat(
            classLabels).T, np.ones((m, 1)))         #目前集成分类器的分类误差
        errorRate = aggErrors.sum() / m              #集成分类器分类错误率,如果错误率为0,
                                                     #则整个集成算法停止,训练完成
        print("total error: ", errorRate)
        if errorRate == 0.0:
            break
    return weakClassArr, aggClassEst
```

使用AdaBoost提升分类器性能,代码为:

```
#Adaboost分类函数
def adaClassify(dataToClass, classifier):
    """
        dataToClass:待分类样本
        classifier:训练好的强分类器
    """
    dataMat = np.mat(dataToClass)
    m = np.shape(dataMat)[0]
    aggClassEst = np.mat(np.zeros((m, 1)))
    for i in range(len(classifier)):                 #遍历所有分类器,进行分类
        classEst = stumpClassify(
            dataMat, classifier[i]["dim"], classifier[i]["thresh"], classifier[i]["ineq"])
```

```
        aggClassEst += classifier[i]["alpha"] * classEst
        print(aggClassEst)
    return np.sign(aggClassEst)
```

运行整个 Adaboost 提升算法的程序代码，输出如下：

```
split: dim 0, thresh 0.90, thresh ineqal: lt, the weighted error is 0.400
split: dim 0, thresh 0.90, thresh ineqal: gt, the weighted error is 0.400
split: dim 0, thresh 1.00, thresh ineqal: lt, the weighted error is 0.400
split: dim 0, thresh 1.00, thresh ineqal: gt, the weighted error is 0.400
…
split: dim 1, thresh 2.10, thresh ineqal: gt, the weighted error is 0.400
classEst:  [[-1.  1. -1. -1.  1.]]
aggClassEst:  [[-0.69314718  0.69314718 -0.69314718 -0.69314718  0.69314718]]
total error:  0.2
split: dim 0, thresh 0.90, thresh ineqal: lt, the weighted error is 0.250
split: dim 0, thresh 0.90, thresh ineqal: gt, the weighted error is 0.250
…
split: dim 1, thresh 2.10, thresh ineqal: lt, the weighted error is 0.750
split: dim 1, thresh 2.10, thresh ineqal: gt, the weighted error is 0.250
classEst:  [[ 1.  1. -1. -1. -1.]]
aggClassEst:  [[ 0.27980789  1.66610226 -1.66610226 -1.66610226 -0.27980789]]
total error:  0.2
split: dim 0, thresh 0.90, thresh ineqal: lt, the weighted error is 0.143
split: dim 0, thresh 0.90, thresh ineqal: gt, the weighted error is 0.143
split: dim 1, thresh 2.10, thresh ineqal: lt, the weighted error is 0.857
split: dim 1, thresh 2.10, thresh ineqal: gt, the weighted error is 0.143
classEst:  [[1. 1. 1. 1. 1.]]
aggClassEst:  [[ 1.17568763  2.56198199 -0.77022252 -0.77022252  0.61607184]]
total error:  0.0
[[-0.69314718]
 [ 0.69314718]]
[[-1.66610226]
 [ 1.66610226]]
[[-2.56198199]
 [ 2.56198199]]
[[-1.]
 [ 1.]]
```

6.3 随机森林算法

随机森林(Random Forest,RF)由 LeoBreiman(2001)提出，它通过自举法(Bootstrap)重采样技术，从原始训练样本集 N 中有放回地重复随机抽取 k 个样本生成新的训练样本集合，然后根据自助样本集生成 k 个分类树组成随机森林，新数据的分类结果按分类树投票多少形成的分数而定。其实质是对决策树算法的一种改进，将多棵决策树合并在一起，每棵树的建立依赖于一个独立抽取的样品，森林中的每棵树具有相同的分布，分类误差取决于每一棵树的分类能力和它们之间的相关性。特征选择采用随机的方法去分裂每一个节点，然后比较不同情况下产生的误差。能够检测到的内在估计误差、分类能力和相关性决定选择特征的数目。

单棵树的分类能力可能很小，但在随机产生大量的决策树后，一个测试样品可以通过每一棵树的分类结果经统计后选择最可能的分类。

6.3.1 决策树

决策树(decision tree)是一个树结构(可以是二叉树或非二叉树)。其每个非叶节点表示一个特征属性上的测试，每个分支代表这个特征属性在某个值域上的输出，而每个叶节点存放一个类别。使用决策树进行决策的过程就是从根节点开始，测试待分类项中相应的特征属性，并按照其值选择输出分支，直到到达叶子节点，将叶子节点存放的类别作为决策结果。

6.3.2 随机森林

随机森林是用随机的方式建立一个森林，森林由很多的决策树组成，随机森林的每一棵决策树之间是没有关联的。在得到森林之后，当有一个新的输入样本进入的时候，就让森林中的每一棵决策树分别进行一下判断，看看这个样本应该属于哪一类，然后看看哪一类被选择最多，就预测这个样本为哪一类。

在建立每一棵决策树的过程中，有两点需要注意，分别是采样与完全分裂。首先是两个随机采样的过程，RF 对输入的数据要进行行、列的采样。对于行采样，采用有放回的方式，也就是在采样得到的样本集合中，可能有重复的样本。假设输入样本为 N 个，那么采样的样本也为 N 个。这样使得在训练的时候，每一棵树的输入样本都不是全部的样本，使得相对不容易出现过拟合。然后进行列采样，从 M 个特征中，选择 m 个($m \ll M$)。之后就是对采样之后的数据使用完全分裂的方式建立出决策树，这样决策树的某一个叶子节点要么是无法继续分裂的，要么里面的所有样本的都是指向的同一个分类。一般很多的决策树算法都一个重要的步骤——剪枝，但是这里不这样干，由于之前的两个随机采样的过程保证了随机性，所以就算不剪枝，也不会出现过拟合。

决策树中分裂属性的两个选择度量：

(1) 信息增益；

(2) 基尼指数。

6.3.3 随机森林模型的注意点

设有 N 个样本，每个样本有 M 个特征，决策树其实都是随机地接受 n 个样本(对行随机采样)的 m 个特征(对列进行随机采样)，每颗决策树的 m 个特征相同。每棵决策树其实都是对特定的数据进行学习归纳出分类方法，而随机采样可以保证有重复样本被不同决策树分类，这样就可以对不同决策树的分类能力做评价。

6.3.4 随机森林实现过程

随机森林中的每一棵分类树都为二叉树，其生成遵循自顶向下的递归分裂原则，即从根节点开始依次对训练集进行划分；在二叉树中，根节点包含全部训练数据，按照节点纯度最小原则，分裂为左节点和右节点，它们分别包含训练数据的一个子集，按照同样的规则节点继续分裂，直到满足分支停止规则而停止生长。若节点 n 上的分类数据全部来自同一类别，则此节点的纯度 $I(n)=0$，纯度度量方法属于基尼准则，即假设 $p(X_j)$是节点 n 上属于 X_j 类样本个数的训练。

具体实现过程如下：

(1) 原始训练集为 N，应用 Bootstrap 法有放回地随机抽取 k 个新的自助样本集，并由此构建 k 棵分类树，每次未被抽到的样本组成了 k 个袋外数据；

(2) 设有 mall 个变量，则在每一棵树的每个节点处随机抽取 mtry 个变量，然后在 mtry 中选择一个最具有分类能力的变量，变量分类的阈值通过检查每一个分类点确定；

(3) 每棵树最大限度地生长，不做任何修剪；

(4) 将生成的多棵分类树组成随机森林，用随机森林分类器对新的数据进行判别与分类，分类结果按树分类器的投票多少而定。

【例 6-3】 利用随机森林对数据 iris 进行分类与回归。

```
from sklearn import datasets
from sklearn.ensemble import RandomForestClassifier
from sklearn.ensemble import RandomForestRegressor
import numpy as np
iris = datasets.load_iris()
#利用随机森林进行分类训练
rfc = RandomForestClassifier(n_estimators = 10,max_depth = 3)
rfc.fit(iris.data, iris.target)
#利用随机森林进行回归训练
rfr = RandomForestRegressor(n_estimators = 10,max_depth = 3)
rfr.fit(iris.data, iris.target)
instance = np.array([[4.5,6.7,3.4,5.0]])
print("新样本:", instance)
print('分类结果:', rfc.predict(instance))
print ('回归结果:', rfr.predict(instance))
```

运行程序，输出如下：

```
新样本: [[4.5 6.7 3.4 5. ]]
分类结果: [1]
回归结果: [1.57380952]
```

6.4 多分类器实战

前面介绍了多分类器的相关概念，下面通过几个实例来演示其实际应用。

在回归问题中，使用的数据集是 scikit-learn 自带的一个糖尿病病人的数据集。该数据集从糖尿病病人采样并整理后，特点如下：

- 数据集有 442 个样本；
- 每个样本有 10 个特征；
- 每个特征都是浮点数，数据都为－0.2～0.2；
- 样本的目标为整数 25～346。

【例 6-4】 AdaBoostClassifier 分类器对糖尿病病人的数据集进行训练。

(1) 导入必要的包。

```
import matplotlib.pyplot as plt
import numpy as np
from sklearn import datasets,cross_validation,ensemble
```

(2) 给出加载数据集的函数。

```
def load_data_classification():
    digits = datasets.load_digits()                    #使用 scikit-learn 自带的 digits 数据集
    return cross_validation.train_test_split(digits.data,digits.target,
    test_size = 0.25,random_state = 0,stratify = digits.target)
                            #分层采样拆分成训练集和测试集,测试集大小为原始数据集大小的 1/4
```

(3) 测试 AdaBoostClassifier 的用法，绘制 AdaBoostClassifier 的预测性能受基础分类器数量的影响。

```
def test_AdaBoostClassifier( *data):
    X_train,X_test,y_train,y_test = data
    clf = ensemble.AdaBoostClassifier(learning_rate = 0.1)
    clf.fit(X_train,y_train)
    ##绘图
    fig = plt.figure()
    ax = fig.add_subplot(1,1,1)
    estimators_num = len(clf.estimators_)
    X = range(1,estimators_num + 1)
    ax.plot(list(X),list(clf.staged_score(X_train,y_train)),label = "Traing score")
    ax.plot(list(X),list(clf.staged_score(X_test,y_test)),label = "Testing score")
    ax.set_xlabel("estimator num")
    ax.set_ylabel("score")
    ax.legend(loc = "best")
    ax.set_title("AdaBoostClassifier")
    plt.show()                                          #得到测试效果如图 6-5 所示
```

由图 6-5 可以看到，随着算法的推进，每一轮迭代都产生一个新的个体分类器。此时的

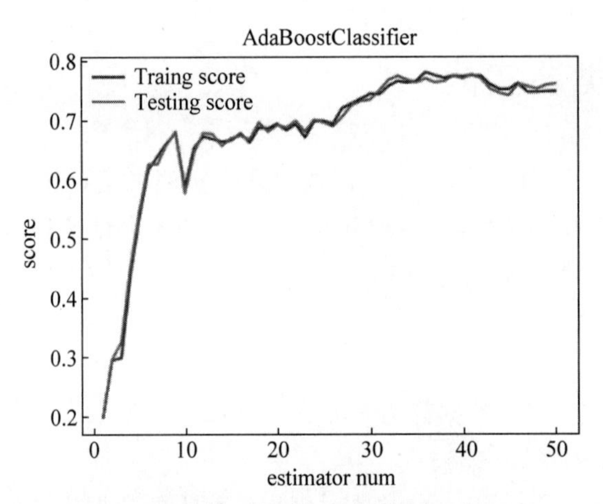

图 6-5 预测性能受基础分类器数量的影响效果

集成分类器的训练误差和测试误差都在下降(对应的就是训练准确率和测试率上升)。当个体分类器数量达到一定值时,集成分类器的预测准确率在一定范围内波动,比较稳定。这也证实了:集成学习能很好地抵抗过拟合。

(4) 测试 AdaBoostClassifier 的预测性能受基础分类器数量和基础分类器的类型的影响。

```
def test_AdaBoostClassifier_base_classifier( * data):
    from sklearn.naive_bayes import GaussianNB
    X_train,X_test,y_train,y_test = data
    fig = plt.figure()
    ax = fig.add_subplot(2,1,1)
    """ 默认的个体分类器"""
    clf = ensemble.AdaBoostClassifier(learning_rate = 0.1)
    clf.fit(X_train,y_train)
    #绘图
    estimators_num = len(clf.estimators_)
    X = range(1,estimators_num + 1)
    ax.plot(list(X),list(clf.staged_score(X_train,y_train)),label = "Traing score")
    ax.plot(list(X),list(clf.staged_score(X_test,y_test)),label = "Testing score")
    ax.set_xlabel("estimator num")
    ax.set_ylabel("score")
    ax.legend(loc = "lower right")
    ax.set_ylim(0,1)
    ax.set_title("AdaBoostClassifier with Decision Tree")
    """Gaussian Naive Bayes 个体分类器"""
    ax = fig.add_subplot(2,1,2)
    clf = ensemble.AdaBoostClassifier(learning_rate = 0.1,base_estimator = GaussianNB())
    clf.fit(X_train,y_train)
    #绘图
    estimators_num = len(clf.estimators_)
    X = range(1,estimators_num + 1)
    ax.plot(list(X),list(clf.staged_score(X_train,y_train)),label = "Traing score")
```

```
ax.plot(list(X),list(clf.staged_score(X_test,y_test)),label = "Testing score")
ax.set_xlabel("estimator num")
ax.set_ylabel("score")
ax.legend(loc = "lower right")
ax.set_ylim(0,1)
ax.set_title("AdaBoostClassifier with Gaussian Naive Bayes")
plt.show()                                        #得到测试效果如图 6-6 所示
```

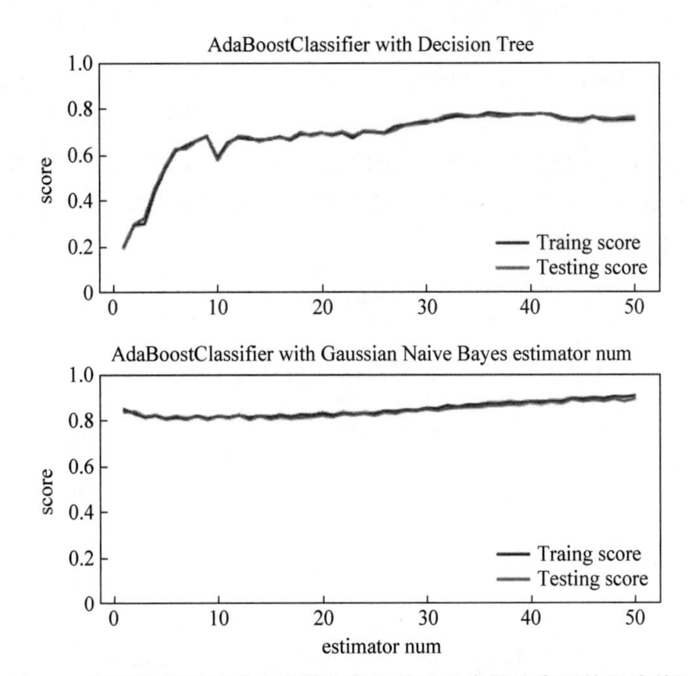

图 6-6 预测性能受基础分类器数量和基础分类器的类型的影响效果

本次测试对比了默认的决策树个体分类器以及高斯分布贝叶斯个体分类器的差别。这里的个体分类器要求满足两个条件：

- 个体分类器支持带样本训练。
- 如果 algorithm="SAMME.R",则个体分类器必须支持计算各类别的概率。

如果不支持这两个条件,则程序运行报错。从比较结果来看,由于高斯分布贝叶斯个体分类器本身就是强分类器(即单个分类器的预测准确率已经非常好),所以它没有明显的预测准确率提升的过程,整体曲线都比较平缓。

(5) 测试 AdaBoostClassifier 的预测性能受学习率的影响。

```
def test_AdaBoostClassifier_learning_rate( * data):
    X_train,X_test,y_train,y_test = data
    learning_rates = np.linspace(0.01,1)
    fig = plt.figure()
    ax = fig.add_subplot(1,1,1)
    traing_scores = [ ]
    testing_scores = [ ]
    for learning_rate in learning_rates:
```

```
        clf = ensemble.AdaBoostClassifier(learning_rate = learning_rate,n_estimators = 500)
        clf.fit(X_train,y_train)
        traing_scores.append(clf.score(X_train,y_train))
        testing_scores.append(clf.score(X_test,y_test))
    ax.plot(learning_rates,traing_scores,label = "Traing score")
    ax.plot(learning_rates,testing_scores,label = "Testing score")
    ax.set_xlabel("learning rate")
    ax.set_ylabel("score")
    ax.legend(loc = "best")
    ax.set_title("AdaBoostClassifier")
    plt.show()                                    #得到测试效果如图 6-7 所示
```

由图 6-7 可看出，当采用默认的 SAMME. R 算法时，可以看到当学习率较小时，测试准确率和训练准确率随着学习率的增大而缓慢上升。但是当学习率在超过 0.7 之后，随着学习率的上升，准确率迅速下降。

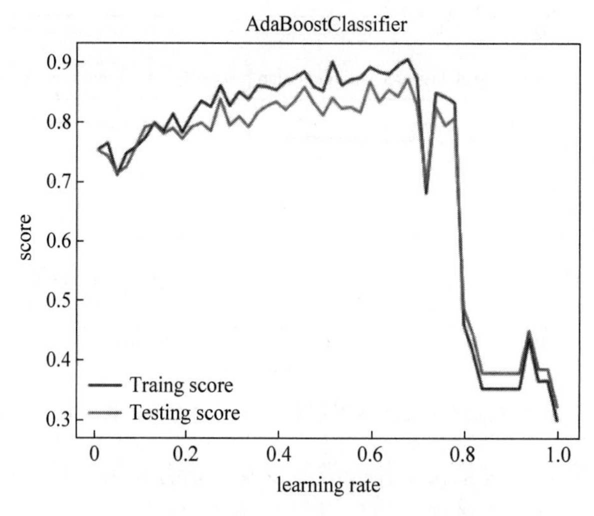

图 6-7 预测性能受学习率的影响效果

(6) 测试 AdaBoostClassifier 的预测性能受学习率和 algorithm 参数的影响。

```
def test_AdaBoostClassifier_algorithm( * data):
    X_train,X_test,y_train,y_test = data
    algorithms = ['SAMME.R','SAMME']
    fig = plt.figure()
    learning_rates = [0.05,0.1,0.5,0.9]
    for i,learning_rate in enumerate(learning_rates):
        ax = fig.add_subplot(2,2,i + 1)
        for i ,algorithm in enumerate(algorithms):
            clf = ensemble.AdaBoostClassifier(learning_rate = learning_rate,
                algorithm = algorithm)
            clf.fit(X_train,y_train)
            #绘图
            estimators_num = len(clf.estimators_)
```

```
            X = range(1,estimators_num + 1)
            ax.plot(list(X),list(clf.staged_score(X_train,y_train)),
                label = " % s:Training score" % algorithms[i])
            ax.plot(list(X),list(clf.staged_score(X_test,y_test)),
                label = " % s:Testing score" % algorithms[i])
        ax.set_xlabel("estimator num")
        ax.set_ylabel("score")
        ax.legend(loc = "lower right")
        ax.set_title("learning rate: % f" % learning_rate)
fig.suptitle("AdaBoostClassifier")
plt.show()                                     #得到测试效果如图 6-8 所示
```

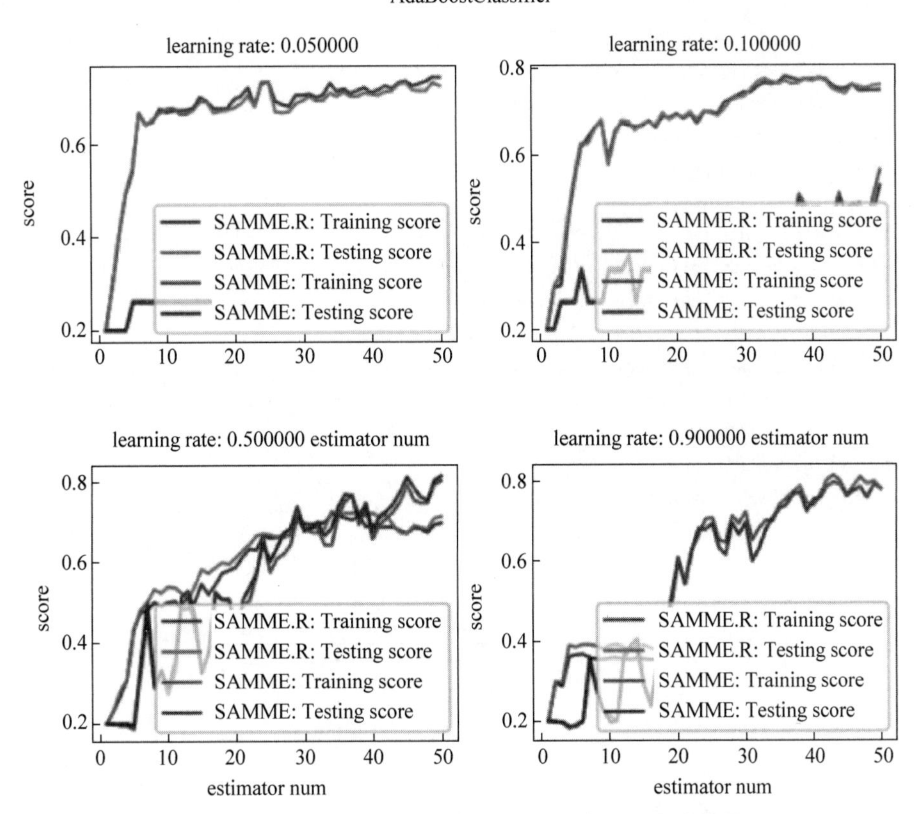

图 6-8 预测性能受学习率和 algorithm 参数的影响效果

由图 6-8 可以看出，当学习率较小时，SAMME. R 算法总是预测性能较好。但当学习率较大时，SAMME. R 算法在个体分类器数量较小时预测性能较好。但是个体决策树数量较多时预测性能较差。这是因为 SAMME. R 算法在个体分类器数量饱和状态下的性能在学习率较大时会迅速下降。

【例 6-5】 AdaBoostClassifier 回归器对糖尿病病人的数据集进行训练。

其实现步骤为：

（1）首先导入包。

```
import matplotlib.pyplot as plt
import numpy as np
from sklearn import datasets,cross_validation,ensemble
```

（2）给出加载数据集的函数。

```
def load_data_regression():
    diabetes = datasets.load_diabetes()  #使用 scikit-learn 自带的一个糖尿病病人的数据集
    return cross_validation.train_test_split(diabetes.data,diabetes.target,
    test_size=0.25,random_state=0)    #拆分成训练集和测试集,测试集大小为原始数据集大小的 1/4
```

（3）测试 AdaBoostRegressor 的用法，绘制 AdaBoostRegressor 的预测性能受基础回归器数量的影响。

```
def test_AdaBoostRegressor(*data):
    X_train,X_test,y_train,y_test = data
    regr = ensemble.AdaBoostRegressor()
    regr.fit(X_train,y_train)
    ##绘图
    fig = plt.figure()
    ax = fig.add_subplot(1,1,1)
    estimators_num = len(regr.estimators_)
    X = range(1,estimators_num + 1)
    ax.plot(list(X),list(regr.staged_score(X_train,y_train)),label = "Traing score")
    ax.plot(list(X),list(regr.staged_score(X_test,y_test)),label = "Testing score")
    ax.set_xlabel("estimator num")
    ax.set_ylabel("score")
    ax.legend(loc = "best")
    ax.set_title("AdaBoostRegressor")
    plt.show()                                    #得到测试效果如图 6-9 所示
```

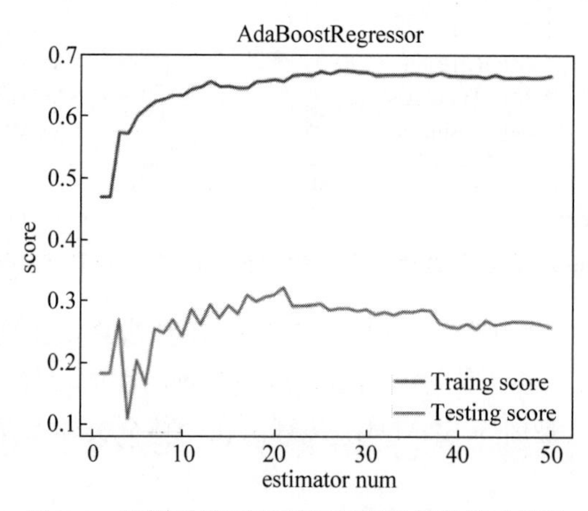

图 6-9 预测性能受基础回归器数量的影响效果

由图 6-9 可以看到，随着算法的推进，每一轮迭代都产生一个新的个体分类器。此时集成分类器的训练误差和测试误差都在下降(对应的就是训练准确率和测试准确率上升)。

(4) 测试 AdaBoostRegressor 的预测性能受基础回归器数量和基础回归器类型的影响。

```
def test_AdaBoostRegressor_base_regr( * data):
    from sklearn.svm import  LinearSVR
    X_train,X_test,y_train,y_test = data
    fig = plt.figure()
    regrs = [ensemble.AdaBoostRegressor(),          #基础回归器为默认类型
     ensemble.AdaBoostRegressor(base_estimator = LinearSVR(epsilon = 0.01,C = 100))]
                                                   #基础回归器为 LinearSVR
    labels = ["Decision Tree Regressor","Linear SVM Regressor"]
    for i ,regr in enumerate(regrs):
        ax = fig.add_subplot(2,1,i + 1)
        regr.fit(X_train,y_train)
        ##绘图
        estimators_num = len(regr.estimators_)
        X = range(1,estimators_num + 1)
        ax.plot(list(X),list(regr.staged_score(X_train,y_train)),label = "Training score")
        ax.plot(list(X),list(regr.staged_score(X_test,y_test)),label = "Testing score")
        ax.set_xlabel("estimator num")
        ax.set_ylabel("score")
        ax.legend(loc = "lower right")
        ax.set_ylim( - 1,1)
        ax.set_title("Base_Estimator: %s" % labels[i])
    plt.suptitle("AdaBoostRegressor")
    plt.show()                                     #得到测试效果如图 6-10 所示
```

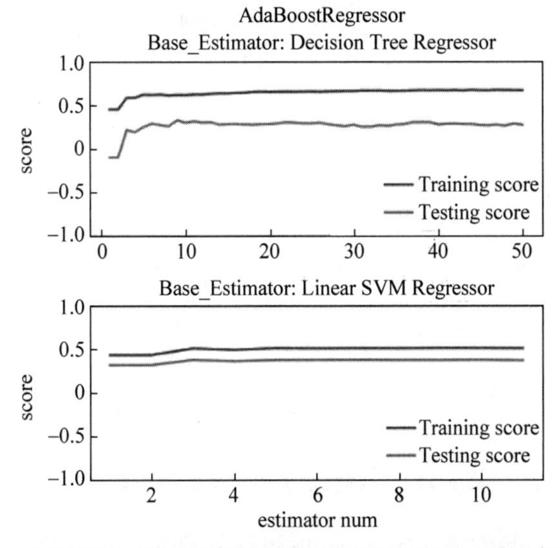

图 6-10　预测性能受基础回归器数量的和基础回归器类型的影响效果

本次测试对比的个体回归器分别为默认的决策树数目以及线性支持回归器。从比较结果来看，由于线性支持回归器本身就是强回归器(即单个回归器的得分已经很好)，所以它没有一个明显的得分提升的过程，整体曲线都比较平缓。可以观察到：使用线性支持回归器时，发生了早停(early stopping)现象。默认的个体回归器数量为 50，但是这里只有 13 个，因为训练误差满足条件的时候，迭代提前终止。

(5) 测试 AdaBoostRegressor 的预测性能受学习率的影响。

```
def test_AdaBoostRegressor_learning_rate( * data):
    X_train,X_test,y_train,y_test = data
    learning_rates = np.linspace(0.01,1)
    fig = plt.figure()
    ax = fig.add_subplot(1,1,1)
    traing_scores = []
    testing_scores = []
    for learning_rate in learning_rates:
  regr = ensemble.AdaBoostRegressor(learning_rate = learning_rate,n_estimators = 500)
        regr.fit(X_train,y_train)
        traing_scores.append(regr.score(X_train,y_train))
        testing_scores.append(regr.score(X_test,y_test))
    ax.plot(learning_rates,training_scores,label = "Training score")
    ax.plot(learning_rates,testing_scores,label = "Testing score")
    ax.set_xlabel("learning rate")
    ax.set_ylabel("score")
    ax.legend(loc = "best")
    ax.set_title("AdaBoostRegressor")
    plt.show()                                    #得到测试效果如图 6-11 所示
```

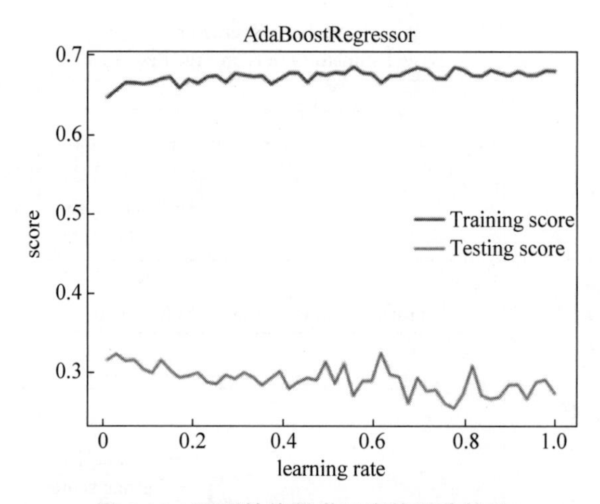

图 6-11 预测性能受学习率的影响效果

由图 6-11 可以看到，当学习率较大时，预测得分和训练得分都比较稳定。学习率较小时的预测得分较高。

(6) 测试 AdaBoostRegressor 的预测性能受损失函数类型的影响。

```
def test_AdaBoostRegressor_loss( * data):
    X_train,X_test,y_train,y_test = data
    losses = ['linear','square','exponential']
    fig = plt.figure()
    ax = fig.add_subplot(1,1,1)
    for i ,loss in enumerate(losses):
        regr = ensemble.AdaBoostRegressor(loss = loss,n_estimators = 30)
        regr.fit(X_train,y_train)
        #绘图
        estimators_num = len(regr.estimators_)
        X = range(1,estimators_num + 1)
        ax.plot(list(X),list(regr.staged_score(X_train,y_train)),
            label = "Training score:loss = %s" % loss)
        ax.plot(list(X),list(regr.staged_score(X_test,y_test)),
            label = "Testing score:loss = %s" % loss)
        ax.set_xlabel("estimator num")
        ax.set_ylabel("score")
        ax.legend(loc = "lower right")
        ax.set_ylim( - 1,1)
    plt.suptitle("AdaBoostRegressor")
    plt.show()                                  #得到测试效果如图 6-12 所示
```

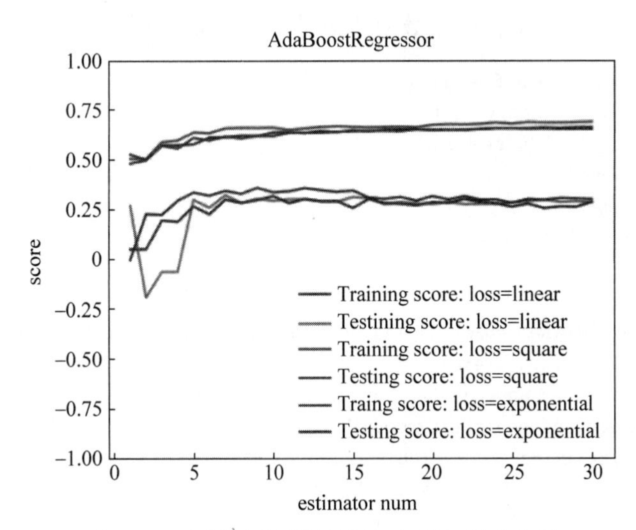

图 6-12 预测性能受损失函数类型的影响效果

由图 6-12 可以看到,不同的损失函数对训练得分和测试得分影响不大。

【例 6-6】 利用随机森林分类器对 Python 自带的 digits 数据进行训练。

(1) 导入必要的编程库。

```
import matplotlib.pyplot as plt
import numpy as np
from sklearn import datasets,cross_validation,ensemble
```

（2）加载用于分类问题的数据集。

```
def load_data_classification():
    digits = datasets.load_digits()                    #使用 scikit-learn 自带的 digits 数据集
    return cross_validation.train_test_split(digits.data,digits.target,
    test_size = 0.25,random_state = 0,stratify = digits.target)
                                    #分层采样拆分成训练集和测试集,测试集大小为原始数据集大小的 1/4
```

（3）测试 RandomForestClassifier 的用法。

```
def test_RandomForestClassifier( * data):
    X_train,X_test,y_train,y_test = data
    clf = ensemble.RandomForestClassifier()
    clf.fit(X_train,y_train)
    print("Training Score: % f" % clf.score(X_train,y_train))
    print("Testing Score: % f" % clf.score(X_test,y_test))
```

运行程序,输出如下：

```
Traing Score:0.997773
Testing Score:0.942222
```

由结果可以看到,集成分类器对训练集拟合得相当成功(99.7773%),对测试集的预测准确率高达 94.2222%。

（4）接着考查森林中决策树的个数对于总体预测性能的影响。

```
def test_RandomForestClassifier_num( * data):
    X_train,X_test,y_train,y_test = data
    nums = np.arange(1,100,step = 2)
    fig = plt.figure()
    ax = fig.add_subplot(1,1,1)
    testing_scores = []
    training_scores = []
    for num in nums:
        clf = ensemble.RandomForestClassifier(n_estimators = num)
        clf.fit(X_train,y_train)
        training_scores.append(clf.score(X_train,y_train))
        testing_scores.append(clf.score(X_test,y_test))
    ax.plot(nums,training_scores,label = "Training Score")
    ax.plot(nums,testing_scores,label = "Testing Score")
    ax.set_xlabel("estimator num")
    ax.set_ylabel("score")
    ax.legend(loc = "lower right")
    ax.set_ylim(0,1.05)
    plt.suptitle("RandomForestClassifier")
    plt.show()                                     #得到测试效果如图 6-13 所示
```

由图 6-13 可以看到,随着个体决策树数量的增长,个体的性能很快上升并保持稳定,且对训练集一直能保持完美拟合,对测试集的预测准确率都在 95%以上。可以看到,梯度提升决策树能够很好地抵抗过拟合。

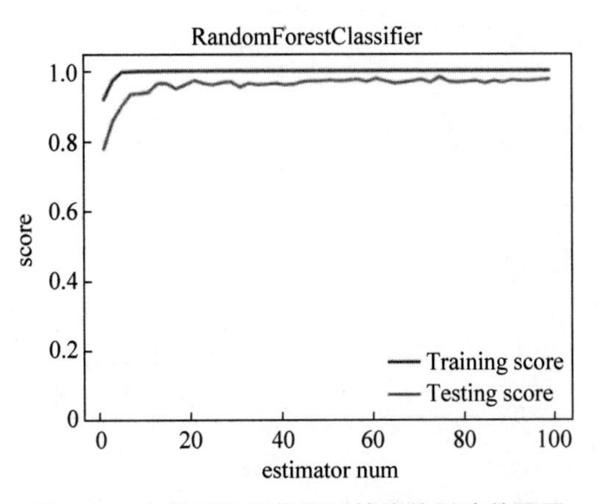

图 6-13 个数对于总体预测性能的影响效果图

(5) 测试 RandomForestClassifier 的预测性能受 max_depth 参数的影响。

```
def test_RandomForestClassifier_max_depth( * data):
    X_train,X_test,y_train,y_test = data
    maxdepths = range(1,20)
    fig = plt.figure()
    ax = fig.add_subplot(1,1,1)
    testing_scores = []
    training_scores = []
    for max_depth in maxdepths:
        clf = ensemble.RandomForestClassifier(max_depth = max_depth)
        clf.fit(X_train,y_train)
        training_scores.append(clf.score(X_train,y_train))
        testing_scores.append(clf.score(X_test,y_test))
    ax.plot(maxdepths,training_scores,label = "Training Score")
    ax.plot(maxdepths,testing_scores,label = "Testing Score")
    ax.set_xlabel("max_depth")
    ax.set_ylabel("score")
    ax.legend(loc = "lower right")
    ax.set_ylim(0,1.05)
    plt.suptitle("RandomForestClassifier")
    plt.show()                                  #得到测试效果如图 6-14 所示
```

由图 6-14 中可以看出,随着树的最大深度的增加,随机森林的预测性能也在提高。这主要有两个原因:

- 决策树的最大深度提高,则每棵树的预测性能也在提高;
- 决策树的最大深度提高,则决策树的多样性也在增大。

(6) 考查 max_features 参数的影响。当 max_features 取浮点数时,它的值在(0,1]区间。如果 max_features!=1.0,则每次决策树的特征选取的集合是原来特征集合的一个子集。这里给出测试函数。

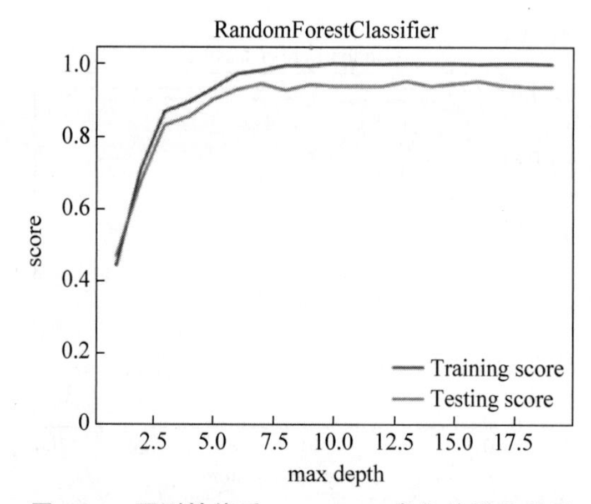

图 6-14 预测性能受 max_depth 参数的影响效果

```
def test_RandomForestClassifier_max_features( * data):
    X_train,X_test,y_train,y_test = data
    max_features = np.linspace(0.01,1.0)
    fig = plt.figure()
    ax = fig.add_subplot(1,1,1)
    testing_scores = [ ]
    training_scores = [ ]
    for max_feature in max_features:
        clf = ensemble.RandomForestClassifier(max_features = max_feature)
        clf.fit(X_train,y_train)
        training_scores.append(clf.score(X_train,y_train))
        testing_scores.append(clf.score(X_test,y_test))
    ax.plot(max_features,training_scores,label = "Training Score")
    ax.plot(max_features,testing_scores,label = "Testing Score")
    ax.set_xlabel("max_feature")
    ax.set_ylabel("score")
    ax.legend(loc = "lower right")
    ax.set_ylim(0,1.05)
    plt.suptitle("RandomForestClassifier")
    plt.show()                                    #得到测试效果如图 6-15 所示
```

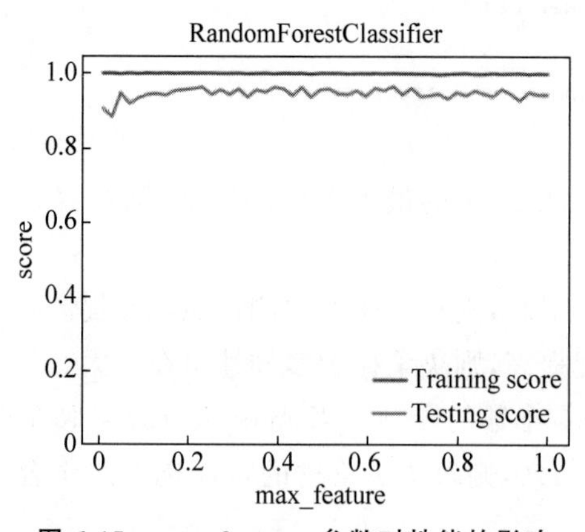

图 6-15 max_features 参数对性能的影响

由图 6-15 可以看到,随机森林对于特征集合的选取不是很敏感。

【例 6-7】 利用随机森林回归器对 Python 自带的 digits 数据进行训练。

(1) 导入必要的编程库。

```
import matplotlib.pyplot as plt
import numpy as np
from sklearn import datasets,cross_validation,ensemble
```

(2) 加载用于回归问题的数据集。

```
def load_data_regression():
    diabetes = datasets.load_diabetes()    #使用 scikit-learn 自带的一个糖尿病病人的数据集
    return cross_validation.train_test_split(diabetes.data,diabetes.target,
    test_size = 0.25,random_state = 0)
                                    #拆分成训练集和测试集,测试集大小为原始数据集大小的 1/4
```

(3) 测试 RandomForestRegressor 的用法。

```
def test_RandomForestRegressor( * data):
    X_train,X_test,y_train,y_test = data
    regr = ensemble.RandomForestRegressor()
    regr.fit(X_train,y_train)
    print("Traing Score: %f" % regr.score(X_train,y_train))
    print("Testing Score: %f" % regr.score(X_test,y_test))
```

运行程序,输出如下:

```
Traing Score:0.904228
Testing Score:0.144302
```

由输出可以看到,集成回归器对训练集拟合得相当成功(回归问题中,得分为 90.4%说明对每个训练样本都十分准确拟合),对测试集的得分为 14.4%。

(4) 考查森林中回归树的棵数对总体预测性能的影响。

```
def test_RandomForestRegressor_num( * data):
    X_train,X_test,y_train,y_test = data
    nums = np.arange(1,100,step = 2)
    fig = plt.figure()
    ax = fig.add_subplot(1,1,1)
    testing_scores = []
    training_scores = []
    for num in nums:
        regr = ensemble.RandomForestRegressor(n_estimators = num)
        regr.fit(X_train,y_train)
        training_scores.append(regr.score(X_train,y_train))
        testing_scores.append(regr.score(X_test,y_test))
    ax.plot(nums,training_scores,label = "Training Score")
    ax.plot(nums,testing_scores,label = "Testing Score")
```

```
    ax.set_xlabel("estimator num")
    ax.set_ylabel("score")
    ax.legend(loc = "lower right")
    ax.set_ylim( - 1,1)
    plt.suptitle("RandomForestRegressor")
    plt.show()                                    #得到效果如图 6-16 所示
```

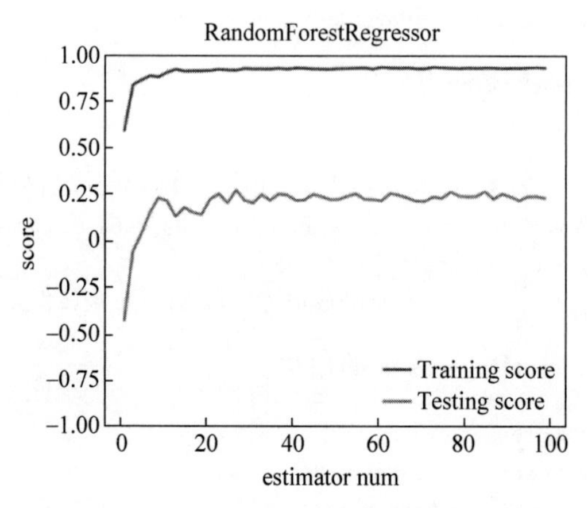

图 6-16 回归树的棵数对总体预测性能的影响

由图 6-16 可以看到,随着回归树的个数的增加,回归森林测试集的得分先快速上升,然后趋于稳定。

(5) 继续考查 max_depth 参数的影响。

```
def test_RandomForestRegressor_max_depth( * data):
    X_train,X_test,y_train,y_test = data
    maxdepths = range(1,20)
    fig = plt.figure()
    ax = fig.add_subplot(1,1,1)
    testing_scores = []
    training_scores = []
    for max_depth in maxdepths:
        regr = ensemble.RandomForestRegressor(max_depth = max_depth)
        regr.fit(X_train,y_train)
        training_scores.append(regr.score(X_train,y_train))
        testing_scores.append(regr.score(X_test,y_test))
    ax.plot(maxdepths,training_scores,label = "Training Score")
    ax.plot(maxdepths,testing_scores,label = "Testing Score")
    ax.set_xlabel("max_depth")
    ax.set_ylabel("score")
    ax.legend(loc = "lower right")
    ax.set_ylim(0,1.05)
    plt.suptitle("RandomForestRegressor")
    plt.show()                                    #得到测试效果如图 6-17 所示
```

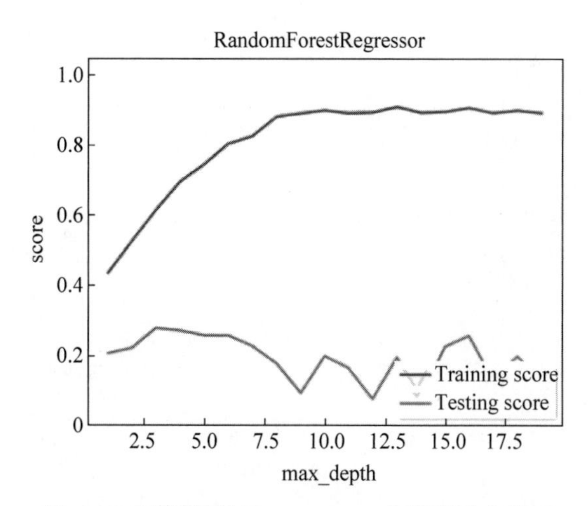

图 6-17　预测性能受 max_depth 参数的影响效果

由图 6-17 可以看到，回归森林对于测试集的预测得分随着 max_depth 在振荡，没有显著趋势。

(6) 最后考查 max_features 参数的影响。当 max_features 取浮点数时，它的值在(0,1]区间。如果 max_features!=1.0，则每次决策树的特征选取的集合是原来特征集合的一个子集。

```
def test_RandomForestRegressor_max_features( * data):
    X_train,X_test,y_train,y_test = data
    max_features = np.linspace(0.01,1.0)
    fig = plt.figure()
    ax = fig.add_subplot(1,1,1)
    testing_scores = []
    training_scores = []
    for max_feature in max_features:
        regr = ensemble.RandomForestRegressor(max_features = max_feature)
        regr.fit(X_train,y_train)
        training_scores.append(regr.score(X_train,y_train))
        testing_scores.append(regr.score(X_test,y_test))
    ax.plot(max_features,training_scores,label = "Training Score")
    ax.plot(max_features,testing_scores,label = "Testing Score")
    ax.set_xlabel("max_feature")
    ax.set_ylabel("score")
    ax.legend(loc = "lower right")
    ax.set_ylim(0,1.05)
    plt.suptitle("RandomForestRegressor")
    plt.show()                                  #得到测试效果如图 6-18 所示
```

由图 6-18 可以看到，回归森林对于特征集合的选取不是很敏感。

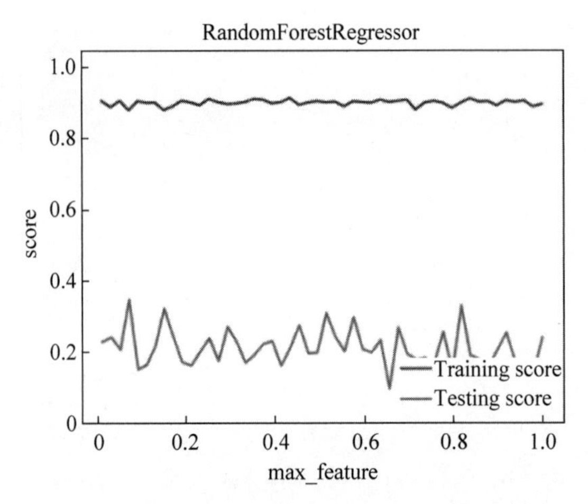

图 6-18 预测性能受 max_features 参数的影响效果

6.5 习题

1. 对二分类问题进行讨论,很容易得知,此时________、________和________;对应分类器分别为________、________和________。

2. 特征选择采用________去分裂每一个节点,然后比较不同情况下产生的________。

3. 通常选取个体学习器的准则是什么?

4. 目前的多分类器方法大概可以分为哪两类?

5. 利用随机森林,根据人口普查数据预测收入是否超过 5 万美元/年。

第7章

CHAPTER 7

Scipy科学计算库

Python在科学计算领域有3个非常受欢迎库：numpy、Scipy、matplotlib。numpy是一个高性能的多维数组的计算库，Scipy是构建在numpy的基础之上的，它提供了许多的操作numpy的数组的函数。

Scipy是一款方便、易于使用、专为科学和工程设计的Python工具包，它包括了统计、优化、整合以及线性代数模块、傅里叶变换、信号和图像图例，常微分方差的求解等，Scipy由一些特定功能的子模块组成，如表7-1所示。

表7-1　特定功能的子模块

模　块	功　能	模　块	功　能
scipy.cluster	向量量化/k-均值	scipy.odr	正交距离回归
scipy.constants	物理和数学常量	scipy.optimize	优化
scipy.fftpack	傅里叶变换	scipy.signal	信号处理
scipy.integrate	积分程序	scipy.sparse	稀疏矩阵
scipy.interpolate	插值	scipy.sptial	空间数据结构和算法
scipy.io	数据输入输出	scipy.special	任何特殊数学函数
scipy.linalg	线性代数程序	scipy.stats	统计
scipy.ndimage	n维图像包		

它们全依赖numpy，但是相互之间基本独立。导入numpy和这些scipy模块的标准方式是：

```
import numpy as np
from scipy import stats                           #其他子模块相同
```

下面分别对各子模块进行介绍。

7.1　文件输入和输出

在Python中提供了scipy.io可以实现文件输入和输出。该模块可以下载和保存Matlab文件。例如：

```
from scipy import io as spio
import numpy as np
a = np.ones((3,3))
spio.savemat('f.mat',{'a':a})
data = spio.loadmat('f.mat',struct_as_record=True)
data['a']
print(data)
```

运行程序,输出如下:

```
{'__header__': b'MATLAB 5.0 MAT-file Platform: nt, Created on: Tue Sep 24 13:08:22 2019', '__version__': '1.0', '__globals__': [], 'a': array([[1., 1., 1.],
       [1., 1., 1.],
       [1., 1., 1.]])}
```

7.2 线性代数操作

在 Python 中,提供了 scipy.linalg 模块实现线性代数的操作,下面进行介绍。

1. 行列式

在数学中,行列式是由解线性方程组产生的一种算法,是取自不同行不同列的 n 个元素的乘积的代数和。设 n 阶行列式有 n^2 个数,排成 n 列的表,作出表中位于不同行不同列的 n 个数的乘积,并冠以符号 $(-1)^t$ 的形式,其中指数为自然数 $1,2,\cdots,n$ 的一个排列,t 为这个排列的逆序数。这样的排列共有 $n!$ 个,这 $n!$ 项的代数和称为 n 阶行列式。

(1) 行列式 A 中某行(或列)乘以同一个数 k,其结果等于 kA。

(2) 行列式 A 等于其转置行列式 AT(AT 的第 i 行为 A 的第 i 列)。

(3) 行列式 A 中两行(或列)互换,其结果等于 A。

(4) 把行列式 A 的某行(或列)中各元素同乘一数后加到另一行(或列)中各对应元上,结果仍然是 A。

例如:

```
#导入 scipy 和 numpy 包
from scipy import linalg
import numpy as np
#声明 numpy 数组
A = np.array([[1,2],[3,4]])
#将值传递给 det 函数
x = linalg.det(A)
#打印结果
print(x)
arr = np.array([[3, 2],[6, 4]])
x1 = linalg.det(arr)
print(x1)
```

运行程序,输出如下:

```
-2.0
0.0
```

2. 逆矩阵

如果在相同数域上存在另一个 n 阶矩阵 $\boldsymbol{B}$，使得 $\boldsymbol{AB}=\boldsymbol{BA}=\boldsymbol{E}$，则称 $\boldsymbol{B}$ 是 $\boldsymbol{A}$ 的逆矩阵，而 $\boldsymbol{A}$ 则被称为可逆矩阵。$\boldsymbol{A}$ 是可逆矩阵的充分必要条件是 $|\boldsymbol{A}|\neq 0$，即可逆矩阵就是非奇异矩阵(当 $|\boldsymbol{A}|=0$ 时，$\boldsymbol{A}$ 称为奇异矩阵)。

例如：

```
from scipy import linalg as lg
import numpy as np
arr = np.array([[1, 2], [3, 4]])                    #定义矩阵
print("Inv:", lg.inv(arr))                          #求逆矩阵
```

运行程序，输出如下：

```
Inv: [[-2.   1. ]
 [ 1.5 -0.5]]
```

3. 特征值

设 $\boldsymbol{A}$ 是 n 阶方阵，如果存在数 m 和非零 n 维列向量 $\boldsymbol{x}$，使得 $\boldsymbol{Ax}=m\boldsymbol{x}$，则称 m 是 $\boldsymbol{A}$ 的一个特征值或本征值。非零 n 维列向量 $\boldsymbol{x}$ 称为矩阵 $\boldsymbol{A}$ 的属于(对应于)特征值 m 的特征向量或本征向量，简称 $\boldsymbol{A}$ 的特征向量或 $\boldsymbol{A}$ 的本征向量。

$\boldsymbol{Ax}=m\boldsymbol{x}$ 等价于求 m，使得 $(m\boldsymbol{E}-\boldsymbol{A})\boldsymbol{x}=0$，其中 $\boldsymbol{E}$ 是单位矩阵，$\boldsymbol{0}$ 为零矩阵。$|m\boldsymbol{E}-\boldsymbol{A}|=\boldsymbol{0}$，求得的 m 值即为 $\boldsymbol{A}$ 的特征值。$|m\boldsymbol{E}-\boldsymbol{A}|$ 是一个 n 次多项式，它的全部根就是 n 阶方阵 $\boldsymbol{A}$ 的全部特征值，这些根有可能相重复，也有可能是复数。

如果 n 阶矩阵 $\boldsymbol{A}$ 的全部特征值为 $m_1, m_2, \cdots, m_n$，则 $|\boldsymbol{A}|=m_1\times m_2\times\cdots\times m_n$。同时矩阵 $\boldsymbol{A}$ 的迹是特征值之和：$\mathrm{tr}(\boldsymbol{A})=m_1+m_2+\cdots+m_n$。

例如：

```
from scipy import linalg as lg
import numpy as np
arr = np.array([[1, 2], [3, 4]])                    #定义矩阵
print("Eig:",lg.eig(arr))                           #求特征值
```

运行程序，输出如下：

```
Det: -2.0
Eig: (array([-0.37228132+0.j,  5.37228132+0.j]), array([[-0.82456484, -0.41597356],
       [ 0.56576746, -0.90937671]]))
```

4. 矩阵分解

矩阵常见的分解有 LU 分解、QR 分解、SVD 分解、Schur 分解。

(1) LU：LU 分解将矩阵分解为上下两个三角矩阵用于简化大矩阵行列式值的运算过程、求逆矩阵、求解联立方程组。

(2) QR：QR 分解法是将矩阵分解成一个正规正交矩阵与上三角形矩阵，所以称为 QR 分解法，与此正规正交矩阵的通用符号 Q 有关。

(3) SVD：奇异值分解(Singular Value Decomposition，SVD)是另一种正交矩阵分解法；SVD 是最可靠的分解法，但是它比 QR 分解法要多花近 10 倍的计算时间。[***U***,***S***,***V***]=svd(***A***)，其中 ***U*** 和 ***V*** 分别代表两个正交矩阵，而 S 代表一个对角矩阵。和 QR 分解法相同，原矩阵 ***A*** 不必为正方矩阵。使用 SVD 分解法的用途是解最小平方误差法和数据压缩。

(4) Schur：用迭代方法进行逼近的矩阵分解。

例如：

```
from scipy import linalg as lg
import numpy as np
arr = np.array([[1, 2], [3, 4]])                        #定义矩阵
print("LU:",lg.lu(arr))
print("QR:",lg.qr(arr))
print("SVD:",lg.svd(arr))
print("Schur:",lg.schur(arr))
```

运行程序，输出如下：

```
LU: (array([[0., 1.],
       [1., 0.]]), array([[1.        , 0.        ],
       [0.33333333, 1.        ]]), array([[3.        , 4.        ],
       [0.        , 0.66666667]]))
QR: (array([[-0.31622777, -0.9486833 ],
       [-0.9486833 ,  0.31622777]]), array([[-3.16227766, -4.42718872],
       [ 0.        , -0.63245553]]))
SVD: (array([[-0.40455358, -0.9145143 ],
       [-0.9145143 ,  0.40455358]]), array([5.4649857 , 0.36596619]), array([[-0.57604844,
-0.81741556],[ 0.81741556, -0.57604844]]))
Schur: (array([[-0.37228132, -1.        ],
       [ 0.        ,  5.37228132]]), array([[-0.82456484, -0.56576746],
       [ 0.56576746, -0.82456484]]))
```

5. 线性方程组

scipy.linalg.solve 特征为线性方程未知量 x,y 的求解。假设需要解下面的联立方程：

$$\begin{cases} x+3y+5z=10 \\ 2x+5y+z=8 \\ 2x+3y+8z=3 \end{cases}$$

要求解 x、y、z 值的上述方程式，可以使用矩阵求逆来求解向量，如下所示：

$$\begin{bmatrix} x \\ y \\ z \end{bmatrix} = \begin{bmatrix} 1 & 3 & 5 \\ 2 & 5 & 1 \\ 2 & 3 & 8 \end{bmatrix}^{-1} \begin{bmatrix} 10 \\ 8 \\ 3 \end{bmatrix} = \frac{1}{25}\begin{bmatrix} -232 \\ 129 \\ 19 \end{bmatrix} = \begin{bmatrix} -9.28 \\ 5.16 \\ 0.76 \end{bmatrix}$$

但是，最好使用 linalg.solve 命令，该命令更快、更稳定。求解函数采用两个输入'a'和'b'，其中'a'表示系数，'b'表示相应的右侧值并返回解矩阵。例如：

```
#导入 scipy 和 numpy 包
from scipy import linalg
import numpy as np
#声明 numpy 数组
a = np.array([[3, 2, 0], [1, -1, 0], [0, 5, 1]])
b = np.array([2, 4, -1])
#将值传递给求解函数
x = linalg.solve(a, b)
#打印结果数组
print(x)
```

运行程序，输出如下：

```
[ 2. -2.  9.]
```

7.3 傅里叶变换

对时域信号计算傅里叶变换以检查其在频域中的行为。傅里叶变换可用于信号和噪声处理、图像处理、音频信号处理等领域。Scipy 提供 fftpack 模块，可实现快速傅里叶变换。

以下是一个正弦函数的例子，它使用 fftpack 模块完成傅里叶变换。

1. 一维离散傅里叶变换

长度为 N 的序列 $x[n]$ 的 FFT，$y(k)$ 由 fft()计算，逆变换使用 ifft()计算。看看下面的例子：

```
#从 fftpackage 中导入 fft 和反 fft 函数
from scipy.fftpack import fft
import numpy as np
#创建一个随机 n 个数字的数组
x = np.array([1.0, 2.0, 1.0, -1.0, 1.5])
#应用 fft 函数
y = fft(x)
print(y)
```

运行程序，输出如下：

```
[ 4.5        +0.j          2.08155948-1.65109876j -1.83155948+1.60822041j
 -1.83155948-1.60822041j  2.08155948+1.65109876j]
```

再观察另一个例子：

```
#从 fftpackage 中导入 fft 和反 fft 函数
from scipy.fftpack import fft
from scipy.fftpack import ifft
import numpy as np
#创建一个随机 n 个数字的数组
x = np.array([1.0, 2.0, 1.0, -1.0, 1.5])
#应用 fft 函数
```

```
y = fft(x)
#FFT已经在工作区中,使用相同的工作区进行逆变换
yinv = ifft(y)
print(yinv)
```

运行程序,输出如下:

```
[ 1.  +0.j  2.  +0.j  1.  +0.j -1.  +0.j  1.5+0.j]
```

scipy.fftpack 模块允许计算进行傅里叶变换。如下面这个例子,对于一个(嘈杂的)输入信号进行快速傅里叶变换。

```
import numpy as np
time_step = 0.02
period = 5.
time_vec = np.arange(0, 20, time_step)
sig = np.sin(2 * np.pi / period * time_vec) + 0.5 * np.random.randn(time_vec.size)
print(sig.size)
```

在以上代码中,以 0.02s 的时间步长创建了一个信号。最后一条语句显示信号 sig 的大小,输出结果如下:

```
1000
```

我们不知道信号频率,只知道信号 sig 的采样时间步长。信号应该来自实际函数,所以傅里叶变换将是对称的。scipy.fftpack.fftfreq()函数将生成采样频率,scipy.fftpack.fft()将完成快速傅里叶变换。

下面通过一个例子来理解这一点。

```
import numpy as np
time_step = 0.02
period = 5.
time_vec = np.arange(0, 20, time_step)
sig = np.sin(2 * np.pi / period * time_vec) + 0.5 * np.random.randn(time_vec.size)
from scipy import fftpack
sample_freq = fftpack.fftfreq(sig.size, d = time_step)
sig_fft = fftpack.fft(sig)
print(sig_fft)
```

运行程序,输出如下:

```
[-2.19426214e+01+0.00000000e+00j  7.38664546e+00-7.46077357e+00j
  6.94655290e-02-4.71536050e+00j  9.29829345e+00+1.26676387e+01j
 -4.78839918e+00-5.12395499e+02j  5.93122308e+00-2.56043577e+01j
…
-4.78839918e+00+5.12395499e+02j  9.29829345e+00-1.26676387e+01j
  6.94655290e-02+4.71536050e+00j  7.38664546e+00+7.46077357e+00j]
```

2. 离散余弦变换

离散余弦变换(DCT)以不同频率振荡的余弦函数的和表示有限数据点序列。SciPy 提

供了一个带有函数 idct 的 DCT 和一个带有函数 idct 的相应 IDCT。请看下面的例子。

```
import numpy as np
from scipy.fftpack import dct
mydict = dct(np.array([4., 3., 5., 10., 5., 3.]))
print(mydict)
```

运行程序,输出如下：

```
[ 60.          -3.48476592 -13.85640646  11.3137085    6.
  -6.31319305]
```

逆离散余弦变换从其离散余弦变换(DCT)系数重建序列。idct 函数是 dct 函数的反函数。可通过下面的例子来理解这一点。

```
import numpy as np
from scipy.fftpack import dct
from scipy.fftpack import idct
d = idct(np.array([4., 3., 5., 10., 5., 3.]))
print(d)
```

运行程序,输出如下：

```
[ 39.15085889 -20.14213562  -6.45392043   7.13341236   8.14213562
  -3.83035081]
```

7.4　积分

在 Python 中,scipy.integration 提供了多种积分的工具,主要分为以下两类。

- 对给出的函数公式积分：quad dblquad tplquad fixed_quad quadrature romberg。
- 对于采样数值进行积分：trapz cumtrapz simpz romb。

本节对数值积分的相关函数进行介绍。

1. trapz 函数

trapz 函数用于对 $y(x)$在给定的轴上计算积分值,计算采样数值与 x 轴围成图形的面积。函数的调用格式为：

```
trapz(y, x = None, dx = 1.0, axis = -1)
```

其中,y 为需要被积分的数值序列；x 为 y 中元素的间距,积分变量,若为空,则 y 元素的间距默认为 dx；如果 x 为空,y 中元素的间距由 dx 给出；axis 用于确定积分轴。

返回参数 out 为 float 类型,一个有限的数近似地给出 y 的积分值,即与 x 轴围成的面积。

例如：

```
>>> import numpy as np
```

```
>>> np.trapz([1,2,3])
4.0
>>> np.trapz([1,2,3],[4,6,8])
8.0
>>> a = np.arange(6).reshape(2,3)
>>> a
array([[0, 1, 2],
       [3, 4, 5]])
>>> np.trapz(a,axis = 0)
array([1.5, 2.5, 3.5])
>>> np.trapz(a,axis = 1)
array([2., 8.])
>>>
```

2. cumtrapz 函数

函数用于对 $y(x)$在给定的轴上计算数值积分,函数的调用格式为:

```
cumtrapz(y, x = None, dx = 1.0, axis = -1, initial = None)
```

其中,y 为需要被积分的数值序列; x 为 y 中元素的间距,积分变量。若为空,则 y 元素的间距默认为 dx; 如果 x 为空,则 y 中元素的间距由 dx 给出; axis 为确定积分轴; initial 为如果提供,则用该值作为返回值的第一个数值。

返回值 res 为数组类型,y 为 x 轴的积分值。

例如:

```
>>> import numpy as np
>>> from scipy import integrate
>>> import matplotlib.pyplot as plt
>>> y = np.linspace(-2, 2, num = 20)
>>> y_int = integrate.cumtrapz(y)
>>> plt.plot(y_int, 'ro', y, 'b-')
[<matplotlib.lines.Line2D object at 0x000001B9E185ABE0>, <matplotlib.lines.Line2D object at 0x000001B9E18681D0>]
>>> plt.show()   % 效果如图 7-1 所示
```

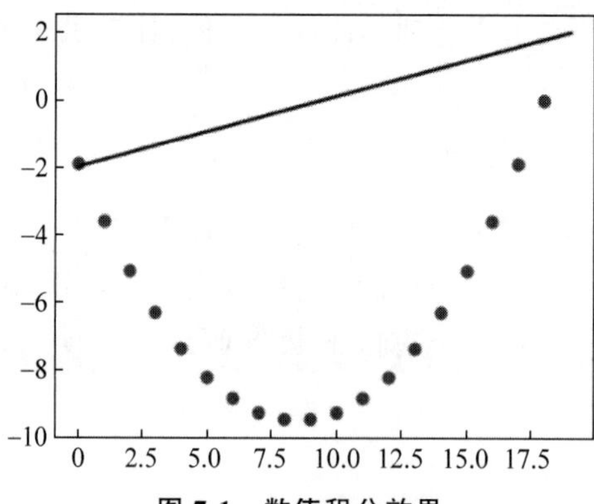

图 7-1　数值积分效果

此外，在 Python 中还可以利用 integrate 函数求积分、二重积分、三重积分。下面直接通过例子来演示函数的用法。

```
import numpy as np
from scipy.integrate import tplquad,dblquad,quad
#积分
val1,err1 = quad(lambda x:np.sin(x),                              #函数
                 0,                                               #x下界0
                 np.pi)                                           #x上界pi
print('积分结果: ',val1)
#二重积分
val2,err2 = dblquad(lambda y,x:np.sin(x) * np.cos(y),              #函数
                    0,                                            #x下界0
                    np.pi,                                        #x上界pi
                    lambda x:x ** 2,                              #y下界x^2
                    lambda x:2 * x)                               #y上界2*x
print('二重积分结果: ',val2)
#三重积分
val3,err3 = tplquad(lambda z,y,x:1/(np.sqrt(x + y ** 2 + z ** 3)), #函数
                    0,                                            #x下界0
                    1,                                            #x上界1
                    lambda x:-x,                                  #y下界-x
                    lambda x:x,                                   #y上界x
                    lambda x,y:np.sin(x),                         #z下界sin(x)
                    lambda x,y:x + 2 * y)                         #z上界x+2*y
print('三重积分结果: ',val3)
```

运行程序，输出如下：

```
积分结果: 2.0
二重积分结果: -0.4989998520503062
三重积分结果: -0.05881880054964517
```

3. 数值积分

在 Python 中，还可利用复化梯形公式、复化 Simpson 公式计算积分。其步骤为：

1) 编制出数值积分的算法程序

- 复化梯形求积分公式的编写，确定步长 h，将目标区分为 $(b-a)/h$ 个区域，分别计算那个小梯形的面积，叠加后得到结果。
- 复化 Simpson 公式的编写，确定步长 h，将目标区间分为 $(b-a)/2h$ 个区域，利用公式 $s_n=\frac{h}{3}\left[f(a)+4\sum_{k=1}^{n}f(x_{2k-1})+2\sum_{k=1}^{n-1}f(x_{2k})+f(b)\right]$，计算得到结果。

2) 给定精确解和精度，计算达到精度的步长

让计数器的值由 1 开始递增，计数器的值代表目标区间分为几块，用这个值运行以上算法，当精度到达时，退出循环。

例如：

```
import math
"""测试函数"""
def f(x,i):
    if i == 1:
        return (4 - (math.sin(x)) ** 2) ** 0.5
    if i == 2:
        if x == 0:
            return 1
        else:
            return math.sin(x) / x
    if i == 3:
        return (math.exp(x)) / (4 + x ** 2)
    if i == 4:
        return math.log(1 + x,math.e) / (1 + x ** 2)
"""打印显示函数"""
def p(i,n):
    return "第" + str(i) + "题,n = " + str(n) + "时的积分值为: "
"""复化 Simpson 函数"""
def Simpson(a, b, n, i):
    h = (b - a) / (2 * n)
    F0 = f(a,i) + f(b,i)
    F1 = 0
    F2 = 0
    for j in range(1,2 * n):
        x = a + (j * h)
        if j % 2 == 0:
            F2 = F2 + f(x,i)
        else:
            F1 = F1 + f(x,i)
    SN = (h * (F0 + 2 * F2 + 4 * F1)) / 3
    print("复化 Simpson 函数" + p(i,n) + str(" % - 10.7f" % (SN)))
    return SN
def T(a, b, n, i):
    h = (b - a) / n
    F0 = f(a,i) + f(b,i)
    F = 0
    for j in range(1,n):
        x = a + (j * h)
        F = F + f(x,i)
    SN = (h * (F0 + 2 * F)) / 2
    print("复化梯形函数" + p(i,n) + str(" % - 10.7f" % (SN)))
    return SN
def SimpsonTimes(x):
    n = 1
    y = Simpson(0, math.pi/4, n, 1)
```

```
    while(abs(y - 1.5343916) > x):
        n = n + 1
        y = Simpson(0, math.pi/4, n, 1)
    else:
        return n
def Times(x):
    n = 1
    y = T(0, math.pi/4, n, 1)
    while(abs(y - 1.5343916) > x):
        n = n + 1
        y = T(0, math.pi/4, n, 1)
    else:
        return n
"""
测试部分
"""
Simpson(0, math.pi/4, 10, 1)
Simpson(0, 1, 10, 2)
Simpson(0, 1, 10, 3)
Simpson(0, 1, 10, 4)
Simpson(0, math.pi/4, 20, 1)
Simpson(0, 1, 20, 2)
Simpson(0, 1, 20, 3)
Simpson(0, 1, 20, 4)
T(0, math.pi/4, 10, 1)
T(0, 1, 10, 2)
T(0, 1, 10, 3)
T(0, 1, 10, 4)
T(0, math.pi/4, 20, 1)
T(0, 1, 20, 2)
T(0, 1, 20, 3)
T(0, 1, 20, 4)
print("复化梯形函数求解第一问,精度为 0.00001 时需要" + str(Times(0.00001)) + "个步数")
print("复化 Simpson 函数求解第一问,精度为 0.00001 时需要" + str(SimpsonTimes(0.00001)) +
"个步数")
print("复化梯形函数求解第一问,精度为 0.000001 时需要" + str(Times(0.000001)) + "个步
数")
print("复化 Simpson 函数求解第一问,精度为 0.000001 时需要" + str(SimpsonTimes(0.000001)) + "个
步数")
```

运行程序,输出如下:

```
复化 Simpson 函数第 1 题,n = 10 时的积分值为: 1.5343920
复化 Simpson 函数第 2 题,n = 10 时的积分值为: 0.9460831
复化 Simpson 函数第 3 题,n = 10 时的积分值为: 0.3908119
…
复化梯形函数第 1 题,n = 101 时的积分值为: 1.5343906
复化梯形函数求解第一问,精度为 0.000001 时需要 101 个步数
```

```
复化 Simpson 函数第 1 题,n = 1 时的积分值为: 1.5345393
复化 Simpson 函数第 1 题,n = 2 时的积分值为: 1.5344008
复化 Simpson 函数第 1 题,n = 3 时的积分值为: 1.5343937
复化 Simpson 函数第 1 题,n = 4 时的积分值为: 1.5343925
复化 Simpson 函数求解第一问,精度为 0.000001 时需要 4 个步数
```

7.5 插值

1. 一维插值

插值不同于拟合,插值函数经过样本点,常见插值方法有拉格朗日插值法、分段插值法、样条插值法。

(1) 拉格朗日插值多项式:当节点数 n 较大时,拉格朗日插值多项式的次数较高,可能出现不一致的收敛情况,而且计算复杂。随着样点增加,高次插值会带来误差的震动现象称为龙格现象。

(2) 分段插值:虽然收敛,但光滑性较差。

(3) 样条插值:样条插值是使用一种名为样条的特殊分段多项式进行插值的形式。由于样条插值可以使用低阶多项式样条实现较小的插值误差,从而避免了使用高阶多项式所出现的龙格现象,所以样条插值得到了流行。

【例 7-1】 一维插值。

```
import numpy as np
from scipy import interpolate
import pylab as pl
x = np.linspace(0,10,11)
#x = [  0.   1.   2.   3.   4.   5.   6.   7.   8.   9.   10.]
y = np.sin(x)
xnew = np.linspace(0,10,101)
pl.plot(x,y,"ro")
for kind in ["nearest","zero","slinear","quadratic","cubic"]:   #插值方式
    #"nearest","zero"为阶梯插值
    #slinear 线性插值
    #"quadratic","cubic" 为二阶、三阶 B 样条曲线插值
    f = interpolate.interp1d(x,y,kind = kind)
    #'slinear'、'quadratic' 和'cubic'
    ynew = f(xnew)
    pl.plot(xnew,ynew,label = str(kind))
pl.legend(loc = "lower right")
pl.show()
```

运行程序,效果如图 7-2 所示。

2. 二维插值

二维插值的方法与一维数据插值的方法类似,为二维样条插值。

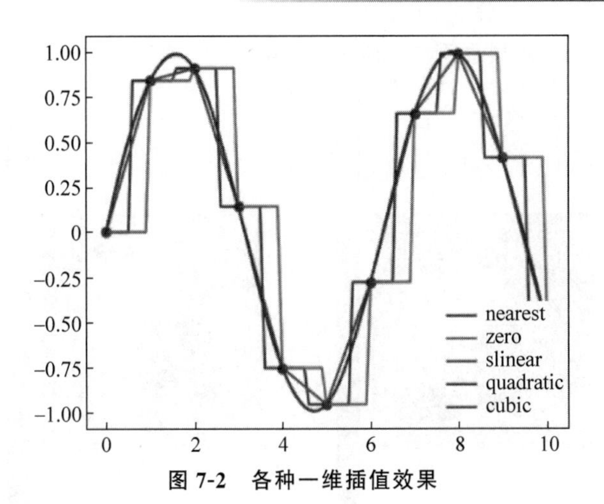

图 7-2 各种一维插值效果

【例 7-2】 二维插值。

```
# - * - coding: utf - 8 - * -
"""
演示二维插值
"""
import numpy as np
from scipy import interpolate
import pylab as pl
import matplotlib as mpl
def func(x, y):
    return (x + y) * np.exp( - 5.0 * (x ** 2 + y ** 2))
#X - Y 轴分为 15 * 15 的网格
y,x = np.mgrid[ - 1:1:15j, - 1:1:15j]
fvals = func(x,y)                    #计算每个网格点上的函数值 15 * 15 的值
print(len(fvals[0]))
#三次样条二维插值
newfunc = interpolate.interp2d(x, y, fvals, kind = 'cubic')
#计算 100 * 100 的网格上的插值
xnew = np.linspace( - 1,1,100)#x
ynew = np.linspace( - 1,1,100)#y
fnew = newfunc(xnew, ynew)           #仅仅是 y 值 100 * 100 的值
#绘图
#为了更明显地比较插值前后的区别,使用关键字参数 interpolation = 'nearest'
#关闭 imshow()内置的插值运算
pl.subplot(121)
im1 = pl.imshow(fvals, extent = [ - 1,1, - 1,1], cmap = mpl.cm.hot, interpolation = 'nearest',
origin = "lower")#pl.cm.jet
#extent = [ - 1,1, - 1,1]为 x,y 范围  favals 为
pl.colorbar(im1)
pl.subplot(122)
im2 = pl.imshow(fnew, extent = [ - 1,1, - 1,1], cmap = mpl.cm.hot, interpolation = 'nearest',
origin = "lower")
pl.colorbar(im2)
pl.show()
```

运行程序，输出如下，效果如图 7-3 所示，其中左图为原始数据，右图为二维插值的结果。

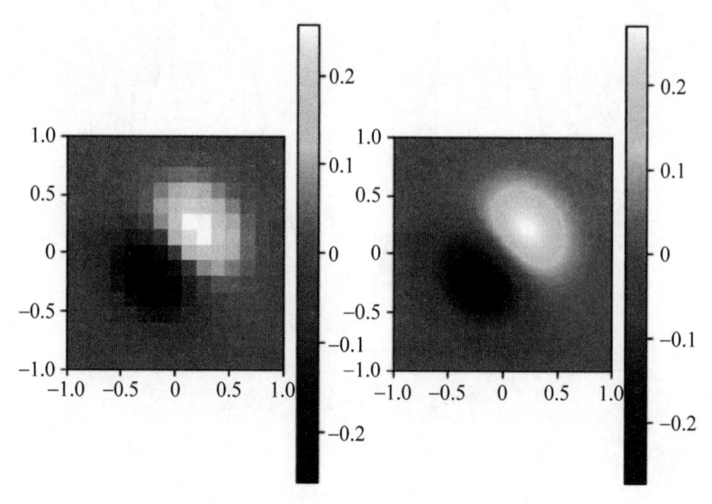

图 7-3 二维插值

此外，二维插值还可以通过三维形式展示。

【例 7-3】 二维插值的三维展示方法。

```
# - * - coding: utf - 8 - * -
"""
演示二维插值。
"""
# - * - coding: utf - 8 - * -
import numpy as np
from mpl_toolkits.mplot3d import Axes3D
import matplotlib as mpl
from scipy import interpolate
import matplotlib.cm as cm
import matplotlib.pyplot as plt
def func(x, y):
    return (x + y) * np.exp( - 5.0 * (x ** 2 + y ** 2))
#X - Y 轴分为 20 * 20 的网格
x = np.linspace( - 1, 1, 20)
y = np.linspace( - 1,1,20)
x, y = np.meshgrid(x, y)                          #20 * 20 的网格数据
fvals = func(x,y)                                 #计算每个网格点上的函数值 15 * 15 的值
fig = plt.figure(figsize = (9, 6))
#Draw sub - graph1
ax = plt.subplot(1, 2, 1,projection = '3d')
surf = ax.plot_surface(x, y, fvals, rstride = 2, cstride = 2, cmap = cm.coolwarm,linewidth =
0.5, antialiased = True)
ax.set_xlabel('x')
ax.set_ylabel('y')
ax.set_zlabel('f(x, y)')
plt.colorbar(surf, shrink = 0.5, aspect = 5)  #标注
```

```
#二维插值
newfunc = interpolate.interp2d(x, y, fvals, kind='cubic')      #newfunc 为一个函数
#计算 100*100 的网格上的插值
xnew = np.linspace(-1,1,100)                    #x
ynew = np.linspace(-1,1,100)                    #y
fnew = newfunc(xnew, ynew)                      #仅仅是 y 值的 100*100 的值,np.shape(fnew)
                                                #大小为 100*100
xnew, ynew = np.meshgrid(xnew, ynew)
ax2 = plt.subplot(1, 2, 2,projection = '3d')
surf2 = ax2.plot_surface(xnew, ynew, fnew, rstride = 2, cstride = 2, cmap = cm.coolwarm,
linewidth = 0.5, antialiased = True)
ax2.set_xlabel('xnew')
ax2.set_ylabel('ynew')
ax2.set_zlabel('fnew(x, y)')
plt.colorbar(surf2, shrink = 0.5, aspect = 5) #标注
plt.show()
```

运行程序,效果如图 7-4 所示。

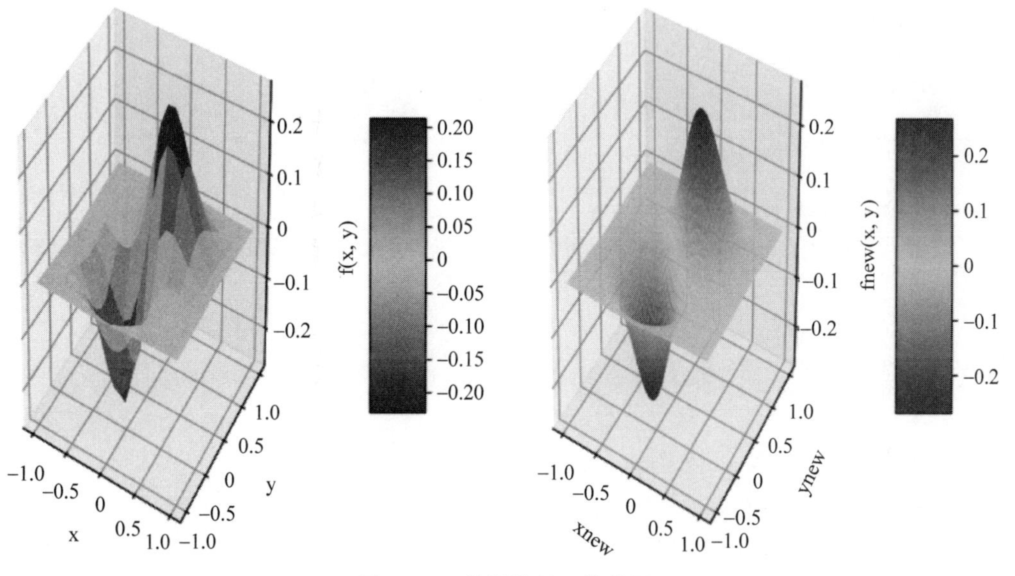

图 7-4　二维插值的三维效果

7.6　拟合

所谓拟合,是指已知某函数的若干离散函数值$\{f_1,f_2,\cdots,f_n\}$,通过调整该函数中若干待定系数$f(\lambda_1,\lambda_2,\cdots,\lambda_n)$,使得该函数与已知点集的差别(最小二乘意义上的)最小。

7.6.1　最小二乘拟合

假设有一组实验数据(x_i,y_i),事先知道它们之间应该满足某函数关系$y_i=f(x_i)$,通

过这些已知信息，需要确定函数的一些参数。例如，如果函数 f 是线性函数 $f(k)=kx+b$，那么参数 k 和 b 就是需要确定的值。

如果用 p 表示函数中需要确定的参数，那么目标就是找到一组 p，使得下面的函数 S 的值最小：

$$S(p)=\sum_{i=1}^{M}[y_i-f(x_i,p)]^2$$

这种算法被称为最小二乘拟合(Least-square fitting)。

在 optimize 模块中可以使用 leastsq()对数据进行最小二乘拟合计算。leastsq()只需要将计算误差的函数和待确定参数的初始值传递给它即可。

leastsq()函数传入误差计算函数和初始值，该初始值将作为误差计算函数的第一个参数传入。计算的结果 r 是一个包含两个元素的元组：第一个元素是一个数组，表示拟合后的参数 k、b；第二个元素如果等于 1、2、3、4 中之一，则拟合成功，否则将会返回 mesg。

【例 7-4】 数据集：征兵抽签 1～366 号(y)，366 个不同的人抽(x)。结果表明生日靠后的人易抽到小号。

```
#coding = utf - 8
'''
多项式曲线拟合算法
'''
import matplotlib.pyplot as plt
from math import *
import numpy
import random
fig = plt.figure()
ax = fig.add_subplot(111)
'阶数为 9 阶 n = 9 = k'
order = 9
'被拟合的点'
xa = []
ya = []
'画图时,点的取值范围和点的密度。根据源数据点进行推断'
start = 1 # - 1
end = 367 #1
step = (start + end)/200.0
#实验的步长不影响图形的弯曲程度
#此概念与 KDE 核密度的宽度不同
#因为系数 a0,a1,a2...已经得到,此处步长只影响画图质量,可随意设置
#生成样例曲线上的各个点 100 个
x = numpy.arange(start, end, step)
#y = [((a*a-1)*(a*a-1)*(a*a-1)+0.5)*numpy.sin(a*2) for a in x]
y = [((a*a-1)**3 + 0.5)*sin(2*a) for a in x]
d = []
ya = [i for i in range(start, end)]
random.shuffle(ya)
xa = range(start, end)
```

```
#d = tuple(zip(xa, ya))
for i in range(len(xa)):
    d.append([xa[i],ya[i]])
#print d
nd = numpy.array(d)
ax.plot(nd[:, 0], nd[:, 1], 'o', color = "white", markersize = 7, linewidth = 3)
#偏移之后的点图
#ax.plot(xa,ya,color = 'm',linestyle = '',marker = '.')
#进行曲线拟合
matA = []                                   #整个多项式矩阵
for i in range(0,order + 1):
    matA1 = []                              #每一行
    for j in range(0,order + 1):
        tx = 0.0                            #每一列
        for k in range(0,len(xa)):
            dx = 1.0                        #表示初始
            for l in range(0,j + i):
                #l 为次数,对应一行的不同次的变量
                #本区域(重复)运行次数越多次数越高
                #第一次不运行此区域表示 n = dx
                #最后一次运行 2order 次即为 x^2k(或 n^2 次)
                dx = dx * xa[k]
            tx += dx
            #运行 n 次(len(xa)次)后,tx 为 sum(x[i]^2k) 或 n (dx = 1 运行 n 次)
        matA1.append(tx)
    matA.append(matA1)
#转化为 ndarray
matA = numpy.array(matA)
matB = []
for k in range(0,order + 1):
    ty = 0.0
    #对 n 个号进行加和
    for i in range(0,len(xa)):
        dy = 1.0
        #对于从 i = 1 -> n 求 (x[i])^(k - 1)
        for l in range(0, k):
            dy = dy * xa[i]                 #dy 即为公式中 (x[i])^k
        ty += ya[i] * dy                    #先乘完再加和
    matB.append(ty)
matB = numpy.array(matB)
#多元一次 x^k 为系数,a 为未知数,求线性的 a
matAA = numpy.linalg.solve(matA,matB)
#得到系数矩阵
#下面画出拟合后的曲线
#a0 + a1 * x + a2 * x^2 + ... + ak * x^k
#print(matAA)
xxa = numpy.arange(start, end, step)
yya = []
for i in range(0,len(xxa)):
    yy = 0.0
```

```
        for j in range(0,order + 1):
            dy = 1.0
            for k in range(0,j):
                dy * = xxa[i] #x^k
            #ak * x^k
            dy * = matAA[j]                    #matAA[j]即为系数 a
            yy += dy
        yya.append(yy)
    ax.plot(xxa,yya,color = 'g',linestyle = '- ',marker = '')
    ax.legend()
    plt.show()
```

运行程序,输出如下,效果如图 7-5 所示。

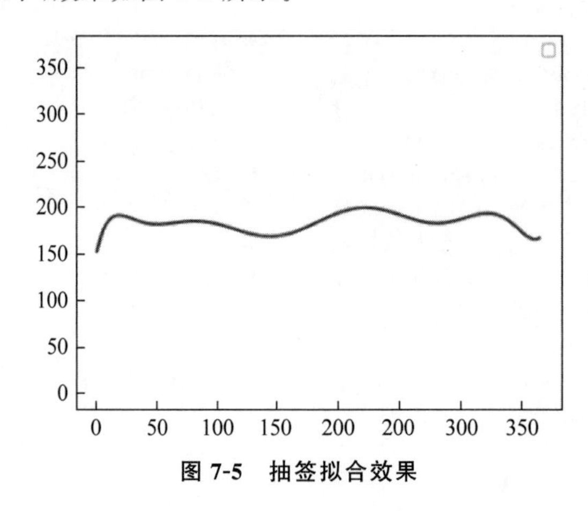

图 7-5　抽签拟合效果

7.6.2　一元一阶线性拟合

假设存在一个线性函数 $y=ax+b$ 能满足所有的点,对所有点的公式为:

$$y_i = a_i x_i + b_i + \beta_i, \quad (i=1,2,\cdots,n,\cdots)$$

残差值 β=实际值−估计值,β 应尽量小,当 $\beta=0$ 时,则完全符合一元线性方程:$y=ax+b$。

通过最小二乘法计算残差和最小:

$$Q^2 = \sum \beta_i^2 = \sum (y_i - \bar{y}_i)^2 = \sum (y_i - a_i x_i - b_i)^2 = \min$$

根据微积分,当 Q 对 a、b 的一阶偏导数为 0 时,Q 达到最小。

$$\begin{cases} \sum (y_i - a_i x_i - b_i) = 0 \\ \sum (y_i - a_i x_i - b_i) x_i = 0 \end{cases} \Rightarrow \begin{cases} \sum y_i = a \sum x_i + nb \\ \sum y_i x_i = \sum x_i^2 + b \sum x_i \end{cases}$$

解方程组,求 a、b 的值:

$$b = \bar{y} - a\bar{x}$$

$$a = \frac{\sum (x_i - \bar{x})(y_i - \bar{y})}{\sum (x_i - \bar{x})^2}$$

【例 7-5】 实现数据如表 7-2 所示。

表 7-2 实例数据

ID	1	2	3	4	5	6	7
贷款金额	31.50	134.22	200.40	244.43	300.61	320.39	345.66
还款金额	16.21	35.29	59.23	54.47	67.44	73.03	61.34
ID	8	9	10	11	12	13	14
贷款金额	449.43	524.70	544.47	673.93	724.19	765.96	826.77
还款金额	129.37	163.45	99.81	251.34	263.43	115.21	281.21
ID	15	16	17	18	19	20	
贷款金额	828.77	833.70	867.83	1006.42	1104.28	1237.61	
还款金额	317.12	291.25	316.38	332.24	424.80	201.27	

如客户的贷款金额及还款金额情况，设 x 为贷款金额，预测 Y 为还款金额（也可以当作收入与消费的情况）。通过公式计算相应的值，如表 7-3 所示。

表 7-3 计算贷款金额与还款金额

ID	催收金额(X)	还款金额(Y)	$x_i-\bar{x}$	$y_i-\bar{y}$	$(x_i-\bar{x})(y_i-\bar{y})$	$(x_i-\bar{x})^2$
1	31.50	16.21	−566.74	−156.43	88655.14	321194.23
2	134.22	35.29	−464.02	−137.35	63733.15	215314.56
3	200.42	59.23	−397.84	−113.41	45119.03	125181.52
4	244.43	52.47	−353.81	−120.17	42517.35	88583.62
5	300.61	67.44	−297.63	−105.20	31310.68	77200.62
6	320.39	73.03	−277.85	−99.61	27676.64	63796.66
7	345.66	61.34	−252.58	−111.30	28112.15	22144.42
8	449.43	129.37	−148.81	−43.27	6439.01	5408.13
9	524.70	163.45	−73.54	−9.19	3916.07	2891.21
10	544.47	99.81	−53.77	−72.83	5956.80	5728.98
11	673.93	251.34	75.69	78.70	11435.00	15863.40
12	724.19	263.43	125.95	90.79	−9647.25	28130.00
13	765.96	115.12	167.72	−57.52	24811.50	52225.96
14	826.77	281.21	228.53	108.57	33239.07	52927.60
15	828.30	317.12	230.06	144.48	27927.91	55441.41
16	833.70	291.25	235.46	118.61	11791.87	72678.77
17	867.83	216.38	269.59	43.74	65553.71	166610.91
18	1006.42	333.24	408.18	160.60	127603.05	256079.48
19	1104.28	424.80	506.04	252.16	18305.16	408794.48
20	1237.61	201.27	639.37	28.63	655131.86	2194469.14
合计	11964.80	3452.80			655131.86	2194469.14
均值	$\bar{x}=598.24$	$\bar{y}=172.64$				

解得：

$$a = 655131.86/2194469.14 = 0.2985$$
$$b = 172.64 - a * 598.24 = -5.93464$$

即得回归方程为：

$$\ddot{Y} = 0.2985 * x - 5.93466$$

回归方程的验证过程如图 7-6 所示。

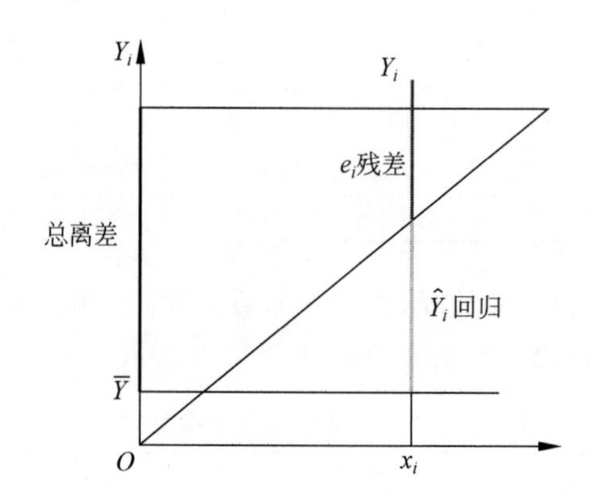

图 7-6　回归方程的验证过程图

Y 是第 i 个观测值与样本值的离差，点与回归线在 Y 轴上的距离。总距离分解成两部分为：

$$y_i = Y_i - \overline{Y} = (Y_i - \hat{Y}_i) + (\hat{Y}_i - \overline{Y}) = e_i + \hat{y}_i$$

实际观测值与回归拟合值之差，为回归直线不能解释的部分：

$$e_i = (Y_i - \hat{Y}_i)$$

样本回归拟合值与观测值的平均值之差，为回归直线可解释的部分：

$$\hat{y}_i = (\hat{Y}_i - \overline{Y})$$

其中，设总体平方和为：

$$\begin{aligned}
\text{TSS} &= \sum (Y_i - \overline{Y})^2 \\
&= \sum (Y_i - \hat{Y}_i + \hat{Y}_i - \overline{Y})^2 \\
&= \sum (Y_i - \hat{Y}_i)^2 + 2\sum (Y_i - \hat{Y}_i)(\hat{Y}_i - \overline{Y}) + \sum (\hat{Y}_i - \overline{Y})^2 \\
&= \sum (Y_i - \hat{Y}_i)^2 + \sum (\hat{Y}_i - \overline{Y})^2 \\
&= \sum e_i^2 + \sum \hat{y}_i^2 \\
&= \text{RSS} + \text{ESS}
\end{aligned}$$

即得回归平方和为：

$$\text{ESS}=\sum\hat{y}_i^2=\sum(\hat{Y}_i-\bar{Y})^2$$

残差平方和为：

$$\text{RSS}=\sum e_i^2=\sum(Y_i-\hat{Y}_i)^2$$

即 TSS=ESS+RSS。

样本中，TSS 不变，如果实际观测点离样本回归线越近，则 ESS 在 TSS 中占的比重越大。

拟合优度为：

$$R^2=\frac{\text{ESS}}{\text{TSS}}=\frac{\text{TSS}-\text{RSS}}{\text{TSS}}=1-\frac{\text{RSS}}{\text{TSS}}$$

R^2 为(样本)可决系数/判定系数(coefficient of determination)，取值范围为[0,1]。R^2 越接近 1，说明实际观测点离样本线越近，拟合度越高。一般要求 $R^2 \geqslant 0.7$。

得到 R^2 的计算结果为：

$$R^2=1-72279.48/267861.07=0.73016$$

Python 的实现代码为：

```
import numpy as np
import pandas as pd
import matplotlib.pyplot as plt
from sklearn.linear_model import LinearRegression
df = pd.read_table('test.txt')
x = np.asarray(df[['x']])
y = np.asarray(df[['y']])
reg = LinearRegression().fit(x, y)
print("一元回归方程为:  Y = %.5fX + (%.5f)" % (reg.coef_[0][0], reg.intercept_[0]))
print("R平方为: %s" % reg.score(x, y))
plt.scatter(x, y,  color = 'black')
plt.plot(x, reg.predict(x), color = 'red', linewidth = 1)
plt.show()
```

运行程序，效果如图 7-7 所示。

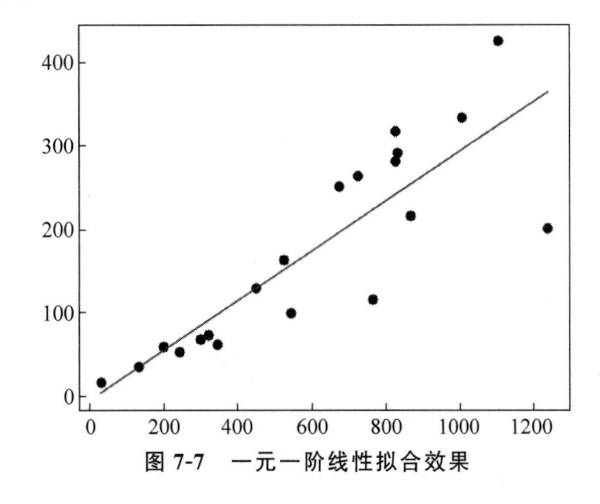

图 7-7 一元一阶线性拟合效果

7.6.3 一元多阶线性拟合(多项式拟合)

假设存在一个函数,只有一个自变量,即只有一个特征属性,满足多项式函数如下:

$$f_M(x,w)=w_0+w_1x+w_2x^2+\cdots+w_Mx^M=\sum_{j=0}^{M}w_jx_j$$

在一元多阶线性拟合中,损失函数越小,就代表模型拟合得越好,公式为:

$$L(w)=\frac{1}{2}\sum_{i=0}^{N}\left(\sum_{j=0}^{M}w_jx_i^j-y_i\right)^2$$

通过对损失函数偏导为0时,得到最终解方程的函数:

$$\begin{bmatrix} N & \sum x_i & \sum x_i^2 & \cdots & \sum x_i^M \\ \sum x_i & \sum x_i^2 & \sum x_i^3 & \cdots & \sum x_i^{M+1} \\ \sum x_i^2 & \sum x_i^3 & \sum x_i^4 & \cdots & \sum x_i^{M+2} \\ \vdots & \vdots & \vdots & \ddots & \vdots \\ \sum x_i^M & \sum x_i^{M+1} & \sum x_i^{M+2} & \cdots & \sum x_i^{2M} \end{bmatrix}\begin{pmatrix} w_0 \\ w_1 \\ w_2 \\ \vdots \\ w_m \end{pmatrix}=\begin{bmatrix} \sum y_i \\ \sum x_iy_i \\ \sum x_i^2y_i \\ \vdots \\ \sum x_i^My_i \end{bmatrix}$$

Python 的实现代码为:

```
import numpy as np
import matplotlib.pyplot as plt
x = np.array([ - 4, - 3, - 2, - 1,0,1,2,3,4,5,6,7,8,9,10])
y = np.array(2 * (x ** 4) + x ** 2 + 9 * x + 2)      #假设因变量 y 刚好符合该公式
#y = np.array([300,500,0, - 10,0,20,200,300,1000,800,4000,5000,10000,9000,22000])
#coef 为系数,poly_fit 为拟合函数
coef1 = np.polyfit(x,y, 1)
poly_fit1 = np.poly1d(coef1)
plt.plot(x, poly_fit1(x), 'g',label = "一阶拟合")
print(poly_fit1)
coef2 = np.polyfit(x,y, 2)
poly_fit2 = np.poly1d(coef2)
plt.plot(x, poly_fit2(x), 'b',label = "二阶拟合")
print(poly_fit2)
coef3 = np.polyfit(x,y, 3)
poly_fit3 = np.poly1d(coef3)
plt.plot(x, poly_fit3(x), 'y',label = "三阶拟合")
print(poly_fit3)
coef4 = np.polyfit(x,y, 4)
poly_fit4 = np.poly1d(coef4)
plt.plot(x, poly_fit4(x), 'k',label = "四阶拟合")
print(poly_fit4)
coef5 = np.polyfit(x,y, 5)
poly_fit5 = np.poly1d(coef5)
plt.plot(x, poly_fit5(x), 'r:',label = "五阶拟合")
print(poly_fit5)
```

```
plt.scatter(x, y, color = 'black')
plt.legend(loc = 2)
plt.show()
```

运行程序,输出如下,效果如图 7-8 所示。

```
1033 x + 383.8
        2
203.6 x - 188.8 x - 1584
    3          2
24 x - 12.43 x - 342.4 x + 172.7
   4              3       2
2 x + 1.041e-13 x + 1 x + 9 x + 2
              5       4                   3       2
1.072e-17 x + 2 x + 2.712e-14 x + 1 x + 9 x + 2
```

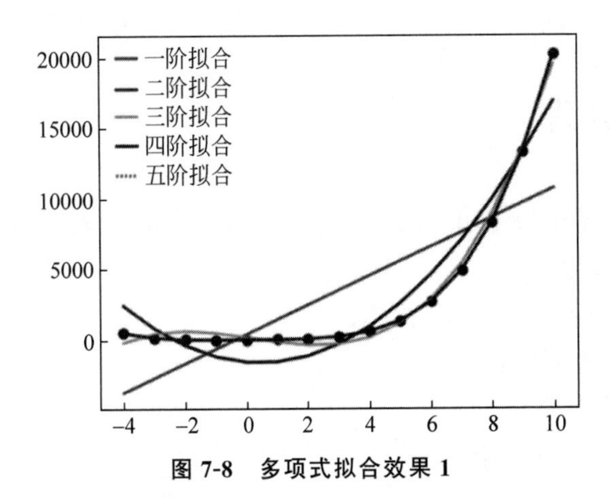

图 7-8 多项式拟合效果 1

可以看到,只要最高阶为四阶以上,如四阶拟合和五阶拟合,拟合函数基本符合原函数 $y=2*(x**4)+x**2+9*x+2$,拟合效果是最好的,几乎没有产生振荡,没有过拟合。

将因变量 y 更换如下:

```
x = np.array([-4,-3,-2,-1,0,1,2,3,4,5,6,7,8,9,10])
y = np.array([300,500,0,-10,0,20,200,300,1000,800,4000,5000,10000,9000,22000])
```

运行程序,输出如下,效果如图 7-9 所示。

```
1026 x + 462.5
        2
197.2 x - 157.3 x - 1444
      3           2
23.9 x - 17.85 x - 310.2 x + 305.3
       4           3            2
2.808 x - 9.799 x + 0.9996 x + 183.2 x + 65.52
         5           4           3           2
0.6263 x - 6.586 x + 8.642 x + 173.2 x - 147.2 x - 382.4
```

结果发现,四阶及以上拟合程度较高。当设置阶数越高,振荡越明显,也就过度拟合了。

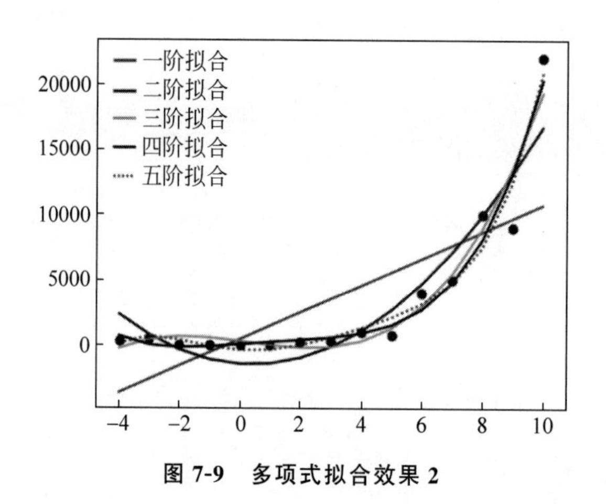

图 7-9 多项式拟合效果 2

7.7 图像处理

Scipy 的 ndimage 子模块专用于图像处理。这里，ndimage 表示一个 n 维图像。图像处理中一些最常见的任务如下：

- 输入/输出——显示图像基本操作；
- 裁剪、翻转、旋转等图像过滤；
- 去噪、锐化等图像分割；
- 标记对应于不同对象的像素；
- 分类；
- 特征提取注册/配准。

下面来看看如何使用 Scipy 实现其中的一些功能。

1. 打开和写入

图像文件 Scipy 中的 misc 包附带了一些图像。这里使用这些图像来学习图像操作。请看下面的例子。

```
from scipy import misc
f = misc.face()
misc.imsave('face.png', f)                    # 使用图片模块 (PIL),自带的
import matplotlib.pyplot as plt
plt.imshow(f)
plt.show()
```

运行程序，效果如图 7-10 所示。

原始格式的任何图像是由矩阵格式中的数字所表示颜色的组合。机器只能根据这些数字理解和操作图像。RGB 是一种流行的表示方式。下面来看看图 7-10 的统计信息。

图 7-10 原始图像 face.png

```
from scipy import misc
f = misc.face()
misc.imsave('face.png', f) #uses the Image module (PIL)
face = misc.face(gray = False)
print (face.mean(), face.max(), face.min())
```

运行程序,输出如下:

```
110.16274388631184 255 0
```

现在,我们已经知道图像是由数字组成的,所以数字值的任何变化都会改变原始图像。接下来对图像执行一些几何变换。基本的几何操作是裁剪,例如:

```
from scipy import misc
f = misc.face()
misc.imsave('face.png', f)                    #使用图片处理库 (PIL)
face = misc.face(gray = True)
lx, ly = face.shape
crop_face = face[int(lx/4): - int(lx/4), int(ly/4): - int(ly/4)]
import matplotlib.pyplot as plt
plt.imshow(crop_face)
plt.show()
```

运行程序,效果如图 7-11 所示。

也可以执行一些基本的操作,例如,像下面描述的那样倒置图像:

```
from scipy import misc
face = misc.face()
flip_ud_face = np.flipud(face)
import matplotlib.pyplot as plt
plt.imshow(flip_ud_face)
plt.show()
```

运行程序,效果如图 7-12 所示。

图 7-11 图像裁剪效果

图 7-12 图像倒置

除此之外，还有 rotate()函数，它以指定的角度旋转图像，例如：

```
from scipy import misc,ndimage
face = misc.face()
rotate_face = ndimage.rotate(face, 45)
import matplotlib.pyplot as plt
plt.imshow(rotate_face)
plt.show()
```

运行程序，效果如图 7-13 所示。

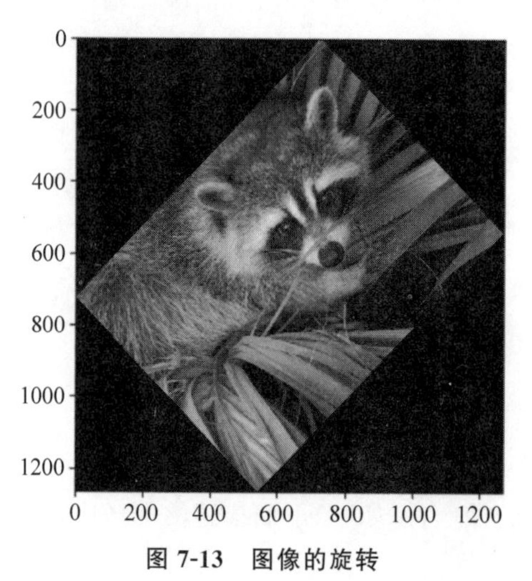

图 7-13 图像的旋转

2. 滤镜

滤镜是一种修改或增强图像的技术。例如，可以过滤图像以强调某些功能或删除其他功能。通过滤镜实现的图像处理操作包括平滑、锐化和边缘增强。

滤镜是一种邻域操作，其中输出图像中任何给定像素的值是通过对相应输入像素的邻域中的像素的值应用某种算法来确定的。现在使用 Scipy ndimage 执行一些操作。

模糊广泛用于减少图像中的噪声。可以执行过滤操作并查看图像中的更改。请看下面的例子。

```
from scipy import misc,ndimage
face = misc.face()
blurred_face = ndimage.gaussian_filter(face, sigma = 3)
import matplotlib.pyplot as plt
plt.imshow(blurred_face)
plt.show()
```

运行程序，效果如图 7-14 所示。

图 7-14 图像的模糊处理

7.8 边缘检测

边缘检测是一种用于查找图像内物体边界的图像处理技术。它通过检测亮度不连续性来工作。边缘检测用于诸如图像处理、计算机视觉和机器视觉等领域的图像分割和数据提取。

最常用的边缘检测算法包括：

- 索贝尔(Sobel)。
- 坎尼(Canny)。
- 普鲁伊特(Prewitt)。
- 罗伯茨(Roberts)。
- 模糊逻辑方法。

请看下面的例子。

```
from scipy import ndimage
import numpy as np
im = np.zeros((256, 256))
```

```
im[64: - 64, 64: - 64] = 1
im[90: - 90,90: - 90] = 2
im = ndimage.gaussian_filter(im, 8)
import matplotlib.pyplot as plt
plt.imshow(im)
plt.show()
```

运行程序,效果如图 7-15 所示。

图像是由一些彩色块组成的方块。现在,检测这些彩色块的边缘。这里,ndimage 提供了一个叫 Sobel 函数来执行这个操作。NumPy 通过 Hypot 函数来将两个合成矩阵合并为一个。请看下面的例子:

```
from scipy import ndimage
import matplotlib.pyplot as plt
import numpy as np
im = np.zeros((256, 256))
im[64: - 64, 64: - 64] = 1
im[90: - 90,90: - 90] = 2
im = ndimage.gaussian_filter(im, 8)
sx = ndimage.sobel(im, axis = 0, mode = 'constant')
sy = ndimage.sobel(im, axis = 1, mode = 'constant')
sob = np.hypot(sx, sy)
plt.imshow(sob)
plt.show()
```

运行程序,效果如图 7-16 所示。

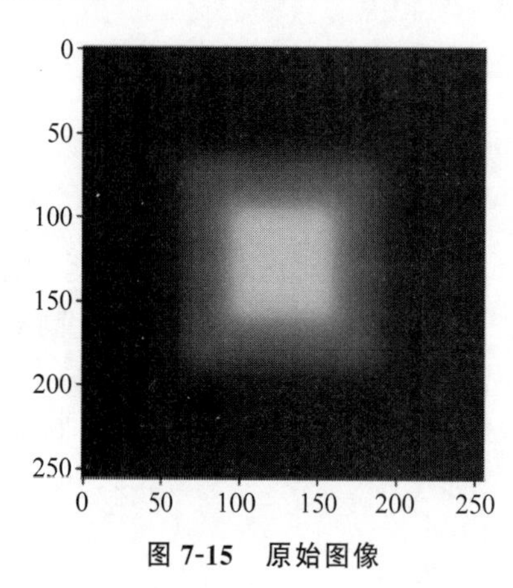

图 7-15 原始图像

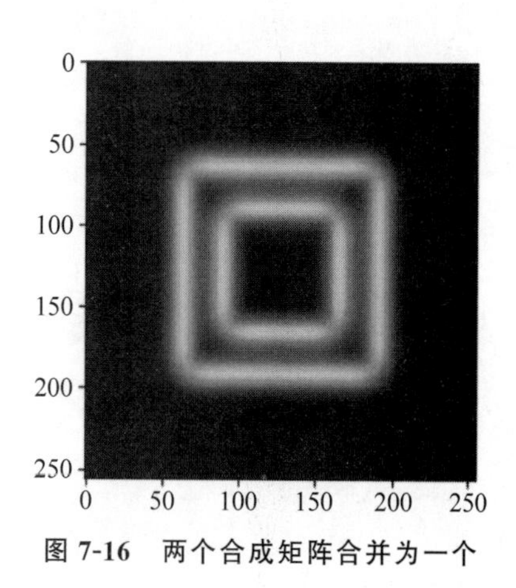

图 7-16 两个合成矩阵合并为一个

7.9 正交距离回归

ODR 即正交距离回归,用于回归研究。基本线性回归通常用于通过在图上绘制最佳拟合线来估计两个变量 Y 和 X 之间的关系。

此数学方法称为最小平方法，旨在最小化每个点的平方误差总和。这里的关键问题是如何计算每个点的误差(也称为残差)。

在一个标准的线性回归中，目的是从 X 值预测 Y 值，因此明智的做法是计算 Y 值的误差(如图 7-17 所示的灰线所示)。但是，有时考虑 X 和 Y 的误差(如图 7-17 中的红色虚线所示)更为明智。

ODR 是一种可以做到这一点的方法(正交在这里表示为垂直，所以它计算垂直于线的误差，而不仅仅是“垂直”)。

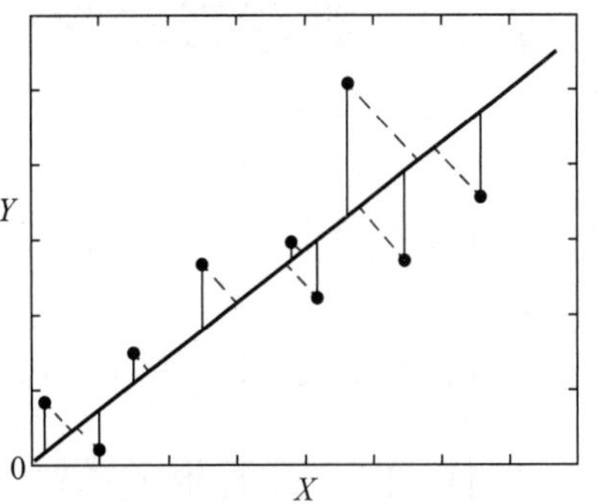

彩色图片
图 7-17

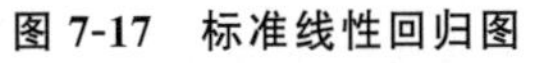

图 7-17 标准线性回归图

以下示例演示单变量回归的 scipy.odr 实现。

```
import numpy as np
import matplotlib.pyplot as plt
from scipy.odr import *
import random
#启动一些数据，并使用 random.random()提供一些随机性
x = np.array([0, 1, 2, 3, 4, 5])
y = np.array([i ** 2 + random.random() for i in x])
#定义一个函数(在我们的例子中是二次函数)以适合数据
def linear_func(p, x):
   m, c = p
   return m * x + c
#创建一个拟合模型
linear_model = Model(linear_func)
#使用上面的初始化数据创建一个 RealData 对象
data = RealData(x, y)
#使用模型和数据设置 ODR
odr = ODR(data, linear_model, beta0 = [0., 1.])
#运行回归
out = odr.run()
#使用内置的 pprint 方法可以得出结果
out.pprint()
```

运行程序，输出如下：

```
Beta: [ 5.43147447 -3.6562677 ]
Beta Std Error: [0.81682696 2.44217482]
Beta Covariance: [[ 1.89041154 -4.72602931]
 [-4.72602931 16.89856111]]
Residual Variance: 0.3529423491849812
Inverse Condition #: 0.14588699129945643
Reason(s) for Halting:
Sum of squares convergence
```

7.10 数学形态学运算

数学形态学操作可分为二值形态学和灰度形态学,灰度形态学由二值形态学扩展而来。数学形态学有两个基本的运算,即腐蚀和膨胀,而腐蚀和膨胀相结合又形成了开运算和闭运算。

开运算就是先腐蚀再膨胀,闭运算就是先膨胀再腐蚀。

7.10.1 二值形态学

二值形态学主要包括腐蚀和膨胀,下面进行介绍。

1. 腐蚀

粗略地说,腐蚀可以使目标区域范围"变小",其实质造成图像的边界收缩,可以用来消除小且无意义的目标物。以公式表达为:

$$A\Theta B=\{x,y \mid (B)_{xy}\subseteq A\}$$

该式表示用结构 B 腐蚀 A。需要注意的是,B 中需要定义一个原点(B 移动的过程与卷积核移动的过程一致,同卷积核与图像有重叠之后再计算一样),当 B 的原点平移到图像 A 的像元(x,y)时,如果 B 在(x,y)处,完全被包含在图像 A 重叠的区域(也就是 B 中为 1 的元素位置上对应的 A 图像值也全部为 1),则将输出图像对应的像元(x,y)赋值为 1,否则赋值为 0。

其图示效果如图 7-18 所示。

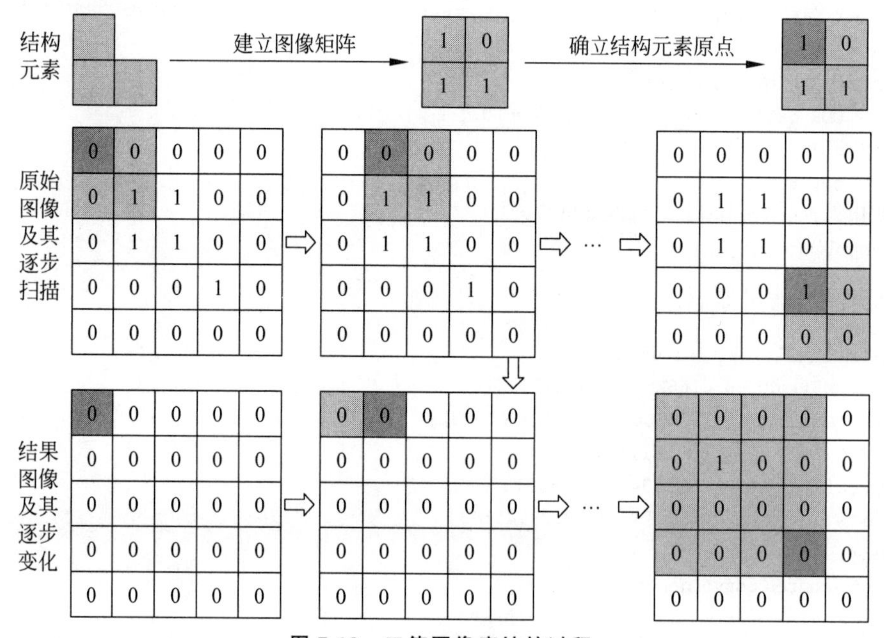

图 7-18 二值图像腐蚀的过程

B 依顺序在 A 上移动(和卷积核在图像上移动一样,然后在 B 的覆盖域上进行形态学运算),当其覆盖 A 的区域为[1,1;1,1]或者[1,0;1,1](也就是 B 中 1 是覆盖区域的子集)时,对应输出图像的位置才会为 1。

2. 膨胀

粗略地说,膨胀会使目标区域范围“变大”,将与目标区域接触的背景点合并到该目标物中,目标边界向外部扩张。作用就是可以用来填补目标区域中某些空洞以及消除包含在目标区域中的小颗粒噪声。以公式表达为:

$$A \oplus B = \{x, y \mid (B)_{xy} \cap A \neq \varnothing\}$$

该式表示用结构 B 膨胀 A,将结构元素 B 的原点平移到图像像元(x,y)位置。如果 B 在图像像元(x,y)处与 A 的交集不为空(也就是 B 中为 1 的元素位置上对应 A 的图像值至少有一个为 1),则输出图像对应的像元(x,y)赋值为 1,否则赋值为 0。其图示过程如图 7-19 所示。

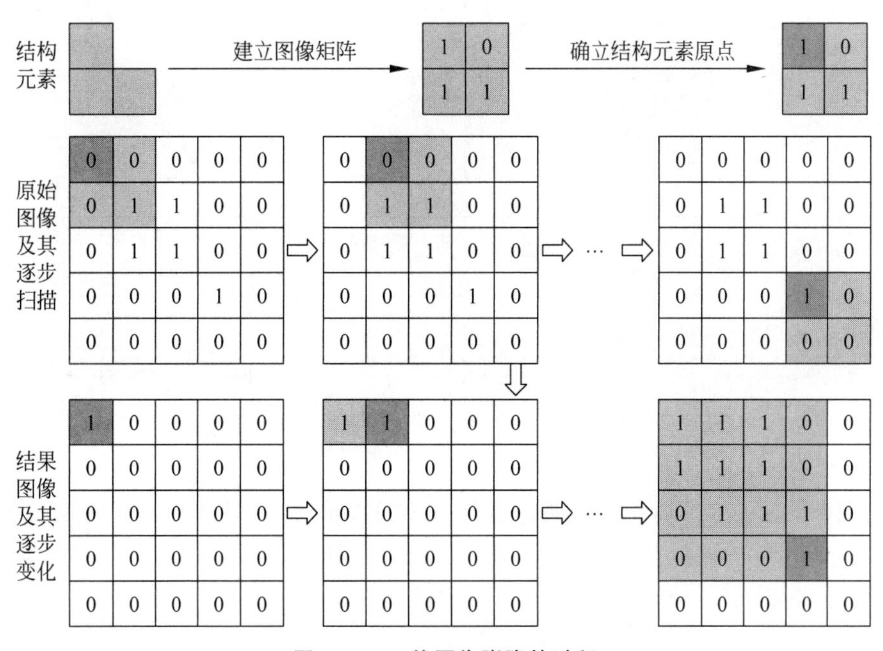

图 7-19 二值图像膨胀的过程

无论腐蚀还是膨胀,都是把结构元素 B 像卷积操作那样,在图像上平移,结构元素 B 中的原点就相当于卷积核的核中心,结果也是存储在核中心对应位置的元素上。只不过腐蚀是 B 被完全包含在其所覆盖的区域,膨胀时 B 与其所覆盖的区域有交集即可。

7.10.2 灰度形态学

在讲述灰度值形态学之前,我们将结构元素 B 覆盖住的图像 A 的区域记为 P(即 Part

之意)。

1. 灰度形态学的腐蚀

灰度形态学中的腐蚀是类似卷积的一种操作,用 P 减去结构元素 B 形成的小矩形,取其中最小值赋予对应原点的位置即可。

下面来看一个实例,以加深对灰度形态学的理解。假设有如图 7-20 所示的图像 A 和结构元素 B,进行灰度形态学腐蚀过程如图 7-21 所示。

0	0	0	0	0
0	4	3	2	0
0	3	5	3	0
0	2	3	4	0
0	0	0	0	0

(a) 输入图像

0	1	0
1	2	1
0	1	0

(b) 结构元素

图 7-20 图像与结构元素

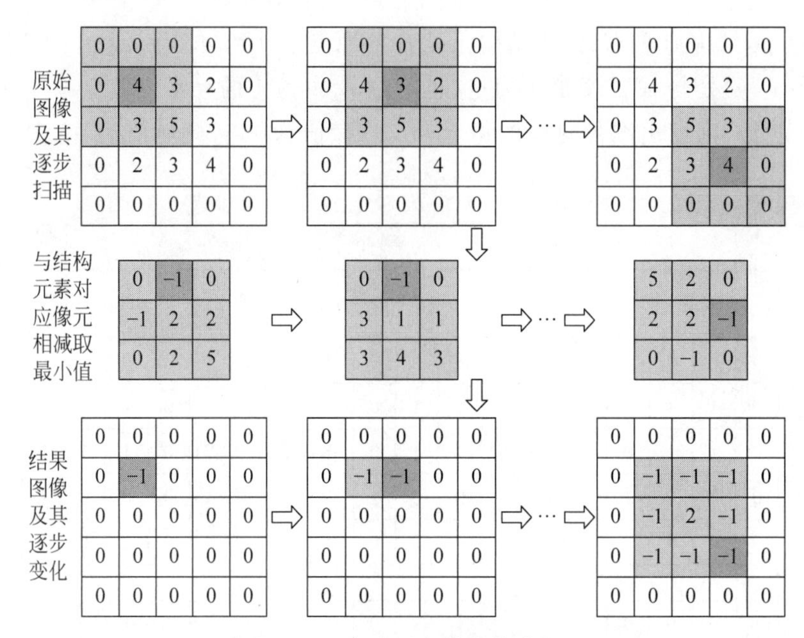

图 7-21 灰度形态学腐蚀过程

输出图像的第一个元素的输出结果进行具体的展示,也就是原点对应的 4 的位置。输出图像其他的元素的值也是这样得到的。可以看到,B 首先覆盖的区域就是被减数矩阵,然后在其差矩阵中求 min(最小值)作为原点对应位置的值。

$$\begin{bmatrix} 0 & 0 & 0 \\ 0 & 4 & 3 \\ 0 & 3 & 5 \end{bmatrix} - \begin{bmatrix} 0 & 1 & 0 \\ 1 & 2 & 1 \\ 0 & 1 & 0 \end{bmatrix} = \begin{bmatrix} 0 & -1 & 0 \\ -1 & 2 & 2 \\ 0 & 2 & 5 \end{bmatrix}$$

2. 灰度形态学的膨胀

根据上面对腐蚀的描述,我们对膨胀做出同样的描述,灰度形态学中的膨胀是类似卷积的一种操作,用 P 加上 B,然后取这个区域中的最大值赋值给结构元素 B 的原点所对应的位置,如图 7-22 所示。

0	0	0	0	0
0	4	3	2	0
0	3	5	3	0
0	2	3	4	0
0	0	0	0	0

(a) 输入图像

0	1	0
1	2	1
0	1	0

(b) 结构元素

图 7-22 图像与元素结构

进行灰度形态学膨胀过程如图 7-23 所示。

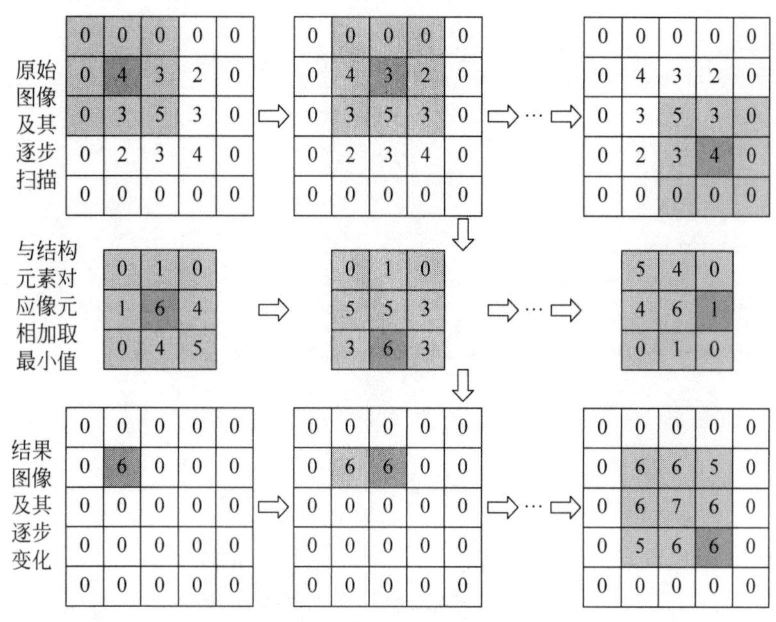

图 7-23　灰度形态学膨胀过程

这里也对输出图像第一个元素的来历做个说明。

$$\begin{bmatrix}0 & 0 & 0\\0 & 4 & 3\\0 & 3 & 5\end{bmatrix}+\begin{bmatrix}0 & 1 & 0\\1 & 2 & 1\\0 & 1 & 0\end{bmatrix}=\begin{bmatrix}0 & 1 & 0\\1 & 6 & 4\\0 & 4 & 5\end{bmatrix}$$

对上面矩阵的和求最大值就是 6，所以把 6 赋值给结构元素原点所对应的位置。

本节介绍了灰度形态学，与原图像相比，因为腐蚀的结果要使得各像元比之前更小，所以适用于去除高峰噪声。灰度值膨胀的结果会使得各像元比之前的变得更大，所以适用于去除低谷噪声。

7.10.3　开运算和闭运算

所谓开操作和闭操作，就是把腐蚀和膨胀结合起来，先腐蚀、后膨胀就是开，先膨胀、后腐蚀就是闭。

开操作，一般会平滑物体轮廓，断开较窄的狭颈（细长的白色线条），所以叫开，并消除细小的突出物。

闭操作，一般也会平滑物体轮廓，但与开操作相反，弥合较窄的间断和细长的沟壑，所以叫闭，消除小的空洞，填补轮廓线的中的断裂。

【例 7-6】 数学形态学操作。

```
"""
数学形态学
```

```
"""
import numpy as np
import matplotlib.pyplot as plt
from scipy import ndimage

square = np.zeros((32, 32))
square[10:15, 10:20] = 1
square[16:20, 10:20] = 1
square[22:28, 10:20] = 1
square[4:8, 10] = 1
square[4:8, 12] = 1
x, y = (np.random.random((2, 15)) * 32).astype(np.int)
square[x, y] = 1
plt.imshow(square)
plt.show()                                          #图 7-24
#腐蚀
square_erosion = ndimage.binary_erosion(square)
plt.imshow(square_erosion)
plt.show()                                          #图 7-25
#膨胀
square_dilation = ndimage.binary_dilation(square)
plt.imshow(square_dilation)
plt.show()                                          #图 7-26
#开运算
square_open = ndimage.binary_opening(square)
plt.imshow(square_open)
plt.show()                                          #图 7-27
#闭运算
square_closing = ndimage.binary_closing(square)
plt.imshow(square_closing)
plt.show()                                          #图 7-28
```

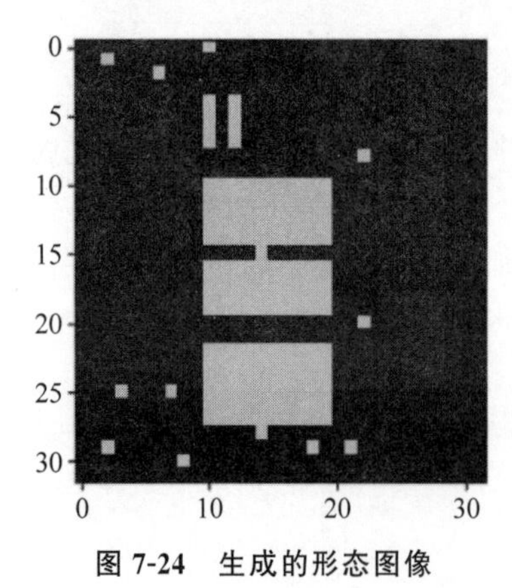

图 7-24　生成的形态图像

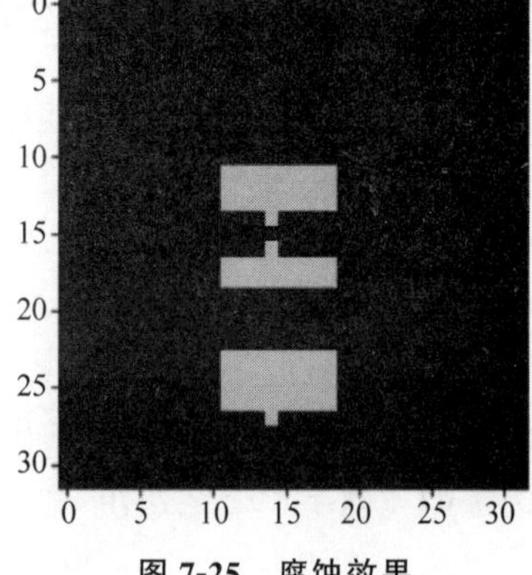

图 7-25　腐蚀效果

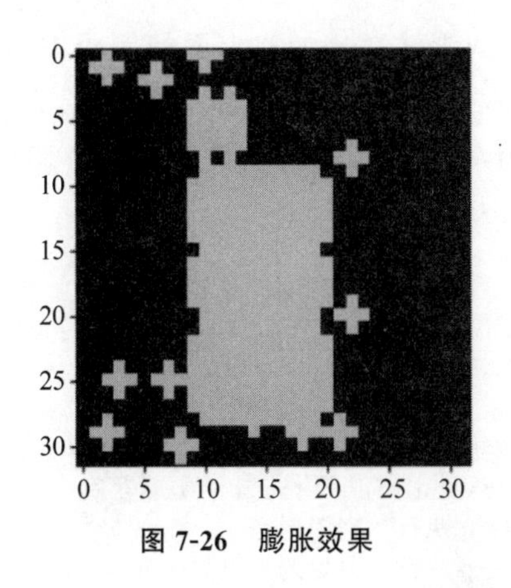

图 7-26　膨胀效果

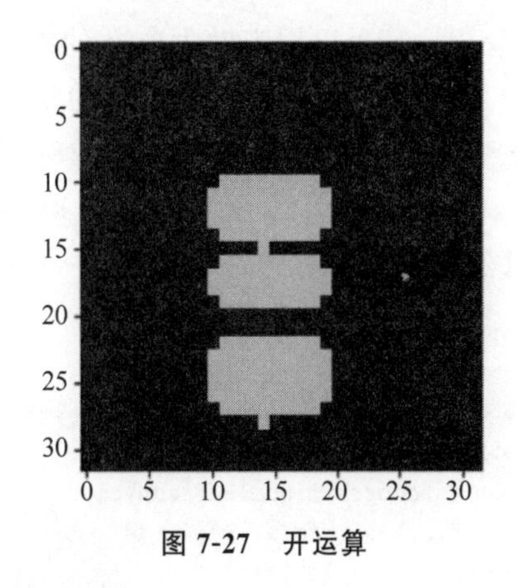

图 7-27　开运算

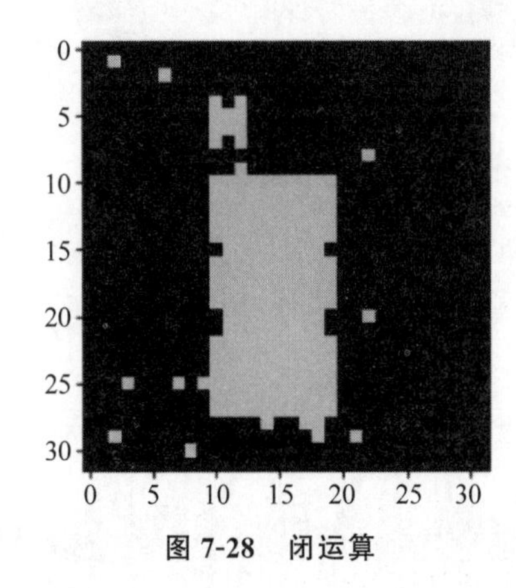

图 7-28　闭运算

7.11　卷积运算

Scipy 的 signal 模块经常用于信号处理、卷积、各种滤波、差值算法等。

【例 7-7】　两个一维信号卷积。

```
>>> import numpy as np
>>> x = np.array([1,2,3])
>>> h = np.array([4,5,6])
>>> import scipy.signal
>>> scipy.signal.convolve(x,h)                    #卷积运算
array([ 4, 13, 28, 27, 18])
```

卷积运算大致可以分成 3 步。首先翻转，让两个信号列反过来，如上面就是 1,2,3 和 6,5,4。然后做平移，6,5,4 最开始在 1,2,3 的左边，没有重叠，现在向右移动，4 和 1 就重叠了。对于重叠的部分，做乘积求和。也就是 1×4 得到第一个结果 1，最后再移动 5×1+4×2 得到第二个结果 13，以此类推。

卷积运算可以用来做大整数的乘法(数组表示数的乘法),比如在上面的例子中,要求1,2,3乘以4,5,6,可以先得到它的卷积序列,然后从后往前,18将8保留,进位1给27;然后27变成28,把8保留进位2给28;然后28变成30,把0保留进位3给13;然后13变成16,把6保留进位1给4;4变成5即是最高位。即乘法的结果是56088。

【例 7-8】 对白噪声卷积。

```
>>> import numpy as np
>>> from scipy import signal
>>> import matplotlib.pyplot as plt
>>> sig = np.random.randn(1000)                          #生成随机数
>>> autocorr = signal.fftconvolve(sig,sig[:: - 1],mode = 'full')  #fft算法实现卷积
>>> fig,(ax_orig,ax_mag) = plt.subplots(2,1)             #建立两行一列图形
>>> ax_orig.plot(sig)                                    #在第一行把原始的随机数序列sig画出来
[<matplotlib.lines.Line2D object at 0x0000018D4DA40978>]
>>> ax_orig.set_title('White noise')                     #设置标题'白噪声'
Text(0.5,1,'White noise')
>>> ax_mag.plot(np.arange( - len(sig) + 1,len(sig)),autocorr)    #卷积后的图像
[<matplotlib.lines.Line2D object at 0x0000018D4D9FACF8>]
>>> ax_mag.set_title('Autocorrelation')                  #设置标题
Text(0.5,1,'Autocorrelation')
>>> fig.tight_layout()                                   #此句可以防止图像重叠
>>> fig.show()                                           #显示图像,如图7-29所示
```

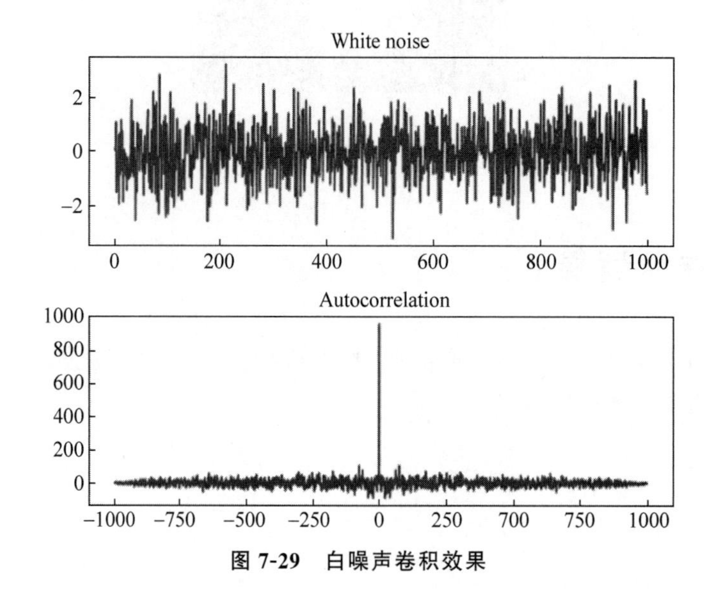

图 7-29 白噪声卷积效果

【例 7-9】 二维图像卷积运算。

```
>>> import numpy as np
>>> from scipy import signal
>>> from scipy import misc
>>> import matplotlib.pyplot as plt
>>> face = misc.face(gray = True)                        #创建一个灰度图像
```

```
>>> scharr = np.array([[ - 3 - 3j,0 - 10j, + 3 - 3j],
...             [ - 10 + 0j,0 + 0j, + 10 + 0j],
...              [ - 3 + 3j,0 + 10j, + 3 + 3j]])          # 设置一个特殊的卷积和
>>> grad = signal.convolve2d(face,scharr,boundary = 'symm',mode = 'same')
                # 把图像的 face 数组和设计好的卷积和作二维卷积运算,设计边界处理方式为 symm
>>> fig,(ax1,ax2) = plt.subplots(1,2,figsize = (10,6))   # 建立 1 行 2 列的图 fig
>>> ax1.imshow(face,cmap = 'gray')                       # 显示原始的图
<matplotlib.image.AxesImage object at 0x00000170AE3809B0>
>>> ax1.set_axis_off()                                   # 不显示坐标轴
>>> ax2.imshow(np.absolute(grad),cmap = 'gray')          # 显示卷积后的图
<matplotlib.image.AxesImage object at 0x00000170AE380CF8>
>>> ax2.set_axis_off()                                   # 不显示坐标轴
>>> fig.show()                                           # 显示绘制好的画布,效果如图 7-30 所示
```

图 7-30 二维图像卷积

二维的卷积需要用上面的 signal.convolve2d()。之所以要对卷积后的图像数组 grad 作 np.absolute()求绝对值运算,是因为灰度图像的值都是正值,没有负的,为了防止出现负值才这样做。

7.12 中值滤波器

中值滤波技术能有效抑制噪声,通过把数字图像中一点的值用该点周围的各点值的中位数来代替,让这些值接近,以消除原图像中的噪声。

【例 7-10】 模拟中值滤波。

```
>>> import random
>>> import numpy as np
>>> import scipy.signal as signal
>>> x = np.arange(0,100,10)
>>> random.shuffle(x)
>>> x
array([80, 30, 10,  0, 20, 50, 70, 40, 90, 60])
>>> signal.medfilt(x,3)                              # 一维中值滤波
array([30., 30., 10., 10., 20., 50., 50., 70., 60., 60.])
```

signal 的 medfilt()方法会传入两个参数:第一个参数是要做中值滤波的信号,第二个

参数是邻域的大小(奇数)。如邻域为3,即每个点自己和左右各一个点成为一个邻域。在每个位置的邻域中选取中位数替换这个位置的数,也就是该函数的返回值数组。如果邻域中出现空格,那么以0补齐。例如:

```
>>> x = np.random.randint(1,1000,(4,4))
>>> x
array([[524,  57, 853, 152],
       [102, 803, 182,  87],
       [356,  59, 575, 720],
       [698, 273, 862, 411]])
>>> signal.medfilt(x,(3,3))                         #二维中值滤波
array([[  0., 102.,  87.,   0.],
       [ 59., 356., 182., 152.],
       [102., 356., 411., 182.],
       [  0., 273., 273.,   0.]])
```

二维中值滤波还可以用 signal.medfilt2d(),速度较快,但只支持 int8,float32 和 float64。

【例 7-11】 对图像中值滤波。

利用中值滤波测试图 7-31 所示的图像。

图 7-31 原始图像 face

```
import numpy as np
from PIL import Image
import scipy.signal as signal
import matplotlib.pyplot as plt
im = Image.open('face.jpeg')                  #读入图片并建立 Image 对象 im
data = []                                     #存储图像中所有像素值的 list(二维)
width,height = im.size                        #将图片尺寸记录下来
#读取图像像素的值
for h in range(height):                       #对每个行号 h
    row = []                                  #记录每一行像素
    for w in range(width):                    #对每行的每个像素列位置 w
        value = im.getpixel((h,w))            #用 getpixel 读取这一点像素值
        row.append(value)                     #把它加到这一行的 list 中去
    data.append(row)    #把记录好的每一行加到 data 的子 list 中去,就建立了模拟的二维 list
data = signal.medfilt(data,kernel_size = 3)   #二维中值滤波
data = np.int32(data)                         #转换为 int 类型,以使用快速二维滤波
#创建并保存结果
for h in range(height):                       #对每一行
    for w in range(width):                    #对该行的每一个列号
        im.putpixel((h,w),tuple(data[h][w]))
                                             #将 data 中该位置的值存进图像,要求参数为 tuple
im.save('result.jpg')                         #存储
```

运行程序,得到保存后的图像如图 7-32 所示。

如果把 int32()改成 int8()的话,图像又会被反相(int8()不能把每一位转回表示 0~255 的三元组)。如果想滤波得更"严重"一些,只需要将 signal.medfilt 的参数 kernel_size 修改得更大一些,如把它改成 5 的时候图像如图 7-33 所示。

图 7-32　中值滤波效果 1

图 7-33　中值滤波效果 2

7.13　稀疏矩阵的存储和表示

Python Scipy 中的 sparse 模块就是为存储和表示稀疏矩阵。

【例 7-12】 模块的导入以及查看模块的信息。

```
>>> from scipy import sparse
>>> help(sparse)
```

其中显示了可以表示的几种稀疏矩阵类型：

```
Help on package scipy.sparse in scipy:
NAME
   scipy.sparse
DESCRIPTION
   ========================================
   Sparse matrices (:mod:'scipy.sparse')
   ========================================
   .. currentmodule:: scipy.sparse
   SciPy 2-D sparse matrix package for numeric data.
   Contents
   ========
   Sparse matrix classes
   ----------------------
   .. autosummary::
      :toctree: generated/
```

对应的类为：

```
bsr_matrix - Block Sparse Row matrix
coo_matrix - A sparse matrix in COOrdinate format
csc_matrix - Compressed Sparse Column matrix
csr_matrix - Compressed Sparse Row matrix
dia_matrix - Sparse matrix with DIAgonal storage
dok_matrix - Dictionary Of Keys based sparse matrix
```

```
lil_matrix - Row-based linked list sparse matrix
spmatrix - Sparse matrix base class
```

为了有效地构建矩阵，可使用 dok_matrix 或者 lil_matrix。lil_matrix 类支持基本的切片和索引操作。COO 格式也能有效率地构建矩阵。尽管与 NumPy 有许多相似性，但是强烈建议不要使用 NumPy 的函数对稀疏矩阵格式直接进行操作，因为可能导致不正确的结果。如果将 NumPy 的函数用在这些矩阵上，那么应首先检查 Scipy 在对应的稀疏矩阵类上有没有已经实现的操作，或者使用 toarray()方法将稀疏矩阵对象转为 NumPy 的 array。

实现乘法与转置操作：实现转换矩阵的维数为 CSC 或 CSR 格式，而基于行的转置格式为 lil_matrix，所以转置操作转为 CSR 比 CSC 更有效率。所有的转换在 CSR、CSC 和 COO 格式之间都是有效的。

下面介绍 7 种稀疏矩阵。

1. coo_matrix

coo_matrix 是最简单的存储方式。采用 3 个数组 row、col 和 data 保存非零元素的行下标，列下标与值。这 3 个数组的长度相同一般来说，coo_matrix 主要用来创建矩阵，因为 coo_matrix 无法对矩阵的元素进行增删改等操作，一旦创建之后，除了将之转换成其他格式的矩阵，几乎无法对其做任何操作和矩阵运算。

```
>>> row = [0, 1, 2, 2]
>>> col = [0, 1, 2, 3]
>>> data = [1, 2, 3, 4]
>>>                                        #生成 coo 格式矩阵
... coo_mat = sparse.coo_matrix((data, (row, col)), shape=(4, 4))
>>> coo_mat
<4x4 sparse matrix of type '<class 'numpy.int32'>'
        with 4 stored elements in COOrdinate format>
>>> coo_mat.toarray()
array([[1, 0, 0, 0],
       [0, 2, 0, 0],
       [0, 0, 3, 4],
       [0, 0, 0, 0]])
>>> type(coo_mat)
<class 'scipy.sparse.coo.coo_matrix'>
>>> type(coo_mat.toarray())
<class 'numpy.ndarray'>
```

coo_matrix 存储方式的优点是：

- 转换成其他存储格式很快捷简便，转换成 csr/csc 很快；
- 允许重复的索引(例如，在 1 行 1 列处存了值 2.0，又在 1 行 1 列处存了值 3.0，则转换成其他矩阵时就是 2.0+3.0=5.0)。

其缺点为：不支持切片和算术运算操作。

2. dok_matrix 与 lil_matrix

dok_matrix 和 lil_matrix 适用的场景是逐渐添加矩阵的元素。dok_matrix 的策略是采用字典来记录矩阵中不为 0 的元素。所以字典的 key 存的是记录元素的位置信息的元素，value 是记录元素的具体值。

```
from scipy import sparse
import numpy as np
S = sparse.dok_matrix((5, 5), dtype = np.float32)
for i in range(5):
 for j in range(5):
      S[i,j] = i + j                         #更新元素
print(S.toarray())
[[0. 1. 2. 3. 4.]
 [1. 2. 3. 4. 5.]
 [2. 3. 4. 5. 6.]
 [3. 4. 5. 6. 7.]
 [4. 5. 6. 7. 8.]]
```

dok_matrix 的优点是：对于递增的构建稀疏矩阵很高效，比如定义该矩阵后，若想进行矩阵的行或列的更新可用该矩阵。

dok_matrix 的缺点是：不允许重复索引（coo 中适用），但可以很高效地转换成 coo 后进行重复索引。

lil_matrix 则是使用两个列表存储非零元素。data 保存每行中的非零元素，rows 保存非零元素所在的列。这种格式也很适合逐个添加元素，并且能快速获取行相关的数据。

```
>>> l = sparse.lil_matrix((4, 4))
>>> l[1, 1] = 1
>>> l[1, 3] = 2
>>> l[2, 3] = 3
>>> l.toarray()
array([[0., 0., 0., 0.],
       [0., 1., 0., 2.],
       [0., 0., 0., 3.],
       [0., 0., 0., 0.]])
>>> l.data
array([list([]), list([1.0, 2.0]), list([3.0]), list([])], dtype = object)
>>> l.rows
array([list([]), list([1, 3]), list([3]), list([])], dtype = object)
```

lil_matrix 的优点是：

- 适合递增的构建成矩阵；
- 转换成其他存储方式很高效；
- 支持灵活的切片。

lil_matrix 的缺点是：

- 当矩阵很大时，考虑用 coo；
- 算术、列切片矩阵或向量内积等操作时效率低。

3. dia_matrix

如果稀疏矩阵仅包含非零元素的对角线，则对角存储格式（DIA）可以减少非零元素定

位的信息量。这种存储格式对有限元素或者有限差分离散化的矩阵尤其有效。dia_matrix 通过两个数组确定：data 和 offsets。其中 data 为对角线元素的值；offsets——第 i 个 offsets 是当前第 i 个对角线和主对角线的距离。data[k:]存储了 offsets[k]对应的对角线的全部元素。其存储原理图如图 7-34 所示。

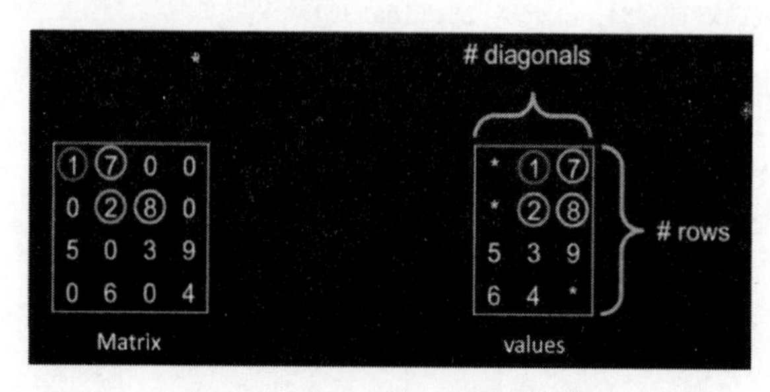

图 7-34　dia_matrix 存储原理图

上述过程的代码实现如下：

```
>>> data = np.array([[1, 2, 3, 4], [5, 6, 0, 0], [0, 7, 8, 9]])
>>> offsets = np.array([0, -2, 1])
>>> sparse.dia_matrix((data, offsets), shape=(4, 4)).toarray()
array([[1, 7, 0, 0],
       [0, 2, 8, 0],
       [5, 0, 3, 9],
       [0, 6, 0, 4]])
```

offsets[0]=0 表示第 0 个对角线与主对角线的距离为 0，表示第 0 个对角线就是主对角线，data[0]就是第 0 个对角线的值。offsets[1]=-2 表示第 1 个对角线与主对角线距离为-2，此时该对角线在主对角线的左下方，对角线上数值的数量为 4-2=2，对应的值为 data[1，:2+1]，此时 data[1，3:]为无效的值，在构造对角稀疏矩阵时不起作用。offsets[2]=1 表示第 2 个对角线与主对角线距离为 1，此时该对角线在主对角线的右上方，对角线上数值的数量为 4-1=3，对应的值为 data[2，1:]，此时 data[2，:1]为无效的值，在构造对角稀疏矩阵时不起作用。

4. csr_matrix 与 csc_matrix

csr_matrix 是按行对矩阵进行压缩的，csc_matrix 是按列对矩阵进行压缩的。通过 row_offsets、column_indices、data 确定矩阵。column_indices、data 与 coo 格式的列索引与数值的含义完全相同，row_offsets 表示元素的行偏移量。

例子演示为：

```
>>> indptr = np.array([0, 2, 3, 6])
>>> indices = np.array([0, 2, 2, 0, 1, 2])
>>> data = np.array([1, 2, 3, 4, 5, 6])
>>> sparse.csr_matrix((data, indices, indptr), shape=(3, 3)).toarray()
array([[1, 0, 2],
       [0, 0, 3],
```

```
        [4, 5, 6]])
```

indices 和 data 分别表示列索引和数据，第 i 行的列索引存储在 indices[indptr[i]:indptr[i+1]]中，对应的值为 data[indptr[i]:indptr[i+1]]。即第 0 行的列索引为 indices[0:2]=[0,2]，值为 data[0:2]=[1,2]；第 1 行的列索引为 indices[2:3]=[2，值为 data[2:3]=[3]。

CSR 格式常用于读入数据后进行稀疏矩阵计算。

csr_matrix 的优点为：

- 高效的稀疏矩阵算术操作；
- 高效的行切片；
- 快速的矩阵向量内积操作。

csr_matrix 的缺点为：

- 缓慢的列切片操作（可以考虑 csc）；
- 转换到稀疏结构代价较高（可以考虑 lil、dok）。

csc_matrix 的优点为：

- 高效的稀疏矩阵算术操作；
- 高效的列切片；
- 快速的矩阵向量内积操作（不如 csr、bsr 块）。

csc_matrix 的缺点为：

- 缓慢的行切片操作（可以考虑 csr）；
- 转换到稀疏结构代价较高（可以考虑 lil、dok）。

5. bsr_matrix

基于行的块压缩，通过 row_offsets、column_indices、data 来确定矩阵。与 csr 相比，只是 data 中的元数据由 0 维的数变为了一个矩阵（块），其余完全相同。

```
>>> indptr = np.array([0,2,3,6])
>>> indices = np.array([0,2,2,0,1,2])
>>> data = np.array([1,2,3,4,5,6]).repeat(4).reshape(6,2,2)
>>> sparse.bsr_matrix((data,indices,indptr), shape=(6,6)).todense()
matrix([[1, 1, 0, 0, 2, 2],
        [1, 1, 0, 0, 2, 2],
        [0, 0, 0, 0, 3, 3],
        [0, 0, 0, 0, 3, 3],
        [4, 4, 5, 5, 6, 6],
        [4, 4, 5, 5, 6, 6]])
```

bsr_matrix 的优点为：类似于 csr，更适合于很多值的矩阵，在某些情况下比 csr 和 csc 计算更高效。

6. 稀疏矩阵的存取

用 save_npz 保存单个稀疏矩阵的代码为：

```
>>> scipy.sparse.save_npz('sparse_matrix.npz', sparse_matrix)
>>> sparse_matrix = scipy.sparse.load_npz('sparse_matrix.npz')
```

稀疏矩阵存储比较为：

```
from scipy import sparse
import numpy as np
a = np.arange(100000).reshape(1000,100)
a[10: 300] = 0
b = sparse.csr_matrix(a)
#稀疏矩阵压缩存储到 npz 文件
sparse.save_npz('b_compressed.npz', b, True)          #文件大小: 100KB
#稀疏矩阵不压缩存储到 npz 文件
sparse.save_npz('b_uncompressed.npz', b, False)       #文件大小: 560KB
#存储到普通的 npy 文件
np.save('a.npy', a)                                   #文件大小: 391KB
#存储到压缩的 npz 文件
np.savez_compressed('a_compressed.npz', a = a)        #文件大小: 97KB
```

对于存储到 npz 文件中的 CSR 格式的稀疏矩阵，内容为：

```
data.npy
format.npy
indices.npy
indptr.npy
shape.npy
```

7.14 特殊函数

scipy.special 模块中包含一些特殊函数，常用的特殊函数主要有立方根函数、指数函数、相对误差指数函数、对数和指数函数、兰伯特函数、排列和组合函数、伽马函数等。

下面简单介绍这些函数。

1. 立方根函数

立方根函数的语法格式为：

```
scipy.special.cbrt(x)
```

该函数将获取 x 的基于元素的立方体根。

例如：

```
from scipy.special import cbrt
res = cbrt([10, 9, 0.1254, 234])
print(res)
```

运行程序，输出如下：

```
[2.15443469 2.08008382 0.50053277 6.16224015]
```

2. 指数函数

指数函数的语法格式为：

```
scipy.special.exp10(x)
```

该函数计算 10^x 的值。

例如：

```
from scipy.special import exp10
res = exp10([2, 4])
print(res)
```

运行程序，输出如下：

```
[   100. 10000.]
```

3. 相对误差指数函数

相对误差指数函数的语法格式为：

```
scipy.special.exprel(x)
```

该函数生成相对误差指数。

当 x 接近 0 时，exp(x)接近 1，所以 exp(x)－1 的数值计算可能会出现精确度误差。而使用 exprel(x)可避免出现以上误差，这在 x 接近 0 时发生。

例如：

```
from scipy.special import exprel
res = exprel([-0.25, -0.1, 0, 0.1, 0.25])
print(res)
```

运行程序，输出如下：

```
[0.88479687 0.95162582 1.         1.05170918 1.13610167]
```

4. 对数和指数函数

对数和指数函数的语法格式为：

```
scipy.special.logsumexp(x)
```

该函数可计算输入元素指数总和的对数。

例如：

```
from scipy.special import logsumexp
import numpy as np
a = np.arange(10)
res = logsumexp(a)
print(res)
```

运行程序，输出如下：

```
9.45862974442671
```

5. 兰伯特函数

兰伯特函数的语法为：

```
scipy.special.lambertw(z)
```

它也被称为兰伯特 W 函数，兰伯特 W 函数 W(z)定义为 w * exp(w)的反函数。换句话说，对于任何复数 z，W(z)的值都是 z = W(z) * exp(W(z))。

兰伯特 W 函数是一个具有无限多分支的多值函数。每个分支给出了方程 z = w * exp(w)的单独解。这里，分支由整数 k 索引。

例如：

```
from scipy.special import lambertw
import numpy as np
w = lambertw(1)
print(w)
print(w * np.exp(w))
```

运行程序，输出如下：

```
(0.5671432904097838 + 0j)
(0.9999999999999999 + 0j)
```

6. 组合函数

组合函数的语法格式为：

```
scipy.special.comb(N,k)
```

例如：

```
from scipy.special import comb
res = comb(10, 3, exact = False,repetition = True)
print(res)
```

运行程序，输出如下：

```
220.0
```

注意：数组参数仅适用于 cxact = Falsc 大小写。如果 k>N，N<0 或 k<0，则返回 0。

7. 排列函数

排列函数的语法格式为：

```
scipy.special.perm(N,k)
```

该函数取 k 个 N 个元素的排列，即 N 个 k 个排列，这也被称为“部分排列”。

例如：

```
from scipy.special import perm
res = perm(10, 3, exact = True)
```

```
print(res)
```

运行程序,输出如下:

```
720
```

8. 伽马函数

由于 z * gamma(z)= gamma(z + 1)和 gamma(n + 1)= n!,所以对于自然数 n,伽马函数通常被称为广义阶乘。

例如:

```
from scipy.special import gamma
res = gamma([0, 0.5, 1, 5])
print(res)
```

运行程序,输出如下:

```
[        inf  1.77245385  1.          24.        ]
```

7.15 习题

1. Scipy 是一款方便、易于使用、专为科学和工程设计的 Python 工具包,它包括了统计、________、________以及________、________、信号和图像图例,________的求解等。

2. 已知一个 2×2 矩阵 $\boldsymbol{A}=\begin{bmatrix}3 & 2\\4 & 16\end{bmatrix}$,求其逆矩阵及特征值。

3. 对已知矩阵 $\boldsymbol{M}=\begin{bmatrix}1 & 4 & 7\\2 & 5 & 8\\3 & 6 & 9\end{bmatrix}$,进行 LU、Cholesky 分解。

4. 利用 tplquad 函数计算多重积分 $I(f(x,y,z))=\int_0^1\int_0^{\frac{1-x}{2}}\int_0^{1-x-2y} x\,\mathrm{d}x\,\mathrm{d}y\,\mathrm{d}z$。

5. 利用 quad 函数求积分 $I(f)=\int_{-1}^1 \frac{1}{\sqrt{|x|}}\mathrm{d}x$,并绘制其可视化曲线。

6. 已知以下数据,对数据进行三次多项式拟合,并绘制其可视化图形。

x=[1,17,1]

y=[3.00,5.40,7.00,8.80,9.42,960,980,9.96,10.20,10.50,10.82,10.92,11.50,11.55,11.78,11.90]

第 8 章 统计分析

CHAPTER 8

Python 有一个很好的统计推断包。那就是 SciPy 中的 stats。SciPy 的 stats 模块包含了多种概率分布的随机变量，随机变量分为连续的和离散的两种。

所有的连续随机变量都是 rv_continuous 的派生类的对象，而所有的离散随机变量都是 rv_discrete 的派生类的对象。

8.1 随机变量

有一些通用的概率分布类被封装在连续随机变量以及离散随机变量中。有 80 多个连续随机变量以及 10 余个离散随机变量已经用这些类建立。同样，新的程序和分布可以被用户新建。

所有统计函数被放在子包 scipy. stats 中，可以使用 info(stats)获得这些函数的一个几乎完整的列表。这个列表中的随机变量的信息也可以从 stats 子包的 docstring 中获得。

下面着重介绍连续随机变量。

在下面的示例代码中，假设 scipy. stats 包已被导入。

```
>>> from scipy import stats
```

在有些例子中，假设对象以下面的方式导入(不用输入完整路径)了：

```
>>> from scipy.stats import norm
```

8.1.1 获取帮助

在 Python 中，所有分布可以使用 help 函数得到解释。为获得这些信息，只需要使用像以下的简单调用：

```
>>> print(norm.__doc__)
```

得到的帮助信息如图 8-1 所示。

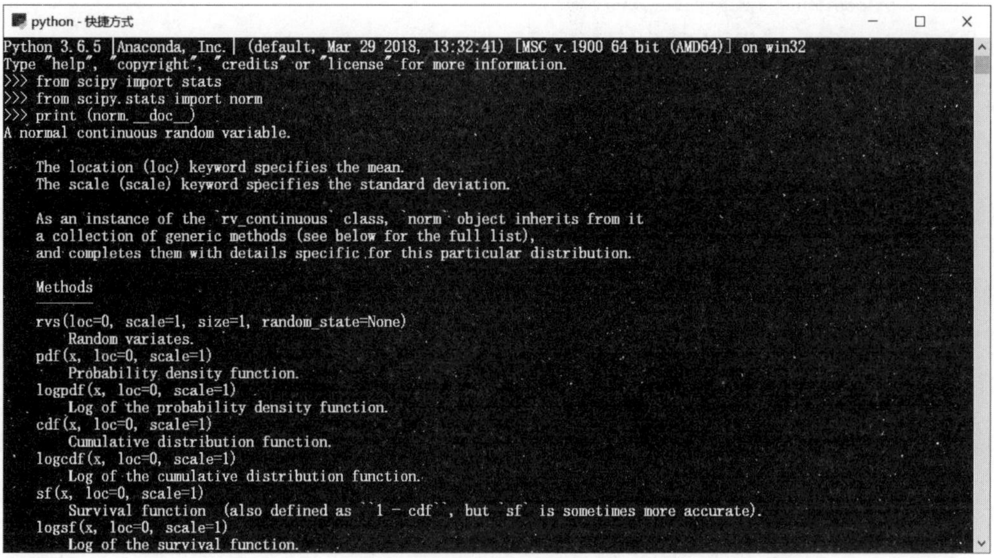

```
python - 快捷方式
Python 3.6.5 |Anaconda, Inc.| (default, Mar 29 2018, 13:32:41) [MSC v.1900 64 bit (AMD64)] on win32
Type "help", "copyright", "credits" or "license" for more information.
>>> from scipy import stats
>>> from scipy.stats import norm
>>> print (norm.__doc__)
A normal continuous random variable.

    The location (loc) keyword specifies the mean.
    The scale (scale) keyword specifies the standard deviation.

    As an instance of the `rv_continuous` class, `norm` object inherits from it
    a collection of generic methods (see below for the full list),
    and completes them with details specific for this particular distribution.

    Methods
    -------
    rvs(loc=0, scale=1, size=1, random_state=None)
        Random variates.
    pdf(x, loc=0, scale=1)
        Probability density function.
    logpdf(x, loc=0, scale=1)
        Log of the probability density function.
    cdf(x, loc=0, scale=1)
        Cumulative distribution function.
    logcdf(x, loc=0, scale=1)
        Log of the cumulative distribution function.
    sf(x, loc=0, scale=1)
        Survival function  (also defined as ``1 - cdf``, but `sf` is sometimes more accurate).
    logsf(x, loc=0, scale=1)
        Log of the survival function.
```

图 8-1　得到帮助信息

作为例子，我们用这种方式获取分布的上下界：

```
>>> print('bounds of distribution lower: %s, upper: %s' % (norm.a,norm.b))
bounds of distribution lower: -inf, upper: inf
```

可以通过调用 dir(norm)来获得关于这个(正态)分布的所有方法和属性。应该看到，一些方法是私有方法，尽管其并没有以名称表示出来(比如它们前面没有以下画线开头)，比如 veccdf 就只用于内部计算(试图使用那些方法将引发警告，因为它们可能会在后续开发中被移除)。为了获得真正的主要方法，下面列举冻结分布的方法(后面将解释何谓冻结)。

```
>>> rv = norm()
>>> dir(rv)                                          #重新格式化
['__class__', '__delattr__', '__dict__', '__dir__', '__doc__', '__eq__', '__format__', '__ge__', '__getattribute__', '__gt__', '__hash__', '__init__', '__init_subclass__', '__le__', '__lt__', '__module__', '__ne__', '__new__', '__reduce__', '__reduce_ex__', '__repr__', '__setattr__', '__sizeof__', '__str__', '__subclasshook__', '__weakref__', 'a', 'args', 'b', 'cdf', 'dist', 'entropy', 'expect', 'interval', 'isf', 'kwds', 'logcdf', 'logpdf', 'logpmf', 'logsf', 'mean', 'median', 'moment', 'pdf', 'pmf', 'ppf', 'random_state', 'rvs', 'sf', 'stats', 'std', 'var']
>>>
```

最后，通过内置获得所有的可用分布的信息。

```
>>> import warnings
>>> warnings.simplefilter('ignore', DeprecationWarning)
>>> dist_continu = [d for d in dir(stats) if
...                  isinstance(getattr(stats,d), stats.rv_continuous)]
>>> dist_discrete = [d for d in dir(stats) if
...                  isinstance(getattr(stats,d), stats.rv_discrete)]
>>> print 'number of continuous distributions:', len(dist_continuous)
```

```
number of continuous distributions: 84
>>> print 'number of discrete distributions:  ', len(dist_discrete)
number of discrete distributions:  12
```

8.1.2 通用方法

连续随机变量的主要公共方法如下：

- rsv——随机变量(就是从这个分布中抽一些样本)。
- pdf——概率密度函数。
- cdf——累计分布函数。
- sf——残存函数(1-cdf)。
- ppf——分位点函数(cdf 的逆)。
- isf——逆残存函数(sf 的逆)。
- stats——返回均值、方差、(费舍尔)偏态、(费舍尔)峰度。
- moment——分布的非中心矩。

以下使用一个标准正态(normal)随机变量作为例子：

```
>>> norm.cdf(0)
0.5
>>> norm.cdf(1)
0.8413447460685429
```

为了计算在一个点上的 cdf,可以传递一个列表或一个 numpy 数组。

```
>>> norm.cdf([-1.,0,1])
array([0.15865525, 0.5       , 0.84134475])
>>> import numpy as np
>>> norm.cdf(np.array([-1.,0,1]))
array([0.15865525, 0.5       , 0.84134475])
```

相应地,像 pdf、cdf 之类的简单方法可以用 np. vectorize 进行向量化。

下面演示一些其他的实用通用方法：

```
>>> norm.mean(), norm.std(), norm.var()
(0.0, 1.0, 1.0)
>>> norm.stats(moments = "mv")
(array(0.), array(1.))
```

为了找到一个分布的中位数,可以使用分位数函数 ppf,它是 cdf 的逆：

```
>>> norm.ppf(0.5)
0.0
```

为了产生一个随机变量列,使用 size 关键字参数。

```
>>> norm.rvs(size = 5)
array([ 1.02017188, -1.24194138,  1.10600493, -0.39523157, -0.09199073])
>>>
```

8.1.3 缩放

所有连续分布可以操纵 loc 以及 scale 参数调整分布的 location 和 scale 属性。作为例子，标准正态分布的 location 是均值而 scale 是标准差。

例如：

```
>>> norm.stats(loc = 3, scale = 4, moments = "mv")
(array(3.), array(16.))
```

通常经标准化的分布的随机变量 X 可以通过变换(X-loc)/scale 获得。它们的默认值是 loc=0 以及 scale=1。

使用 loc 与 scale 可以帮助以灵活的方式调整标准分布达到想要的效果。为了进一步说明缩放(Scaling)的效果，下面给出期望为 1/λ 指数分布的 cdf。

$$F(x) = 1 - \exp(-\lambda x)$$

通过像上面那样使用 scale，可以看到如何得到目标期望值。例如：

```
>>> from scipy.stats import expon
>>> expon.mean(scale = 4.)
4.0
```

使用均匀分布的实例如下：

```
>>> from scipy.stats import uniform
>>> uniform.cdf([0, 1, 2, 3, 4, 5], loc = 1, scale = 4)
array([0.  , 0.  , 0.25, 0.5 , 0.75, 1.  ])
```

8.1.4 形态(shape)变量

虽然对一般连续随机变量都可以通过赋予 loc 和 scale 参数进行偏移和缩放，但一些分布还需要额外的形态参数确定其形态。作为例子，看到这个伽马分布，这是它的密度函数：

$$\gamma(x,a) = \lambda(\lambda x)a - 1\Gamma(a)e - \lambda x$$

它要求一个形态参数 a。注意，λ 的设置可以通过设置 scale 关键字为 1/λ 进行。

下面的代码检查伽马分布的形态变量的名字的数量：

```
>>> from scipy.stats import gamma
>>> gamma.numargs
1
>>> gamma.shapes
'a'
```

现在设置形态变量的值为 1 以变成指数分布。可以容易地判定是否得到了我们所期望的结果。如：

```
>>> gamma(1, scale = 2.).stats(moments = "mv")
(array(2.), array(4.))
```

注意，也可以以关键字的方式指定形态参数：

```
>>> gamma(a = 1, scale = 2.).stats(moments = "mv")
(array(2.), array(4.))
```

8.1.5 冻结分布

不断地传递关键字 loc 与 scale 最终会让人厌烦。冻结随机变量的概念被用来解决这个问题。

```
>>> rv = gamma(1, scale = 2.)
```

通过使用 rv，在任何情况下都不再需要包含 scale 与形态参数。显然，分布可以以多种方式使用，可以通过传递所有分布参数，每次调用时可以对一个分布对象先冻结参数，下面看一下效果：

```
>>> rv.mean(), rv.std()
(2.0, 2.0)
```

可以看出，这个结果是正确的。

8.1.6 广播

像 pdf 这样的简单方法满足 numpy 的广播规则。例如，可以计算 t 分布的右尾分布的临界值，对于不同的概率值以及自由度。

```
>>> stats.t.isf([0.1, 0.05, 0.01], [[10], [11]])
array([[1.37218364, 1.81246112, 2.76376946],
       [1.36343032, 1.79588482, 2.71807918]])
```

结果中，第一行是以 10 自由度的临界值，第二行是以 11 为自由度的临界值。所以，广播规则与下面调用两次 isf 产生的结果相同：

```
>>> stats.t.isf([0.1, 0.05, 0.01], 10)
array([1.37218364, 1.81246112, 2.76376946])
>>> stats.t.isf([0.1, 0.05, 0.01], 11)
array([1.36343032, 1.79588482, 2.71807918])
```

如果概率数组（如[0.1,0.05,0.01]）与自由度数组（如[10,11,12]）具有相同的数组形态，则进行对应匹配，可以分别得到 10%、5%、1%的临界值。

```
>>> stats.t.isf([0.1, 0.05, 0.01], [10, 11, 12])
array([1.37218364, 1.79588482, 2.68099799])
```

8.1.7 离散分布的特殊之处

离散分布的方法的大多数与连续分布很类似。例如像 pdf 函数被更换为密度函数

pmf,因为它没有估计方法,所以 fit 就不能用了。scale 不是一个合法的关键字参数。location 参数与关键字 loc 则仍然可以用于位移。

cdf 的计算要求一些额外的关注。在连续分布的情况下,累积分布函数在大多数标准情况下是严格递增的,所以有唯一的逆。而 cdf 在离散分布下一般是阶跃函数,所以 cdf 的逆为分位点函数,要求一个不同的定义:

```
ppf(q) = min{x : cdf(x) >= q, x integer}
```

下面看看这个超几何分布的例子:

```
>>> from scipy.stats import hypergeom
>>> [M, n, N] = [20, 7, 12]
```

如果在一些整数点使用 cdf,则它们的 cdf 值会回到开始的值。

```
>>> x = np.arange(4) * 2
>>> x
array([0, 2, 4, 6])
>>> prb = hypergeom.cdf(x, M, n, N)
>>> prb
array([1.03199174e-04, 5.21155831e-02, 6.08359133e-01, 9.89783282e-01])
>>> hypergeom.ppf(prb, M, n, N)
array([0., 2., 4., 6.])
```

如果使用的值不是 cdf 的函数值,则得到一个更大的值。

```
>>> hypergeom.ppf(prb + 1e-8, M, n, N)
array([1., 3., 5., 7.])
>>> hypergeom.ppf(prb - 1e-8, M, n, N)
array([0., 2., 4., 6.])
```

8.1.8 构造具体的分布

前面介绍的都是 Python 自带的分布,下面给出一个例子展示如何建立自己的分布。

1. 创建一个连续分布,继承 rv_continuous 类

创建连续分布是非常简单的,如:

```
from scipy import stats
import numpy as np
class deterministic_gen(stats.rv_continuous):
    def _cdf(self, x):
        return np.where(x < 0, 0., 1.)
        def _stats(self):
            return 0.,    0.,    0., 0.
deterministic = deterministic_gen(name = "deterministic")
print(deterministic.cdf(np.arange( - 3, 3, 0.5)))
```

输出如下:

```
[0. 0. 0. 0. 0. 0. 1. 1. 1. 1. 1. 1.]
```

在 Python 中，pdf 也能被自动计算出来：

```
print(deterministic.pdf(np.arange( - 3, 3, 0.5)))
```

输出如下：

```
[0.00000000e + 00 0.00000000e + 00 0.00000000e + 00 0.00000000e + 00
0.00000000e + 00 0.00000000e + 00 5.83333333e + 04 4.16333634e - 12
4.16333634e - 12 4.16333634e - 12 4.16333634e - 12 4.16333634e - 12]
```

下面再来看一个准确性的例子：

```
from scipy.integrate import quad
print(quad(deterministic.pdf, - 1e - 1, 1e - 1))
```

输出如下：

```
(4.163336342344337e - 13, 0.0)
```

但这并不是对 pdf 积分的正确的结果，实际上结果应为 1。让我们将积分变得更小一些。

```
print(quad(deterministic.pdf, - 1e - 3, 1e - 3))
```

输出如下：

```
(1.000076872229173, 0.0010625571718182458)
```

在执行以上代码时，会出现警告，但问题来源于 pdf 不是来自包给定的类的定义。

2. 继承 rv_discrete 类

下面使用 stats.rv_discrete 产生一个离散分布，其有一个整数区间截断概率。
通用信息可以从 rv_discrete 的 docstring 中得到：

```
>>> from scipy.stats import rv_discrete
>>> help(rv_discrete)
Help on class rv_discrete in module scipy.stats._distn_infrastructure:

class rv_discrete(rv_generic)
 |  A generic discrete random variable class meant for subclassing.
 |
 |  'rv_discrete' is a base class to construct specific distribution classes
 |  and instances for discrete random variables. It can also be used
 |  to construct an arbitrary distribution defined by a list of support
 |  points and corresponding probabilities.
…
```

由结果可知，可以构建任意一个形如 P(X=xk)=pk 的离散随机变量，通过传递(xk,pk)元组序列给 rv_discrete 初始化方法(通过 values=keyword 方式)，但其不能有 0 概率值。

此外，还需要注意一些要求：

- 必须给出 keyword。

- xk 必须是整数。
- 小数的有效位数应当被给出。

事实上，如果最后两个要求没有被满足，一个异常将被抛出或者导致一个错误的数值。下面通过一个例子来演示。首先：

```
>>> npoints = 20                                      #分布的整数支撑点数减去 1
>>> npointsh = npoints / 2
>>> npointsf = float(npoints)
>>> nbound = 4                                        #截断法线的界限
>>> normbound = (1 + 1/npointsf) * nbound             #截断法线的实际边界
>>> grid = np.arange( - npointsh, npointsh + 2, 1)    #整数网格线
>>> gridlimitsnorm = (grid - 0.5) / npointsh * nbound #truncnorm 的 bin 限制
>>> gridlimits = grid - 0.5                           #在分析中稍后使用
>>> grid = grid[: - 1]
>>> probs = np.diff(stats.truncnorm.cdf(gridlimitsnorm, - normbound, normbound))
>>> gridint = grid
```

然后继承 rv_discrete 类：

```
>>> normdiscrete = stats.rv_discrete(values = (gridint, np.round(probs, decimals = 7)), name =
'normdiscrete')
```

至此，已经定义了这个分布，可以调用其所有常规的离散分布方法：

```
>>> print 'mean = %6.4f, variance = %6.4f, skew = %6.4f, kurtosis = %6.4f' % \
...       normdiscrete.stats(moments = 'mvsk')
mean = - 0.0000, variance = 6.3302, skew = 0.0000, kurtosis = - 0.0076

>>> nd_std = np.sqrt(normdiscrete.stats(moments = 'v'))
```

接着，产生一个随机样本并且比较连续概率的情况。

```
>>> n_sample = 500
>>> np.random.seed(87655678)                          #修复种子的可复制性
>>> rvs = normdiscrete.rvs(size = n_sample)
>>> rvsnd = rvs
>>> f, l = np.histogram(rvs, bins = gridlimits)
>>> sfreq = np.vstack([gridint, f, probs * n_sample]).T
>>> print(sfreq)
[[ - 1.00000000e + 01   0.00000000e + 00   2.95019349e - 02]
 [ - 9.00000000e + 00   0.00000000e + 00   1.32294142e - 01]
 [ - 8.00000000e + 00   0.00000000e + 00   5.06497902e - 01]
 [ - 7.00000000e + 00   2.00000000e + 00   1.65568919e + 00]
 [ - 6.00000000e + 00   1.00000000e + 00   4.62125309e + 00]
 [ - 5.00000000e + 00   9.00000000e + 00   1.10137298e + 01]
 [ - 4.00000000e + 00   2.60000000e + 01   2.24137683e + 01]
 [ - 3.00000000e + 00   3.70000000e + 01   3.89503370e + 01]
 [ - 2.00000000e + 00   5.10000000e + 01   5.78004747e + 01]
 [ - 1.00000000e + 00   7.10000000e + 01   7.32455414e + 01]
 [ 0.00000000e + 00   7.40000000e + 01   7.92618251e + 01]
 [ 1.00000000e + 00   8.90000000e + 01   7.32455414e + 01]
```

```
[ 2.00000000e+00  5.50000000e+01  5.78004747e+01]
[ 3.00000000e+00  5.00000000e+01  3.89503370e+01]
[ 4.00000000e+00  1.70000000e+01  2.24137683e+01]
[ 5.00000000e+00  1.10000000e+01  1.10137298e+01]
[ 6.00000000e+00  4.00000000e+00  4.62125309e+00]
[ 7.00000000e+00  3.00000000e+00  1.65568919e+00]
[ 8.00000000e+00  0.00000000e+00  5.06497902e-01]
[ 9.00000000e+00  0.00000000e+00  1.32294142e-01]
[ 1.00000000e+01  0.00000000e+00  2.95019349e-02]]
```

接下来进行测试，判断样本是否取自一个 normdiscrete 分布。这也是在验证随机数是否是以正确的方式产生。

测试要求起码在每个子区间(bin)中具有最小数目的观测值，所以它们现在包含了足够数量的观测值。

```
>>> f2 = np.hstack([f[:5].sum(), f[5:-5], f[-5:].sum()])
>>> p2 = np.hstack([probs[:5].sum(), probs[5:-5], probs[-5:].sum()])
>>> ch2, pval = stats.chisquare(f2, p2 * n_sample)
>>> print ('chisquare for normdiscrete: chi2 = %6.3f pvalue = %6.4f' % (ch2, pval))
chisquare for normdiscrete: chi2 = 12.466 pvalue = 0.4090
```

测试得到的 p 值是不显著的，所以可以断言，随机样本的确是由此分布产生的。

8.2 几种常用分布

下面介绍几种常用的分布。

8.2.1 正态分布

在统计学的发展历史中，正态分布有着非常重要的地位，因为它允许从数学上近似不确定性和变异性。虽然原始数据通常并不符合正态分布，但误差通常是符合正态分布的，对于大规模样本的均值和总数，也是一样的。要将数据转换为 z 分数，需要减去数据的均值，再除以标准偏差。这样，所生成的数据才可以与正态分布进行对比。

那么什么是标准化呢？标准化(也称为归一化)，通过减去均值并除以标准偏差，将所有变量置于同一尺度。该方式避免了变量的原始测量规模对模型产生过度的影响。

我们一般称如上的标准化的值为 z 分数。这时，测量值可以用"偏离均值的标准偏差"表示，这样，变量对模型的影响就不会受到原始变量规模的影响。

几种概率函数包括：

- pmf(概率质量函数，probability mass function)——对离散随机变量的定义，是离散随机变量在各个特定取值上的概率。对离散型概率事件来说，可使用该函数来求各个事件发生的概率。
- pdf(概率密度函数，probability density function)——是对连续随机变量的定义，与

pmf 不同的是，在特定点上的值并不是该点的概率，连续随机概率事件只能求连续一段区域内发生事件的概率，通过对这段区间进行积分，可获得事件发生时间落在给定间隔内的概率。

- cdf(累积概率密度函数，cumulative probability density function)——可以指定一个范围求累积概率密度。

【例 8-1】 绘制正态分布曲线。

```
#导入工具包
import numpy as np
import matplotlib.pyplot as plt                             #绘图模块
import scipy.stats as stats                                 #该模块包含了所有的统计分析函数
import matplotlib.style as style
from IPython.core.display import HTML
#PLOTTING CONFIG 绘图配置
style.use('fivethirtyeight')
plt.rcParams['figure.figsize'] = (14,7)
plt.figure(dpi = 100)
#PDF 概率密度函数
plt.plot(np.linspace(-4,4,100),stats.norm.pdf(np.linspace(-4,4,100)))
                                        #从(-4,4)中随机选取 100 个数,绘制该事件的概率密度函数
plt.fill_between(np.linspace(-4,4,100),stats.norm.pdf(np.linspace(-4,4,100)),alpha = .
15)                                     #对曲线内部进行填充
#CDF 累积概率密度函数
plt.plot(np.linspace(-4,4,100),stats.norm.cdf(np.linspace(-4,4,100)))
                                        #cdf 函数表示之前的概率累积的结果,-4 处为 0,4 处为 1
#LEGEND 图例
plt.text(x = -1.5,y = 0.7,s = "pdf(normed)",rotation = .65,weight = "bold",color = "#
008fd5")
plt.text(x = -0.4,y = 0.5,s = "cdf",rotation = .65,weight = "bold",color = "#fc4f30")
#Ticks 坐标轴
plt.tick_params(axis = "both",which = "major",labelsize = 18)
plt.axhline(y = 0,color = "black",linewidth = 1.3,alpha = .7)
plt.show()
```

运行程序，效果如图 8-2 所示，可以看出，pdf 是一个标准的正态分布曲线，均值为 0，方差为 1，符合该事件的规律。

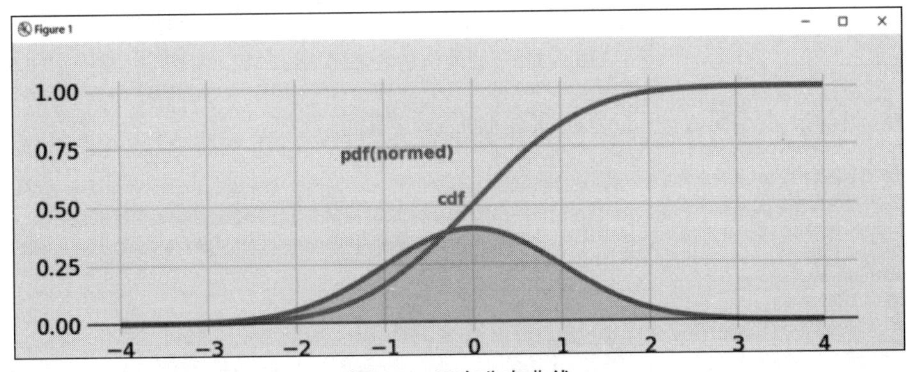

图 8-2 正态分布曲线

值得注意的是，不同的均值绘制出来的正态分布曲线形状也不同，例如：

```
#PDF  MU默认为0时
plt.plot(np.linspace(-4,4,100),stats.norm.pdf(np.linspace(-4,4,100)))
plt.fill_between(np.linspace(-4,4,100),stats.norm.pdf(np.linspace(-4,4,100)),alpha=.15)
#PDF MU=2时
plt.plot(np.linspace(-4,4,100),stats.norm.pdf(np.linspace(-4,4,100),loc=2))
plt.fill_between(np.linspace(-4,4,100),stats.norm.pdf(np.linspace(-4,4,100)),alpha=.15)
#PDF MU=-2时
plt.plot(np.linspace(-4,4,100),stats.norm.pdf(np.linspace(-4,4,100),loc=-2))
plt.fill_between(np.linspace(-4,4,100),stats.norm.pdf(np.linspace(-4,4,100)),alpha=.15)
#LEGEND 图例
plt.text(x=-1,y=.35,s="$ \mu=0 $",rotation=.65,alpha=.75,weight="bold",color="
#008fd5")
plt.text(x=1,y=.35,s="$ \mu=2 $",rotation=.65,alpha=.75,weight="bold",color="#
fc4f30")
plt.text(x=-3,y=.35,s="$ \mu=-2 $",rotation=.65,alpha=.75,weight="bold",color=
"#e5ae38")
#Ticks 坐标轴
plt.tick_params(axis="both",which="major",labelsize=18)
plt.axhline(y=0,color="black",linewidth=1.3,alpha=.7)
plt.show()
```

运行程序，效果如图8-3所示。

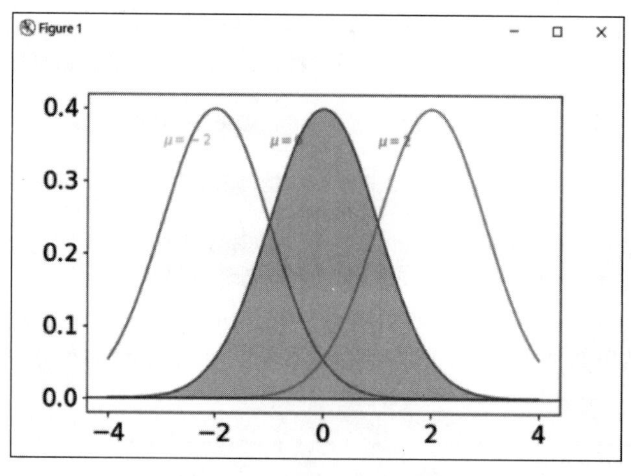

图8-3 不同均值的效果图

此外，当标准差不同时，正态分布曲线的形状也不同，例如：

```
#PDF SIGMA=1
plt.plot(np.linspace(-4,4,100),stats.norm.pdf(np.linspace(-4,4,100),scale=1))
plt.fill_between(np.linspace(-4,4,100),stats.norm.pdf(np.linspace(-4,4,100),scale=1),
alpha=.15)
#PDF SIGMA=1
plt.plot(np.linspace(-4,4,100),stats.norm.pdf(np.linspace(-4,4,100),scale=2))
plt.fill_between(np.linspace(-4,4,100),stats.norm.pdf(np.linspace(-4,4,100),scale=2),
```

```
alpha = .15)
#PDF SIGMA = 1
plt.plot(np.linspace( - 4,4,100),stats.norm.pdf(np.linspace( - 4,4,100),scale = 0.5))
plt.fill_between(np.linspace( - 4,4,100),stats.norm.pdf(np.linspace( - 4,4,100),scale =
0.5),alpha = .15)
#LEGEND 图例
plt.text(x = - 1,y = .35,s = " $ \sigma = 1 $ ",rotation = .65,alpha = .75,weight = "bold",color =
"#008fd5")
plt.text(x = 2,y = .15,s = " $ \sigma = 2 $ ",rotation = .65,alpha = .75,weight = "bold",color =
"#fc4f30")
plt.text(x = 0,y = .6,s = " $ \sigma = 0.5 $ ",rotation = .65,alpha = .75,weight = "bold",color =
"#e5ae38")
#Ticks 坐标轴
plt.tick_params(axis = "both",which = "major",labelsize = 18)
plt.axhline(y = 0,color = "black",linewidth = 1.3,alpha = .7)
plt.show()
```

运行程序,效果如图 8-4 所示。

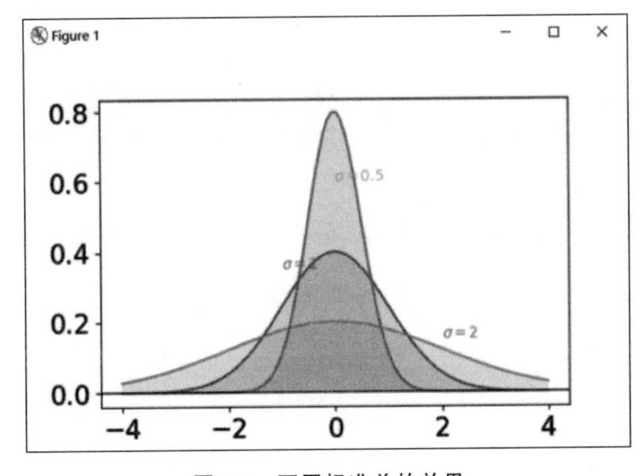

图 8-4　不同标准差的效果

标准差不同时,标准差越大,正态分布曲线越平缓,标准差越小,正态分布曲线越陡。实现正态分布概率密度函数的代码为:

```
from scipy.stats import chi2
#X<=3 的概率密度之和
print("P(X<=3) = {}".format(chi2.cdf(x = 3,df = 4)))
#2<X<=8 的概率密度之和
print("P(2<X<=8) = {}".format(chi2.cdf(x = 3,df = 4)))
```

运行程序,输出如下:

```
P(X<=3) = 0.4421745996289252
P(2<X<=8) = 0.4421745996289252
```

8.2.2 均匀分布

对于掷骰子来说，结果为1～6，得到任何一个结果的概率都一样，这就是均匀分布，均匀分布得到的n个结果的可能性都相同，如果随机变量X是均匀分布的，则密度函数可以表示为f(x)=1/b−a (b<x<a)。均匀分布的曲线是一个矩形，均匀分布又称为矩形分布。

下面通过一个实例来演示绘制均匀分布的函数图像。

【例 8-2】 绘图均匀分布图。

```
import numpy as np
import scipy.stats as stats
import matplotlib.pyplot as plt
import matplotlib.style as style
from IPython.core.display import HTML
#PLOTTING CONFIG 绘图配置
style.use('fivethirtyeight')
plt.rcParams['figure.figsize'] = (14,7)
plt.figure(dpi = 100)
#PDF
plt.plot(np.linspace( - 4,4,100),stats.uniform.pdf(np.linspace( - 4,4,100)))
plt.fill_between(np.linspace( - 4,4,100),stats.uniform.pdf(np.linspace( - 4,4,100)),alpha =
0.15)
#CDF
plt.plot(np.linspace( - 4,4,100),stats.uniform.cdf(np.linspace( - 4,4,100)))
#LEGEND 图例
plt.text(x = - 1.5,y = 0.7,s = "pdf(uniform)",rotation = 65,alpha = 0.75,weight = "bold",color
= "#008fd5")
plt.text(x = - 0.4, y = 0.5, s = "cdf", rotation = 55, alpha = 0.75, weight = "bold", color = "#
fc4f30")
plt.show()
```

运行程序，效果如图8-5所示。

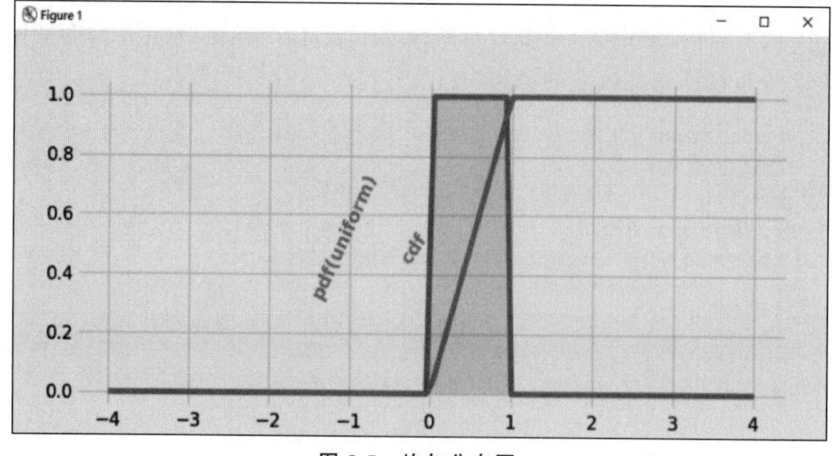

图 8-5 均匀分布图

8.2.3 泊松分布

假定一个事件,在一段时间内随机发生,且概率符合以下条件:

(1) 将该时间段分割成若干个小的时间段,在这个接近于0的小时间段里,该事件发生一次的概率与该小时间段的长度成正比。

(2) 在每个极小时间段内,该事件连续发生两次以上的概率恒等于0.3。该事件在不同的小时间段里,发生与否相互独立。

则该事件符合泊松分布。

泊松分布使用了以下符号:λ 是事件发生的速率,t 是时间间隔的长,X 是该时间间隔内发生的事件数,其中 X 是泊松随机变量,X 的分布称为泊松分布,令 μ 表示 t 时间间隔内平均发生的事件数,则 $\mu=\lambda t$。

【例 8-3】 泊松分布——绘图。

```
import numpy as np
import scipy.stats as stats
import matplotlib.pyplot as plt
import matplotlib.style as style
from IPython.core.display import HTML
#PLOTTING CONFIG 绘图配置
style.use('fivethirtyeight')
plt.rcParams['figure.figsize'] = (14,7)
plt.figure(dpi = 100)
#PDF 绘制泊松分布的概率密度函数
plt.bar(left = np.arange(20),height = (stats.poisson.pmf(np.arange(20),mu = 5)),width = 0.75,
alpha = 0.75)
#CDF 绘制泊松分布的累计概率曲线
plt.plot(np.arange(20),stats.poisson.cdf(np.arange(20),mu = 2),color = "#fc4f30")
#LEGEND 图例
plt.text(x = 8,y = 0.45,s = "pmf(poisson)",alpha = 0.75,weight = "bold",color = "#008fd5")
plt.text(x = 8.5,y = 0.9,s = "cdf",rotation = .75,weight = "bold",color = "#fc4f30")
plt.show()
```

运行程序,效果如图 8-6 所示。

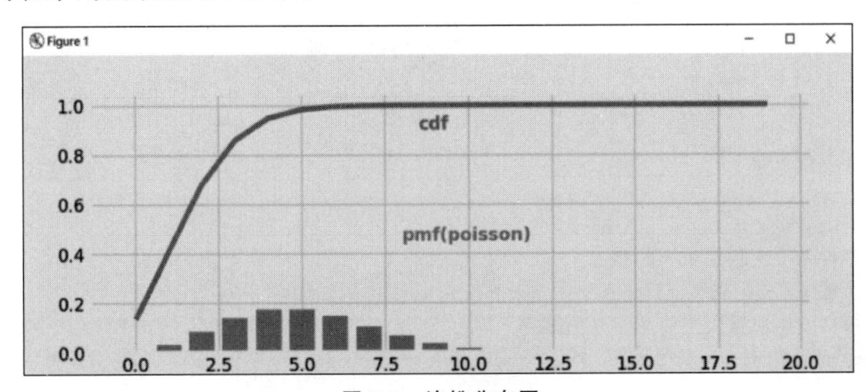

图 8-6 泊松分布图

以下代码探究λ对结果的影响：

```
plt.figure(dpi = 100)
# PDF λ = 1
plt.scatter(np.arange(20),stats.poisson.pmf(np.arange(20),mu = 1),alpha = 0.75,s = 100)
plt.plot(np.arange(20),stats.poisson.pmf(np.arange(20),mu = 1),alpha = 0.75)
# PDF λ = 5
plt.scatter(np.arange(20),stats.poisson.pmf(np.arange(20),mu = 5),alpha = 0.75,s = 100)
plt.plot(np.arange(20),stats.poisson.pmf(np.arange(20),mu = 5),alpha = 0.75)
# PDF λ = 10
plt.scatter(np.arange(20),stats.poisson.pmf(np.arange(20),mu = 10),alpha = 0.75,s = 100)
plt.plot(np.arange(20),stats.poisson.pmf(np.arange(20),mu = 10),alpha = 0.75)
# LEGEND 图例
plt.text(x = 3,y = 0.1,s = " $ λ = 1 $ ",alpha = 0.75,weight = "bold",color = " # 008fd5")
plt.text(x = 8.25,y = 0.075,s = " $ λ = 5 $ ",rotation = .75,weight = "bold",color = " # fc4f30")
plt.text(x = 14.5,y = 0.06,s = " $ λ = 10 $ ",rotation = .75,weight = "bold",color = " # fc4f30")
plt.show()
```

运行程序，效果如图8-7所示，可见，在λ处，事件发生次数的概率最大。

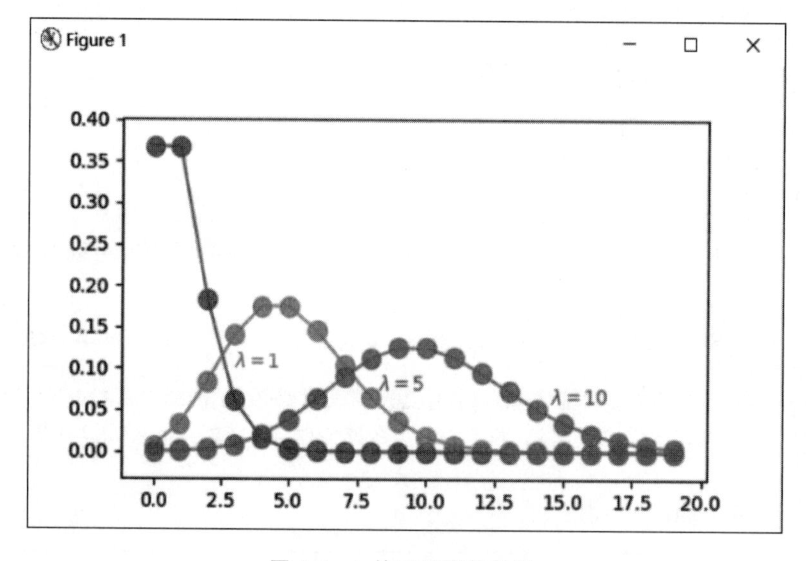

图8-7 λ的不同取值效果

由图8-7实现泊松分布的统计累积概率的代码为：

```
#统计累积概率
# CDF
from scipy.stats import poisson
#求事件发生次数小于3的概率
print("p(x<3) = {}".format(poisson.cdf(k = 3,mu = 5)))
#求事件发生次数大于2小于8的概率
print("p(2<x<8) = {}".format(poisson.cdf(k = 8,mu = 5) - poisson.cdf(k = 2,mu = 5)))
```

运行程序,输出如下:

```
p(x<3) = 0.2650259152973616
p(2<x<8) = 0.8072543457950705
```

8.2.4　二项式分布

二项式分布就是只有两个可能结果的分布,比如成功或失败,抛一枚硬币的正反面,两个可能结果的概率可以相等,也可以是不相等的,总和为1,例如,如果成功的概率为0.2,那么失败的概率就是P=1−0.2=0.8,每一次尝试都是独立的,因为前一次投掷的结果不能影响当前投掷的结果,只有两种可能结果且重复n次的实验叫作二项式,二项式的参数是n和P,n是实验的总次数,P是实验的概率。

在上述说明的基础上,二项式的属性包括:

(1) 每个实验都是独立的。

(2) 实验中只有两个可能的结果:成功和失败。

(3) 总共进行了相同的n次实验。

(4) 所有实验成功和失败的概率是相同的(所有实验都是相同的)。

【例8-4】 二项式分布——画图。

```
#导入需要的包
import numpy as np
import scipy.stats as stats
import matplotlib.pyplot as plt
import matplotlib.style as style
from IPython.core.display import HTML
#PLOTTING CONFIG 绘图配置
style.use('fivethirtyeight')
plt.rcParams['figure.figsize'] = (14,7)
plt.figure(dpi = 100)
#PMF  绘制概率质量函数
plt.bar(left = (np.arange(20)),height = (stats.binom.pmf(np.arange(20),p = 0.5,n = 20)),width
 = 0.75,alpha = 0.75)                    #binom.pmf 为二项式的概率质量数
#n = 20,P = 0.5,绘制成柱状图
#CDF
plt.plot(np.arange(20),stats.binom.cdf(np.arange(20),p = 0.5,n = 20),color = "#fc4f30")
                                         #绘制该二项式的累积密度函数曲线
#LEGEND 图例
plt.text(x = 7.5,y = 0.2,s = "pmf(binomed)",alpha = 0.75,weight = "bold",color = "#008fd5")
plt.text(x = 14.5,y = 0.9,s = "cdf",rotation = .75,weight = "bold",color = "#fc4f30")
plt.show()
```

运行程序,效果如图8-8所示。

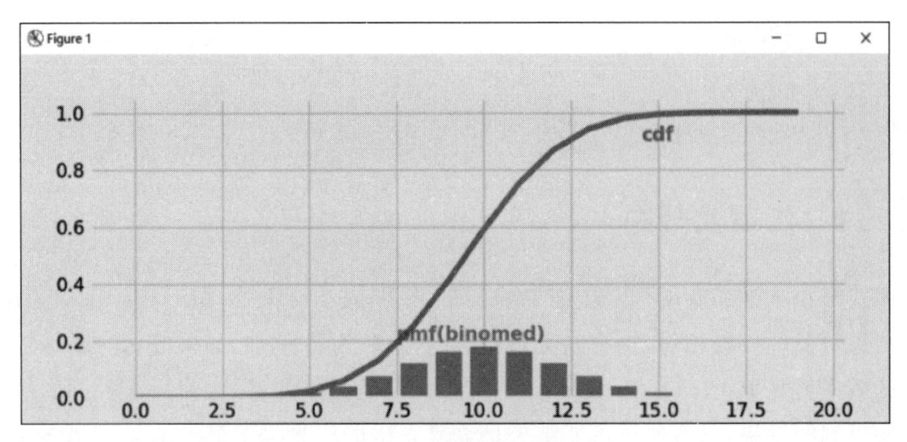

图 8-8 二项式分布图

下面的代码用于探究 p 的取值对结果的影响：

```
plt.figure(dpi = 100)
#PDF P = 0.2
plt.scatter(np.arange(21),stats.binom.pmf(np.arange(21),p = 0.2,n = 20),alpha = 0.75,s = 100)
plt.plot(np.arange(21),stats.binom.pmf(np.arange(21),p = 0.2,n = 20),alpha = 0.75)
#PDF P = 0.5
plt.scatter(np.arange(21),stats.binom.pmf(np.arange(21),p = 0.5,n = 20),alpha = 0.75,s = 100)
plt.plot(np.arange(21),stats.binom.pmf(np.arange(21),p = 0.5,n = 20),alpha = 0.75)
#PDF P = 0.9
plt.scatter(np.arange(21),stats.binom.pmf(np.arange(21),p = 0.9,n = 20),alpha = 0.75,s = 100)
plt.plot(np.arange(21),stats.binom.pmf(np.arange(21),p = 0.9,n = 20),alpha = 0.75)
#LEGEND 图例
plt.text(x = 3.5,y = 0.075,s = "#p = 0.2#",alpha = 0.75,weight = "bold",color = "#008fd5")
plt.text(x = 9.5,y = 0.075,s = "#p = 0.5",rotation = .75,weight = "bold",color = "#fc4f30")
plt.text(x = 17.5,y = 0.075,s = "#p = 0.9",rotation = .75,weight = "bold",color = "#fc4f30")
plt.show()
```

运行程序，效果如图 8-9 所示，可以看出，当 p 不同时，得到 n 次的可能性的最大值都出现在均值处，对应概率为 $n \times p$。

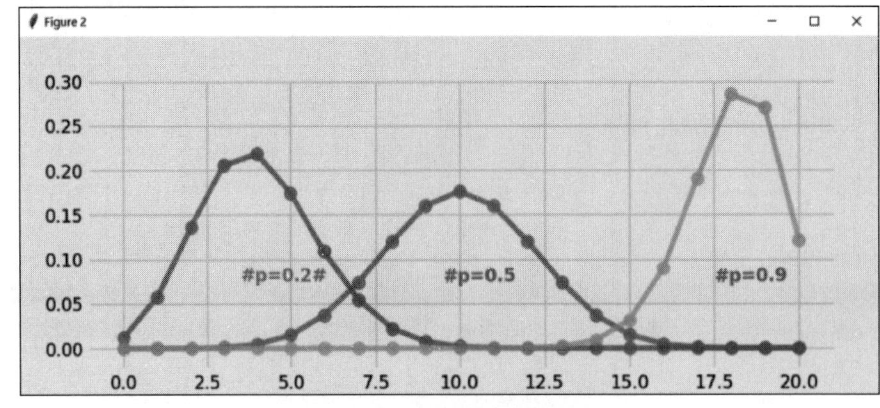

图 8-9 p 的不同取值效果图

以下代码探究 n 对结果的影响：

```
plt.figure(dpi = 100)
#PDF n = 10
plt.scatter(np.arange(21),stats.binom.pmf(np.arange(21),p = 0.5,n = 10),alpha = 0.75,s = 100)
plt.plot(np.arange(21),stats.binom.pmf(np.arange(21),p = 0.5,n = 10),alpha = 0.75)
#PDF n = 15
plt.scatter(np.arange(21),stats.binom.pmf(np.arange(21),p = 0.5,n = 15),alpha = 0.75,s =
100)
plt.plot(np.arange(21),stats.binom.pmf(np.arange(21),p = 0.5,n = 15),alpha = 0.75)
#PDF n = 20
plt.scatter(np.arange(21),stats.binom.pmf(np.arange(21),p = 0.5,n = 20),alpha = 0.75,s =
100)
plt.plot(np.arange(21),stats.binom.pmf(np.arange(21),p = 0.5,n = 20),alpha = 0.75)
#LEGEND 图例
plt.text(x = 6,y = 0.25,s = "$N = 0.2$",alpha = 0.75,weight = "bold",color = "#008fd5")
plt.text(x = 8,y = 0.2,s = "$N = 0.5$",rotation = .75,weight = "bold",color = "#fc4f30")
plt.text(x = 10,y = 0.175,s = "$N = 0.9$",rotation = .75,weight = "bold",color = "#fc4f30")
```

运行程序，效果如图 8-10 所示，可以看出，当 n 不同时，成功 m 次的可能性的最大值都出现在均值处，对应概率为 m×n。

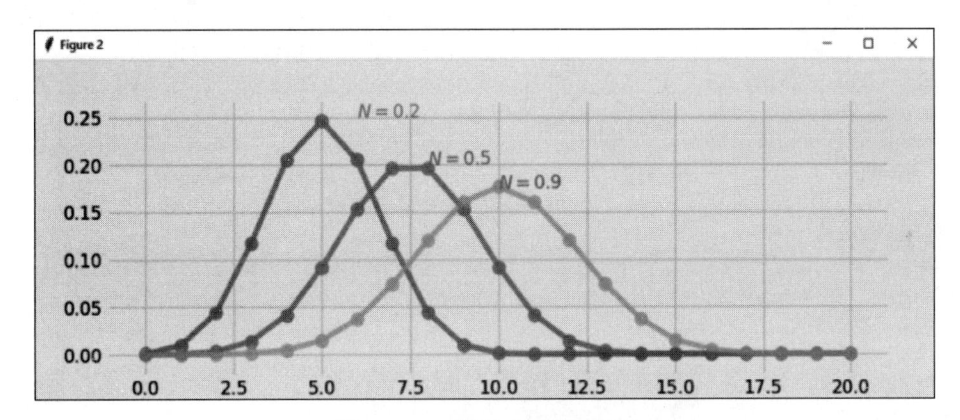

图 8-10　n 的不同取值效果图

实现二项分布的统计累积概率的代码为：

```
#CDF
from scipy.stats import binom
#求成功小于三次的概率
print("p(x<=3)  = {}".format(binom.cdf(k = 3,p = 0.3,n = 10)))
#求成功次数大于 2 次,小于 8 次的概率
print("p(2<x<=8) = {}".format(binom.cdf(k = 8,p = 0.3,n = 10) - binom.cdf(k = 2,p = 0.3,n =
10)))
```

运行程序，输出如下：

```
p(x<=3)  = 0.6496107183999998
p(2<x<=8) = 0.6170735276999999
```

8.2.5 卡方分布

通俗地说，就是通过小数量的样本容量去估计总体容量的分布情况。卡方检验就是统计样本的实际观测值与理论推断值的偏离程度。卡方检验的基本思想就是根据样本数据推断总体的频次与期望频次是否有显著差异。

【例 8-5】 绘制卡方分布图。

```
#导入需要的包
import numpy as np
import scipy.stats as stats
import matplotlib.pyplot as plt
import matplotlib.style as style
from IPython.core.display import HTML

#PLOTTING CONFIG 绘图配置
style.use('fivethirtyeight')
plt.rcParams['figure.figsize'] = (14,7)
plt.figure(dpi = 100)
#PDF  概率密度函数
plt.plot(np.linspace(0,20,100),stats.chi2.pdf(np.linspace(0,20,100),df = 4))
                                    #绘制 0 到 20 的卡方分布曲线,给定自由度为 4
plt.fill_between(np.linspace(0,20,100),stats.chi2.pdf(np.linspace(0,20,100),df = 4),alpha
= 0.15)                             #填充曲线
#CDF 累积概率密度函数
plt.plot(np.linspace(0,20,100),stats.chi2.cdf(np.linspace(0,20,100),df = 4))
                                    #绘制累积概率密度函数
#LEGEND 图例
plt.text(x = 11,y = 0.25,s = "pdf(normed)",alpha = 0.75,weight = "bold",color = "#008fd5")
plt.text(x = 11,y = 0.85,s = "cdf",alpha = 0.75,weight = "bold",color = "#fc4f30")
#Ticks 坐标轴
plt.xticks(np.arange(0,21,2))
plt.tick_params(axis = "both",which = "major",labelsize = 18)
plt.axhline(y = 0,color = "black",linewidth = 1.3,alpha = .7)
plt.show()
```

运行程序，效果如图 8-11 所示。

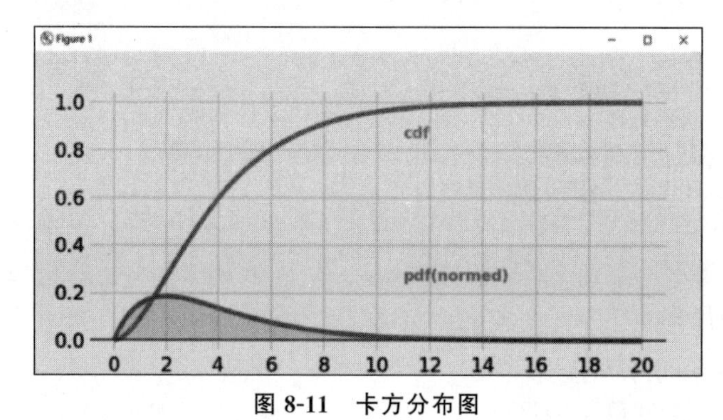

图 8-11 卡方分布图

接着通过以下代码来探究自由度 k 对卡方分布的影响：

```
plt.figure(dpi = 100)
#PDF    k = 1
plt.plot(np.linspace(0,15,100),stats.chi2.pdf(np.linspace(0,15,100),df = 1))
plt.fill_between(np.linspace(0,15,100),stats.chi2.pdf(np.linspace(0,15,100),df = 1),alpha =
0.15)
#PDF    k = 3
plt.plot(np.linspace(0,15,100),stats.chi2.pdf(np.linspace(0,15,100),df = 3))
plt.fill_between(np.linspace(0,15,100),stats.chi2.pdf(np.linspace(0,15,100),df = 3),alpha =
0.15)
#PDF    k = 6
plt.plot(np.linspace(0,15,100),stats.chi2.pdf(np.linspace(0,15,100),df = 6))
plt.fill_between(np.linspace(0,15,100),stats.chi2.pdf(np.linspace(0,15,100),df = 6),alpha =
0.15)
#LEGEND 图例
plt.text(x = 0.5,y = 0.7,s = "$ k = 1 $",rotation = - 65,alpha = .75,weight = "bold",color = "
#008fd5")
plt.text(x = 1.5,y = .35,s = "$ k = 3 $",alpha = .75,weight = "bold",color = "#fc4f30")
plt.text(x = 5,y = .2,s = "$ k = 6 $",alpha = .75,weight = "bold",color = "#e5ae38")
#Ticks 坐标轴
plt.tick_params(axis = "both",which = "major",labelsize = 18)
plt.axhline(y = 0,color = "black",linewidth = 1.3,alpha = .7)
plt.show()
```

运行程序，效果如图 8-12 所示，可以看出，k 越大，图像越趋近于标准正态分布。

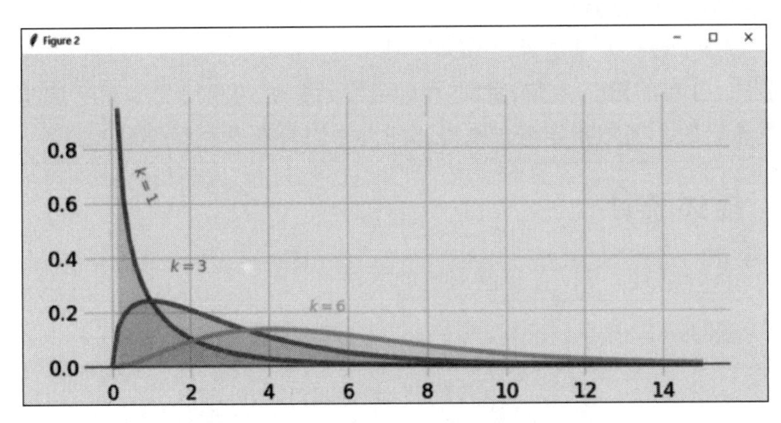

图 8-12 自由度 k 对结果的影响效果

以下代码用于绘制卡方分布曲线：

```
x_s = np.linspace(0,20,100)
y_s = stats.chi2.pdf(x_s,df = 8)
plt.scatter(x_s,y_s)
plt.show()
```

运行程序，效果如图 8-13 所示。

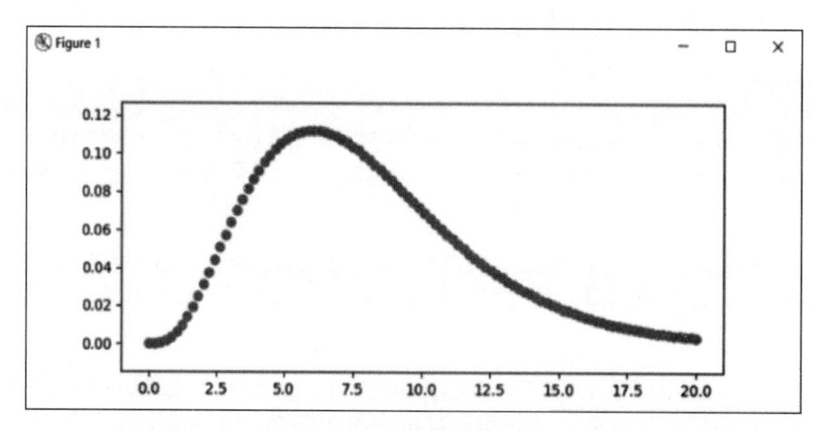

图 8-13 卡方分布曲线

8.3 样本分析

首先，创建一些随机变量。设置一个种子，所以每次都可以得到相同的结果以便观察。作为例子，从 t 分布中抽一个样本。

```
>>> from scipy import stats
>>> import numpy as np
>>> np.random.seed(282629734)
>>> x = stats.t.rvs(10, size = 1000)
```

这里设置了 t 分布的形态参数，此处为自由度，设为 10。使用 size=1000 表示样本有 1000 个采样是独立的。当不指定 loc 和 scale 时，它们具有默认值 0 和 1。

8.3.1 描述统计

x 是一个 numpy 数组，可以直接调用它的方法：

```
>>> print(x.max(), x.min())         # 等价于 np.max(x), np.min(x)
5.263277329807165 -3.7897557242248197
>>> print(x.mean(), x.var())        # 等价于 np.mean(x), np.var(x)
0.014061066398468422 1.288993862079285
```

如何比较分布本身和它的样本指标呢？代码如下：

```
>>> m, v, s, k = stats.t.stats(10, moments = 'mvsk')
>>> n, (smin, smax), sm, sv, ss, sk = stats.describe(x)
>>> print('distribution:')
distribution:
>>> sstr = 'mean = %6.4f, variance = %6.4f, skew = %6.4f, kurtosis = %6.4f'
>>> print (sstr % (m, v, s ,k))
mean = 0.0000, variance = 1.2500, skew = 0.0000, kurtosis = 1.0000
>>> print('sample:')
```

```
sample:
>>> print(sstr % (sm, sv, ss, sk))
mean = 0.0141, variance = 1.2903, skew = 0.2165, kurtosis = 1.0556
```

注意：stats. describe 使用的是无偏的方差估计量，而 np. var 却使用的是有偏的估计量。

8.3.2 t 检验和 KS 检验

可以使用 t 检验。判断样本与给定均值(这里是理论均值)是否存在统计显著差异。

```
>>> print ('t-statistic = %6.3f pvalue = %6.4f' %  stats.ttest_1samp(x, m))
t-statistic =0.391 pvalue = 0.6955
```

结果中，p 值为 0.7，这代表第一类错误的概率，在例子中，为 10%。我们不能拒绝“该样本均为 0”这个假设，0 是标准 t 分布的理论均值。

```
>>> tt = (sm-m)/np.sqrt(sv/float(n))       #t 分布均值
>>> pval = stats.t.sf(np.abs(tt), n-1)*2   #两侧 p 值 = Prob(abs(t>tt)
>>> print('t-statistic = %6.3f pvalue = %6.4f' % (tt, pval))
t-statistic =0.391 pvalue = 0.6955
```

这里 KS 检验(Kolmogorov-Smirnov 检验)被用来检验样本是否来自一个标准的 t 分布。

```
>>> print('KS-statistic D = %6.3f pvalue = %6.4f' % stats.kstest(x, 't', (10,)))
KS-statistic D =  0.016 pvalue = 0.9606
```

结果中又一次得到了很高的 p 值。所以我们不能拒绝样本是来自 t 分布的假设。在实际应用中，我们不能知道潜在的分布到底是什么。如果使用 KS 检验，对照正态分布，则不能拒绝样本是来自正态分布，在这种情况下，p 值为 0.4 左右。

```
>>> print('KS-statistic D = %6.3f pvalue = %6.4f' % stats.kstest(x,'norm'))
KS-statistic D =  0.028 pvalue = 0.3949
```

如果标准化样本并测试它，对照正态分布，那么 p 值很高，因此不能拒绝假设是来自正态分布的。

```
>>> d, pval = stats.kstest((x-x.mean())/x.std(), 'norm')
>>> print('KS-statistic D = %6.3f pvalue = %6.4f' % (d, pval))
KS-statistic D =  0.032 pvalue = 0.2402
```

提示：KS 检验假设是对照正态分布以给定参数确定的，但我们在最后估计了均值和方差，这个假设就被违反了，故而这个测试统计量的 p 值是有偏差的，这个用法是错误的。

8.3.3 分布尾部

最后，可以检查分布的右尾。可以使用分位点函数 ppf(其为 cdf 函数的逆)来获得临界值，或者更直接的，可以使用残存函数的逆。

```
>>> crit01, crit05, crit10 = stats.t.ppf([1 - 0.01, 1 - 0.05, 1 - 0.10], 10)
>>> print('critical values from ppf at 1%%, 5%% and 10%%  %8.4f %8.4f %8.4f'% (crit01, crit05, crit10))
critical values from ppf at 1%, 5% and 10%   2.7638   1.8125   1.3722
>>> print('critical values from isf at 1%%, 5%% and 10%%  %8.4f %8.4f %8.4f'% tuple(stats.t.isf([0.01,0.05,0.10],10)))
critical values from isf at 1%, 5% and 10%   2.7638   1.8125   1.3722
>>> freq01 = np.sum(x>crit01) / float(n) * 100
>>> freq05 = np.sum(x>crit05) / float(n) * 100
>>> freq10 = np.sum(x>crit10) / float(n) * 100
>>> print('sample %%-frequency at 1%%, 5%% and 10%% tail %8.4f %8.4f %8.4f'% (freq01, freq05, freq10))
sample %-frequency at 1%, 5% and 10% tail   0.8000   4.8000   10.6000
```

在以上结果中，我们的样本有一个更重的尾部，即实际在理论分界值右边的概率要高于理论值。可以通过使用更大规模的样本来获得更好的拟合。在以下情况下，经验频率已经很接近理论概率了，但即使重复这个过程若干次，波动依然会保持在这个程度。

```
>>> freq05l = np.sum(stats.t.rvs(10, size=10000) > crit05) / 10000.0 * 100
>>> print('larger sample %%-frequency at 5%% tail %8.4f'% freq05l)
larger sample %-frequency at 5% tail   5.0300
```

也可以比较它与正态分布的尾部，其有一个轻得多的尾部：

```
>>> print('tail prob. of normal at 1%%, 5%% and 10%%  %8.4f %8.4f %8.4f'% tuple(stats.norm.sf([crit01, crit05, crit10]) * 100))
tail prob. of normal at 1%, 5% and 10%   0.2857   3.4957   8.5003
```

卡方检验可以用来测试一个有限的分类观测值频率与假定的理论概率分布是否具有显著差异。

```
>>> quantiles = [0.0, 0.01, 0.05, 0.1, 1 - 0.10, 1 - 0.05, 1 - 0.01, 1.0]
>>> crit = stats.t.ppf(quantiles, 10)
>>> print(crit)
[        -inf -2.76376946 -1.81246112 -1.37218364  1.37218364  1.81246112
  2.76376946         inf]
>>> n_sample = x.size
>>> freqcount = np.histogram(x, bins=crit)[0]
>>> tprob = np.diff(quantiles)
>>> nprob = np.diff(stats.norm.cdf(crit))
>>> tch, tpval = stats.chisquare(freqcount, tprob * n_sample)
>>> nch, npval = stats.chisquare(freqcount, nprob * n_sample)
>>> print('chisquare for t:        chi2 = %6.3f pvalue = %6.4f' % (tch, tpval))
chisquare for t:        chi2 =  2.300 pvalue = 0.8901
>>> print('chisquare for normal: chi2 = %6.3f pvalue = %6.4f' % (nch, npval))
chisquare for normal: chi2 = 64.605 pvalue = 0.0000
```

可以看到，当 t 分布检验没被拒绝时标准正态分布却被完全拒绝。在样本区分出这两个分布后，可以先进行拟合确定 scale 与 location 再检查拟合后的分布的差异性。

可以先进行拟合，再用拟合分布而不是默认(location 和 scale 是默认的)分布进行检验。

```
>>> tdof, tloc, tscale = stats.t.fit(x)
>>> nloc, nscale = stats.norm.fit(x)
>>> tprob = np.diff(stats.t.cdf(crit, tdof, loc=tloc, scale=tscale))
>>> nprob = np.diff(stats.norm.cdf(crit, loc=nloc, scale=nscale))
>>> tch, tpval = stats.chisquare(freqcount, tprob*n_sample)
>>> nch, npval = stats.chisquare(freqcount, nprob*n_sample)
>>> print('chisquare for t:        chi2 = %6.3f pvalue = %6.4f' % (tch, tpval))
chisquare for t:        chi2 =  1.577 pvalue = 0.9542
>>> print('chisquare for normal: chi2 = %6.3f pvalue = %6.4f' % (nch, npval))
chisquare for normal: chi2 = 11.084 pvalue = 0.0858
```

在经过参数调整之后，仍然可以以 5%水平拒绝正态分布假设。如果以 95%的 p 值，则显然不能拒绝 t 分布的假设。

8.3.4 正态分布的特殊检验

自从正态分布变为统计学中最常见的分布，就出现了大量的方法用来检验一个样本是否可以被看成是来自正态分布的。

首先检验分布的峰度和偏度是否显著地与正态分布的对应值相差异。

```
>>> print('normal skewtest teststat = %6.3f pvalue = %6.4f' % stats.skewtest(x))
normal skewtest teststat = -1.164 pvalue = 0.2444
>>> print('normal kurtosistest teststat = %6.3f pvalue = %6.4f' % stats.kurtosistest(x))
normal kurtosistest teststat =  3.792 pvalue = 0.0001
```

将这两个检验组合起来的正态性检验为：

```
>>> print('normaltest teststat = %6.3f pvalue = %6.4f' % stats.normaltest(x))
normaltest teststat = 15.734 pvalue = 0.0004
```

在上述 3 个测试中，p 值是非常低的，所以可以拒绝样本的峰度与偏度与正态分布相同的假设。

当对样本进行标准化之后，依旧可得到相同的结果。

```
>>> print('normaltest teststat = %6.3f pvalue = %6.4f' % stats.normaltest((x-x.mean())/
x.std()))
normaltest teststat = 15.734 pvalue = 0.0004
```

由以上结果可看出正态性被拒绝了，所以可以检查这种检验方式是否可以有效地作用到其他情况中。

```
>>> print('normaltest teststat = %6.3f pvalue = %6.4f' % stats.normaltest(stats.t.rvs(10,
size=100)))
normaltest teststat =  7.410 pvalue = 0.0246
>>> print('normaltest teststat = %6.3f pvalue = %6.4f' % stats.normaltest(stats.norm.rvs
(size=1000)))
```

```
normaltest teststat =   0.326 pvalue = 0.8494
```

我们检验了小样本的t分布样本的观测值以及一个大样本的正态分布观测值。在这两种情况下，都不能拒绝其来自正态分布的空假设。得到这样的结果是因为前者是因为无法区分小样本下的t分布，后者是因为它本来就来自正态分布。

8.3.5 比较两个样本

下面介绍两个分布，它们可以判定为相同或者来自不同的分布，并且我们希望测试样本是否具有相同的统计特征。

1. 均值

对以相同的均值产生的样本进行检验：

```
>>> rvs1 = stats.norm.rvs(loc=5, scale=10, size=500)
>>> rvs2 = stats.norm.rvs(loc=5, scale=10, size=500)
>>> stats.ttest_ind(rvs1, rvs2)
Ttest_indResult(statistic=-0.5135132094759057, pvalue=0.607706034873511)
```

对以不同的均值产生的样本进行检验：

```
>>> stats.ttest_ind(rvs1, rvs3)
Ttest_indResult(statistic=-4.948208127929207, pvalue=8.786893076210457e-07)
```

2. 对于两个不同的样本进行的KS检验

在这个例子中，我们使用两个同分布的样本进行检验。设因为p值很高，所以不能拒绝原假设。

```
>>> stats.ks_2samp(rvs1, rvs2)
Ks_2sampResult(statistic=0.04200000000000004, pvalue=0.7613652067734004)
```

在第二个例子中，由于均值不同，所以可以拒绝空假设(由p值小于1%)。

```
>>> stats.ks_2samp(rvs1, rvs3)
Ks_2sampResult(statistic=0.14200000000000002, pvalue=7.110101186717565e-05)
```

8.4 核密度估计

一个常见的统计学问题是从一个样本中估计随机变量的概率密度分布函数(PDF)，这个问题被称为密度估计。解决此问题最著名的工具是直方图。直方图是一个很好的可视化工具。但是对于数据特征的利用并不是非常有效率。

核密度估计(KDE)对于这个问题来说是一个更有效的工具。gaussian_kde估计方法可以被用来估计单元或多元数据的PDF。它在数据呈单峰的时候工作得最好，但也可以在多峰情况下工作。

8.4.1 单元估计

【例 8-6】 以一个最小数据集来观察 gaussian_kde 是如何工作的，以及带宽(bandwidth)的不同选择方式。PDF 对应的数据被以蓝线的形式显示在图像的底端[被称为毯图(rug plot)]

```
>>> from scipy import stats
>>> import matplotlib.pyplot as plt
>>> import numpy as np
>>> x1 = np.array([-7, -5, 1, 4, 5], dtype=np.float)
>>> kde1 = stats.gaussian_kde(x1)
>>> kde2 = stats.gaussian_kde(x1, bw_method='silverman')
>>> fig = plt.figure()
>>> ax = fig.add_subplot(111)
>>> ax.plot(x1, np.zeros(x1.shape), 'b+', ms=20)       #毯图
[<matplotlib.lines.Line2D object at 0x00000188D0739A58>]
>>> x_eval = np.linspace(-10, 10, num=200)
>>> ax.plot(x_eval, kde1(x_eval), 'k-', label="Scott's Rule")
[<matplotlib.lines.Line2D object at 0x00000188D07460B8>]
>>> ax.plot(x_eval, kde1(x_eval), 'r-', label="Silverman's Rule")
[<matplotlib.lines.Line2D object at 0x00000188D07464A8>]
>>> plt.show()                                          #效果如图 8-14 所示
```

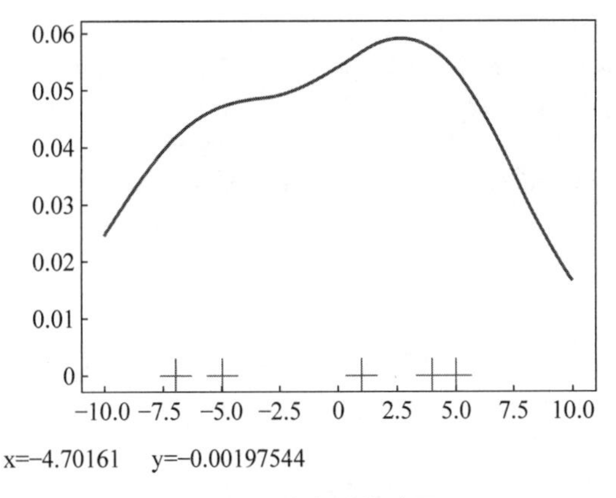

彩色图片 图 8-14

图 8-14 所绘制的毯图

由图 8-14 可以看到，在 Scott 规则以及 Silverman 规则下的结果几乎没有差异，并且带宽的选择相比较于数据的稀少显得太宽。可以定义带宽函数以获得一个更好的平滑结果。

```
def my_kde_bandwidth(obj, fac=1./5):
 """使用斯科特定律乘以一个常数因子。"""
 return np.power(obj.n, -1./(obj.d+4)) * fac
fig = plt.figure()
ax = fig.add_subplot(111)
ax.plot(x1, np.zeros(x1.shape), 'b+', ms=20)        #rug plot
kde3 = stats.gaussian_kde(x1, bw_method=my_kde_bandwidth)
```

```
ax.plot(x_eval, kde3(x_eval), 'g-', label = "With smaller BW")
plt.show()                                              #效果如图 8-15 所示
```

由图 8-15 可以看到，如果设置的带宽非常狭窄，则获得 PDF 的估计退化为围绕在数据点的简单的高斯和。

现在使用更真实的例子，并且查看看在两种带宽选择规则中的差异。这些规则被认为在正态分布上很好用，但即使是在偏离正态的单峰分布上它也工作得很好。作为一个非正态分布，此处采用 5 自由度的 t 分布。

图 8-15　定义带宽获取的平滑效果

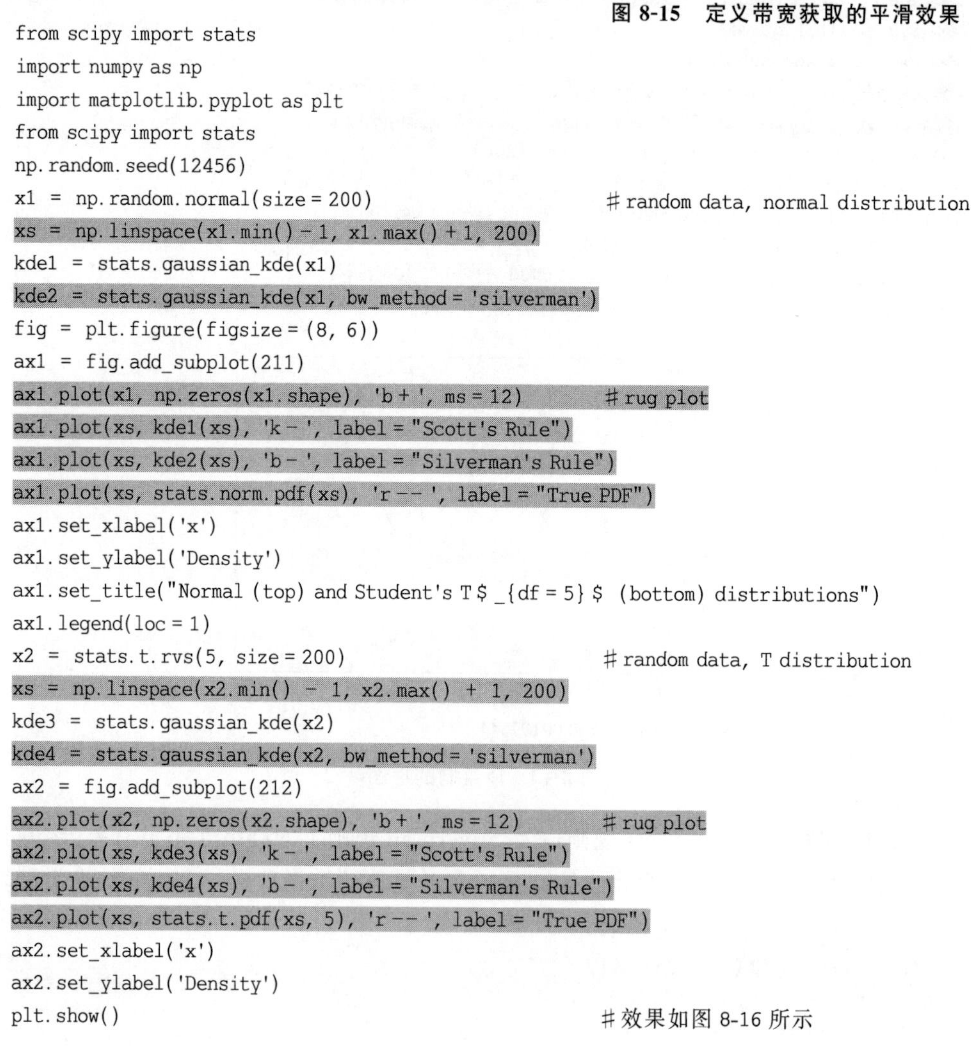

```
from scipy import stats
import numpy as np
import matplotlib.pyplot as plt
from scipy import stats
np.random.seed(12456)
x1 = np.random.normal(size = 200)                        # random data, normal distribution
xs = np.linspace(x1.min() - 1, x1.max() + 1, 200)
kde1 = stats.gaussian_kde(x1)
kde2 = stats.gaussian_kde(x1, bw_method = 'silverman')
fig = plt.figure(figsize = (8, 6))
ax1 = fig.add_subplot(211)
ax1.plot(x1, np.zeros(x1.shape), 'b+', ms = 12)          # rug plot
ax1.plot(xs, kde1(xs), 'k-', label = "Scott's Rule")
ax1.plot(xs, kde2(xs), 'b-', label = "Silverman's Rule")
ax1.plot(xs, stats.norm.pdf(xs), 'r--', label = "True PDF")
ax1.set_xlabel('x')
ax1.set_ylabel('Density')
ax1.set_title("Normal (top) and Student's T$_{df = 5}$ (bottom) distributions")
ax1.legend(loc = 1)
x2 = stats.t.rvs(5, size = 200)                          # random data, T distribution
xs = np.linspace(x2.min() - 1, x2.max() + 1, 200)
kde3 = stats.gaussian_kde(x2)
kde4 = stats.gaussian_kde(x2, bw_method = 'silverman')
ax2 = fig.add_subplot(212)
ax2.plot(x2, np.zeros(x2.shape), 'b+', ms = 12)          # rug plot
ax2.plot(xs, kde3(xs), 'k-', label = "Scott's Rule")
ax2.plot(xs, kde4(xs), 'b-', label = "Silverman's Rule")
ax2.plot(xs, stats.t.pdf(xs, 5), 'r--', label = "True PDF")
ax2.set_xlabel('x')
ax2.set_ylabel('Density')
plt.show()                                               #效果如图 8-16 所示
```

下面将看到一个宽一个窄的双峰分布，得到很难拟合的分布效果，因为每个峰需要不同的带宽去拟合。

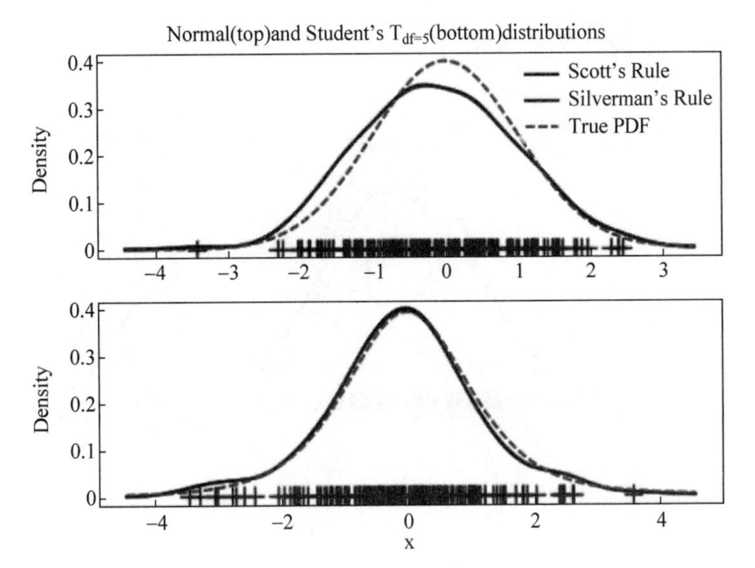

图 8-16 两种带宽的差异

```
from functools import partial
loc1, scale1, size1 = ( -2, 1, 175)
loc2, scale2, size2 = (2, 0.2, 50)
x2 = np.concatenate([np.random.normal(loc = loc1, scale = scale1, size = size1),np.random.
normal(loc = loc2, scale = scale2, size = size2)])
x_eval = np.linspace(x2.min() - 1, x2.max() + 1, 500)
kde = stats.gaussian_kde(x2)
kde2 = stats.gaussian_kde(x2, bw_method = 'silverman')
kde3 = stats.gaussian_kde(x2, bw_method = partial(my_kde_bandwidth, fac = 0.2))
kde4 = stats.gaussian_kde(x2, bw_method = partial(my_kde_bandwidth, fac = 0.5))
pdf = stats.norm.pdf
bimodal_pdf = pdf(x_eval, loc = loc1, scale = scale1) * float(size1) / x2.size + pdf(x_eval,
loc = loc2, scale = scale2) * float(size2) / x2.size
fig = plt.figure(figsize = (8, 6))
ax = fig.add_subplot(111)
ax.plot(x2, np.zeros(x2.shape), 'b+', ms = 12)
ax.plot(x_eval, kde(x_eval), 'k-', label = "Scott's Rule")
ax.plot(x_eval, kde2(x_eval), 'b-', label = "Silverman's Rule")
ax.plot(x_eval, kde3(x_eval), 'g-', label = "Scott * 0.2")
ax.plot(x_eval, kde4(x_eval), 'c-', label = "Scott * 0.5")
ax.plot(x_eval, bimodal_pdf, 'r--', label = "Actual PDF")
ax.set_xlim([x_eval.min(), x_eval.max()])
ax.legend(loc = 2)
ax.set_xlabel('x')
ax.set_ylabel('Density')
plt.show()                                    #效果如图 8-17 所示
```

正如预想的,KDE并没有很好地趋近正确的PDF,因为双峰分布的形状不同。通过使用默认带宽(Scott * 0.5),可以做得更好,使用更小的带宽将使平滑性受到影响。这里真正

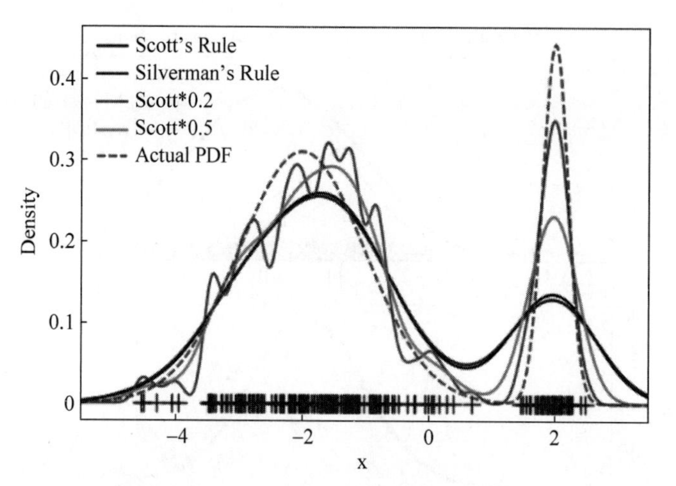

图 8-17　一个宽一个窄的双峰分布效果

需要的是非均匀(自适应)带宽。

8.4.2 多元估计

通过 gaussian_kde 可以像单元估计那样进行多元估计。现在来解决二元情况下的问题,首先产生一些随机的二元数据。

```
def measure(n):
 """测量模型,返回两个耦合的测量"""
 m1 = np.random.normal(size = n)
 m2 = np.random.normal(scale = 0.5, size = n)
 return m1 + m2, m1 - m2
m1, m2 = measure(2000)
xmin = m1.min()
xmax = m1.max()
ymin = m2.min()
ymax = m2.max()
```

然后对这些数据使用 KDE:

```
X, Y = np.mgrid[xmin:xmax:100j, ymin:ymax:100j]
positions = np.vstack([X.ravel(), Y.ravel()])
values = np.vstack([m1, m2])
kernel = stats.gaussian_kde(values)
Z = np.reshape(kernel.evaluate(positions).T, X.shape)
```

最后把估计的双峰分布以 colormap 形式显示出来,并且在上面画出每个数据点。

```
fig = plt.figure(figsize = (8, 6))
ax = fig.add_subplot(111)
ax.imshow(np.rot90(Z), cmap = plt.cm.gist_earth_r,extent = [xmin, xmax, ymin, ymax])
ax.plot(m1, m2, 'k.', markersize = 2)
ax.set_xlim([xmin, xmax])
```

```
ax.set_ylim([ymin, ymax])
plt.show()                                                   #效果如图 8-18 所示
```

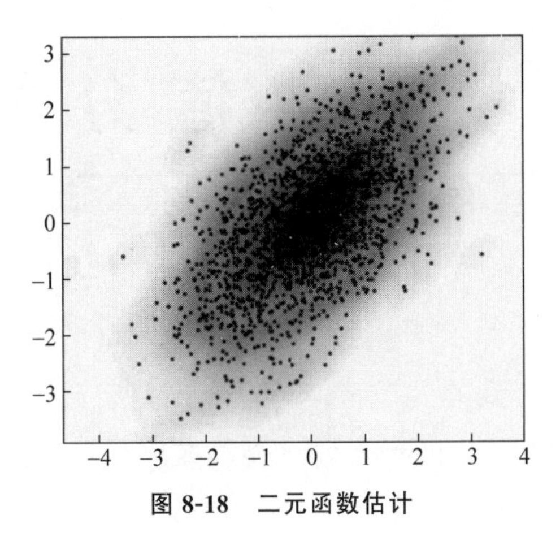

图 8-18　二元函数估计

8.5　习题

1. 标准化（也称为归一化），通过减去________并除以________，将所有变量置于________。

2. 常用的几种概率函数有哪几种？

3. 利用 Python 绘制画直方图与概率分布曲线。

4. 野外正在进行 8(n=8)口石油勘探井的发掘工作，每一口井能够开发出油的概率是 0.12(p=0.12)。请计算最终所有的勘探井都勘探失败的概率。

5. 图 8-19 是工种与患高血压人数的关系图，我们希望知道这个统计结果能否说明患高血压与工种之间存在某种联系。

50-59 岁男性工人与农民高血压患病比较

	患高血压人数		患高血压人数		合计
	观察数	理论数	观察数	理论数	
首钢工人	386	346.4	895	934.6	1281
石景山区农民	65	104.6	322	282.4	387
合计	451	451	1217	1217	1668

图 8-19　工种与患高血压人数的关系图

第9章 数值分析

CHAPTER 9

数值分析主要研究使用计算机求解各种数学问题的方法、理论分析及其软件的实现，是科学工程计算的重要理论支撑。它既有纯粹数学的高度抽象性和严密科学性，又有着具体应用的广泛性和实际实验的技术性。数值分析课程是一门与计算机使用密切结合的实用性很强的数学课程。

本章主要利用 Python 实现各数值分析。

9.1 主成分分析

9.1.1 主成分分析的原理

主成分分析(Principal Component Analysis，PAC)是一种降维方法。为了便于维度变换，有如下假设。

- 假设样本数据是 n 维的。
- 假设原始坐标系为：由标准正交基向量$\{\boldsymbol{i}_1,\boldsymbol{i}_2,\cdots,\boldsymbol{i}_n\}$张成的空间，其中$\|\boldsymbol{i}_s\|=1$；$\boldsymbol{i}_s\cdot\boldsymbol{i}_t=0,s\neq t$。
- 假设经过线性变换后的新坐标系为：由标准正交基向量$\{\boldsymbol{j}_1,\boldsymbol{j}_2,\cdots,\boldsymbol{j}_n\}$张成的空间，其中$\|\boldsymbol{j}_s\|=1$；$\boldsymbol{j}_s\cdot\boldsymbol{j}_t=0,s\neq t$。

根据定义，有：

$$\boldsymbol{j}_s=\{\boldsymbol{i}_1,\boldsymbol{i}_2,\cdots,\boldsymbol{i}_n\}\begin{bmatrix}\boldsymbol{j}_s\cdot\boldsymbol{j}_1\\ \vdots\\ \boldsymbol{j}_s\cdot\boldsymbol{j}_n\end{bmatrix},\quad s=1,2,\cdots,n$$

记作$\boldsymbol{w}_s=(\boldsymbol{j}_s\cdot\boldsymbol{j}_1,\boldsymbol{j}_s\cdot\boldsymbol{j}_2,\cdots,\boldsymbol{j}_s\cdot\boldsymbol{j}_n)^{\mathrm{T}}$，其各分量就是基向量$\boldsymbol{j}_s$在原始坐标系$\{\boldsymbol{i}_1,\boldsymbol{i}_2,\cdots,\boldsymbol{i}_n\}$中的投影。即：

- $\|\boldsymbol{w}_s\|=1,s=1,2,\cdots,n$；

- $\boldsymbol{w}_s \cdot \boldsymbol{w}_t = 0, s \neq t$。

根据定义有：$(\boldsymbol{j}_1, \boldsymbol{j}_2, \cdots, \boldsymbol{j}_n) = (\boldsymbol{i}_1, \boldsymbol{i}_2, \cdots, \boldsymbol{i}_n)(\boldsymbol{w}_1, \boldsymbol{w}_2, \cdots, \boldsymbol{w}_n)$。令坐标变换矩阵 $\boldsymbol{W}$ 为：

$$\boldsymbol{W} = (\boldsymbol{w}_1, \boldsymbol{w}_2, \cdots, \boldsymbol{w}_n) = \begin{bmatrix} \boldsymbol{j}_1 \cdot \boldsymbol{i}_1 & \boldsymbol{j}_2 \cdot \boldsymbol{i}_1 & \cdots & \boldsymbol{j}_n \cdot \boldsymbol{i}_1 \\ \boldsymbol{j}_1 \cdot \boldsymbol{i}_2 & \boldsymbol{j}_2 \cdot \boldsymbol{i}_2 & \cdots & \boldsymbol{j}_n \cdot \boldsymbol{i}_2 \\ \vdots & \vdots & \ddots & \vdots \\ \boldsymbol{j}_1 \cdot \boldsymbol{i}_n & \boldsymbol{j}_2 \cdot \boldsymbol{i}_n & \cdots & \boldsymbol{j}_n \cdot \boldsymbol{i}_n \end{bmatrix}$$

则有$(\boldsymbol{j}_1, \boldsymbol{j}_2, \cdots, \boldsymbol{j}_n) = (\boldsymbol{i}_1, \boldsymbol{i}_2, \cdots, \boldsymbol{i}_n)\boldsymbol{W}$。$\boldsymbol{W}$ 的第 s 列就是 $\boldsymbol{j}_s$ 在原始坐标系$\{\boldsymbol{i}_1, \boldsymbol{i}_2, \cdots, \boldsymbol{i}_n\}$中的投影。且有 $\boldsymbol{W} = \boldsymbol{W}^{\mathrm{T}}, \boldsymbol{W}\boldsymbol{W}^{\mathrm{T}} = \boldsymbol{I}$（即它的逆矩阵就是它的转置）。

假设样本点 $\boldsymbol{x}_i$ 在原始坐标系中的表示为：

$$\boldsymbol{x}_i = (\boldsymbol{i}_1, \boldsymbol{i}_2, \cdots, \boldsymbol{i}_n) \begin{bmatrix} x_i^{(1)} \\ x_i^{(2)} \\ \vdots \\ x_i^{(n)} \end{bmatrix}$$

令 $\boldsymbol{x} = (x_i^{(1)}, x_i^{(2)}, \cdots, x_i^{(n)})^{\mathrm{T}}$，则 $\boldsymbol{x}_i = (\boldsymbol{i}_1, \boldsymbol{i}_2, \cdots, \boldsymbol{i}_n)\boldsymbol{x}$。

假设样本点 $\boldsymbol{x}_i$ 在新坐标系中的表示为：

$$\boldsymbol{x}_i = (\boldsymbol{j}_1, \boldsymbol{j}_2, \cdots, \boldsymbol{j}_n)\boldsymbol{x} \begin{bmatrix} z_i^{(1)} \\ z_i^{(2)} \\ \vdots \\ z_i^{(n)} \end{bmatrix}$$

令 $\boldsymbol{z}_i = (z_i^{(1)}, z_i^{(2)}, \cdots, z_i^{(n)})^{\mathrm{T}}$，则 $\boldsymbol{x}_i = (\boldsymbol{j}_1, \boldsymbol{j}_2, \cdots, \boldsymbol{j}_n)\boldsymbol{z}_i$。根据 $\boldsymbol{x}_i = \boldsymbol{x}_i$，有：

$$(\boldsymbol{j}_1, \boldsymbol{j}_2, \cdots, \boldsymbol{j}_n)\boldsymbol{z}_i = (\boldsymbol{i}_1, \boldsymbol{i}_2, \cdots, \boldsymbol{i}_n)\boldsymbol{W}\boldsymbol{z}_i = (\boldsymbol{i}_1, \boldsymbol{i}_2, \cdots, \boldsymbol{i}_n)\boldsymbol{x}$$

于是 $\boldsymbol{z}_i = \boldsymbol{W}^{-1}\boldsymbol{x} = \boldsymbol{W}^{\mathrm{T}}\boldsymbol{x}$，则有：

$$z_i^{(s)} = \boldsymbol{w}_s^{\mathrm{T}}\boldsymbol{x}$$

丢弃其中的部分坐标，将维度降低到 $d < n$，则样本点 $\boldsymbol{x}_i$ 在低维坐标系中的坐标为 $\boldsymbol{z}'_i = (z_i^{(1)}, z_i^{(2)}, \cdots, z_i^{(d)})^{\mathrm{T}}$。现在的问题是：最好丢弃哪些坐标？我们的想法是：基于降维之后的坐标重构样本时，尽量要与原始样本相近。

提示：这里始终考虑丢弃最末尾的维度。假设随机挑选要丢弃的维度，则总可以进行线性变换，使得这些被丢弃的维度位于最末尾。

如果基于降维后的坐标 $\boldsymbol{z}'_i$ 来重构 $\boldsymbol{x}_i$：

$$\hat{\boldsymbol{x}}_i=(\boldsymbol{j}_1,\boldsymbol{j}_2,\cdots,\boldsymbol{j}_d)\begin{bmatrix}z_i^{(1)}\\z_i^{(2)}\\\vdots\\z_i^{(d)}\end{bmatrix}=(\boldsymbol{i}_1,\boldsymbol{i}_2,\cdots,\boldsymbol{i}_n)(\boldsymbol{w}_1,\boldsymbol{w}_2,\cdots,\boldsymbol{w}_d)\begin{bmatrix}z_i^{(1)}\\z_i^{(2)}\\\vdots\\z_i^{(d)}\end{bmatrix}$$

$$=(\boldsymbol{i}_1,\boldsymbol{i}_2,\cdots,\boldsymbol{i}_n)(\boldsymbol{w}_1,\boldsymbol{w}_2,\cdots,\boldsymbol{w}_d)\begin{bmatrix}\boldsymbol{w}_1^{\mathrm{T}}\cdot\boldsymbol{x}\\\boldsymbol{w}_2^{\mathrm{T}}\cdot\boldsymbol{x}\\\vdots\\\boldsymbol{w}_d^{\mathrm{T}}\cdot\boldsymbol{x}\end{bmatrix}$$

$$=(\boldsymbol{i}_1,\boldsymbol{i}_2,\cdots,\boldsymbol{i}_n)(\boldsymbol{w}_1,\boldsymbol{w}_2,\cdots,\boldsymbol{w}_d)\begin{bmatrix}\boldsymbol{w}_1^{\mathrm{T}}\\\boldsymbol{w}_2^{\mathrm{T}}\\\vdots\\\boldsymbol{w}_d^{\mathrm{T}}\end{bmatrix}\cdot\boldsymbol{x}$$

令 $\boldsymbol{W}_d=(\boldsymbol{w}_1,\boldsymbol{w}_2,\cdots,\boldsymbol{w}_d)$，即它是坐标变换矩阵 $\boldsymbol{W}$ 的前 d 列，则：

$$\hat{\boldsymbol{x}}_i=(\boldsymbol{i}_1,\boldsymbol{i}_2,\cdots,\boldsymbol{i}_n)\boldsymbol{W}_d\boldsymbol{W}_d^{\mathrm{T}}\boldsymbol{x}$$

考虑整个训练集，原样本点 $\boldsymbol{x}_i$ 和基于投影重构的样本点 $\hat{\boldsymbol{x}}_i$ 之间的距离为(即所有重构的样本点与原样本点的整体误差)：

$$\sum_{i=1}^{N}\|\hat{\boldsymbol{x}}_i-\boldsymbol{x}_i\|_2^2=\sum_{i=1}^{N}\|\boldsymbol{x}-\boldsymbol{W}_d\boldsymbol{W}_d^{\mathrm{T}}\boldsymbol{x}\|_2^2$$

考虑：

$$\boldsymbol{W}_d\boldsymbol{W}_d^{\mathrm{T}}\boldsymbol{x}=(\boldsymbol{w}_1,\boldsymbol{w}_2,\cdots,\boldsymbol{w}_d)\begin{bmatrix}\boldsymbol{w}_1^{\mathrm{T}}\\\boldsymbol{w}_2^{\mathrm{T}}\\\vdots\\\boldsymbol{w}_d^{\mathrm{T}}\end{bmatrix}\boldsymbol{x}=\sum_{s=1}^{d}\boldsymbol{w}_s(\boldsymbol{w}_s^{\mathrm{T}}\boldsymbol{x})$$

由于 $\boldsymbol{w}_s^{\mathrm{T}}\boldsymbol{x}$ 是标量，所以有：

$$\boldsymbol{W}_d\boldsymbol{W}_d^{\mathrm{T}}\boldsymbol{x}=\sum_{s=1}^{d}(\boldsymbol{w}_s^{\mathrm{T}}\boldsymbol{x})\boldsymbol{w}_s$$

由于 $\boldsymbol{w}_s^{\mathrm{T}}\boldsymbol{x}$ 是标量，所以它的转置等于它本身，所以有：

$$\boldsymbol{W}_d\boldsymbol{W}_d^{\mathrm{T}}\boldsymbol{x}=\sum_{s=1}^{d}(\boldsymbol{x}_s^{\mathrm{T}}\boldsymbol{w}_s)\boldsymbol{w}_s$$

于是有：

$$\sum_{i=1}^{N}\|\hat{\boldsymbol{x}}_i-\boldsymbol{x}_i\|_2^2=\sum_{i=1}^{N}\|\boldsymbol{x}-\boldsymbol{W}_d\boldsymbol{W}_d^{\mathrm{T}}\boldsymbol{x}\|_2^2=\sum_{i=1}^{N}\left\|\boldsymbol{x}_i-\sum_{s=1}^{d}(\boldsymbol{x}_s^{\mathrm{T}}\boldsymbol{w}_s)\boldsymbol{w}_s\right\|_2^2$$

定义矩阵 $\boldsymbol{X}=(\boldsymbol{x}_1,\boldsymbol{x}_2,\cdots,\boldsymbol{x}_N)$，即矩阵 $\boldsymbol{X}$ 的第 i 列就是 $\boldsymbol{x}$，则可以证明：

$$\|\boldsymbol{X}^{\mathrm{T}}-\boldsymbol{X}^{\mathrm{T}}\boldsymbol{W}_d\boldsymbol{W}_d^{\mathrm{T}}\|_{\mathrm{F}}^2=\sum_{i=1}^{N}\left\|\boldsymbol{x}-\sum_{s=1}^{d}(\boldsymbol{x}_s^{\mathrm{T}}\boldsymbol{w}_s)\boldsymbol{w}_s\right\|_2^2$$

其中，$\|\cdot\|_{\mathrm{F}}$ 为矩阵的 F 范数。接着的证明过程中，要用到矩阵的 F 范数和矩阵的迹性质：

- 矩阵 $\boldsymbol{A}$ 的 F 范数定义为：$\|\boldsymbol{A}\|_{\mathrm{F}}=\sqrt{\sum_i\sum_j a_{ij}^2}$，即矩阵所有元素的平方和的开方。

  F 范数的性质有：

  ① $\|\boldsymbol{A}\|_{\mathrm{F}}=\|\boldsymbol{A}^{\mathrm{T}}\|_{\mathrm{F}}$。

  ② $\|\boldsymbol{A}\|_{\mathrm{F}}=\mathrm{tr}(\boldsymbol{A}^{\mathrm{T}}\boldsymbol{A})$，tr 为矩阵的迹。

- 对于方阵，矩阵的迹定义为：$\mathrm{tr}(\boldsymbol{A})=\sum_i a_{ii}$，即矩阵对角线元素之和。矩阵的迹的性质有：

  ① $\mathrm{tr}(\boldsymbol{A})=\mathrm{tr}(\boldsymbol{A}^{\mathrm{T}})$。

  ② $\mathrm{tr}(\boldsymbol{A}\pm\boldsymbol{B})=\mathrm{tr}(\boldsymbol{A})\pm\mathrm{tr}(\boldsymbol{B})$。

  ③ 如果 $\boldsymbol{A}$ 为 $m\times n$ 阶矩阵，$\boldsymbol{B}$ 为 $n\times m$ 阶矩阵，则 $\mathrm{tr}(\boldsymbol{AB})=\mathrm{tr}(\boldsymbol{BA})$。

  ④ 矩阵的迹等于矩阵的特征值之和：$\mathrm{tr}(\boldsymbol{A})=\lambda_1+\lambda_2+\cdots+\lambda_n$。

  ⑤ 对任何正整数 k，有 $\mathrm{tr}(\boldsymbol{A}^k)=\lambda_1^k+\lambda_2^k+\cdots+\lambda_n^k$。

要求解最优化问题：

$$\begin{aligned}
\boldsymbol{W}_d^* &=\underset{\boldsymbol{W}_d}{\mathrm{argmin}}=\|\hat{\boldsymbol{x}}_i-\boldsymbol{x}_i\|_2^2\\
&=\underset{\boldsymbol{W}_d}{\mathrm{argmin}}=\|\boldsymbol{X}^{\mathrm{T}}-\boldsymbol{X}^{\mathrm{T}}\boldsymbol{W}_d\boldsymbol{W}_d^{\mathrm{T}}\|_{\mathrm{F}}^2\\
&=\underset{\boldsymbol{W}_d}{\mathrm{argmin}}\ \mathrm{tr}\left[(\boldsymbol{X}^{\mathrm{T}}-\boldsymbol{X}^{\mathrm{T}}\boldsymbol{W}_d\boldsymbol{W}_d^{\mathrm{T}})^{\mathrm{T}}(\boldsymbol{X}^{\mathrm{T}}-\boldsymbol{X}^{\mathrm{T}}\boldsymbol{W}_d\boldsymbol{W}_d^{\mathrm{T}})\right]\\
&=\underset{\boldsymbol{W}_d}{\mathrm{argmin}}\ \mathrm{tr}\left[(\boldsymbol{X}^{\mathrm{T}}-\boldsymbol{W}_d\boldsymbol{W}_d^{\mathrm{T}}\boldsymbol{X})(\boldsymbol{X}^{\mathrm{T}}-\boldsymbol{X}^{\mathrm{T}}\boldsymbol{W}_d\boldsymbol{W}_d^{\mathrm{T}})\right]\\
&=\underset{\boldsymbol{W}_d}{\mathrm{argmin}}\ \mathrm{tr}\left[\boldsymbol{XX}^{\mathrm{T}}-\boldsymbol{XX}^{\mathrm{T}}\boldsymbol{W}_d\boldsymbol{W}_d^{\mathrm{T}}-\boldsymbol{W}_d\boldsymbol{W}_d^{\mathrm{T}}\boldsymbol{XX}^{\mathrm{T}}+\boldsymbol{W}_d\boldsymbol{W}_d^{\mathrm{T}}\boldsymbol{XX}^{\mathrm{T}}\boldsymbol{W}_d\boldsymbol{W}_d^{\mathrm{T}}\right]\\
&=\underset{\boldsymbol{W}_d}{\mathrm{argmin}}\left[\mathrm{tr}(\boldsymbol{XX}^{\mathrm{T}})-\mathrm{tr}(\boldsymbol{XX}^{\mathrm{T}}\boldsymbol{W}_d\boldsymbol{W}_d^{\mathrm{T}})-\mathrm{tr}(\boldsymbol{W}_d\boldsymbol{W}_d^{\mathrm{T}}\boldsymbol{XX}^{\mathrm{T}})+\mathrm{tr}(\boldsymbol{W}_d\boldsymbol{W}_d^{\mathrm{T}}\boldsymbol{XX}^{\mathrm{T}}\boldsymbol{W}_d\boldsymbol{W}_d^{\mathrm{T}})\right]
\end{aligned}$$

因为矩阵及其转置的迹相等，因此 $\mathrm{tr}(\boldsymbol{XX}^{\mathrm{T}}\boldsymbol{W}_d\boldsymbol{W}_d^{\mathrm{T}})=\mathrm{tr}(\boldsymbol{W}_d\boldsymbol{W}_d^{\mathrm{T}}\boldsymbol{XX}^{\mathrm{T}})$。由于可以在 $\mathrm{tr}(\cdot)$ 中调整矩阵的顺序，则 $\mathrm{tr}(\boldsymbol{W}_d\boldsymbol{W}_d^{\mathrm{T}}\boldsymbol{XX}^{\mathrm{T}}\boldsymbol{W}_d\boldsymbol{W}_d^{\mathrm{T}})=\mathrm{tr}(\boldsymbol{XX}^{\mathrm{T}}\boldsymbol{W}_d\boldsymbol{W}_d^{\mathrm{T}}\boldsymbol{W}_d\boldsymbol{W}_d^{\mathrm{T}})$。

考虑到：

$$\boldsymbol{W}_d^{\mathrm{T}}\boldsymbol{W}_d=\begin{bmatrix}\boldsymbol{w}_1^{\mathrm{T}}\\ \boldsymbol{w}_2^{\mathrm{T}}\\ \vdots\\ \boldsymbol{w}_d^{\mathrm{T}}\end{bmatrix}(\boldsymbol{w}_1,\boldsymbol{w}_2,\cdots,\boldsymbol{w}_d)=\boldsymbol{I}_{d\times d}$$

即有：

$$\mathrm{tr}(\boldsymbol{W}_d\boldsymbol{W}_d^{\mathrm{T}}\boldsymbol{X}\boldsymbol{X}^{\mathrm{T}}\boldsymbol{W}_d\boldsymbol{W}_d^{\mathrm{T}})=\mathrm{tr}(\boldsymbol{X}\boldsymbol{X}^{\mathrm{T}}\boldsymbol{W}_d\boldsymbol{W}_d^{\mathrm{T}})$$

于是：

$$\begin{aligned}W_d^*&=\underset{\boldsymbol{W}_d}{\mathrm{argmin}}[\mathrm{tr}(\boldsymbol{X}\boldsymbol{X}^{\mathrm{T}})-2\mathrm{tr}(\boldsymbol{X}\boldsymbol{X}^{\mathrm{T}}\boldsymbol{W}_d\boldsymbol{W}_d^{\mathrm{T}})+\mathrm{tr}(\boldsymbol{X}\boldsymbol{X}^{\mathrm{T}}\boldsymbol{W}_d\boldsymbol{W}_d^{\mathrm{T}})]\\&=\underset{\boldsymbol{W}_d}{\mathrm{argmin}}[\mathrm{tr}(\boldsymbol{X}\boldsymbol{X}^{\mathrm{T}})-\mathrm{tr}(\boldsymbol{X}\boldsymbol{X}^{\mathrm{T}}\boldsymbol{W}_d\boldsymbol{W}_d^{\mathrm{T}})]\end{aligned}$$

由于 $\mathrm{tr}(\boldsymbol{X}\boldsymbol{X}^{\mathrm{T}})$与 $\boldsymbol{W}_d$ 无关，因此：

$$W_d^*=\underset{\boldsymbol{W}_d}{\mathrm{argmin}}-\mathrm{tr}(\boldsymbol{X}\boldsymbol{X}^{\mathrm{T}}\boldsymbol{W}_d\boldsymbol{W}_d^{\mathrm{T}})=\underset{\boldsymbol{W}_d}{\mathrm{argmin}}\mathrm{tr}(\boldsymbol{X}\boldsymbol{X}^{\mathrm{T}}\boldsymbol{W}_d\boldsymbol{W}_d^{\mathrm{T}})$$

调整矩阵顺序，则有：

$$W_d^*=\underset{\boldsymbol{W}_d}{\mathrm{argmin}}\ \mathrm{tr}(\boldsymbol{W}_d^{\mathrm{T}}\boldsymbol{X}\boldsymbol{X}^{\mathrm{T}}\boldsymbol{W}_d)$$

该最优化问题的求解就是求解 $\boldsymbol{X}\boldsymbol{X}^{\mathrm{T}}$ 的特征值。因此只需要对矩阵 $\boldsymbol{X}\boldsymbol{X}^{\mathrm{T}}$(也称为样本的协方差矩阵，它是一个 n 阶方阵)进行特征值分解，将求得的特征值排序：$\lambda_1\geqslant\lambda_2\geqslant\cdots\geqslant\lambda_n$，然后取前 d 个特征值对应的特征向量构成 $\boldsymbol{W}=(\boldsymbol{w}_1,\boldsymbol{w}_2,\cdots,\boldsymbol{w}_d)$。

提示：当样本数据进行了中心化，即 $\sum_i \boldsymbol{x}=(0,0,\cdots,0)^{\mathrm{T}}$ 时，$\sum_{i=1}^{N}\boldsymbol{x}\boldsymbol{x}_i^{\mathrm{T}}=\boldsymbol{X}\boldsymbol{X}^{\mathrm{T}}$ 就是样本集的协方差矩阵。

9.1.2 PCA 算法

PAC 的算法分析如下：

- 输入：样本集 $D=\{\boldsymbol{x}_1,\boldsymbol{x}_2,\cdots,\boldsymbol{x}_N\}$；低维空间维数 d。
- 输出：投影矩阵 $\boldsymbol{W}=(\boldsymbol{w}_1,\boldsymbol{w}_2,\cdots,\boldsymbol{w}_d)$。
- 算法步骤为：

  ① 对所有样本进行中心化操作：

$$\boldsymbol{x}_i\leftarrow\boldsymbol{x}_i-\frac{1}{N}\sum_{j=1}^{N}\boldsymbol{x}_j$$

  ② 计算样本的协方差矩阵 $\boldsymbol{X}\boldsymbol{X}^{\mathrm{T}}$；

  ③ 对协方差矩阵 $\boldsymbol{X}\boldsymbol{X}^{\mathrm{T}}$ 做特征值分解；

  ④ 取最大的 d 个特征值对应的特征向量 $\boldsymbol{w}_1,\boldsymbol{w}_2,\cdots,\boldsymbol{w}_d$，构造投影矩阵 $W=(\boldsymbol{w}_1,\boldsymbol{w}_2,\cdots,\boldsymbol{w}_d)$。

通常低维空间维数 d 的选取有两种方法：

- 通过交叉验证法选取较好的 d(在降维后的学习器的性能比较好)。
- 从算法原理的角度设置一个阈值，比如 $t=95\%$，然后选取使得下式成立的最小的 d 的取值：

$$\frac{\sum_{i=1}^{d}\lambda_i}{\sum_{i=1}^{n}\lambda_i} \geqslant t$$

其中,λ_i 从大到小排列。

9.1.3 PCA 降维的两个准则

PCA 降维的准则有以下两个。

- 最近重构性：就是前面介绍的样本集中的所有点,重构后的点距离原来的点的误差之和最小。
- 最大可分性：样本点在低维空间的投影尽可能分开。

可以证明,最近重构性等价于最大可分性。证明如下：对于样本点 $\boldsymbol{x}_i$,它在降维后空间中的投影是 $\boldsymbol{z}_i$。根据,

$$\hat{\boldsymbol{x}} = (\boldsymbol{w}_1, \boldsymbol{w}_2, \cdots, \boldsymbol{w}_d)\begin{bmatrix} z_i^{(1)} \\ z_i^{(2)} \\ \vdots \\ z_i^{(d)} \end{bmatrix} = \boldsymbol{W}\boldsymbol{z}_i$$

由投影矩阵的性质,以及 $\hat{\boldsymbol{x}}$ 与 $\boldsymbol{x}_i$ 的关系,有：$\boldsymbol{z}_i = \boldsymbol{W}^{\mathrm{T}}\boldsymbol{x}_i$。

由于样本数据进行了中心化：即 $\sum_i \boldsymbol{x}_i = (0,0,\cdots,0)^{\mathrm{T}}$,故投影后,样本点的方差为,

$$\sum_{i=1}^{N}\boldsymbol{W}^{\mathrm{T}}\boldsymbol{x}_i\boldsymbol{x}_i^{\mathrm{T}}\boldsymbol{W}$$

令 $\boldsymbol{X} = (\boldsymbol{x}_1, \boldsymbol{x}_2, \cdots, \boldsymbol{x}_N)$为 $n \times N$ 阶矩阵,于是根据样本点的方差最大,优化目标可写为：

$$\max_{\boldsymbol{W}} \operatorname{tr}(\boldsymbol{W}^{\mathrm{T}}\boldsymbol{X}\boldsymbol{X}^{\mathrm{T}}\boldsymbol{W})$$

$$\text{s.t.} \quad \boldsymbol{W}^{\mathrm{T}}\boldsymbol{W} = \boldsymbol{I}$$

9.1.4 PAC 的实现

本节利用一个实例来演示 PAC 的 Python 实现。其实现步骤为：

(1) 首先引入 numpy,由于测试中用到了 pandas 和 matplotlib,所以这里一并载入。

```
import numpy as np
import pandas as pd
import matplotlib.pyplot as plt
```

(2) 定义一个均值函数。

```
#计算均值,要求输入数据为 numpy 的矩阵格式,行表示样本数,列表示特征
```

```
def meanX(dataX):
    return np.mean(dataX,axis = 0) # axis = 0 表示依照列来求均值。假设输入 list,则 axis = 1
```

(3) 编写 PAC 实现方法。

```
"""
参数: Xmat,传入的是一个 numpy 的矩阵格式,行表示样本数,列表示特征。k: 表示取前 k 个特征值
相应的特征向量。
返回值: finalData,指的是返回的低维矩阵。reconData,指的是移动坐标轴后的矩阵。
"""
def pca(XMat, k):
    average = meanX(XMat)
    m, n = np.shape(XMat)
    data_adjust = []
    avgs = np.tile(average, (m, 1))
    data_adjust = XMat - avgs
    covX = np.cov(data_adjust.T)                      # 计算协方差矩阵
    featValue, featVec =  np.linalg.eig(covX)         # 求解协方差矩阵的特征值和特征向量
    index = np.argsort( - featValue)                  # 依照 featValue 从大到小排序
    finalData = []
    if k > n:
        print("k must lower than feature number")
        return
    else:
  # 注意特征向量是列向量。在 numpy 的二维矩阵(数组)a[m][n]中,a[1]表示第 1 行值
        selectVec = np.matrix(featVec.T[index[:k]]) # 所以这里需要进行转置
        finalData = data_adjust * selectVec.T
        reconData = (finalData * selectVec) + average
    return finalData, reconData
```

(4) 编写一个载入数据集的函数。

```
# 输入文件的每行数据都以\t 隔开
def loaddata(datafile):
    return np.array(pd.read_csv(datafile,sep = "\t",header = - 1)).astype(np.float)
```

(5) 可视化结果。由于将维数 k 指定为 2,所以能够使用以下的函数将其绘制出来。

```
def plotBestFit(data1, data2):
    dataArr1 = np.array(data1)
    dataArr2 = np.array(data2)
    m = np.shape(dataArr1)[0]
    axis_x1 = []
    axis_y1 = []
    axis_x2 = []
    axis_y2 = []
    for i in range(m):
        axis_x1.append(dataArr1[i,0])
        axis_y1.append(dataArr1[i,1])
        axis_x2.append(dataArr2[i,0])
        axis_y2.append(dataArr2[i,1])
    fig = plt.figure()
```

```
    ax = fig.add_subplot(111)
    ax.scatter(axis_x1, axis_y1, s = 50, c = 'red', marker = 's')
    ax.scatter(axis_x2, axis_y2, s = 50, c = 'blue')
    plt.xlabel('x1'); plt.ylabel('x2');
    plt.savefig("outfile.png")
    plt.show()
```

(6) 测试方法。将测试方法写入 main 函数中,然后直接运行 main 函数即可。

```
#依据数据集 data.txt
def main():
    datafile = "data.txt"
    XMat = loaddata(datafile)
    k = 2
    return pca(XMat, k)
if __name__ == "__main__":
    finalData, reconMat = main()
    plotBestFit(finalData, reconMat)
```

运行程序,效果如图 9-1 所示。

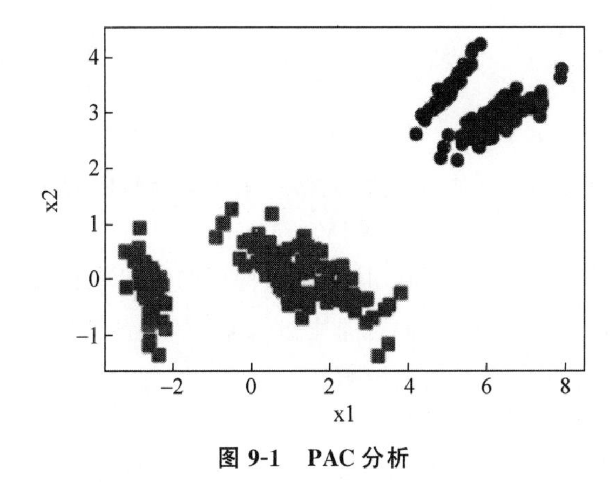

图 9-1 PAC 分析

9.2 奇异值分解

奇异值分解(Singular Value Decomposition,SVD)是一种矩阵分解(Matrix Decomposition)的方法。

9.2.1 奇异值分解的原理

奇异值分解:设 $\boldsymbol{X}$ 为 $n\times N$ 阶矩阵,且 $\text{rank}(\boldsymbol{X})=r$,则存在 n 阶正交矩阵 $\boldsymbol{V}$ 和 N 阶正交矩阵 $\boldsymbol{V}$,使得:

$$\boldsymbol{V}^{\mathrm{T}}\boldsymbol{X}\boldsymbol{U}=\begin{bmatrix}\boldsymbol{\Sigma} & 0\\ 0 & 0\end{bmatrix}_{n\times N}$$

其中，

$$\boldsymbol{\Sigma}=\begin{bmatrix}\sigma_1 & 0 & 0 & \cdots & 0\\ 0 & \sigma_2 & 0 & \cdots & 0\\ \vdots & \vdots & \vdots & \ddots & \vdots\\ 0 & 0 & 0 & \cdots & \sigma_r\end{bmatrix}$$

有 $\sigma_1 \geqslant \sigma_2 \geqslant \cdots \geqslant \sigma_r > 0$。

根据正交矩阵的性质，$\boldsymbol{V}\boldsymbol{V}^{\mathrm{T}}=\boldsymbol{I}$，$\boldsymbol{U}\boldsymbol{U}^{\mathrm{T}}=\boldsymbol{I}$，有

$$\boldsymbol{X}=\boldsymbol{V}\begin{bmatrix}\boldsymbol{\Sigma} & 0\\ 0 & 0\end{bmatrix}_{n\times N}\boldsymbol{U}^{\mathrm{T}} \Rightarrow \boldsymbol{X}^{\mathrm{T}}=\boldsymbol{U}\begin{bmatrix}\boldsymbol{\Sigma} & 0\\ 0 & 0\end{bmatrix}_{n\times N}\boldsymbol{V}^{\mathrm{T}}$$

则有 $\boldsymbol{X}\boldsymbol{X}^{\mathrm{T}}=\boldsymbol{V}\boldsymbol{M}\boldsymbol{V}^{\mathrm{T}}$，其中 $\boldsymbol{M}$ 是一个 n 阶对角矩阵：

$$\boldsymbol{M}=\begin{bmatrix}\boldsymbol{\Sigma} & 0\\ 0 & 0\end{bmatrix}_{n\times N}\begin{bmatrix}\boldsymbol{\Sigma} & 0\\ 0 & 0\end{bmatrix}_{N\times n}=\begin{bmatrix}\lambda_1 & 0 & 0 & \cdots & 0\\ 0 & \lambda_2 & 0 & \cdots & 0\\ \vdots & \vdots & \vdots & \ddots & \vdots\\ 0 & 0 & 0 & \cdots & \lambda_n\end{bmatrix}_{n\times n}$$

$$\lambda_i=\sigma_i^2 \quad i=1,2,\cdots,r$$

$$\lambda_i=0 \quad i=r+1,r+2,\cdots,n$$

于是有 $\boldsymbol{X}\boldsymbol{X}^{\mathrm{T}}\boldsymbol{V}=\boldsymbol{V}\boldsymbol{M}$。根据 $\boldsymbol{M}$ 是对角矩阵的性质，有 $\boldsymbol{V}\boldsymbol{M}=\boldsymbol{M}\boldsymbol{V}$，则有：

$$\boldsymbol{X}\boldsymbol{X}^{\mathrm{T}}\boldsymbol{V}=\boldsymbol{M}\boldsymbol{V}$$

则 λ_i，$i=1,2,\cdots,r$ 就是 $\boldsymbol{X}\boldsymbol{X}^{\mathrm{T}}$ 的特征值，其对应的特征向量组成正交矩阵 $\boldsymbol{V}$。因此，SVD 奇异值分解等价于 PCA 主成分分析，核心都是求解 $\boldsymbol{X}\boldsymbol{X}^{\mathrm{T}}$ 的特征值以及对应的特征向量。

下面通过两个例子来演示奇异值的分解。

【例 9-1】 已知矩阵 $\boldsymbol{A}=\begin{bmatrix}1 & 5 & 7 & 6 & 1\\ 2 & 1 & 10 & 4 & 4\\ 3 & 6 & 7 & 5 & 2\end{bmatrix}$，对其进行奇异值分解。

```
import numpy as np
# 创建矩阵 A
A = np.array([[1,5,7,6,1],[2,1,10,4,4],[3,6,7,5,2]])
# 利用 np.linalg.svd()函数直接进行奇异值分解
# 该函数有 3 个返回值：左奇异矩阵、所有奇异值、右奇异矩阵
U,Sigma,VT = np.linalg.svd(A)
# 展示
print(U)
print(Sigma)
print(VT)
```

运行程序，输出如下：

```
[[ - 0.55572489  0.40548161  - 0.72577856]
```

```
 [-0.59283199 -0.80531618  0.00401031]
 [-0.58285511  0.43249337  0.68791671]]
[18.53581747  5.0056557   1.83490648]
[[-0.18828164 -0.37055755 -0.74981208 -0.46504304 -0.22080294]
 [ 0.01844501  0.76254787 -0.4369731   0.27450785 -0.38971845]
 [ 0.73354812  0.27392013 -0.12258381 -0.48996859  0.36301365]
 [ 0.36052404 -0.34595041 -0.43411102  0.6833004   0.30820273]
 [-0.5441869   0.2940985  -0.20822387 -0.0375734   0.7567019 ]]
```

【例 9-2】 利用奇异值分解、压缩图像。

```
import matplotlib.pyplot as plt
import matplotlib.image as mpimg
import numpy as np
img_eg = mpimg.imread("a2.jpg")
print(img_eg.shape)                                    #运行结果:(573,500,3)
#将图片数据转化为二阶矩阵并对其进行奇异值分解
img_temp = img_eg.reshape(573, 500 * 3)
U,Sigma,VT = np.linalg.svd(img_temp)
#取前 10 个奇异值
sval_nums = 10
img_restruct1 = (U[:,0:sval_nums]).dot(np.diag(Sigma[0:sval_nums])).dot(VT[0:sval_
nums,:])
img_restruct1 = img_restruct1.reshape(573,500,3)
img_restruct1.tolist()
#取前 50 个奇异值
sval_nums = 50
img_restruct2 = (U[:,0:sval_nums]).dot(np.diag(Sigma[0:sval_nums])).dot(VT[0:sval_
nums,:])
img_restruct2 = img_restruct2.reshape(573,500,3)
#取前 100 个奇异值
sval_nums = 100
img_restruct3 = (U[:,0:sval_nums]).dot(np.diag(Sigma[0:sval_nums])).dot(VT[0:sval_
nums,:])
img_restruct3 = img_restruct3.reshape(573,500,3)
#展示
fig, ax = plt.subplots(nrows = 1, ncols = 3)
ax[0].imshow(img_restruct1.astype(np.uint8))
ax[0].set(title = "10")
ax[1].imshow(img_restruct2.astype(np.uint8))
ax[1].set(title = "50")
ax[2].imshow(img_restruct3.astype(np.uint8))
ax[2].set(title = "100")
plt.show()
```

运行程序,效果如图 9-2 所示,可以看到,取前 50 或 100 个特征值即可较好地重构图片,相对于原来的图片(400 个特征值)节约了大量空间。

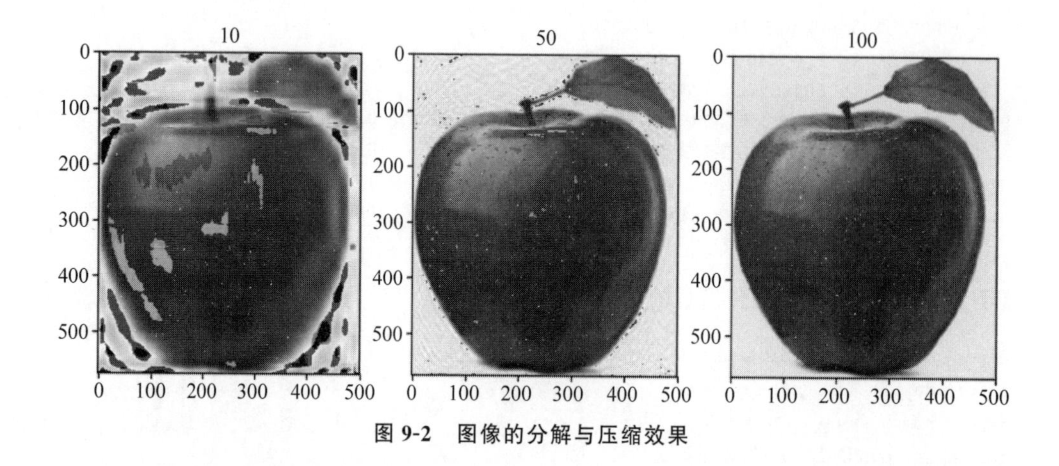

图 9-2 图像的分解与压缩效果

9.2.2 求超定方程的解

于是对于齐次线性方程 $\boldsymbol{Ax}=\boldsymbol{0}$，如果 $A_{m\times m}$ 列满秩且 $m>n$，则该方法组为超定方程组(有效方程的个数大于未知参数的个数的方程)。此时的方程没有精确解，需要求解最小二乘解。在 $\|\boldsymbol{x}\|=1$ 的约束条件下，其最小二乘解为矩阵 $\boldsymbol{A}^{\mathrm{T}}\boldsymbol{A}$ 的最小特征值所对应的特征向量。

【例 9-3】 下面以这个思路求解一个非常简单的超定方程组。

$$\begin{cases}2x_1+4x_2=11\\3x_1-5x_2=3\\x_1+2x_2=6\\2x_1+x_2=7\end{cases}$$

首先，将这个方程组化简为 $\boldsymbol{Ax}=\boldsymbol{0}$ 的格式。

$$\begin{bmatrix}2 & 4 & -11\\3 & -5 & -3\\1 & 2 & -6\\2 & 1 & -7\end{bmatrix}\begin{bmatrix}x_1\\x_2\\1\end{bmatrix}=\begin{bmatrix}0\\0\\0\\0\end{bmatrix}$$

实现的 Python 代码为：

```
import numpy as np
#输入系数矩阵 A
A = np.array([[2,4,-11],[3,-5,-3],[1,2,-6],[2,1,-7]])
#对 A 进行 svd 分解
U,Sigma,VT = np.linalg.svd(A)
print("左奇异矩阵 U: ",U)
print("奇异值: ",Sigma)
print("右奇异矩阵 VT:",VT)
```

```
#求解,V的列向量即是ATA的特征向量
#VT最后一行的行向量即为最小特征值对应的特征向量
#由于x[3,0]=1,所以需要对结果进行处理
k=1/ VT[2,2]
x_1=VT[2,0]*k
x_2=VT[2,1]*k
print("最小二乘解为: ",x_1,x_2)
#误差
X=np.array([[x_1],[x_2],[1]])
R=np.dot(np.transpose(np.dot(A,X)),(np.dot(A,X)))
print("误差平方和: ",R)
```

运行程序,输出如下:

```
左奇异矩阵 U: [[-0.76380637  0.21641839  0.10648926 -0.59868434]
 [-0.15071756 -0.9628466  -0.13398722 -0.1796053 ]
 [-0.41260385  0.09812975 -0.80280843  0.41907904]
 [-0.47290813 -0.12829674  0.57114454  0.65855277]]
奇异值: [15.44122376  6.3670829   0.16989472]
右奇异矩阵 VT: [[-0.21618659 -0.23312618  0.94811157]
 [-0.41057526  0.90274768  0.12835331]
 [ 0.88582804  0.36152289  0.29087779]]
最小二乘解为: 3.0453615556054956 1.2428686760084169
误差平方和: [[0.34114471]]
```

9.3 k 近邻算法

9.3.1 k 近邻算法概述

k 近邻(k-nearest neighbor,kNN)是一种基本的分类与回归算法。于1968年由Cover和Hart提出。k 近邻的输入是实例的特征向量,对应于特征空间的点;输出为实例的类别,可以取多类。k 近邻算法假设给定一个训练数据集,其中的实例类别已定,分类时,对新的实例,根据其 k 个最近邻的训练实例的类别,通过多数表决等方式进行预测。因此,k 近邻算法不具有显式的学习过程。简单地说,给定一个训练数据集,对新的输入实例,在训练集中找到与该实例最近邻的 k 个实例,这 k 个实例的多数属于哪个类,就把该输入实例分为这个类。这就是 k 近邻算法中 k 的出处,通常 k 是不大于20的整数。

k 近邻算法的3个基本要素:k 值的选择、距离度量、分类决策规则。

下面就通过一个简单的例子来更好地理解 k 近邻算法:

已知表9-1所示的前4部电影,根据打斗镜头和拖手镜头判断一个新的电影所属类别。

表 9-1 四部电影

电影名称	打斗镜头	拖手镜头	电影类别
1	3	104	爱情片
2	2	100	爱情片
3	99	5	动作片
4	98	2	动作片
未知电影	18	90	未知

已知的训练集包含两个特征(打斗镜头和拖手镜头)和类别(爱情片还是动作片)。根据经验,动作片往往打斗镜头比较多,而爱情片往往就是拖手的镜头比较多了。但是 kNN 算法没有这种判别经验,需要进行训练。

9.3.2 可视化与距离计算

首先对训练数据进行可视化,如图 9-3 所示。

彩色图片
图 9-3

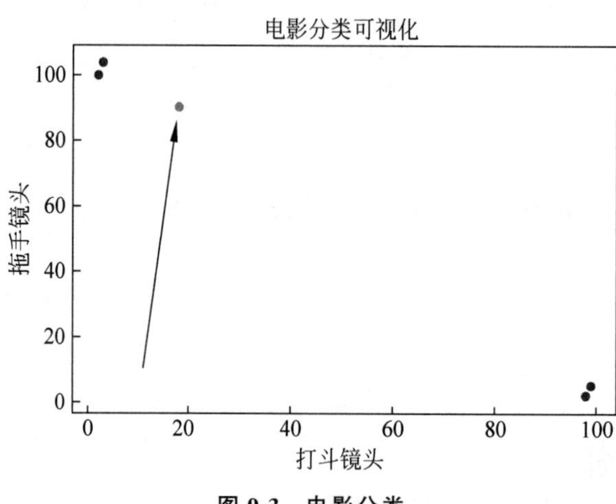

图 9-3 电影分类

图 9-3 中红色点代表爱情片,蓝色点代表动作片,橙色点代表未知电影。

那么,kNN 是通过计算什么来判断未知电影属于哪一类的呢?答案:距离。首先计算训练集的所有电影与未知电影的欧几里得距离(这里的距离除了欧几里得距离,还有曼哈顿距离、切比雪夫距离、闵可夫斯基距离等等)。

两个 n 维向量 $\boldsymbol{a}(x_{11},x_{12},\cdots,x_{1n})$ 与 $\boldsymbol{b}(x_{21},x_{22},\cdots,x_{2n})$ 间的欧几里得距离计算公式为:

$$d=\sqrt{\sum_{k=1}^{n}(x_{1k}-x_{2k})^2}$$

对于本例子 $n=2$,即有:

电影 1 与未知电影距离为 20.5;

电影 2 与未知电影距离为 18.7；

电影 3 与未知电影距离为 117.4；

电影 4 与未知电影距离为 118.9。

现在得到了训练集中所有样本与未知电影的距离，按照距离递增排序，可以找到距离最近的电影，假设 $k=3$，则 3 个最靠近的电影依次是电影 1、电影 2、电影 3，而这 3 部电影中，有 2 部为爱情片，一个为动作片，所以该未知电影的所属类别是爱情片。

通过以上例子，可以总结 kNN 算法步骤。

对未知类别属性的数据集的每个点依次执行以下操作：

(1) 计算已知类别数据集中的点与当前点之间的距离；

(2) 按照距离递增次序排序；

(3) 选取与当前点距离最小的 k 个点；

(4) 确定前 k 个点所在类别的出现频率；

(5) 返回前 k 个点所出现频率最高的类别作为当前点的预测分类。

利用 Python 实现表 9-1 中的 kNN 分析：

```
'''
函数功能：创建数据集
Output:      group：数据集
              labels：类别标签
'''
import numpy as np
def createDataSet()：#创建数据集
    group = np.array([[3,104],[2,100],[99,5],[98,2]])
    labels = ['爱情片','爱情片','动作片','动作片']
    return group, labels
'''
函数功能：主函数
'''
if _name_ == '_main_':
    group,labels = createDataSet()                              #创建数据集
    print('group:\n',group)                                     #打印数据集
    print('labels:',labels)
```

运行程序，输出如下：

```
group:
 [[  3 104]
 [  2 100]
 [ 99   5]
 [ 98   2]]
labels：['爱情片', '爱情片', '动作片', '动作片']
```

实现以上电影分类的完整代码如下：

```
'''
kNN：k 近邻(k Nearest Neighbors)电影分类
```

```
'''
import numpy as np
import matplotlib
import matplotlib.pyplot as plt
import operator
'''
函数功能: 创建数据集
Output:      group: 数据集
              labels: 类别标签
'''
def createDataSet():#创建数据集
    group = np.array([[3,104],[2,100],[99,5],[98,2]])
    labels = ['爱情片','爱情片','动作片','动作片']
    return group, labels
'''
函数功能:     kNN 分类
Input:       inX: 测试集 (1xN)
             dataSet: 已知数据的特征(NxM)
             labels: 已知数据的标签或类别(1xM vector)
             k: k 近邻算法中的 k
Output:      测试样本最可能所属的标签
'''
def classify0(inX, dataSet, labels, k):
    dataSetSize = dataSet.shape[0]                    #shape[0]返回 dataSet 的行数
    diffMat = np.tile(inX, (dataSetSize,1)) - dataSet
                                               #tile(inX,(a,b))函数将 inX 重复 a 行,重复 b 列
    sqDiffMat = diffMat ** 2                          #作差后平方
    sqDistances = sqDiffMat.sum(axis = 1)
                      #sum()求和函数,sum(0)每列所有元素相加,sum(1)每行所有元素相加
    distances = sqDistances ** 0.5                    #开平方,求欧几里得距离
    sortedDistIndicies = distances.argsort()     #argsort 函数返回的是数组值从小到大的索引值
    classCount = {}
    for i in range(k):
        voteIlabel = labels[sortedDistIndicies[i]]   #取出前 k 个距离对应的标签
        classCount[voteIlabel] = classCount.get(voteIlabel,0) + 1
        #计算每个类别的样本数。字典 get()函数返回指定键的值,如果值不在字典中返回默认值 0
    sortedClassCount = sorted(classCount.items(), key = operator.itemgetter(1), reverse =
True)
    return sortedClassCount[0][0]             #返回字典的第一条的 key,也即是测试样本所属类别
'''
函数功能: 主函数
'''
if __name__ == '__main__':
    group,labels = createDataSet()                    #创建数据集
    print('group:\n',group)                           #打印数据集
    print('labels:',labels)
    zhfont = matplotlib.font_manager.FontProperties(fname = r'c:\windows\fonts\simsun.ttc')
                                                      #设置中文字体路径
    fig = plt.figure(figsize = (10,8))                #可视化
    ax = plt.subplot(111)                             #图片在第一行,第一列的第一个位置
```

```
    ax.scatter(group[0:2,0],group[0:2,1],color = 'red',s = 50)
    ax.scatter(group[2:4,0],group[2:4,1],color = 'blue',s = 50)
    ax.scatter(18,90,color = 'orange',s = 50)
    plt.annotate('未知类型?', xy = (18, 90), xytext = (3, 2),arrowprops = dict(facecolor =
'black', shrink = 0.05),)
    plt.xlabel('打斗镜头',fontproperties = zhfont)
    plt.ylabel('拖手镜头',fontproperties = zhfont)
    plt.title('电影分类可视化',fontproperties = zhfont)
    plt.show()
    testclass = classify0([18,90], group, labels, 3) #用未知的样本来测试算法
    print('测试结果：',testclass)                    #打印测试结果
```

9.4 聚类算法

当训练样本的标记信息未知时，称为无监督学习(unsupervised learning)。无监督学习通过对无标记训练样本的学习来寻找这些数据的内在性质，其主要工具是聚类(clustering)算法。

聚类的思想是：将数据集划分为若干个不相交子集[称为一个簇(cluster)]，每个簇潜在地对应某一个概念。但是聚类过程仅仅能生成簇结构，而每个簇所代表的概念的语义由使用者自己解释。也就是聚类算法并不会告诉你：它生成的这些簇分别代表什么意义。它只会告诉你：算法已经将数据集划分为这些不相交的簇了。

用数学语言描述聚类：给定样本集 $D=\{\boldsymbol{x}_1,\boldsymbol{x}_2,\cdots,\boldsymbol{x}_N\}$(假设样本集包含 N 个无标记样本)。样本 $\boldsymbol{x}_i=(x_i^{(1)},x_i^{(2)},\cdots,x_i^{(n)})^{\mathrm{T}}\in\mathbf{R}^n$。聚类算法将样本集 D 划分成 K 个不相交的簇 $\{C_1,C_2,\cdots,C_K\}$，其中 $C_K\bigcap\limits_{k\neq l}C_l=\varnothing,D=\bigcup\limits_{k=1}^{K}C_k$。

令 $\lambda_i\in\{1,2,\cdots,K\}$ 表示样本 $\boldsymbol{x}_i$ 的簇标记(cluster label)。即 $\boldsymbol{x}_i\in C_{\lambda_i}$，则聚类的结果可以用簇标记向量 $\boldsymbol{\lambda}=(\lambda_1,\lambda_2,\cdots,\lambda_N)^{\mathrm{T}}$ 来表示。

聚类的作用：

- 作为一种探索性分析方法，用来分析数据的内在特点，寻找数据的分布规律；
- 作为分类的预处理过程，并不直接解决数据分析，首先对需要分类的数据进行聚类，然后对聚类出的结果的每一个簇上，进行分类，实现数据的预处理。

9.4.1 聚类的有效性指标

聚类有效性指标(Cluster Validity Index，CVI)用于度量聚类的效果。很显然，希望彼此相似的样本尽量在同一簇，彼此不相似的样本尽量在不同的簇。也就是说，同一簇的样本尽可能地彼此相似，不同簇的样本之间尽可能地不同。

聚类的性能度量分为以下两类。

- 外部指标：该指标是由聚类结果与某个参考模型进行比较而获得的。
- 内部指标：该指标直接由考查聚类结果而得到，并不利用任何参考模型。

1. 外部指标

给定数据集 $D=\{\boldsymbol{x}_1,\boldsymbol{x}_2,\cdots,\boldsymbol{x}_N\}$。假定某个参考模型给出的簇划分为 $\ell^*=\{C_1^*,C_2^*,\cdots,C_{K'}^*\}$，其簇标记向量为 $\boldsymbol{\lambda}^*$。如果聚类算法给出的簇划分为 $\ell=\{C_1,C_2,\cdots,C_K\}$，其簇标记向量为 $\boldsymbol{\lambda}$。定义：

$$a=|\mathrm{SS}|,\mathrm{SS}=\{(\boldsymbol{x}_i,\boldsymbol{x}_j)\mid\lambda_i=\lambda_j,\lambda_i^*=\lambda_j^*,i<j\}$$

$$b=|\mathrm{SD}|,\mathrm{SD}=\{(\boldsymbol{x}_i,\boldsymbol{x}_j)\mid\lambda_i=\lambda_j,\lambda_i^*\neq\lambda_j^*,i<j\}$$

$$c=|\mathrm{DS}|,\mathrm{DS}=\{(\boldsymbol{x}_i,\boldsymbol{x}_j)\mid\lambda_i\neq\lambda_j,\lambda_i^*=\lambda_j^*,i<j\}$$

$$a=|\mathrm{DD}|,\mathrm{DD}=\{(\boldsymbol{x}_i,\boldsymbol{x}_j)\mid\lambda_i\neq\lambda_j,\lambda_i^*\neq\lambda_j^*,i<j\}$$

其中，$|\cdot|$表示集合的元素的个数。各集合的含义如下。

- SS：包含了同时隶属于 ℓ,ℓ^* 的样本对。
- SD：包含了隶属于 ℓ，但是不隶属于 ℓ^* 的样本对。
- DS：包含不隶属于 ℓ，但是隶属于 ℓ^* 的样本对。
- DD：包含不隶属于 ℓ，又不隶属于 ℓ^* 的样本对。

由于每个样本对$(\boldsymbol{x}_i,\boldsymbol{x}_j)$，$i<j$ 仅能出现在一个集合中，因此有 $a+b+c+d=\frac{N(N-1)}{2}$。

使用上述定义式，可以有下面这些外部指标。

- Jaccard 系数(Jaccard Coefficient,JC)：

$$\mathrm{JC}=\frac{a}{a+b+c}$$

它刻画了所有属于同一类的样本对(要么在 ℓ 中属于同一类，要么在 ℓ^* 中属于同一类)，同时在 ℓ,ℓ^* 中隶属于同一类的样本对的比例。

- FM 指数(Fowlkes and Mallows Index,FMI)：

$$\mathrm{FMI}=\sqrt{\frac{a}{a+b}\cdot\frac{a}{a+c}}$$

它刻画的是，在 ℓ 中属于同一类的样本对中，同时属于 ℓ^* 的样本对的比例为 ρ_1；在 ℓ^* 中属于同一类的样本对中，同时属于 ℓ 的样本对的比例为 ρ_2，FMI 就是 ρ_1 和 ρ_2 的几何平均。

- Rand 指数(Rand Index,RI)：

$$\mathrm{RI}=\frac{2(a+d)}{N(N-1)}$$

它刻画的是，同时隶属于 ℓ,ℓ^* 的样本对与既不隶属于 ℓ，又不隶属于 ℓ^* 的样本对之和占所有样本对的比例。

- ARI 指数(Adjusted Rand Index,ARI)：

$$\mathrm{ARI}=\frac{\mathrm{RI}-E[\mathrm{RI}]}{\max(\mathrm{RI})-E[\mathrm{RI}]}$$

使用RI时有个问题,就是对于随机聚类,RI指数不保证接近0(可能还很大)。而ARI指数可通过利用随机聚类情况下的RI(即E[RI])来解决这个问题。

这些外部指标性能度量的结果都在[0,1]区间。这些值越大,说明聚类的性能越好。

2. 内部指标

给定数据集$D=\{\boldsymbol{x}_1,\boldsymbol{x}_2,\cdots,\boldsymbol{x}_N\}$,如果聚类给出的簇划分为$\ell=\{C_1,C_2,\cdots,C_K\}$,则有定义:

$$\operatorname{avg}(C_k)=\frac{2}{|C_k|(|C_k|-1)}\sum_{\boldsymbol{x}_i,\boldsymbol{x}_j\in C_k}\operatorname{distance}(\boldsymbol{x}_i,\boldsymbol{x}_j),\quad k=1,2,\cdots,K$$

$$\operatorname{diam}(C_k)=\max_{\boldsymbol{x}_i,\boldsymbol{x}_j\in C_k,i\neq j}\operatorname{distance}(\boldsymbol{x}_i,\boldsymbol{x}_j),\quad k=1,2,\cdots,K$$

$$d_{\min}(C_k,C_l)=\min_{\boldsymbol{x}_i\in C_k,\boldsymbol{x}_j\in C_l}\operatorname{distance}(\boldsymbol{x}_i,\boldsymbol{x}_j),\quad k,l=1,2,\cdots,K;k\neq l$$

$$d_{\text{cen}}(C_k,C_l)=\operatorname{distance}(\boldsymbol{\mu}_k,\boldsymbol{\mu}_l),\quad k,l=1,2,\cdots,K;k\neq l$$

其中,$\operatorname{distance}(\boldsymbol{x}_i,\boldsymbol{x}_j)$表示两个$\boldsymbol{x}_i,\boldsymbol{x}_j$之间的距离;$\boldsymbol{\mu}_k$表示簇$C_k$的中心点,$\boldsymbol{\mu}_l$表示簇$C_l$的中心点;$\operatorname{distance}(\boldsymbol{\mu}_k,\boldsymbol{\mu}_l)$表示簇$C_k$和$C_l$的中心点之间的距离。上述定义的含义如下。

- $\operatorname{avg}(C_k)$:簇C_k中每对样本之间的平均距离。
- $\operatorname{diam}(C_k)$:簇C_k中距离最远的两个点的距离。
- $d_{\min}(C_k,C_l)$:簇C_k和C_l之间最近的距离。
- $d_{\text{cen}}(C_k,C_l)$:簇C_k和C_l中心点之间的距离。

使用上述定义式,可有以下内部指标。

- DB指数(Davies-Bouldin Index,DBI):

$$\text{DBI}=\frac{1}{K}\sum_{k=1}^{K}\max_{k\neq l}\left(\frac{\operatorname{avg}(C_k)+\operatorname{avg}(C_l)}{d_{\text{cen}}(C_k,C_l)}\right)$$

它刻画的是,给定两个簇,每个簇样本之间平均值之和比上两个簇的中心点之间的距离作为度量,然后考查该度量对所有簇的平均值。显然DBI越小度量越大。如果每个簇样本之间的平均值越小(即簇内样本距离都很近),则DBI越小;如果簇间中心点的距离越大(即簇间样本距离相互都很远),则DBI越小。

- Dunn指数(Dunn Index,DI):

$$\text{DI}=\frac{\min_{k\neq l}d_{\min}(C_k,C_l)}{\max_i\operatorname{diam}(C_i)}$$

它刻画的是,任意两个簇之间最近的距离的最小值,除以任意一个簇内距离最远的两个点的距离的最大值。DI越大越好。如果任意两个簇之间最近的距离的最小值越大(即簇间样本距离相互都很远),则DI越大;如果任意一个簇内距离最远的两个点的距离的最大值越小(即簇内样本距离都很近),则DI越大。

9.4.2 距离度量

对于不同的应用场景,有着不同的相似性度量的方法,为了度量样本X和样本Y之间的相似性，一般定义一个距离函数 $d(X,Y)$，利用 $d(X,Y)$ 来表示样本 X 和样本 Y 之间的相似性。通常在机器学习算法中使用到的距离函数主要有：

- 闵可夫斯基距离(Minkowski Distance)。
- 曼哈顿距离(Manhattan Distance)。
- 欧几里得距离(Euclidean Distance)。

1. 闵可夫斯基距离

假设有两个点，分别为点 P 和 Q，其对应的坐标分别为：

$$P=(x_1,x_2,\cdots,x_n)\in\mathbf{R}^n$$

$$Q=(y_1,y_2,\cdots,y_n)\in\mathbf{R}^n$$

那么，点 P 和 Q 之间的闵可夫斯基距离可以定义为，

$$d(P,Q)=\left(\sum_{i=1}^{n}(x_i-y_i)^p\right)^{\frac{1}{p}}$$

2. 曼哈顿距离

对于上述的点 P 和 Q 之间的曼哈顿距离可以定义为：

$$d(P,Q)=\sum_{i=1}^{n}\mid x_i-y_i\mid$$

3. 欧几里得距离

对于上述 P 和 Q 之间的欧几里得距离可定义为：

$$d(P,Q)=\sqrt{\sum_{i=1}^{n}(x_i-y_i)^2}$$

由曼哈顿距离和欧几里得距离的定义可知，曼哈顿距离和欧几里得距离是闵可夫斯基距离的具体形式，即在闵可夫斯基距离中，当 $p=1$ 时，闵可夫斯基距离即为曼哈顿距离，当 $p=2$ 时，闵可夫斯基距离即为欧几里得距离。

如果在样本中，特征之间的单位不一致，那么利用基本的欧几里得距离作为相似性的度量方法会存在问题，如样本的形式为(身高，体重)。身高的度量单位为 cm，范围通常为(150,190)，而体重的度量单位为 kg，范围通常为(50,80)。假设有 3 个样本，分别为(160,50)、(170,60)、(180,80)。此时可以利用标准化的欧几里得距离。对于上述点 P 和 Q 之间的标准化的欧几里得距离可以定义为，

$$d(P,Q)=\sqrt{\sum_{i=1}^{n}\left(\frac{x_i-y_i}{s_i}\right)^2}$$

其中，s_i 表示的是第 i 维的标准差。在本节的 k 均值算法中使用欧几里得距离作为相似性的度量，在实现的过程中使用的是欧几里得距离的平方 $d(P,Q)^2$。

9.4.3 *k* 均值聚类

k 均值算法是一种简单的迭代型聚类算法，采用距离作为相似性指标，从而发现给定数据集中的 *K* 个类，且每个类的中心是根据类中所有值的均值得到，每个类用聚类中心来描述。对于给定的一个包含 *n* 个 *d* 维数据点的数据集 *X* 以及要分得的类别 *K*，选取欧几里得距离作为相似度指标，聚类目标是使得各类的聚类平方和最小，即最小化：

$$J=\sum_{k=1}^{k}\sum_{i=1}\|\boldsymbol{x}_i-\boldsymbol{u}_k\|^2$$

结合最小二乘法和拉格朗日原理，聚类中心为对应类别中各数据点的平均值，同时为了使得算法收敛，在迭代过程中，应使最终的聚类中心尽可能不变。

k 均值是一个反复迭代的过程，其算法分为 4 个步骤：

(1) 选取数据空间中的 *K* 个对象作为初始中心，每个对象代表一个聚类中心；

(2) 对于样本中的数据对象，根据它们与这些聚类中心的欧几里得距离，按距离最近的准则将它们分到距离它们最近的聚类中心(最相似)所对应的类；

(3) 更新聚类中心——将每个类别中所有对象所对应的均值作为该类别的聚类中心，计算目标函数的值；

(4) 判断聚类中心和目标函数的值是否发生改变，若不变，则输出结果；若改变，则返回步骤(2)。

【例 9-4】 利用 Python 写出一个二维数据模拟器，例如生成 500 个点。利用 *k* 均值和 *k* 中心点聚类技术对这 500 个点进行聚类分析。

解题思路：产生 500 个二维随机点，从数据集中选择随机选择 *K* 个值作为初始簇中心，根据每个点与各个簇中心的欧几里得距离，将它分配到最相似的簇，不断迭代，直到类中所有对象和形心之间的误差的平方和保持不变，分配稳定，迭代结束，输出分类结果。

```
import random
import numpy as np
import matplotlib.pyplot as plt
#产生 500 个二维随机点
def gene_data_points():
    data_points = []
    for i in range(0,500):
        gene_point = [random.randint(1,100),random.randint(1,100)]
        data_points.append(gene_point)
    return data_points
#print gene_data_point()
#根据分类结果产生中心点
def midpoint(class_point):
    b = [0,0]
    #将二维列表转化为向量,对应位置数字进行加法,除法运算
    for i in class_point:
        i = np.array(i)
        b = b + i
```

```
    b1 = list(np.array(b)/float(len(class_point)))
    return b1
#根据簇中对象的均值(中心点),将每个对象分配到最相似的簇
def update_cluster(data_points,k):
    iter_num = 0                                    #迭代次数
    k_class = []                                    #分类的结果添加到 k_class 中
    E = []#类中所有对象和形心 c(i)之间的误差的平方和
    #根据 k 产生对应的二维列表
    for i in range(0,k):
        k_class.append([])
    while iter_num >= 0:
        class_center = []                           #k 个类的中心点
        if iter_num == 0:
            #可以从数据集中选择 K 个值作为初始簇中心
            ran_point = random.sample(data_points,k)
            for i in range(0,k):
                k_class[i].append(ran_point[i])
            #这里选取的是数据集中的前 k 个数作为初始簇中心
            #for i in range(0,k):
            #    k_class[i].append(data_points[i])
        for i in range(0,k):
            class_center.append(midpoint(k_class[i]))
        for i in range(0,k):
            k_class[i] = []
        each_dist = []                              #每个点和中心点的距离
        for i in range(0,len(data_points)):
            compare_dist = []
            for j in range(0,k):
                dist = round(np.linalg.norm(data_points[i] - np.array(class_center[j])),1)
                compare_dist.append(dist)
            #根据每个点与各个簇中心的欧几里得距离,将它分配到最相似的簇
            for a in range(0,len(compare_dist)):
                if(np.min(compare_dist) == compare_dist[a]):
                    k_class[a].append(data_points[i])
                    each_dist.append(compare_dist[a])
        E.append(np.sum(each_dist))
        #代表分配稳定,即本轮形成的簇与前一轮形成的簇相同,此时迭代结束
        if iter_num!= 0 and E[ - 2] == E[ - 1]:
            break
        iter_num += 1                               #k_均值算法
    #print E
    return k_class
def raw_data(data_points):                          #画出原始数据
    x = []
    y = []
    plt.figure(1)
    for i in range(0,len(data_points)):
          x.append(data_points[i][0])
        y.append(data_points[i][1])
        plt.xlim(xmax = 100,xmin = 0)
        plt.ylim(ymax = 100,ymin = 0)
        plt.plot(x,y,'or')
```

```
    return 'this is random 500 data points'
#打印输出结果、画图
def display_class(k_class,k):
    mark = ['or', 'ob', 'og', 'ok','sb', 'db', '<b', 'pb'#红、蓝、绿、黑 4 种颜色的圆点
    #mark = ['sb', 'db', '<b', 'pb']
    plt.figure(2)#创建图表 1
    for i in range(0,k):
        print ('******************* ')
        print(k_class[i])
        x = []
        y = []
        for j in range(0,len(k_class[i])):
            x.append(k_class[i][j][0])
            y.append(k_class[i][j][1])
        plt.xlim(xmax = 100,xmin = 0)
        plt.ylim(ymax = 100,ymin = 0)
        plt.plot(x,y,mark[i])
        plt.show()
    return '******************* '
data_points = gene_data_points()
print(raw_data(data_points))
k_class = update_cluster(data_points,4)
print(display_class(k_class,4))                    #这里分四类,可以自己设定分类数
```

运行程序,输出结果如下,当取 k=4 时,得到相应的聚类结果如图 9-4 所示。

```
this is random 500 data points
*******************
[[40, 89], [21, 84], [12, 56], [3, 82], [42, 95], [44, 63], [37, 63], [32, 100], [26, 59], [9,
100], [34, 96], [44, 94], [12, 57], [28, 91], [18, 69], [37, 83], [5, 69], [8, 80], [39, 56],
[38, 94], [15, 71], [5, 76], [26, 67], [18, 67], [32, 63], [9, 89], [2, 100], [9, 64], [22,
76], [18, 82], [3, 62], [5, 85], [12, 69], [31, 85], [23, 100], [13, 76], [42,
…
, 49], [95, 48], [87, 22], [92, 48], [89, 45], [75, 48], [56, 17], [96, 46], [67, 41], [79,
12], [70, 44], [96, 28], [84, 35], [92, 16], [75, 47], [93, 21], [100, 42], [79, 30], [56,
26], [62, 34], [55, 6], [78, 13], [88, 29], [81, 36], [100, 40], [73, 34], [69, 29]]
*******************
```

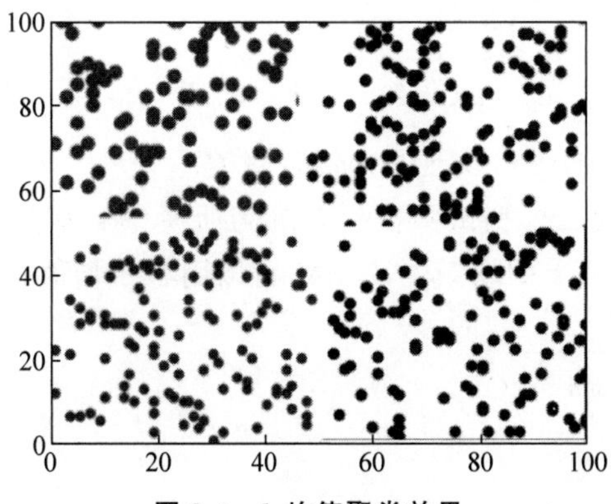

图 9-4 *k* 均值聚类效果

9.4.4 高斯混合聚类

高斯混合聚类通过概率模型来表示聚类原理。对服从高斯分布的 n 维随机向量 $\boldsymbol{x}$ 来说，其概率密度函数为

$$p(\boldsymbol{x} \mid \boldsymbol{\mu},\boldsymbol{\Sigma})=\frac{1}{(2\pi)^{\frac{n}{2}}\ |\boldsymbol{\Sigma}|^{\frac{1}{2}}}\exp\left(\frac{1}{2}(\boldsymbol{x}-\boldsymbol{\mu})^{\mathrm{T}}\boldsymbol{\Sigma}^{-1}(\boldsymbol{x}-\boldsymbol{\mu})\right)$$

其中$\boldsymbol{\mu}=(\mu^{(1)},\mu^{(2)},\cdots,\mu^{(n)})^{\mathrm{T}}$ 为 n 维均值向量，$\boldsymbol{\Sigma}$ 是 $n\times n$ 的协方差矩阵。$p(\boldsymbol{x}|\boldsymbol{\mu},\boldsymbol{\Sigma})$表示 $\boldsymbol{x}$ 的概率密度函数，由参数$\boldsymbol{\mu},\boldsymbol{\Sigma}$ 决定。

高斯混合分布定义如下：

$$p_M(\boldsymbol{x})=\sum_{k=1}^{K}\alpha_k p(\boldsymbol{x} \mid \mu_k,\Sigma_k)$$

高斯混合分布由 K 个成分混合而成，其中每个成分对应一个高斯分布。$\boldsymbol{\mu}_k,\Sigma_k$ 是第 k 个成分对应的高斯分布的参数。$a_k>0$ 是第 k 个成分的混合系数，且 $\sum_{k=1}^{K}\alpha_k=1$。

假设样本训练集 $D=\{\boldsymbol{x}_1,\boldsymbol{x}_2,\cdots,\boldsymbol{x}_N\}$的生成过程是由高斯混合分布给出的。令随机变量 $Z\in\{1,2,\cdots,K\}$，那么 Z 的概率分布 $p(Z=k)=\alpha_k$，记为 $p_\alpha(k)$。生成样本的过程分为两步：

首先根据概率分布 $p_\alpha(k)$生成随机变量 Z。

其次根据 Z 的结果(比如 $Z=2$)和概率 $p(\boldsymbol{x}|\boldsymbol{\mu}_2,\Sigma_2)$生成样本。

根据贝叶斯定理，如果已知输出为 $\boldsymbol{x}_i$，则 Z 的后验分布为：

$$p(Z=k/\boldsymbol{x}_i)=\frac{p_\alpha(k)p(\boldsymbol{x}_i \mid Z=k)}{p_M(\boldsymbol{x}_i)}=\frac{\alpha_k p(\boldsymbol{x}_i \mid \boldsymbol{\mu}_k,\Sigma_k)}{\sum_{i=1}^{K}\alpha_l p(\boldsymbol{x}_i \mid \boldsymbol{\mu}_l,\Sigma_l)}$$

如果已知高斯混合分布，则高斯混合聚类的原理是：如果样本 $\boldsymbol{x}_i$ 最有可能是 $Z=k$ 产生的，则可将该样本划归到簇 C_k。即通过最大后验概率确定样本所属的聚类。

用数学语言表达为：高斯混合聚类将样本集 D 划分成 K 个簇 $\ell=\{C_1,C_2,\cdots,C_K\}$。对于每个样本 $\boldsymbol{x}_i$，其簇标记 λ_i 为：

$$\lambda_i=\underset{k}{\operatorname{argmax}}\,p(Z=k/\boldsymbol{x}_i),\quad k=1,2,\cdots,K$$

下面通过实例来演示 Python 实现高斯混合聚类。

【例 9-5】 一个高斯混合模型试图找到多维高斯模型概率分布的混合体，从而找到任意数据最好的模型。在最简单的场景中，GMM 可以用与 k 均值相同的方式寻找类。

```
import matplotlib.pyplot as plt
import seaborn as sns; sns.set()
import numpy as np
#产生实验数据
from sklearn.datasets.samples_generator import make_blobs
```

```
X, y_true = make_blobs(n_samples = 400, centers = 4,
                       cluster_std = 0.60, random_state = 0)
X = X[:, :: - 1]                                    #交换列是为了方便画图
from sklearn.mixture import GMM
gmm = GMM(n_components = 4).fit(X)
labels = gmm.predict(X)
plt.scatter(X[:, 0], X[:, 1], c = labels, s = 40, cmap = 'viridis');
plt.show()
```

运行程序,效果如图 9-5 所示。

由于 GMM 有一个隐含的概率模型,因此它也可能找到簇分配的概率结果——在 Scikit-Learn 中用 predict_proba 方法实现。这个方法返回一个大小为[n_samples, n_clusters]的矩阵,矩阵会给出任意属于某个簇的概率。实现代码为:

```
probs = gmm.predict_proba(X)
print(probs[:5].round(3))
```

运行程序,输出如下:

```
[[0.    0.475 0.    0.525]
 [1.    0.    0.    0.   ]
 [1.    0.    0.    0.   ]
 [0.    0.    0.    1.   ]
 [1.    0.    0.    0.   ]]
```

下面代码用于将每个点簇分配的概率可视化:

```
size = 50 * probs.max(1) ** 2                       #以平方运算放大概率的差异
plt.scatter(X[:, 0], X[:, 1], c = labels, cmap = 'viridis', s = size);
plt.show()
```

运行程序,效果如图 9-6 所示,结果表明,每个簇的结果并不与硬边缘的空间有关,而是通过高斯平滑模型实现。正如 k 均值中的期望最大化方法,这个算法并不是全局最优解,因此在实际应用中需要使用多个随机初始解。

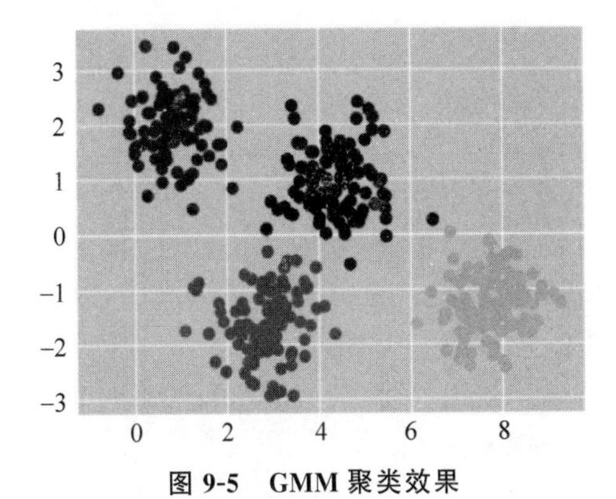

图 9-5 GMM 聚类效果

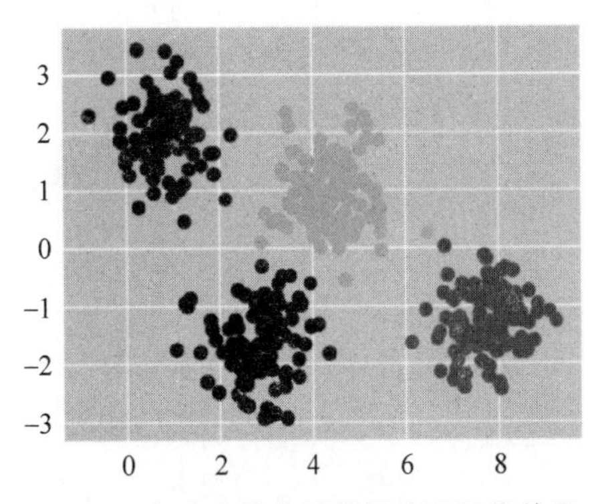

图 9-6 每个点簇分配的概率可视化效果

此外，还可以使用GMM拟合拟合扁平椭圆的簇，实现代码为：

```
from matplotlib.patches import Ellipse
def draw_ellipse(position, covariance, ax = None, ** kwargs):
    """用给定的位置和协方差画一个椭圆"""
    ax = ax or plt.gca()
    #将协方差转换为主轴
    if covariance.shape == (2, 2):
        U, s, Vt = np.linalg.svd(covariance)
        angle = np.degrees(np.arctan2(U[1, 0], U[0, 0]))
        width, height = 2 * np.sqrt(s)
    else:
        angle = 0
        width, height = 2 * np.sqrt(covariance)
    #画出椭圆
    for nsig in range(1, 4):
        ax.add_patch(Ellipse(position, nsig * width, nsig * height,
                             angle, ** kwargs))
def plot_gmm(gmm, X, label = True, ax = None):
    ax = ax or plt.gca()
    labels = gmm.fit(X).predict(X)
    if label:
        ax.scatter(X[:, 0], X[:, 1], c = labels, s = 40, cmap = 'viridis', zorder = 2)
    else:
        ax.scatter(X[:, 0], X[:, 1], s = 40, zorder = 2)
    ax.axis('equal')
    w_factor = 0.2 / gmm.weights_.max()
    for pos, covar, w in zip(gmm.means_, gmm.covars_, gmm.weights_):
        draw_ellipse(pos, covar, alpha = w * w_factor)
#用椭圆形来拟合数据
rng = np.random.RandomState(13)
X_stretched = np.dot(X, rng.randn(2, 2))
gmm = GMM(n_components = 4, covariance_type = 'full', random_state = 42)
plot_gmm(gmm, X_stretched)
plt.show()
```

运行程序，效果如图9-7所示。

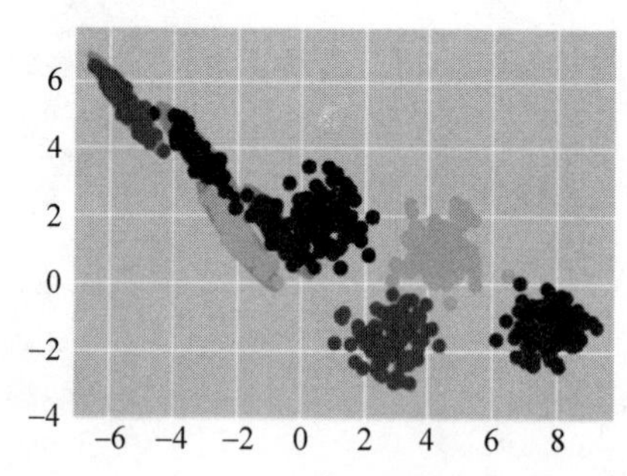

图9-7 GMM拟合拟合扁平椭圆的簇效果

GMM 模型中的超参数 covariance_type 控制这每个簇的形状自由度。

- 它的默认设置是 covariance_type='diag'，意思是簇在每个维度的尺寸都可以单独设置，但椭圆边界的主轴应与坐标轴平行。
- 当 covariance_type='spherical'时，模型通过约束簇的形状让所有维度相等。这样得到的聚类结果和 k 均值聚类的特征是相似的，虽然两者并不完全相同。
- 当 covariance_type='full'时，该模型允许每个簇在任意方向上用椭圆建模。

值得注意的是，虽然 GMM 通常被归类为聚类算法，但它本质上是一个密度估计算法；也就是说，从技术的角度考虑，一个 GMM 拟合的结果并不是一个聚类模型，而是描述数据分布的生成概率模型。

下面通过一个例子来演示 GMM 实现密度估计。

【例 9-6】 GMM 实现密度估计。

```
#生成实验数据
import numpy as np
import matplotlib.pyplot as plt
import seaborn as sns; sns.set()
from sklearn.datasets import make_moons
Xmoon, ymoon = make_moons(200, noise = .05, random_state = 0)
plt.scatter(Xmoon[:, 0], Xmoon[:, 1]);                    #效果如图 9-8 所示
plt.show()
#如果用 GMM 对数据拟合出两个成分，那么作为一个聚类模型的结果，效果将会很差
gmm2 = GMM(n_components = 2, covariance_type = 'full', random_state = 0)
plot_gmm(gmm2, Xmoon)                                     #效果如图 9-9 所示
plt.show()
#如果选用更多的成分而忽视标签，就可以找到一个更接近输入数据的拟合结果
gmm16 = GMM(n_components = 16, covariance_type = 'full', random_state = 0)
plot_gmm(gmm16, Xmoon, label = False)                     #效果如图 9-10 所示
plt.show()
```

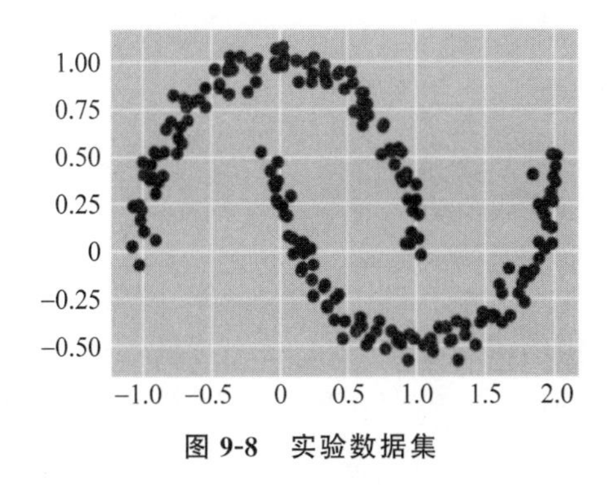

图 9-8　实验数据集

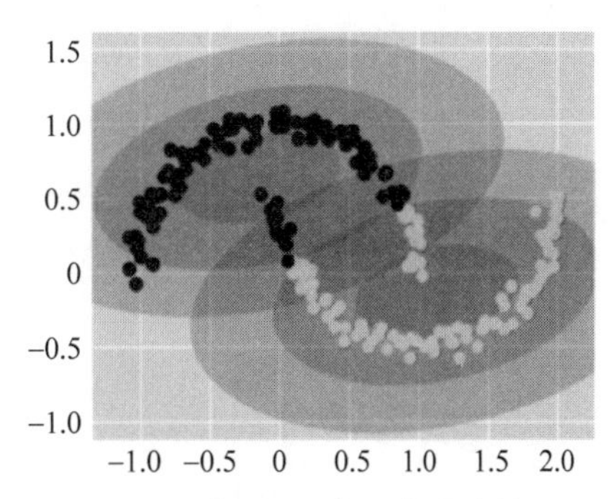

图 9-9　对数据拟合两个成分效果

此处采用 16 个高斯曲线的混合形式是为了对输入数据的总体分布建模。通过拟合后的 GMM 模型可以生成新的、与输入数据类似的随机分布函数。GMM 是一种非常方便的建模方法，可以为数据估计出任意维度的随机分布，如：

```
Xnew = gmm16.sample(400, random_state = 42)
plt.scatter(Xnew[:, 0], Xnew[:, 1]);                    #效果如图 9-11 所示
```

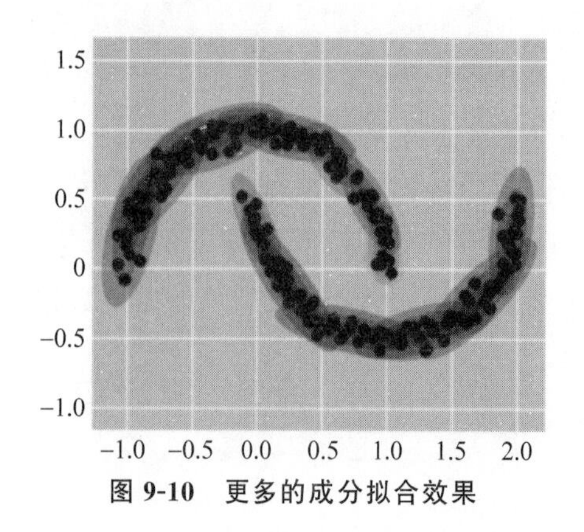

图 9-10 更多的成分拟合效果

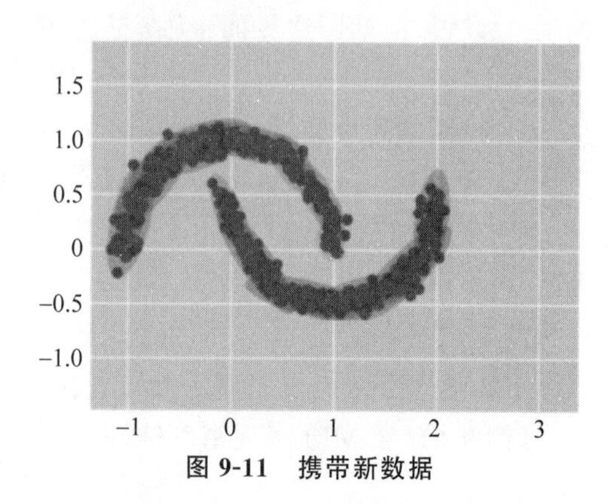

图 9-11 携带新数据

作为一种生成模型,GMM 提供了一种确定数据集最优成分数量的方法。由于生成模型本身就是数据集的概率分布,因此可以利用模型来评估数据的似然估计,并利用交叉检验防止过拟合。Scikit-Learn 的 GMM 评估器内置了两种纠正过拟合的标准分析方法:赤池信息量准则(AIC)和贝叶斯信息准则(BIC)。

两种纠正过拟合标准分析的实现代码为:

```
n_components = np.arange(1, 21)
models = [GMM(n, covariance_type = 'full', random_state = 0).fit(Xmoon)
          for n in n_components]
plt.plot(n_components, [m.bic(Xmoon) for m in models], label = 'BIC')
plt.plot(n_components, [m.aic(Xmoon) for m in models], label = 'AIC')
plt.legend(loc = 'best')
plt.xlabel('n_components');
```

运行程序,效果如图 9-12 所示。

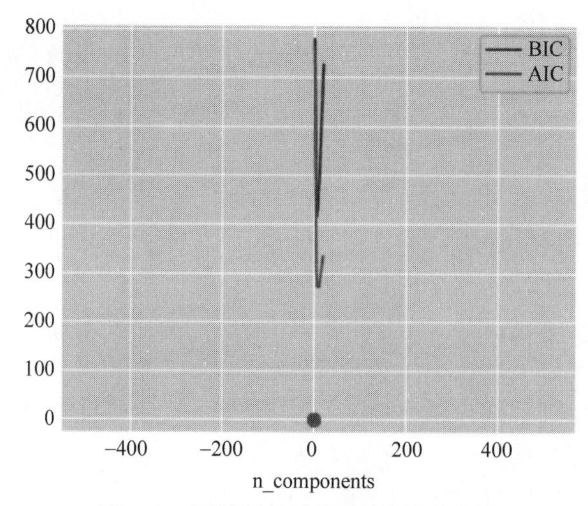

图 9-12 两种纠正过拟合的标准分析法

9.4.5 密度聚类

DBSCAN(Density-Based Spatial Clustering of Applications with Noise,具有噪声的基于密度的聚类方法)是一种很典型的密度聚类算法,和 k 均值这些一般只适用于凸样本集的聚类相比,DBSCAN 既可以适用于凸样本集,也可以适用于非凸样本集。下面就对 DBSCAN 进行介绍。

1. 密度聚类原理

DBSCAN 是一种基于密度的聚类算法,这类密度聚类算法一般假定类别可以由样本分布的紧密程度决定。同一类别的样本,它们之间是紧密相连的,也就是说,在该类别任意样本周围不远处一定有同类别的样本存在。

通过将紧密相连的样本划为一类,就得到了一个聚类类别。通过将所有各组紧密相连的样本划为各个不同的类别,就得到了最终的所有聚类类别结果。

2. DBSCAN 密度定义

DBSCAN 是基于一组邻域来描述样本集的紧密程度的,参数(ε,MinPts)用来描述邻域的样本分布紧密程度。其中,ε 描述了某一样本的邻域距离阈值,MinPts 描述了某一样本的距离为 ε 的邻域中样本个数的阈值。

假设样本集 $D=\{x_1,x_2,\cdots,x_m\}$,则 DBSCAN 具体的密度描述定义如下:

(1) ε-邻域。对于 $x_j \in D$,其 ε-邻域包含样本集 D 中与 x_j 的距离不大于 ε 的子样本集,即 $N_\varepsilon(x_j)=\{x_i \in D \mid \text{distance}(x_i,x_j) \leqslant \varepsilon\}$,这个子样本集的个数记为 $|N_\varepsilon(x_j)|$。

(2) 核心对象。对于任一样本 $x_j \in D$,如果 ε-邻域对应的 $N_\varepsilon(x_j)$ 至少包含 MinPts 个样本,即如果 $N_\varepsilon(x_j) \geqslant \text{MinPts}$,则 x_j 是核心对象。

(3) 密度直达。如果 x_i 位于 x_j 的 ε-邻域,且 x_j 是核心对象,则称 x_i 由 x_j 密度直达。注意,反之不一定成立,即此时不能说 x_j 由 x_i 密度直达,除非且 x_i 也是核心对象。

(4) 密度可达。对于 x_i 和 x_j,如果存在样本序列 $p_1,p_2,\cdots,p_T$,满足 $p_1=x_i$,$p_T=x_j$,且 p_T 由 p_T 密度直达,则称 x_j 由 x_i 密度可达。也就是说,密度可达满足传递性。此时序列中的传递样本 $p_1,p_2,\cdots,p_{T-1}$ 均为核心对象,因为只有核心对象才能使其他样本密度直达。注意,密度可达也不满足对称性,这个可以由密度直达的不对称性得出。

(5) 密度相连。对于 x_i 和 x_j,如果存在核心对象样本 x_k,使 x_i 和 x_j 均由 x_k 密度可达,则称 x_i 和 x_j 密度相连。注意,密度相连关系是满足对称性的。

通过图 9-13 很容易理解上述定义,图中 MinPts=5,红色的点都是核心对象,因为其 ε-邻域至少有 5 个样本。黑色的样本是非核心对象。所有核心对象密度直达的样本都在以红色核心对象为中心的超球体内,如果不在超球体内,则不能密度直达。图中用绿色箭头连起来的核心对象组成了密度可达的样本序列。在这些密度可达的样本序列的 ε-邻域内所有的样本相互都是密度相连的。

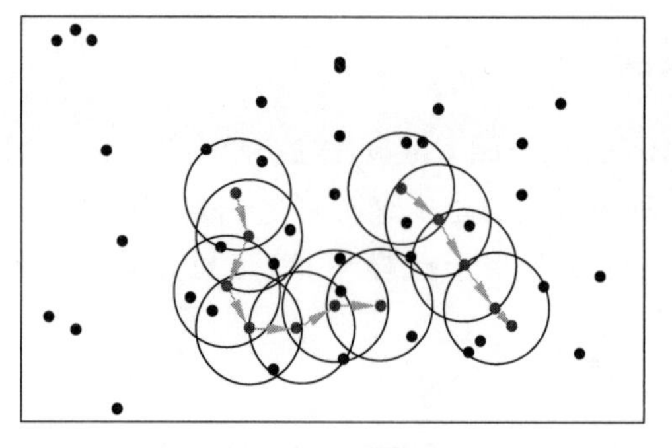

彩色图片
图 9-13

图 9-13　密度可达

3. DBSCAN 密度聚类思想

DBSCAN 的聚类定义很简单：由密度可达关系导出的最大密度相连的样本集合，即为最终聚类的一个类别，或者说一个簇。这个 DBSCAN 的簇中可以有一个或者多个核心对象。如果只有一个核心对象，则簇中其他的非核心对象样本都在这个核心对象的 ε-邻域中；如果有多个核心对象，则簇中的任意一个核心对象的 ε-邻域中一定有一个其他的核心对象，否则这两个核心对象无法密度可达。这些核心对象的 ε-邻域中所有样本的集合组成一个 DBSCAN 聚类簇。

那么怎么才能找到这样的簇样本集合呢？DBSCAN 使用的方法很简单，它任意选择一个没有类别的核心对象作为种子，然后找到所有这个核心对象能够密度可达的样本集合，即为一个聚类簇。接着继续选择另一个没有类别的核心对象去寻找密度可达的样本集合，这样就得到另一个聚类簇。一直运行到所有核心对象都有类别为止。

至此还是有 3 个问题需要考虑：

第一个是一些异常样本点或者说少量游离于簇外的样本点，这些点不在任何一个核心对象的周围，在 DBSCAN 中，一般将这些样本点标记为噪声点。

第二个是距离的度量问题，即如何计算某样本和核心对象样本的距离。在 DBSCAN 中，一般采用最近邻思想，采用某一种距离度量来衡量样本距离，比如欧几里得距离。这和 k 近邻分类算法的最近邻思想完全相同。对应少量的样本，寻找最近邻可以直接去计算所有样本的距离，如果样本量较大，则一般采用 kd 树或者球树来快速搜索最近邻。

第三个问题比较特殊，某些样本可能到两个核心对象的距离都小于 ε，但是这两个核心对象由于不是密度直达，又不属于同一个聚类簇，那么如果界定这个样本的类别呢？一般来说，此时 DBSCAN 采用先来后到，先进行聚类的类别簇会标记这个样本为它的类别。也就是说，DBSCAN 的算法不是完全稳定的算法。

4. DBSCAN 聚类算法

下面对 DBSCAN 聚类算法的流程做一个总结。

输入：样本集 $D=\{x_1,x_2,\cdots,x_m\}$，邻域参数(ε，MinPts)，样本距离度量方式。

输出：簇划分 C。

(1) 初始化核心对象集合 $\Omega=\varnothing$，初始化聚类簇数 $k=0$，初始化未访问样本集 $\Gamma=D$，簇划分 $C=\varnothing$。

(2) 对于 $j=1,2,\cdots,m$，按下面的步骤找出所有的核心对象：

- 通过距离度量方式，找到样本 x_j 的ε-邻域子样本集 $N_\varepsilon(x_j)$；
- 如果子样本集样本个数满足 $N_\varepsilon(x_j)\geqslant \text{MinPts}$，那么将样本 x_j 加入核心对象样本集中：$\Omega=\Omega\cup\{x_j\}$。

(3) 如果核心对象集合 Ω 中，随机选择一个核心对象 o，初始化当前簇核心对象队列 $\Omega_{\text{cur}}=\{o\}$，初始化类别序号 $k=k+1$，初始化当前簇样本集合 $C_k=\{o\}$，更新未访问样本集合 $\Gamma=\Gamma-\{o\}$。

(4) 如果当前簇核心对象队列 $\Omega_{\text{cur}}=\{o\}$，则当前聚类簇 C_k 生成完毕，更新簇划分 $C=\{C_1,C_2,\cdots,C_k\}$，更新核心对象集合 $\Omega=\Omega-C_k$，转入步骤(3)。

(5) 在当前簇核心对象队列 Ω_{cur} 中取出一个核心对象 o'，通过邻域距离阈值 ε 找出所有的ε-邻域子样本集 $N_\varepsilon(o')$，令 $\Delta=N_\varepsilon(o')\cap\Gamma$，更新当前簇样本集合 $C_k=C_k\cup\Delta$，更新未访问样本集合 $\Gamma=\Gamma-\Delta$，更新 $\Omega_{\text{cur}}=\Omega_{\text{cur}}\cup(\Delta\cap\Omega)-o'$，转入步骤(5)。

输出结果为：簇划分 $C=(C_1,C_2,\cdots,C_k)$。

5. DBSCAN 的优缺点

和传统的 k 均值算法相比，DBSCAN 最大的不同就是不需要输入类别数 k，当然它最大的优势是可以发现任意形状的聚类簇，而不像 k 均值，一般仅仅使用于凸样本集聚类。同时它在聚类的同时还可以找出异常点，这点和 BIRCH 算法类似。

那么什么时候需要用 DBSCAN 来聚类呢？一般来说，如果数据集是稠密的，并且数据集不是凸的，那么用 DBSCAN 会比 k 均值聚类效果好很多。如果数据集不是稠密的，则不推荐用 DBSCAN 来聚类。

DBSCAN 的优点主要表现在：

(1) 与 k 均值算法相比，DBSCAN 不需要事先知道要形成的簇类的数量。

(2) 与 k 均值算法相比，DBSCAN 可以发现任意形状的簇类。

(3) 同时，DBSCAN 能够识别出噪声点。

(4) DBSCAN 对于数据库中样本的顺序不敏感，即 Pattern 的输入顺序对结果的影响不大。但是，对于处于簇类之间边界样本，可能会根据哪个簇类优先被探测到而其归属有所摆动。

DBSCAN 的缺点主要表现在：

(1) DBScan 不能很好地反映高尺寸数据。

(2) DBScan 不能很好地反映数据集变化的密度。

(3) 对于高维数据，点之间极为稀疏，密度就很难定义了。

6. DBSCAN 的实现

前面对 DBSCAN 相关原理、定义、思想、方法等相关概念进行了介绍，下面通过实例来演示 DBSCAN 的实现。

【例 9-7】 Python 的密度聚类实现。

```
# - * - coding: utf - 8 - * -
import numpy as np
import matplotlib.pyplot as plt
import sklearn.datasets as ds
import matplotlib.colors
from sklearn.cluster import DBSCAN
from sklearn.preprocessing import StandardScaler
def expand(a, b):
    d = (b - a) * 0.1
    return a - d, b + d
if __name__ == "__main__":
    N = 1000
    centers = [[1, 2], [-1, -1], [1, -1], [-1, 1]]
    data, y = ds.make_blobs(N, n_features = 2, centers = centers, cluster_std = [0.5, 0.25,
0.7, 0.5], random_state = 0)
    #归一化数据
    data = StandardScaler().fit_transform(data)
    #数据的参数
    params = ((0.2, 5), (0.2, 10), (0.2, 15), (0.3, 5), (0.3, 10), (0.3, 15))
    #设置中文样式
    matplotlib.rcParams['font.sans-serif'] = [u'SimHei']
    matplotlib.rcParams['axes.unicode_minus'] = False
    #设置颜色
    cm = matplotlib.colors.ListedColormap(list('rgbm'))
    plt.figure(figsize = (12, 8), facecolor = 'w')
    plt.suptitle(u'DBSCAN 聚类', fontsize = 20)
    for i in range(6):
        eps, min_samples = params[i]
        #创建密度聚类模型
        model = DBSCAN(eps = eps, min_samples = min_samples)
        #训练模型
        model.fit(data)
        y_hat = model.labels_
        core_indices = np.zeros_like(y_hat, dtype = bool)
        core_indices[model.core_sample_indices_] = True
        y_unique = np.unique(y_hat)
        n_clusters = y_unique.size - (1 if -1 in y_hat else 0)
        #print(y_unique, '聚类簇的个数: ', n_clusters)
        plt.subplot(2, 3, i + 1)
        clrs = plt.cm.Spectral(np.linspace(0, 0.8, y_unique.size))
        #print(clrs)
        x1_min, x2_min = np.min(data, axis = 0)
        x1_max, x2_max = np.max(data, axis = 0)
        x1_min, x1_max = expand(x1_min, x1_max)
        x2_min, x2_max = expand(x2_min, x2_max)
        for k, clr in zip(y_unique, clrs):
            cur = (y_hat == k)
```

```
            if k == -1:
                plt.scatter(data[cur, 0], data[cur, 1], s=20, c='k')
            #设置散点图数据
            plt.scatter(data[cur, 0], data[cur, 1], s=20, cmap=cm, edgecolors='k')
            plt.scatter(data[cur & core_indices][:, 0], data[cur & core_indices][:, 1],
                        s=20, cmap=cm, marker='o', edgecolors='k')
        #设置 x,y 轴
        plt.xlim((x1_min, x1_max))
        plt.ylim((x2_min, x2_max))
        plt.grid(True)
        plt.title(u'epsilon = %.1f m = %d, 聚类数目: %d' % (eps, min_samples, n_clusters),
fontsize=16)
    plt.tight_layout()
    plt.subplots_adjust(top=0.9)
    plt.show()
```

运行程序,效果如图 9-14 所示。

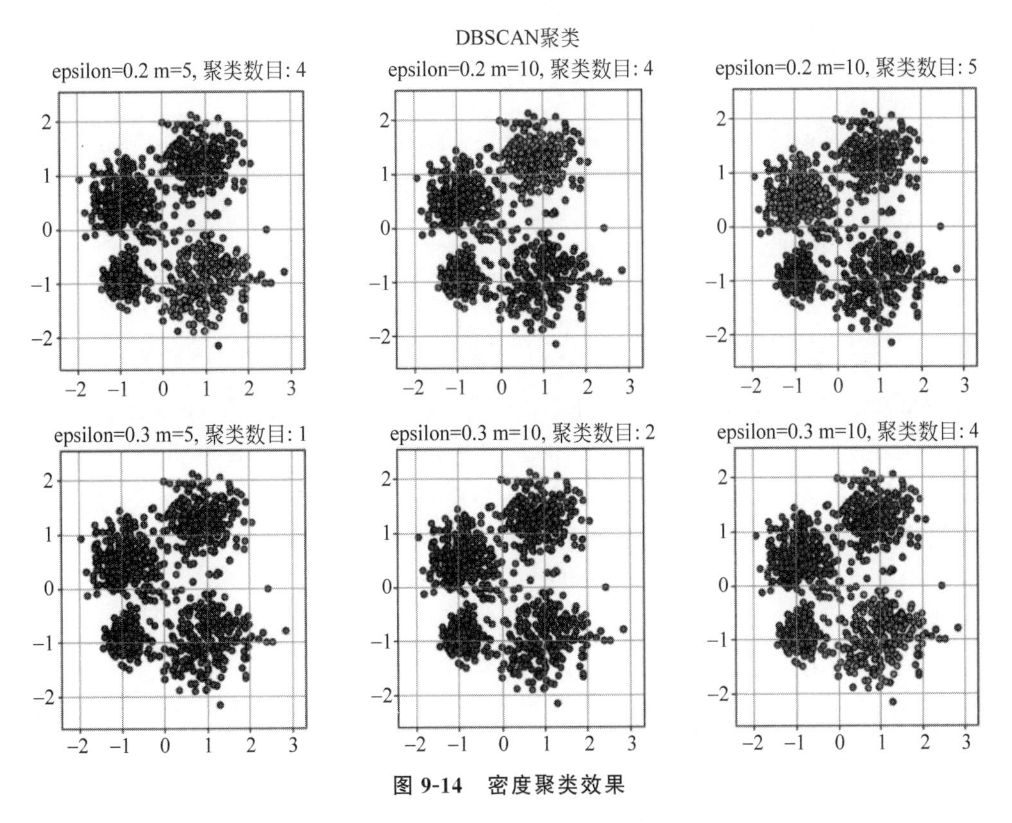

图 9-14 密度聚类效果

由图 9-14 结果可总结:

(1) 在 epsilon(半径)相同的情况下,m(数量)越大,划分的聚类数目就可能越多,异常的数据就会划分得越多。在 m(数量)相同的情况下,epsilon(半径)越大,划分的聚类数目就可能越少,异常的数据就会划分得越少。因此,epsilon 和 m 是相互牵制的,合适的 epsilon 和 m 有利于更好地聚类,减少欠拟合或过拟合的情况。

(2) 和 k 均值聚类相比,DBSCAN 密度聚类更擅长聚不规则形状的数据,因此在数据不是以接近圆形的方式分布的情况下,建议使用密度聚类。

9.4.6 层次聚类

层次聚类(hierarchical clustering)可在不同层上对数据集进行划分,形成树状的聚类结构。AGglomerative NESting(AGNES)是一种常用的层次聚类算法。

AGNES 算法原理:AGNES 最初将每个对象看成一个簇,然后这些簇根据某些准则(如距离最近)被一步步地合并,就这样不断地合并直到达预设的聚类簇的个数。这里的关键在于:如何计算聚类簇之间的距离?

由于每个簇就是一个集合,因此需要给出集合之间的距离。给定聚类簇 C_i 和 C_j,有如下 3 种距离。

(1) 最小距离:

$$d_{\min}(C_i,C_j)=\min_{\boldsymbol{x}_i\in C_i,\boldsymbol{x}_j\in C_j}\text{distance}(\boldsymbol{x}_i,\boldsymbol{x}_j)$$

它是两个簇的样本对之间距离的最小值。

(2) 最大距离:

$$d_{\max}(C_i,C_j)=\max_{\boldsymbol{x}_i\in C_i,\boldsymbol{x}_j\in C_j}\text{distance}(\boldsymbol{x}_i,\boldsymbol{x}_j)$$

它是两个簇样本对之间距离的最大值。

(3) 平均距离:

$$d_{\text{avg}}(C_i,C_j)=\frac{1}{|C_i||C_j|}\sum_{\boldsymbol{x}_i\in C_i}\sum_{\boldsymbol{x}_j\in C_j}\text{distance}(\boldsymbol{x}_i,\boldsymbol{x}_j)$$

它是两个簇样本对之间的距离的平均值。

当 AGNES 算法的聚类簇距离采用 $d_{\min}$ 时,称为单链接(single-linkage)算法;当 AGNES 算法的聚类簇距离采用 $d_{\max}$ 时,称为全链接(complete-linkage)算法;当 AGNES 算法的聚类簇距离采用 d_{avg} 时,称为均链接(average-linkage)算法。

下面给出 AGNES 算法。

- 输入
  ① 数据集 $D=\{\boldsymbol{x}_1,\boldsymbol{x}_2,\cdots,\boldsymbol{x}_N\}$。
  ② 聚类簇距离度量函数 d。
  ③ 聚类簇数量 K。
- 输出:簇划分 $C=\{C_1,C_2,\cdots,C_K\}$。
- 算法步骤如下。
  ① 初始化:将每个样本都作为一个簇

$$C_i=\{\boldsymbol{x}_i\},\quad i=1,2,\cdots,N$$

  ② 迭代,终止条件为聚类簇的数量为 K。迭代过程为:计算聚类簇之间的距离,找出距离最近的两个簇,将这两个簇合并。

【例 9-8】 对给定的数据集进行层次聚类。

```
# - * - coding:utf - 8 - * -
import math
import pylab as pl
#数据集：每 3 个是一组，分别是西瓜的编号、密度、含糖量
data = """
1,0.697,0.46,2,0.774,0.376,3,0.634,0.264,4,0.608,0.318,5,0.556,0.215,
6,0.403,0.237,7,0.481,0.149,8,0.437,0.211,9,0.666,0.091,10,0.243,0.267,
11,0.245,0.057,12,0.343,0.099,13,0.639,0.161,14,0.657,0.198,15,0.36,0.37,
16,0.593,0.042,17,0.719,0.103,18,0.359,0.188,19,0.339,0.241,20,0.282,0.257,
21,0.748,0.232,22,0.714,0.346,23,0.483,0.312,24,0.478,0.437,25,0.525,0.369,
26,0.751,0.489,27,0.532,0.472,28,0.473,0.376,29,0.725,0.445,30,0.446,0.459"""
#数据处理 dataset 是 30 个样本(密度,含糖量)的列表
a = data.split(',')
dataset = [(float(a[i]), float(a[i+1])) for i in range(1, len(a) - 1, 3)]
#计算欧几里得距离,a 和 b 分别为两个元组
def dist(a, b):
    return math.sqrt(math.pow(a[0] - b[0], 2) + math.pow(a[1] - b[1], 2))
#最小距离
def dist_min(Ci, Cj):
    return min(dist(i, j) for i in Ci for j in Cj)
#最大距离
def dist_max(Ci, Cj):
    return max(dist(i, j) for i in Ci for j in Cj)
#平均距离
def dist_avg(Ci, Cj):
    return sum(dist(i, j) for i in Ci for j in Cj)/(len(Ci) * len(Cj))
#找到距离最小的下标
def find_Min(M):
    min = 1000
    x = 0; y = 0
    for i in range(len(M)):
        for j in range(len(M[i])):
            if i != j and M[i][j] < min:
                min = M[i][j];x = i; y = j
    return(x, y, min)
#算法模型
def AGNES(dataset, dist, k):
    #初始化 C 和 M
    C = [];M = []
    for i in dataset:
        Ci = []
        Ci.append(i)
        C.append(Ci)
    for i in C:
        Mi = []
        for j in C:
            Mi.append(dist(i, j))
        M.append(Mi)
```

```
    q = len(dataset)
    #合并更新
    while q > k:
        x, y, min = find_Min(M)
        C[x].extend(C[y])
        C.remove(C[y])
        M = []
        for i in C:
            Mi = []
            for j in C:
                Mi.append(dist(i, j))
            M.append(Mi)
        q -= 1
    return C
#画图
def draw(C):
    colValue = ['r', 'y', 'g', 'b', 'c', 'k', 'm']
    for i in range(len(C)):
        coo_X = []                                    #x坐标列表
        coo_Y = []                                    #y坐标列表
        for j in range(len(C[i])):
            coo_X.append(C[i][j][0])
            coo_Y.append(C[i][j][1])
        pl.scatter(coo_X, coo_Y, marker = 'x', color = colValue[i % len(colValue)], label = i)
    pl.legend(loc = 'upper right')
    pl.show()
C = AGNES(dataset, dist_avg, 3)
draw(C)
```

运行程序,效果如图 9-15 所示。

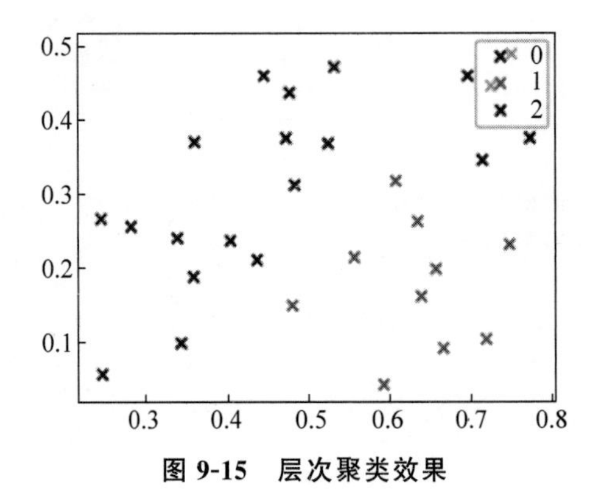

图 9-15 层次聚类效果

9.5 数据标准化

在进行数据分析之前,通常需要先对数据进行标准化(normalization)。数据标准化也就是统计数据的指数化。数据标准化处理主要包括数据同趋化处理和无量纲化处理两个方面。数据同趋化处理主要解决不同性质的数据问题,对不同性质的指标直接加总不能正确反映不同作用力的综合结果,应先考虑改变逆指标数据性质,使所有指标对测评方案的作用力同趋化,再加总才能得出正确结果。

9.5.1 数据标准化的两个原因

数据标准化的两个原因为:

(1) 某些算法要求样本数据具有零均值和单位方差。

(2) 样本不同属性具有不同量级时,消除数量级的影响。如图 9-16 所示为两个属性的目标函数的等高线。

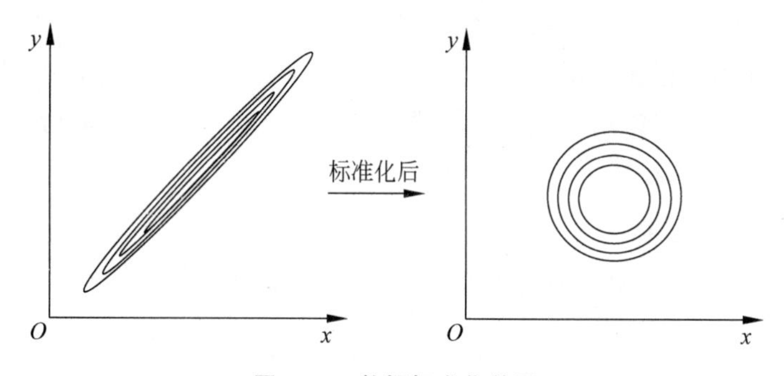

图 9-16 数据标准化效果

数量级的差异将导致量级较大的属性占据主导地位。从图 9-16 中可以看到:如果样本的某个属性的量级特别巨大,就会将原本为椭圆的等高线压缩成直线,从而使得目标函数值仅依赖于该属性。

数量级的差异将导致迭代收敛速度减慢。从图 9-16 中可以看到:原始的特征进行梯度下降时,每一步梯度的方向会偏离最小值(等高线中心点)的方向,迭代次数较多。标准化后进行梯度下降时,每一步梯度的方向都几乎指向最小值(等高线中心点)的方向,迭代次数较少。

所有依赖样本距离的算法对于数据的数量级都非常敏感。如 k 近邻算法需要计算距离当前样本最近的 k 个样本。当属性的量级不同时,选取的最近的 k 个样本也不同。

9.5.2 几种标准化方法

下面对几种常用的几种标准化方法进行介绍。

1. 归一化 max-min

min-max 标准化方法是对原始数据进行线性变换。设 min$A$ 和 max$A$ 分别为属性 A 的最小值和最大值,将 A 的一个原始值 x 通过 min-max 标准化映射成在区间[0,1]中的值 x',其公式为:

$$新数据=(原数据-最小值)/(最大值-最小值)$$

这种方法能使数据归一化到一个区域内,同时不改变原来的数据结构。

2. 中心化 z-score

这种方法基于原始数据的均值(mean)和标准差(standard deviation)进行数据的标准化。将 A 的原始值 x 使用 z-score 标准化到 x'。

z-score 标准化方法适用于属性 A 的最大值和最小值未知的情况,或有超出取值范围的离群数据的情况。

新数据=(原数据-均值)/标准差

这种方法适合大多数类型数据,也是很多工具的默认标准化方法。标准化之后的数据是以 0 为均值、方差为 1 的正态分布。但是 z-score 方法是一种中心化方法,会改变原有数据的分布结构,不适合用于对稀疏数据做处理。

很多时候数据集会存在稀疏特征,表现为标准差小,很多元素值为 0,最常见的稀疏数据集是用来作协同过滤的数据集,绝大部分数据都是 0。对稀疏数据进行标准化,不能采用中心化的方式,否则会破坏稀疏数据的结构。

3. 稀疏数据的 MaxAbs

最大值绝对值标准化(MaxAbs)即根据最大值的绝对值进行标准化,假设原转换的数据为 x,新数据为 x',那么 $x'=\frac{x}{|\max|}$,其中 max 为 x 所在列的最大值。

该方法的数据区间为[-1, 1],具有不破坏原数据结构的特点,因此可用于稀疏数据和一些稀疏矩阵。

4. 针对离群点的 RobustScaler

有些时候,数据集中存在离群点,用 z-score 进行标准化,但是结果不理想,因为离群点在标准化后丧失了离群特性。RobustScaler 针对离群点做标准化处理,该方法对数据中心化的数据的缩放健壮性有更强的参数控制能力。

【例 9-9】 利用标准化对给定的数据进行标准化。

```
def datastandard():
  from sklearn import preprocessing
  import numpy as np
  x = np.array([
    [ 1., -1.,  2.],
    [ 2.,  0.,  0.],
    [ 0.,  1., -1.]])
  print('原始数据为:\n',x)
  print('method1:指定均值方差数据标准化(默认均值 0 方差 1):')
  print('使用 scale()函数按列标准化')
  x_scaled = preprocessing.scale(x)
  print('标准化后矩阵为:\n',x_scaled,end = '\n\n')
  print('cur mean:', x_scaled.mean(axis = 0), 'cur std:', x_scaled.std(axis = 0))
  print('使用 scale()函数按行标准化')
  x_scaled = preprocessing.scale(x,axis = 1)
```

```
    print('标准化后矩阵为:\n',x_scaled,end = '\n')
    print('cur mean:', x_scaled.mean(axis = 1), 'cur std:', x_scaled.std(axis = 1))
    print('\nmethod2:StandardScaler类,可以保存训练集中的参数')
    scaler = preprocessing.StandardScaler().fit(x)
    print('标准化前均值方差为:',scaler.mean_,scaler.scale_)
    print('标准化后矩阵为:\n',scaler.transform(x),end = '\n\n')
    print('*** 2.数据归一化,映射到区间[min,max]:')
    min_max_scaler = preprocessing.MinMaxScaler(feature_range = (0,10))
    print(min_max_scaler.fit_transform(x))
if __name__ == '__main__':
    datastandard()
```

运行程序,输出如下:

```
原始数据为:
 [[ 1. -1.  2.]
 [ 2.  0.  0.]
 [ 0.  1. -1.]]
method1:指定均值方差数据标准化(默认均值0方差1):
使用scale()函数按列标准化
标准化后矩阵为:
 [[ 0.         -1.22474487  1.33630621]
 [ 1.22474487  0.         -0.26726124]
 [-1.22474487  1.22474487 -1.06904497]]
cur mean: [0. 0. 0.] cur std: [1. 1. 1.]
使用scale()函数按行标准化
标准化后矩阵为:
 [[ 0.26726124 -1.33630621  1.06904497]
 [ 1.41421356 -0.70710678 -0.70710678]
 [ 0.          1.22474487 -1.22474487]]
cur mean: [1.48029737e-16 7.40148683e-17 0.00000000e+00] cur std: [1. 1. 1.]
method2:StandardScaler类,可以保存训练集中的参数
标准化前均值方差为: [1.          0.          0.33333333] [0.81649658 0.81649658 1.24721913]
标准化后矩阵为:
 [[ 0.         -1.22474487  1.33630621]
 [ 1.22474487  0.         -0.26726124]
 [-1.22474487  1.22474487 -1.06904497]]
 *** 2.数据归一化,映射到区间[min,max]:
[[ 5.          0.         10.        ]
 [10.          5.          3.33333333]
 [ 0.         10.          0.        ]]
```

【例 9-10】 利用几种标准化方法对导入的数据进行标准化处理。

```
import numpy as np
import pandas as pd
from sklearn import preprocessing
import matplotlib.pyplot as plt
from sklearn.datasets import make_moons
```

```
import matplotlib.pyplot as plt
#导入数据
data = make_moons(n_samples = 200, noise = 10)[0]
#Z - Score 标准化
#建立 StandardScaler 对象
zscore = preprocessing.StandardScaler()
#标准化处理
data_zs = zscore.fit_transform(data)
#Max - Min 标准化
#建立 MinMaxScaler 对象
minmax = preprocessing.MinMaxScaler()
#标准化处理
data_minmax = minmax.fit_transform(data)
#MaxAbs 标准化
#建立 MinMaxScaler 对象
maxabs = preprocessing.MaxAbsScaler()
#标准化处理
data_maxabs = maxabs.fit_transform(data)
#RobustScaler 标准化
#建立 RobustScaler 对象
robust = preprocessing.RobustScaler()
#标准化处理
data_rob = robust.fit_transform(data)
#可视化数据展示
#建立数据集列表
data_list = [data, data_zs, data_minmax, data_maxabs, data_rob]
#创建颜色列表
color_list = ['blue', 'red', 'green', 'black', 'pink']
#创建标题样式
title_list = ['source data', 'zscore', 'minmax', 'maxabs', 'robust']
#设置画幅
plt.figure(figsize = (9, 6))
#循环数据集和索引
for i, dt in enumerate(data_list):
    #子网格
    plt.subplot(2, 3, i + 1)
    #数据画散点图
    plt.scatter(dt[:, 0], dt[:, 1], c = color_list[i])
    #设置标题
    plt.title(title_list[i])
#图片存储
plt.savefig('xx.png')
#图片展示
plt.show()
```

运行程序,效果如图 9-17 所示。

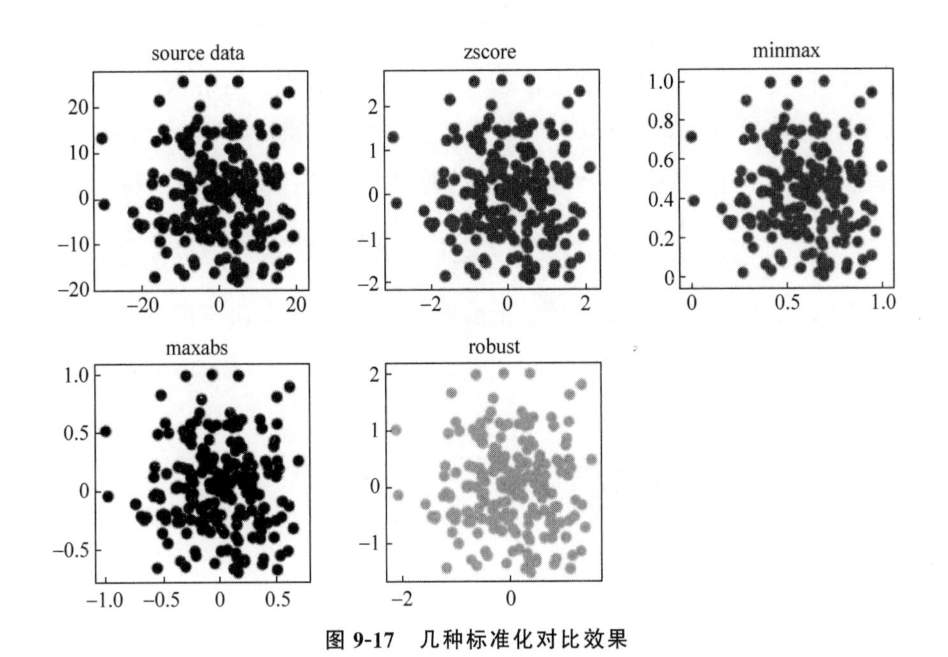

图 9-17 几种标准化对比效果

9.6 特征选择

在学习任务中,若给定了属性集,则其中某些属性可能对于学习来说是很关键的,但是有些属性可能就没有什么用。

- 对于当前学习任务有用的属性称为相关特征(relevant feature)。
- 对当前学习任务没有用的属性称为无关特征(irrelevant feature)。

从给定的特征集合中选出相关特征子集的过程称为特征选择(feature selection)。进行特征选择有两个重要原因:

- 维数灾难问题就是由于属性过多造成的。如果挑选出重要特征,使得后续学习过程仅仅需要在这小部分特征上构建模型,则维数灾难问题会大大减轻。
- 去除不相关特征通常会降低学习任务的难度。

进行特征选择必须确保不丢失重要特征,如果重要信息缺失,则学习效果会大打折扣。常见的特征选择方法大致可分为3类:过滤式(filter)选择、包裹式(wrapper)选择、嵌入式(embedding)选择和 L_1 正则化。

1. 过滤式选择

过滤式方法先对数据集进行特征选择,然后再训练学习器。特征选择过程与后续学习器无关。Relief(Relevant Features)就是一种著名的过滤式特征选择方法。

给定训练集 $D=\{(\boldsymbol{x}_1,y_1),(\boldsymbol{x}_2,y_2),\cdots,(\boldsymbol{x}_N,y_N)\}$,$\boldsymbol{x}_i=(x_i^{(1)},x_i^{(2)},\cdots,x_i^{(d)})^{\mathrm{T}}$,$y_i\in\{-1,1\}$。Relief 步骤如下:

对于每个样本 $\boldsymbol{x}_i, i=1,2,\cdots,N$：

- 先在 $\boldsymbol{x}_i$ 同类样本中寻找其最近邻 $\boldsymbol{x}_{i,\mathrm{nh}}$，称为猜中近邻(near-hit)。
- 然后从 $\boldsymbol{x}_i$ 的异类样本中寻找其最近邻 $\boldsymbol{x}_{i,\mathrm{nm}}$，称为猜错近邻(near-miss)。
- 再然后计算$\boldsymbol{\delta}_i=(\delta_i^{(1)},\delta_i^{(2)},\cdots,\delta_i^{(d)})^{\mathrm{T}}$ 的对应于属性 j 的分量($j=1,2,\cdots,d$)。

$$\delta_i^{(j)}=\sum_{i=1}^{N}(-\mathrm{diff}(x_i^{(j)},x_{i,\mathrm{nh}}^{(j)})^2+\mathrm{diff}(x_i^{(j)},x_{i,\mathrm{nm}}^{(j)})^2)$$

其中，$\mathrm{diff}(x_a^{(j)},x_b^{(j)})$为两个样本在属性 j 上的差异值，其结果取决于该属性是离散的还是连续的。

(1) 如果属性 j 是离散的，则

$$\mathrm{diff}(x_a^{(j)},x_b^{(j)})=\begin{cases}0, & x_a^{(j)}=x_b^{(j)}\\ 1, & \text{其他}\end{cases}$$

(2) 如果属性 j 是连续的，则

$$\mathrm{diff}(x_a^{(j)},x_b^{(j)})=|x_a^{(j)}-x_b^{(j)}|$$

此时，$x_a^{(j)},x_b^{(j)}$ 已标准化到[0,1]区间。

- 计算$\boldsymbol{\delta}$ 为$\boldsymbol{\delta}_i$ 的均值，

$$\boldsymbol{\delta}=\sum_{i=1}^{N}\frac{1}{N}\boldsymbol{\delta}_i$$

- 根据指定的阈值 τ，如果 $\delta^{(j)}>\tau$，则样本属性 j 被选中。

Relief 是为二分类问题设计的，其推广形式 Relief-F 用于处理多分类问题。假定数据集 D 中的样本类别为 $c_1,c_2,\cdots,c_K$。对于样本 $\boldsymbol{x}_i$，假设其类别为 $y_i=c_k$。Relief-F 与 Relief 的区别如下：

- Relief-F 先在类别 c_k 的样本中寻找 $\boldsymbol{x}_i$ 的最近邻 $\boldsymbol{x}_{i,\mathrm{nh}}$ 作为猜中近邻。
- 然后在 c_k 之外的每个类别中分别找到一个 $\boldsymbol{x}_i$ 的最近邻 $\boldsymbol{x}_{i,\mathrm{nm},l}, l=1,2,\cdots,K; l\neq k$ 作为猜错近邻。
- 计算$\boldsymbol{\delta}_i=(\delta_i^{(1)},\delta_i^{(2)},\cdots,\delta_i^{(d)})^{\mathrm{T}}$ 的对应于属性 j 的分量为($j=1,2,\cdots,d$)，

$$\delta_i^{(j)}=\sum_{i=1}^{N}\left(-\mathrm{diff}(x_i^{(j)},x_{i,\mathrm{nh}}^{(j)})^2+\sum_{i\neq k}(p_l\times\mathrm{diff}(x_i^{(j)},x_{i,\mathrm{nm},l}^{(j)})^2)\right)$$

其中，p_l 为第 l 类的样本在数据集 D 中所占的比例。

2. 包裹式选择

包裹式特征选择直接把最终将要使用的学习器的性能作为特征子集的评价准则。其优点是：由于包裹式特征选择方法直接针对特定学习器进行优化，因此通常包裹式特征选择比过滤式特征选择更好。其缺点是：由于特征选择过程中需要多次训练学习器，因此计算开销通常比过滤式特征选择要大得多。

LVW(Las Vegas Wrapper)是一个典型的包裹式特征选择方法。它在 LVW 框架下使

用随机策略来进行子集搜索，并以最终分类器的误差作为特征子集的评价标准。

(1) 输入：

- 数据集 $D=\{(\boldsymbol{x}_1,y_1),(\boldsymbol{x}_2,y_2),\cdots,(\boldsymbol{x}_N,y_N)\}$，$\boldsymbol{x}_i=(x_i^{(1)},x_i^{(2)},\cdots,x_i^{(d)})^{\mathrm{T}}$；
- 特征集 $A=\{x^{(1)},x^{(2)},\cdots,x^{(1)}\}$；
- 学习器 estimator；
- 迭代停止条件 T。

(2) 输出：最优特征子集 A^*。

(3) 算法步骤如下：

- 初始化：将候选的最优特征子集 $\widetilde{A}^*=A$，然后学习器 estimator 在特征子集 $\widetilde{A}^*$ 上使用交叉验证法进行学习，通常学习结果评估学习器 estimator 的误差 err^*。
- 迭代，停止条件为迭代次数到达 T。迭代过程为：
  ① 随机产生特征子集 A'；
  ② 学习器 estimator 在特征子集 A'上使用交叉验证法进行学习，通过学习结果评估学习器 estimator 的误差 err；
  ③ 如果 err 比 err^* 更小，或者 $\mathrm{err}=\mathrm{err}^*$，但是 A'的特征数量比 $\widetilde{A}^*$ 的特征数量更少，则将 A 作为候选的最优特征子集：
  $$\widetilde{A}^*=A';\quad \mathrm{err}=\mathrm{err}^*$$
- 最终 $A^*=\widetilde{A}^*$。

注意：如果初始特征数量很多、T 设置较大，以及每一轮训练的时间较长，则很可能算法运行很长时间都不会停止。

3. 嵌入式选择和 L_1 正则化

在前两种特征选择方法中，特征选择过程和学习器训练过程有明显的分别。而嵌入式特征选择是在学习器训练过程中自动进行了特征选择。

以最简单的线性回归模型为例。给定数据集 $D=\{(\boldsymbol{x}_1,y_1),(\boldsymbol{x}_2,y_2),\cdots,(\boldsymbol{x}_N,y_N)\}$，$\boldsymbol{x}_i=(x_i^{(1)},x_i^{(2)},\cdots,x_i^{(d)})^{\mathrm{T}}$，$y_i\in\mathbf{R}$，如果损失函数为平方损失函数，则优化目标为，

$$\min_{\boldsymbol{w}}\sum_{i=1}^{N}(y_i-\boldsymbol{w}^{\mathrm{T}}\boldsymbol{x}_i)^2$$

引入正则化项。

- 如果使用 L_2 范数正则化，则优化目标为：
  $$\min_{\boldsymbol{w}}\sum_{i=1}^{N}(y_i-\boldsymbol{w}^{\mathrm{T}}\boldsymbol{x}_i)^2+\lambda\|\boldsymbol{w}\|_2^2,\quad \lambda>0$$
  此时称为岭回归(ridge regression)。
- 如果使用 L_1 范数正则化，则优化目标为：
  $$\min_{\boldsymbol{w}}\sum_{i=1}^{N}(y_i-\boldsymbol{w}^{\mathrm{T}}\boldsymbol{x}_i)^2+\lambda\|\boldsymbol{w}\|_1,\quad \lambda>0$$

此时称为 LASSO(Least Absolute Shrinkage and Selection Operator)回归。

引入 L_1 范数除了降低过拟合风险外，还有一个好处：它求得的 $\boldsymbol{w}$ 会有较多的分量为零。即它更容易获得稀疏 sparse 解。

假设 $\boldsymbol{w}=(w^{(1)},w^{(2)},\cdots,w^{(d)})^{\mathrm{T}}$ 的解 $(w^{(1*)},w^{(2*)},\cdots,w^{(v*)},0,0,\cdots,0)^{\mathrm{T}}$，即前 v 个分量非零，后面的 $d-v$ 个分量为零；则这意味着初始的 d 个特征中，只有前 v 个特征才会出现在最终模型中。

于是基于 L_1 正则化的学习方法就是一种嵌入式特征选择方法，其特征选择过程也就是学习器训练过程。

L_1 正则化问题的求解可以用近端梯度下降(Proximal Gradient Descent，PGO)算法求解。

【例 9-11】 数据的几种特征选择。

```
"""1.过滤型"""
from sklearn.datasets import load_iris
from sklearn.feature_selection import SelectKBest
from sklearn.feature_selection import chi2
iris = load_iris()
X,y = iris.data,iris.target
print(X.shape)
X_new = SelectKBest(chi2,k = 2).fit_transform(X,y)
print("过滤型特征选择：",X_new.shape)
"""2.包裹型"""
from sklearn.feature_selection import RFE
from sklearn.linear_model import LinearRegression
from sklearn.datasets import load_boston
boston = load_boston()
X = boston["data"]
Y = boston["target"]
names = boston["feature_names"]
lr = LinearRegression()
rfe = RFE(lr,n_features_to_select = 1) # 选择剔除 1 个
rfe.fit(X,Y)
print("按等级排序的特征")
print(sorted(zip(map(lambda x:round(x,4), rfe.ranking_),names)))
"""3.嵌入型,老的版本没有 SelectFromModel"""
from sklearn.svm import  LinearSVC
from sklearn.datasets import load_iris
from sklearn.feature_selection import SelectFromModel
iris = load_iris()
X,y = iris.data,iris.target
print(X.shape)
lsvc = LinearSVC(C = 0.01,penalty = 'l1',dual = False).fit(X,y)
model = SelectFromModel(lsvc,prefit = True)
X_new = model.transform(X)
print('嵌入型特征选择：', X_new.shape)
```

运行程序,输出如下:

```
(150, 4)
过滤型特征选择: (150, 2)
按等级排序的特征
[(1, 'NOX'), (2, 'RM'), (3, 'CHAS'), (4, 'PTRATIO'), (5, 'DIS'), (6, 'LSTAT'), (7, 'RAD'), (8, 'CRIM'),
(9, 'INDUS'), (10, 'ZN'), (11, 'TAX'), (12, 'B'), (13, 'AGE')]
(150, 4)
嵌入型特征选择: (150, 3)
```

9.7 习题

1. PCA 降维的准则有几个? 分别是什么?

2. k 近邻的三要素是什么?

3. 聚类的基本思想是什么?

4. 已知标签 labels = ['A', 'B', 'C', 'D'],对应的数据组为([[1.0, 1.1], [2.0, 2.0], [0, 0], [4.1, 5.1]]),利用 kNN 对其进行近邻分类。

5. 患者编号的7个数据(cancer.csv)如图9-18所示,对应的指标1到指标9分成两类,并与结果做对比。

患者编号	指标1	指标2	指标3	指标4	指标5	指标6	指标7	指标8	指标9	结果
1	5	4	3	1	2	2	2	3	1	0
2	9	1	2	6	4	10	7	7	2	1
3	10	4	7	2	2	8	6	1	1	1
4	6	10	10	10	8	10	7	10	7	1
5	5	1	1	1	2	5	5	1	1	0
6	7	6	10	5	3	10	9	10	2	1
7	8	10	10	8	5	10	7	8	1	1

图 9-18 患者编号的7个数据

第 10 章

CHAPTER 10

数据可视化

数据可视化、数据分析是 Python 的主要应用场景之一，Python 提供了丰富的数据分析、数据展示库来支持数据的可视化分析。数据可视化分析可对挖掘数据的潜在价值和企业决策提供非常大的帮助。

Python 为数据展示提供了大量优秀的功能包，其中 Matplotlib 和 Pygal 是两个优秀的功能包。本章详细讲解 Matplotlib 和 Pygal 两个功能包的功能和用法。

10.1 Matplotlib 生成数据图

Matplotlib 是一个非常优秀的 Python 2D 绘图库，只要给出符合格式的数据，通过 Matplotlib 就可以方便地制作折线图、柱状图、散点图等各种高质量的数据图。

10.1.1 安装 Matplotlib 包

安装 Matplotlib 包与安装其他 Python 包没有区别，同样可以使用 pip 来安装。

启动命令窗口，在命令窗口中输入：

```
pip install matplotlib
```

上面的命令将会自动安装 Matplotlib 包的最新版本。运行上面命令，可以看到程序先下载 Matplotlib 包，然后提示 Matplotlib 包安装成功。

如果在命令窗口中提示找不到 pip 命令，则可以通过 python 命令运行 pip 模块来安装 Matplotlib 包。例如，通过如下命令来安装 Matplotlib 包。

```
python -m pip install matplotlib
```

在成功安装 Matplotlib 包之后，可以通过 pydoc 来查看 Matplotlib 包的文档。在命令窗口中输入如下命令：

```
python -m pydoc -p 8899
```

运行上面的命令之后，打开浏览器查看 http://localhost:8899/页面，可以在 Python 安装目录的 lib\site-package 下看到 Matplotlib 包的文档，如图 10-1 所示。

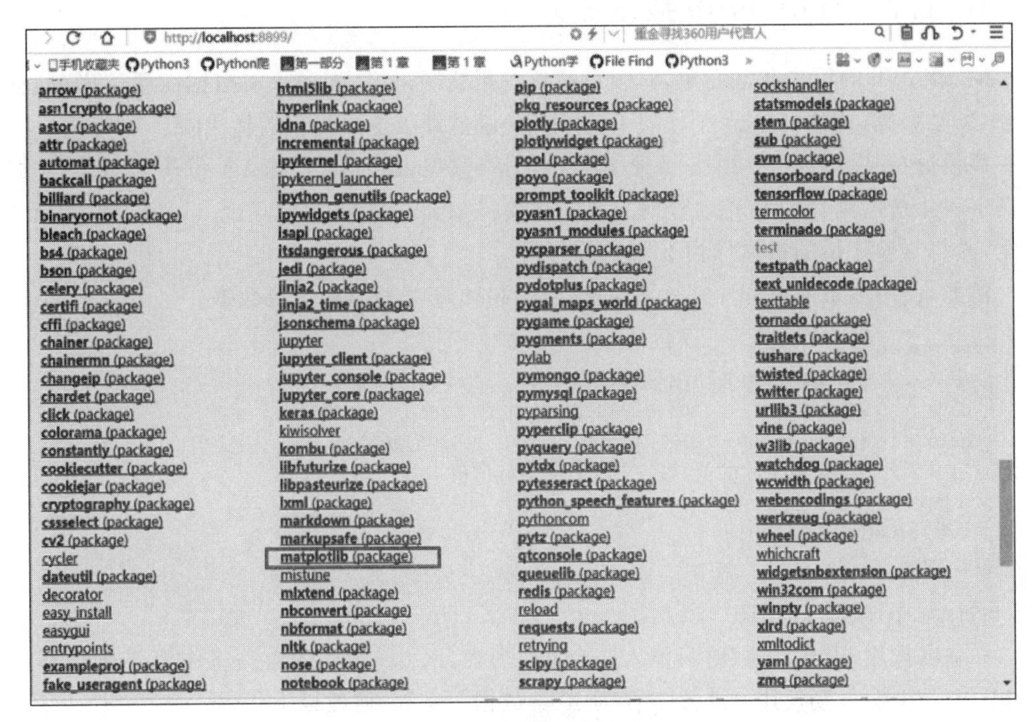

图 10-1　Matplotlib 包的文档

单击图 10-1 所示页面上的 matplotlib(package)链接，将看到如图 10-2 所示的 API 页面。

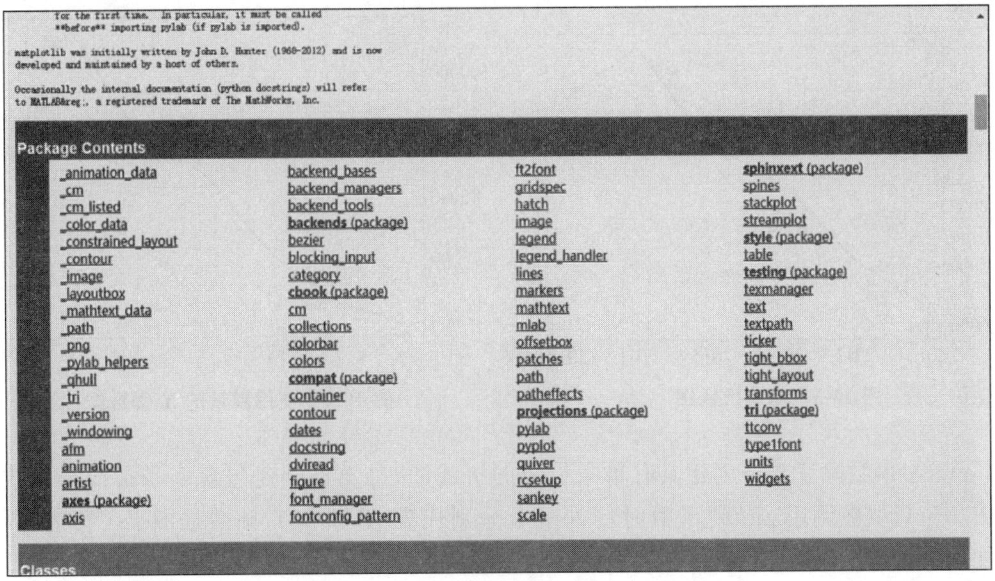

图 10-2　Matplotlib 包的 API 页面

通过图 10-2 所示的页面，即可查看 Matplotlib 包下的函数和类。

10.1.2 Matplotlib 数据图入门

Matplotlib 的用法非常简单，对于最简单的折线图来说，程序只需根据需要给出对应的 X 轴、Y 轴数据，调用 pyplot 子模块下的 plot()函数即可生成简单的折线图。

假设分析某本教材从 2012 年到 2018 的销售数据，此时可考虑将年份作为 X 轴数据，将图书各年份的销量作为 Y 轴数据。程序只要将 2012—2018 年定义成 list 列表作为 X 轴数据，并将对应年份的销量作为 Y 轴数据即可。

例如，使用如下简单程序来展示从 2012—2018 年某教材的销售数据。

```
import matplotlib.pyplot as plt
#定义 2 个列表分别作为 X 轴、Y 轴数据
x_data = ['2012', '2012', '2013', '2014', '2015', '2016', '2018']
y_data = [ 60200, 63000, 71000, 84000, 90500, 107000,98300]
#第一个列表代表横坐标的值,第二个代表纵坐标的值
plt.plot(x_data, y_data)
#调用 show()函数显示图形
plt.show()
```

运行程序，效果如图 10-3 所示。

如果在调用 plot()函数时只传入一个 list 列表，该 list 列表的数据将作为 Y 轴数据，那么 Matplotlib 会自动使用 0、1、2、3 作为 X 轴数据。例如，修改以下代码：

```
plt.plot(y_data)
```

运行程序，效果如图 10-4 所示。

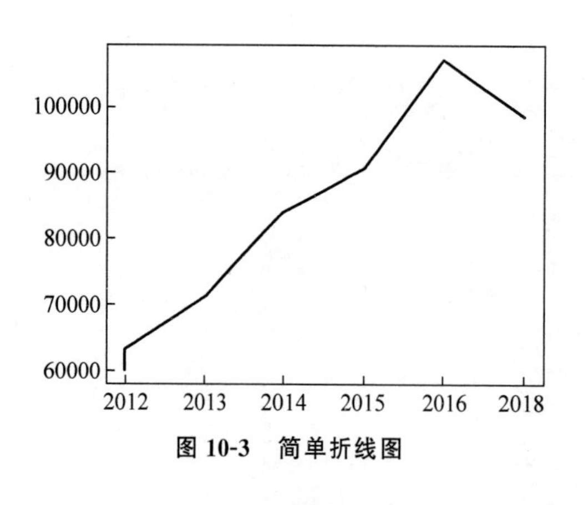

图 10-3 简单折线图

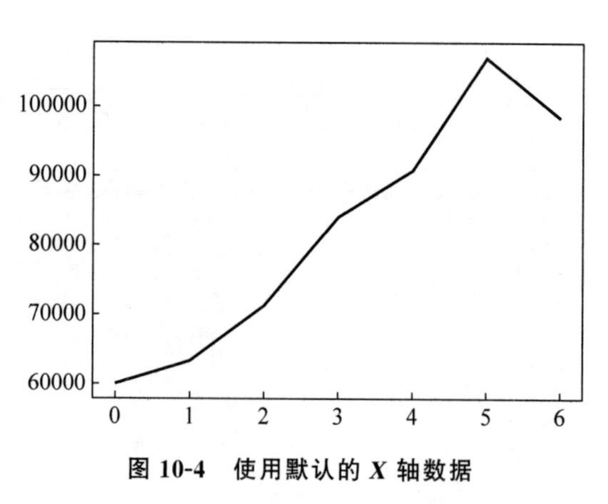

图 10-4 使用默认的 X 轴数据

plot()函数除了支持创建具有单条折线的折线图，也支持创建包含多条折线的复式折线图——只要在调用 plot()函数时传入多个分别代表 X 轴和 Y 轴数据的 list 列表即可。例如如下代码：

```
import matplotlib.pyplot as plt
```

```
x_data = ['2012', '2012', '2013', '2014', '2015', '2016', '2018']
# 定义 2 个列表分别作为两条折线的 Y 轴数据
y_data = [ 60200, 63000, 71000, 84000, 90500, 107000,98300]
y_data2 = [52000, 54200, 51500,58300, 56800, 59500, 62700]
# 传入 2 组分别代表 X 轴、Y 轴的数据
plt.plot(x_data, y_data, x_data, y_data2)
# 调用 show()函数显示图形
plt.show()
```

在以上代码中，调用 plot()函数时，传入了两组分别代表 X 轴数据、Y 轴数据的 list 列表，因此该程序可以显示两条折线，效果如图 10-5 所示。

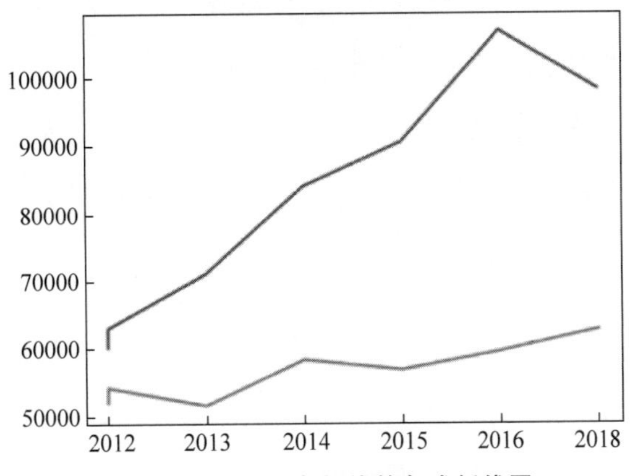

图 10-5　包含多条折线的复式折线图

也可以通过多次调用 plot()函数来生成多条折线。例如，将上面程序中的 plt. plot(x_data, y_data, x_data, y_data2)代码改为如下两行代码，程序同样会生成包含两条折线的复式折线图。

```
plt.plot(x_data, y_data)
plt.plot(x_data, y_data2)
```

在调用 plot()函数时还可以传入额外的参数来指定折线的样子，如线宽、颜色、样式等。例如：

```
import matplotlib.pyplot as plt
x_data = ['2012', '2012', '2013', '2014', '2015', '2016', '2018']
# 定义 2 个列表分别作为两条折线的 Y 轴数据
y_data = [ 60200, 63000, 71000, 84000, 90500, 107000,98300]
y_data2 = [52000, 54200, 51500,58300, 56800, 59500, 62700]
# 指定折线的颜色、线宽和样式
plt.plot(x_data, y_data, color = 'red', linewidth = 2.0, linestyle = '-.')
plt.plot(x_data, y_data2, color = 'blue', linewidth = 3.0, linestyle = '--')
# 调用 show()函数显示图形
plt.show()
```

代码中，color 指定折线的颜色，linewidth 指定线宽，linestyle 指定折线样式。

在使用 linestyle 指定折线样式时，该参数支持如下字符串参数值。

- 一代表实线,这是默认值。
- --代表虚线。
- :代表点线。
- -.代表短线、点相间的虚线。

运行以上程序,效果如图 10-6 所示。

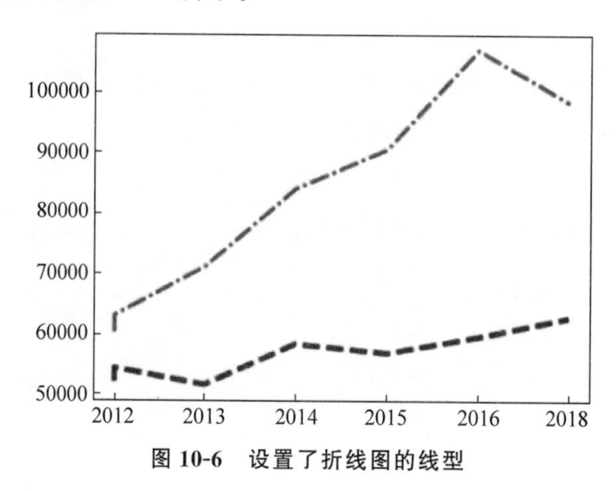

图 10-6 设置了折线图的线型

10.1.3 图例

对于复式折线图来说,应该为每条折线都添加图例,此时可以通过 legend()函数来实现。对于该函数可传入两个 list 参数,其中第一个 list 参数(handles 参数)用于引用折线图上的每条折线;第二个 list 参数(labels)代表为每条折线所添加的图例。下面的代码为两条折线添加图例:

```
import matplotlib.pyplot as plt
x_data = ['2011', '2012', '2013', '2014', '2015', '2016', '2017']
#定义 2 个列表分别作为两条折线的 Y 轴数据
y_data = [58000, 60200, 63000, 71000, 84000, 90500, 107000]
y_data2 = [52000, 54200, 51500,58300, 56800, 59500, 62700]
#指定折线的颜色、线宽和样式
ln1, = plt.plot(x_data, y_data, color = 'red', linewidth = 2.0, linestyle = '--')
ln2, = plt.plot(x_data, y_data2, color = 'blue', linewidth = 3.0, linestyle = '-.')
#调用 legend()函数设置图例
plt.legend(handles = [ln2, ln1], labels = ['某教材年销量', '某教材年销量'], loc = 'lower right')
#调用 show()函数显示图形
plt.show()
```

以上程序中调用 plot()函数绘制折线图时,获取了该函数的返回值。由于该函数的返回值是一个列表,而此处只需要获取它返回的列表的第一个元素(第一个元素才代表该函数所绘制的折线图),因此程序利用返回值的序列解包来获取。

程序中字体代码用 ln2、ln1 为折线添加图例(按传入该函数的两个列表的元素顺序一一对应)，其中 loc 参数指定图例的添加位置，该参数支持如下参数值：

- 'best'——自动选择最佳位置。
- 'upper right'——将图例放在右上角。
- 'upper left'——将图例放在左上角。
- 'lower right'——将图例放在右下角。
- 'lower left'——将图例放在左下角。
- 'right'——将图例放在右边。
- 'center left'——将图例放在左边居中的位置。
- 'center right'——将图例放在右边居中的位置。
- 'lower center'——将图例放在底部居中的位置。
- 'upper center'——将图例放在顶部居中的位置。
- 'center'——将图例放在中心。

运行以上程序，会发现该程序并没有绘制图例，这是因为 Matplotlib 默认不支持中文字体。如果希望在程序中修改 Matplotlib 的默认字段，则可按如下步骤进行。

(1) 使用 matplotlib. font_manager 子模块下的 FontProperties 类加载中文字段。

(2) 在调用 legend()函数时通过 prop 属性指定使用中文字体。

整体代码修改为：

```
import matplotlib.pyplot as plt
x_data = ['2011', '2012', '2013', '2014', '2015', '2016', '2017']
# 定义 2 个列表分别作为两条折线的 Y 轴数据
y_data = [58000, 60200, 63000, 71000, 84000, 90500, 107000]
y_data2 = [52000, 54200, 51500,58300, 56800, 59500, 62700]
import matplotlib.font_manager as fm
# 使用 Matplotlib 的字体管理器加载中文字体
my_font = fm.FontProperties(fname = "C:\Windows\Fonts\simhei.ttf")
# 指定折线的颜色、线宽和样式
ln1, = plt.plot(x_data, y_data, color = 'red', linewidth = 2.0, linestyle = '--')
ln2, = plt.plot(x_data, y_data2, color = 'blue', linewidth = 3.0, linestyle = '-.')
# 调用 legend()函数设置图例
plt.legend(handles = [ln2, ln1], labels = ['某教材 1 年销量', '某教材 2 年销量'], loc = 'lower right', prop = my_font)
# 调用 show()函数显示图形
plt.show()
```

在程序中，使用 FontProperties 类来加载 C:\Windows\Fonts\simhei. ttf 文件所对应的中文字体，因此需要保证系统能找到该路径下的中文字体。运行程序，效果如图 10-7 所示。

在使用 legend()函数时可以不指定 handles 参数，只传入 labels 参数，这样该 labels 参数将按顺序为折线图中的多条折线添加图例。因此，可以将上面的 plt. legend()改为如下形式：

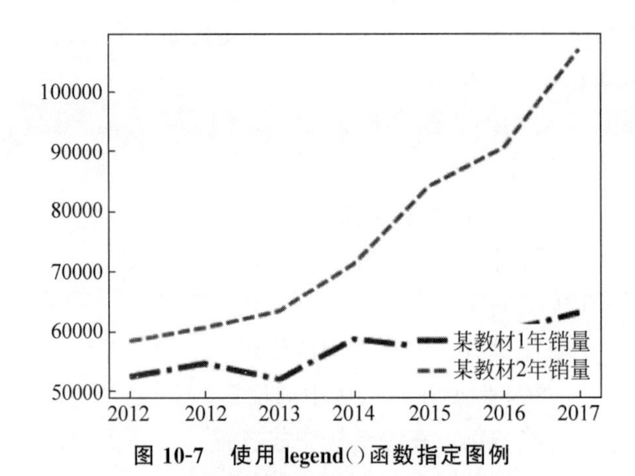

图 10-7 使用 legend()函数指定图例

```
plt.legend(labels = ['某教材 1 年销量', '某教材 2 年销量'],loc = 'lower right',prop = my_font)
```

上面的代码只指定了 labels 参数,该参数传入的列表包含两个字符串,其中第一个字符串将作为第一条折线(虚线)的图例,第二个字符串将作为第二条折线(短线、点相间的虚线)的图例。

Matplotlib 也允许在调用 plot()函数时为每条折线分别传入 label 参数,这样程序在调用 legend()函数时就无须传入 labels、handles 参数了。例如:

```
import matplotlib.pyplot as plt
x_data = ['2012', '2012', '2013', '2014', '2015', '2016', '2018']
#定义两个列表,分别作为两条折线的 Y 轴数据
y_data = [58000, 60200, 63000, 71000, 84000, 90500, 107000]
y_data2 = [52000, 54200, 51500,58300, 56800, 59500, 62700]
import matplotlib.font_manager as fm
#使用 Matplotlib 的字体管理器加载中文字体
my_font = fm.FontProperties(fname = "C:\Windows\Fonts\simhei.ttf")
#调用 legend()函数设置图例
plt.plot(x_data, y_data, color = 'red', linewidth = 2.0,
    linestyle = '--', label = '某教材 1 年销量')
plt.plot(x_data, y_data2, color = 'blue', linewidth = 3.0,
    linestyle = '-.', label = '某教材 2 年销量')
#调用 legend 函数设置图例
plt.legend(loc = 'best')
#调用 show()函数显示图形
plt.show()
```

上面程序在调用 plot()函数时传入了 label 参数,这样每条折线本身已经具有图例了,因此程序在调用 legend()函数生成图例时无须传入 labels 参数。

正如从上面程序中所看到的,每次绘制中文内容时都需要设置字段,那么是否能改变 Matplotlib 的默认字体呢?答案是肯定的。

在 Python 的交互式解释器中输入如下两行命令:

```
>>> import matplotlib
```

```
>>> matplotlib.matplotlib_fname()
'C:\\Users\\ASUS\\AppData\\Local\\Programs\\Python\\Python36\\lib\\site - packages\\
matplotlib\\mpl - data\\matplotlibrc'
>>>
```

其中 matplotlib_fname()函数会显示 Maplotlib 配置文件的保存位置，此处显示该文件的存储路径为'C:\Users\ASUS\AppData\Local\Programs\Python\Python36\lib\site-packages\matplotlib\mpl-data\matplotlibrc'。打开该文件，找到如下代码：

```
#font.family          : sans - serif
```

上面这行代码用于配置 Matlplotlib 的默认字体，取消这行配置代码之前的注释符号(#)，并将后面的 sans-serif 修改为本地已有的中文字段。例如使用黑字体，只要将上面的配置代码修改为如下形式即可：

```
font.family           : SimHei
```

通过上面的设置，即可改变 Matplotlib 的默认字体，这样即可避免每次调用 legend()函数时都需要额外指定字体。

10.1.4 坐标轴

可以调用 xlabel()和 ylabel()函数分别设置 X 轴、Y 轴的名称，也可以通过 title()函数设置整个数据图的标题，还可以调用 xticks()、yticks()函数分别改变 X 轴、Y 轴的刻度值(允许使用文本作为刻度值)。例如，如下代码为数据图添加了名称、标题和坐标轴刻度值。

```
import matplotlib.pyplot as plt
x_data = ['2012', '2012', '2013', '2014', '2015', '2016', '2018']
#定义 2 个列表分别作为两条折线的 Y 轴数据
y_data = [58000, 60200, 63000, 71000, 84000, 90500, 107000]
y_data2 = [52000, 54200, 51500,58300, 56800, 59500, 62700]
#指定折线的颜色、线宽和样式
plt.plot(x_data, y_data, color = 'red', linewidth = 2.0,
    linestyle = '--', label = '某教材 1 年销量')
plt.plot(x_data, y_data2, color = 'blue', linewidth = 3.0,
    linestyle = '-.', label = '某教材 2 年销量')
import matplotlib.font_manager as fm
#使用 Matplotlib 的字体管理器加载中文字体
my_font = fm.FontProperties(fname = "C:\Windows\Fonts\simhei.ttf")
#调用 legend 函数设置图例
plt.legend(loc = 'best')
#设置两条坐标轴的名字
plt.xlabel("年份")
plt.ylabel("图书销量(本)")
#设置数据图的标题
plt.title('疯狂图书的历年销量')
#设置 Y 轴上的刻度值
#第一个参数是点的位置，第二个参数是点的文字提示
```

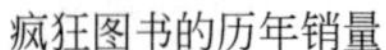

```
plt.yticks([50000, 70000, 100000],
    [r'挺好', r'优秀', r'火爆'])
#调用 show()函数显示图形
plt.show()
```

运行程序,效果如图 10-8 所示。

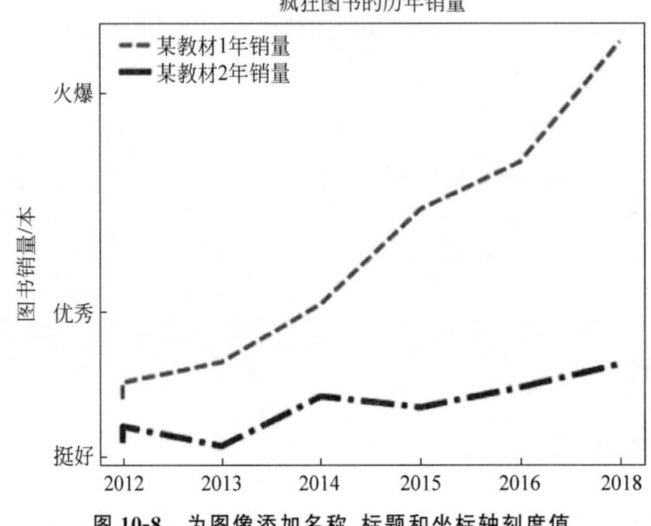

图 10-8 为图像添加名称、标题和坐标轴刻度值

上面程序中的 plt.xlabel()、plot.ylabel()两行代码分别设置了 X 轴、Y 轴的 label,因此可以看到图 10-8 中的 X 轴和 Y 轴的标签发生了改变。

如果要对 X 轴、Y 轴进行更细致的控制,则可调用 gca()函数来获取坐标轴信息对象,然后对坐标轴进行控制。比如控制坐标轴上刻度值的位置和坐标轴的位置等。如下面的代码所示:

```
import matplotlib.pyplot as plt
x_data = ['2012', '2012', '2013', '2014', '2015', '2016', '2018']
#定义两个列表,分别作为两条折线的 Y 轴数据
y_data = [58000, 60200, 63000, 71000, 84000, 90500, 107000]
y_data2 = [52000, 54200, 51500,58300, 56800, 59500, 62700]
#指定折线的颜色、线宽和样式
plt.plot(x_data, y_data, color = 'red', linewidth = 2.0,
    linestyle = '--', label = '某教材 1 年销量')
plt.plot(x_data, y_data2, color = 'blue', linewidth = 3.0,
    linestyle = '-.', label = '某教材 2 年销量')
import matplotlib.font_manager as fm
#使用 Matplotlib 的字体管理器加载中文字体
my_font = fm.FontProperties(fname = "C:\Windows\Fonts\simhei.ttf")
#调用 legend 函数设置图例
plt.legend(loc = 'best')
#设置两条坐标轴的名字
plt.xlabel("年份")
```

```
plt.ylabel("图书销量(本)")
#设置数据图的标题
plt.title('某图书的历年销量')
#设置Y轴上的刻度值
#第一个参数是点的位置,第二个参数是点的文字提示
plt.yticks([50000, 70000, 100000],
    [r'挺好', r'优秀', r'火爆'])
ax = plt.gca()
#设置将X轴的刻度值放在底部X轴上
ax.xaxis.set_ticks_position('bottom')
#设置将Y轴的刻度值放在左侧Y
ax.yaxis.set_ticks_position('left')
#设置右边坐标轴线的颜色(设置为none表示不显示)
ax.spines['right'].set_color('none')
#设置顶部坐标轴线的颜色(设置为none表示不显示)
ax.spines['top'].set_color('none')
#定义底部坐标轴线的位置(放在70000数值处)
ax.spines['bottom'].set_position(('data', 70000))
#调用show()函数显示图形
plt.show()
```

运行程序,效果如图10-9所示。

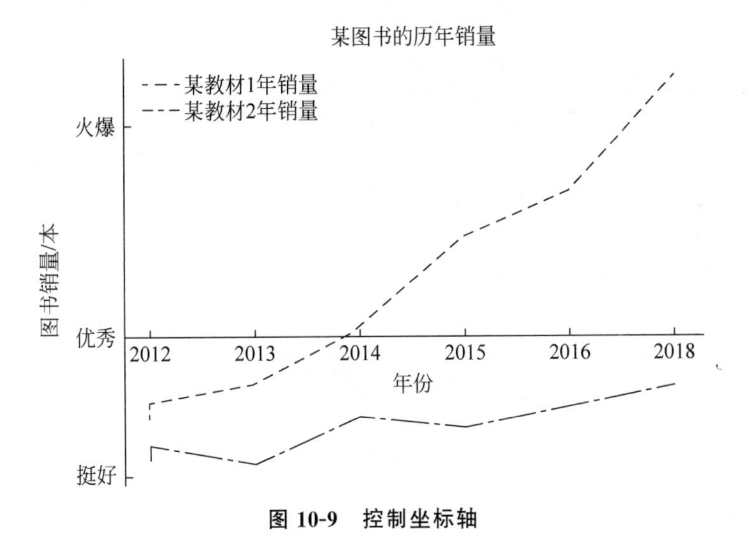

图10-9 控制坐标轴

程序中的ax=plt.gca()代码获取了数据图上的坐标轴对象,它是一个AxesSubplot对象。接着程序调用AxesSubplot的xaxis属性的set_ticks_position()方法设置X轴刻度值的位置;与之对应的是,调用yaxis属性的set_ticks_position()方法设置Y轴刻度值的位置。

通过AxesSubplot对象的spines属性可以访问数据图四周的坐标轴线(Spine对象),通过Spine对象可设置坐标轴线的颜色、位置等。例如,程序将数据图右边和顶部的坐标轴线设为none,表示隐藏这两条坐标轴线。程序还将底部坐标轴线放在数值70000处。

10.1.5 多个子图

使用 Matplotlib 除了可以生成包含多条折线的复式折线图外，还允许在一张数据图上包含多个子图。

调用 subplot()函数可以创建一个子图，然后程序就可以在子图上进行绘制。subplot(nrows，ncols，index，** kwargs)函数的 nrows 参数指定将数据图区域分成多少行；ncols 参数指定将数据图区域划分为多少列；index 参数指定获取第几个区域。

subplot()函数也支持直接传入一个 3 位数的参数，其中第一位数将作为 nrows 参数；第二位数将作为 ncols 参数；第三位数将作为 index 参数。如下程序演示生成多个子图。

```
import matplotlib.pyplot as plt
import numpy as np
plt.figure()
#定义从 -pi 到 pi 之间的数据,平均取 64 个数据点
x_data = np.linspace(-np.pi, np.pi, 64, endpoint=True)    #①
#将整个 figure 分成两行两列,第三个参数表示该图形放在第 1 个网格
plt.subplot(2, 2, 1)
#绘制正弦曲线
plt.plot(x_data, np.sin(x_data))
plt.gca().spines['right'].set_color('none')
plt.gca().spines['top'].set_color('none')
plt.gca().spines['bottom'].set_position(('data', 0))
plt.gca().spines['left'].set_position(('data', 0))
plt.title('正弦曲线')
#将整个 figure 分成两行两列,并将该图形放在第 2 个网格
plt.subplot(222)
#绘制余弦曲线
plt.plot(x_data, np.cos(x_data))
plt.gca().spines['right'].set_color('none')
plt.gca().spines['top'].set_color('none')
plt.gca().spines['bottom'].set_position(('data', 0))
plt.gca().spines['left'].set_position(('data', 0))
plt.title('余弦曲线')
#将整个 figure 分成两行两列,并该图形放在第 3 个网格
plt.subplot(223)
#绘制正切曲线
plt.plot(x_data, np.tan(x_data))
plt.gca().spines['right'].set_color('none')
plt.gca().spines['top'].set_color('none')
plt.gca().spines['bottom'].set_position(('data', 0))
plt.gca().spines['left'].set_position(('data', 0))
plt.title('正切曲线')
plt.show()
```

运行程序，效果如图 10-10 所示。

上面的程序多次调用 subplot() 函数来生成子图，每次调用 subplot() 函数之后的代码表示在该子图区域绘图。上面的程序将整个数据图区域分成 2×2 的网格，程序分别在第 1

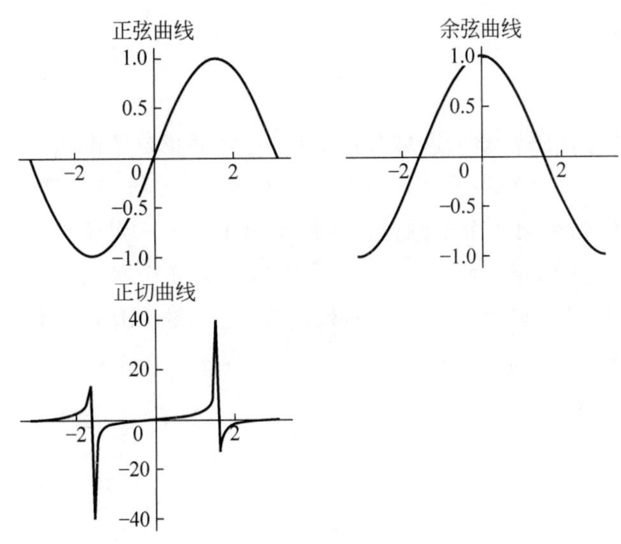

图 10-10　生成 3 个子图

个网格中绘制正弦曲线，在第 2 个网格中绘制余弦曲线，在第 3 个网格中绘制正切曲线。

上面的代码绘制的依然是折线图。程序中调用 numpy 的 linspace()函数生成了一个包含多个数值的列表，该数值列表的范围是从－pi 到 pi，平均分成 64 个数据点，程序中用到的 numpy. sin()、numpy. cos()、numpy. tan()等函数也返回一个列表：传入这些函数的列表包含多少个值，这些函数返回的列表也包含多少个值。

这意味着上面的程序所绘制的折线图会包含 64 个转折点，由于这些转折点非常密集，看上去显得比较光滑，因此就形成了曲线。

提示：如果读者将程序中 x_data＝np. linspace(－np. pi，np. pi，64，endpoint ＝ True)代码的 64 改为 4、6 等较小的数，将会看到程序绘制的依然是折线图。

如图 10-10 所示的显示效果比较差，程序明明只要显示 3 个子图，但第 4 个位置被空出来了，能不能让某个子图占多个网格呢？答案是肯定的，由程序做好控制即可。例如，将上面的程序改为如下形式：

```
import matplotlib.pyplot as plt
import numpy as np
plt.figure()
#定义从 - pi 到 pi 之间的数据,平均取 64 个数据点
x_data = np.linspace( - np.pi, np.pi, 64, endpoint = True)         #①
#将整个 figure 分成两行一列,第 3 个参数表示该图形放在第 1 个网格
plt.subplot(2, 1, 1)                                               #②
#省略绘制正弦曲线
...
#将整个 figure 分成两行两列,并将该图形放在第 4 个网格
plt.subplot(223)                                                   #③
#省略绘制余弦曲线
...
#将整个 figure 分成两行两列,并该图形放在第 4 个网格
plt.subplot(224)                                                   #④
```

```
#省略绘制正切曲线
...
plt.show()
```

上面程序中的②号代码将整个区域分成两行一列，并指定子图占用第 1 个网格，也就是整个区域的第 1 行；③号代码将整个区域分成两行两列，并指定子图占用第 3 个网格——注意不是第 2 个网格，因为第 1 个子图已经占用了第 1 行——对于两行两列的网格来说，第 1 个子图已经占用了两个网格，因此此处指定子图占用第 3 个网格，这意味着该子图在第 2 行第 1 格；④号代码将整个区域分成两行两列，并指定子图占用第 4 个网格，这意味着该子图会在第 2 行第 2 格。

运行程序，效果如图 10-11 所示。

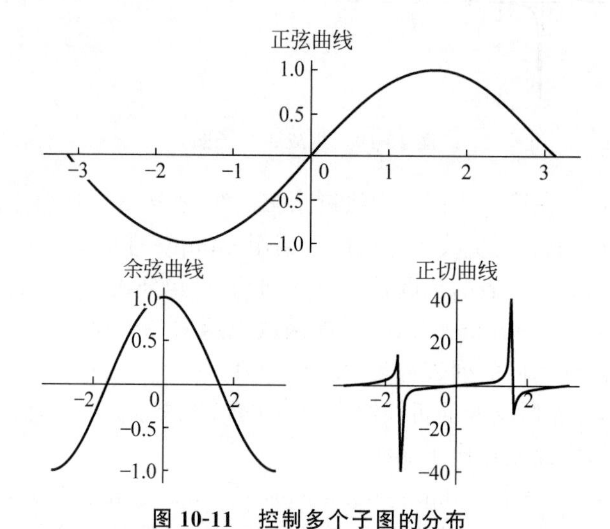

图 10-11　控制多个子图的分布

如果读者不想费力计算行、列，则可考虑使用 GridSpec 对绘图区域进行分割。例如：

```
import matplotlib.pyplot as plt
import numpy as np
import matplotlib.gridspec as gridspec
plt.figure()
#定义从-pi到pi之间的数据，平均取64个数据点
x_data = np.linspace(-np.pi, np.pi, 64, endpoint=True)       #①
#将绘图区域分成二行三列
gs = gridspec.GridSpec(2, 3)                                  #②
#指定ax1占用第一行(0)整行
ax1 = plt.subplot(gs[0, :])                                   #③
#指定ax1占用第二行(1)的第一格(第二个参数0代表)
ax2 = plt.subplot(gs[1, 0])                                   #④
#指定ax1占用第二行(1)的第二、三格(第二个参数0代表)
ax3 = plt.subplot(gs[1, 1:3])                                 #⑤
#绘制正弦曲线
ax1.plot(x_data, np.sin(x_data))
ax1.spines['right'].set_color('none')
ax1.spines['top'].set_color('none')
```

```
ax1.spines['top'].set_color('none')
ax1.spines['bottom'].set_position(('data', 0))
ax1.spines['left'].set_position(('data', 0))
ax1.set_title('正弦曲线')
#绘制余弦曲线
ax2.plot(x_data, np.cos(x_data))
ax2.spines['right'].set_color('none')
ax2.spines['top'].set_color('none')
ax2.spines['bottom'].set_position(('data', 0))
ax2.spines['left'].set_position(('data', 0))
ax2.set_title('余弦曲线')
#绘制正切曲线
ax3.plot(x_data, np.tan(x_data))
ax3.spines['right'].set_color('none')
ax3.spines['top'].set_color('none')
ax3.spines['bottom'].set_position(('data', 0))
ax3.spines['left'].set_position(('data', 0))
ax3.set_title('正切曲线')
plt.show()
```

在上面的程序中,②号代码将绘图区域分成两行三列；③号代码调用 subplot(gs[0,:]),指定 ax1 子图区域占用第一行整行,其中第一个参数 0 代表行号,没有指定列范围,因此该子图在整个第一行；④号代码调用 subplot(gs[1,0]),指定 ax2 子图区域占用第二行的第一格,其中第一个参数 1 代表第二行,第二个参数代表第一格,因此该子图在第二行的第一格；⑤号代码调用 subplot(gs[1, 1:3]),指定 ax3 子图区域占用第二行的第二格到第三格,其中第一个参数 1 代表第二行,第二个参数 1:3 代表第一格到第三格,因此该子图在第二行的第一格到第三格。

定义完 ax1、ax2、ax3 这 3 个子图所占用的区域之后,接着程序就可以通过 ax1、ax2、ax3 的方法在各自的子区域绘图了。

运行程序,效果如图 10-12 所示。

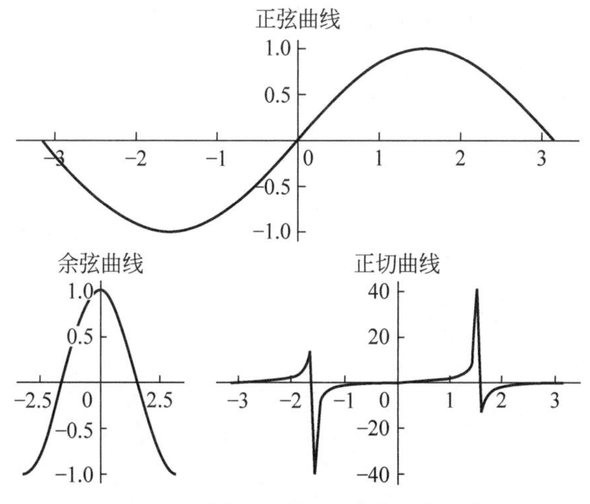

图 10-12 使用 GridSpec 管理子图的分布

10.2 其他数据图

10.1 节介绍了各种折线图，Matplotlib 也支持其他常见的数据图，下面进行介绍。

10.2.1 饼图

使用 Matplotlib 提供的 pie()函数来绘制饼图，用到的方法为 matplotlib. pyplot. pie()，语法格式为：

```
pie(x, explode = None, labels = None,
    colors = ('b', 'g', 'r', 'c', 'm', 'y', 'k', 'w'),
    autopct = None, pctdistance = 0.6, shadow = False,
    labeldistance = 1.1, startangle = None, radius = None,
    counterclock = True, wedgeprops = None, textprops = None,
    center = (0, 0), frame = False )
```

其中，输入参数为：

- x——(每一块)的比例，如果 sum(x)>1，则会使用 sum(x)归一化。
- labels——(每一块)饼图外侧显示的说明文字。
- explode——(每一块)离开中心距离。
- startangle——起始绘制角度，默认图是从 x 轴正方向逆时针画起，如设定=90，则从 y 轴正方向逆时针画起。
- shadow——是否阴影。
- labeldistance——label 绘制位置，相对于半径的比例，如<1，则绘制在饼图内侧。
- autopct——控制饼图内百分比设置，可以使用 format 字符串或者 format function，'%1.1f'指小数点前后位数(没有的用空格补齐)。
- pctdistance——类似于 labeldistance，指定 autopct 的位置刻度。
- radius——控制饼图半径。

返回值：

- 如果没有设置 autopct，则返回(patches, texts)。
- 如果设置 autopct，则返回(patches, texts, autotexts)。

下面是 TIOBE2018 年 8 月的编程语言指数排行榜的前 10 名及其他。

- Java：16.881%
- C：14.966%
- C++：7.471%
- Python：6.992%
- Visual Basic. NET：4.762%
- C#：3.541%

• PHP：2.925%
• JavsScripty：2.411%
• SQL：2.316%
• Assembly language：1.409
• 其他：36.326%

下面通过 Python 饼图来直观地展示这个编程语言指数排行榜。

```
import matplotlib.pyplot as plt
#准备数据
data = [0.16881, 0.14966, 0.07471, 0.06992,
    0.04762, 0.03541, 0.02925, 0.02411, 0.02316, 0.01409, 0.36326]
#准备标签
labels = ['Java', 'C', 'C++', 'Python',
    'Visual Basic .NET', 'C#', 'PHP', 'JavaScript',
    'SQL', 'Assembly language', '其他']
#将第 4 个语言(Python)分离出来
explode = [0, 0, 0, 0.3, 0, 0, 0, 0, 0, 0, 0]
#使用自定义颜色
colors = ['red', 'pink', 'magenta','purple','orange']
#将横、纵坐标轴标准化处理,保证饼图是一个正圆,否则为椭圆
plt.axes(aspect = 'equal')
#控制 X 轴和 Y 轴的范围(用于控制饼图的圆心,半径)
plt.xlim(0,8)
plt.ylim(0,8)
#绘制饼图
plt.pie(x = data,                                  #绘图数据
    labels = labels,                               #添加编程语言标签
    explode = explode,                             #突出显示 Python
    colors = colors,                               #设置饼图的自定义填充色
    autopct = '%.3f%%',                            #设置百分比的格式,此处保留 3 位小数
    pctdistance = 0.8,                             #设置百分比标签与圆心的距离
    labeldistance = 1.15,                          #设置标签与圆心的距离
    startangle = 180,                              #设置饼图的初始角度
    center = (4, 4),                               #设置饼图的圆心(相当于 X 轴和 Y 轴的范围)
    radius = 3.8,                                  #设置饼图的半径(相当于 X 轴和 Y 轴的范围)
    counterclock = False,                          #是否逆时针,这里设置为顺时针方向
    wedgeprops = {'linewidth': 1, 'edgecolor':'green'},  #设置饼图内外边界的属性值
    textprops = {'fontsize':12, 'color':'black'}, #设置文本标签的属性值
    frame = 1)                                     #是否显示饼图的圆圈,此处设为显示
#不显示 X 轴和 Y 轴的刻度值
plt.xticks(())
plt.yticks(())
#添加图标题
plt.title('2018 年 8 月的编程语言指数排行榜')
#显示图形
```

```
plt.show()
```

运行程序,效果如图 10-13 所示。

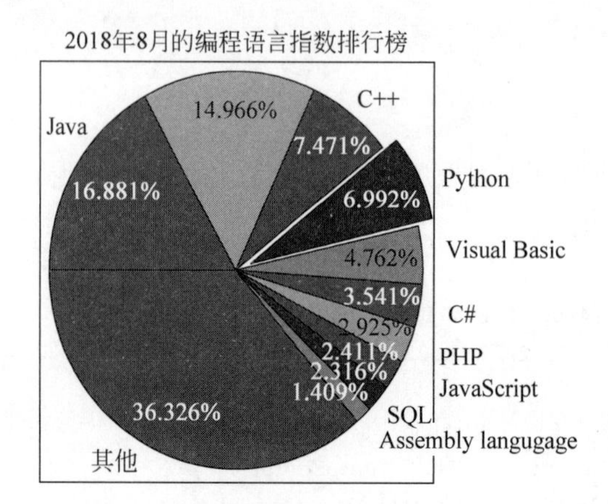

图 10-13 饼图

10.2.2 柱状图

使用 Matplotlib 提供的 bar()函数来绘制柱状图。与前面介绍的 plot()函数类似,程序每次调用 bar()函数时都会生成一组柱状图,如果希望生成多组柱状图,则可通过多次调用 bar()函数来实现。bar()函数语法格式为:

```
bar(x,height, width, * ,align = 'center', ** kwargs)
```

其中,

- x:包含所有柱子的下标的列表。
- height:包含所有柱子的高度值的列表。
- width:每个柱子的宽度。可以指定一个固定值,那么所有的柱子都一样宽。或者设置一个列表,这样可以分别对每个柱子设定不同的宽度。
- align:柱子对齐方式,有 center 和 edge 两个可选值。center 表示每根柱子均根据下标来对齐,edge 则表示每根柱子全部以下标为起点,然后显示到下标的右边。如果不指定该参数,那么默认值是 center。

其他可选参数有:

- color——每根柱子呈现的颜色。同样可指定一个颜色值,让所有柱子呈现同样的颜色;或者指定带有不同颜色的列表,让不同柱子显示不同的颜色。
- edgecolor——每根柱子边框的颜色。同样可指定一个颜色值,让所有柱子边框呈现同样的颜色;或者指定带有不同颜色的列表,让不同柱子的边框显示不同的颜色。
- linewidth——每根柱子的边框宽度。如果没有设置该参数,那么将使用默认宽度,默认是没有边框的。

- tick_label——每根柱子上显示的标签，默认是没有内容。
- xerr——每根柱子顶部在横轴方向的线段。如果指定一个固定值，那么所有柱子的线段将一样长；如果指定一个带有不同长度值的列表，那么柱子顶部的线段将呈现不同长度。
- yerr——每根柱子顶端在纵轴方向的线段。如果指定一个固定值，那么所有柱子的线段将一样长；如果指定一个带有不同长度值的列表，那么柱子顶部的线段将呈现不同长度。
- ecolor——设置 xerr 和 yerr 的线段的颜色。同样可以指定一个固定值或者一个列表。
- capsize——这个参数用于对 xerr 或者 yerr 的补充说明。一般为其设置一个整数，例如 10。

下面就调用 bar 函数绘制一个最简单的柱状图。

```
import matplotlib.pyplot as plt
import numpy as np
#创建一个点数为 8×6 的窗口，并设置分辨率为 80 像素/英寸
plt.figure(figsize = (8, 6), dpi = 80)
#再创建一个规格为 1×1 的子图
plt.subplot(1, 1, 1)
#柱子总数
N = 6
#包含每个柱子对应值的序列
values = (25, 32, 34, 20, 41, 50)
#包含每个柱子下标的序列
index = np.arange(N)
#柱子的宽度
width = 0.35
#绘制柱状图，每根柱子的颜色为紫罗兰色
p2 = plt.bar(index, values, width, label = "rainfall", color = "#87CEFA")
#设置横轴标签
plt.xlabel('Months')
#设置纵轴标签
plt.ylabel('rainfall (mm)')
#添加标题
plt.title('Monthly average rainfall')
#添加纵横轴的刻度
plt.xticks(index, ('Jan', 'Fub', 'Mar', 'Apr', 'May', 'Jun'))
plt.yticks(np.arange(0, 81, 10))
#添加图例
plt.legend(loc = "upper right")
plt.show()
```

运行程序，效果如图 10-14 所示。

bar()函数的参数很多，可以使用这些参数绘制所需要的柱状图的样式。下面通过

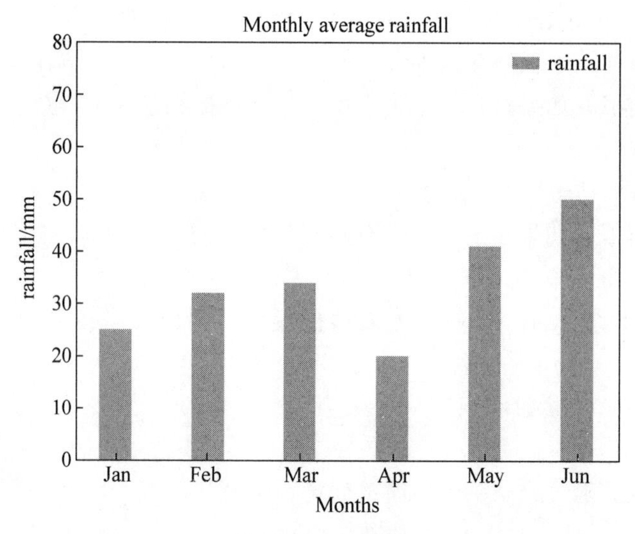

图 10-14　柱状图

Matplotlib 官方提供的例子了解这些参数。

```
import numpy as np
import matplotlib.pyplot as plt
from matplotlib.ticker import MaxNLocator
from collections import namedtuple
n_groups = 5
means_men = (20, 35, 30, 35, 27)
std_men = (2, 3, 4, 1, 2)
means_women = (25, 32, 34, 20, 25)
std_women = (3, 5, 2, 3, 3)
fig, ax = plt.subplots()
index = np.arange(n_groups)
bar_width = 0.35
opacity = 0.4
error_config = {'ecolor': '0.3'}
rects1 = ax.bar(index, means_men, bar_width,
                      alpha = opacity, color = 'b',
                      yerr = std_men, error_kw = error_config,
                      label = 'Men')
rects2 = ax.bar(index + bar_width, means_women, bar_width,
                      alpha = opacity, color = 'r',
                      yerr = std_women, error_kw = error_config,
                      label = 'Women')
ax.set_xlabel('Group')
ax.set_ylabel('Scores')
ax.set_title('Scores by group and gender')
ax.set_xticks(index + bar_width / 2)
ax.set_xticklabels(('A', 'B', 'C', 'D', 'E'))
ax.legend()
fig.tight_layout()
```

```
plt.show()
```

运行程序,效果如图 10-15 所示。

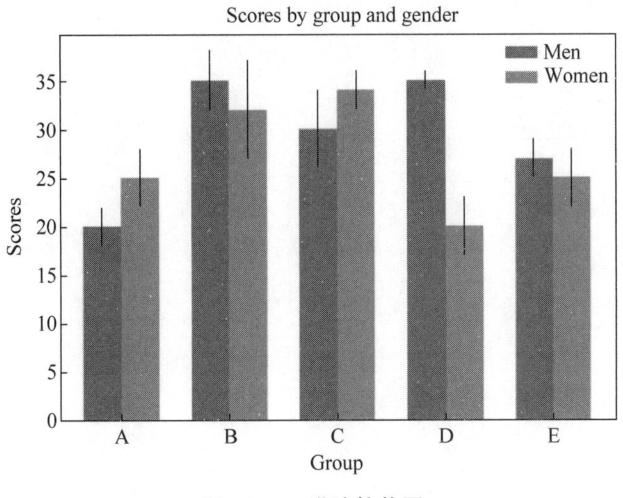

图 10-15 进阶柱状图

此外,Python 中,barh()函数可以生成水平柱状图。barh()函数的用法与 bar()函数的用法基本一样,只是在调用 bar()函数时使用 y 参数传入 Y 轴数据,使用 width 参数传入代表条柱宽度的数据。

10.2.3 散点图

散点图和折线图需要的数组非常相似,区别是折线图将各数据点连接起来;而散点图则只是描绘各数据点,并不会将这些数据点连接起来。

调用 Matplotlib 的 scatter()函数来绘制散点图,函数语法格式为:

```
scatter(x, y, s = None, c = None, marker = None, cmap = None, norm = None, vmin = None, alpha = None,
linweidths = None, verts = N)
```

其中,

- x:指定 X 轴数据。
- y:指定 Y 轴数据。
- s:指定散点的大小。
- c:指定散点的颜色。
- alpha:指定散点的透明度。
- linewidths:指定散点边框线的宽度。
- edgecolors:指定散点边框的颜色。
- marker:指定散点的图形模式。该参数支持'.'(点标记)、','(像素标记)、'o'(图形标记)、'v'(向下三角形标记)、'^'(向上三角叉标记)、'3'(向左三叉标记)、'4'(向右三叉

标记)、's'(正方形标记)、'p'(五边形标记)、'*'(星形标记)、'h'(八边形标记)、'H'(另一种八边形标记)、'+'(加号标记)、'x'(x 标记)、'D'(菱形标记)、'd'(尖菱形标记)、'|'(竖线标记)、'_'(横线标记)等值。

- cmap：指定散点的颜色映射，会使用不同的颜色来区分散点的值。

【例 10-1】 绘制不同标记的散点图。

```
import numpy as np
import matplotlib.pyplot as plt
#固定随机状态的再现性
np.random.seed(19680801)
x = np.random.rand(10)
y = np.random.rand(10)
z = np.sqrt(x ** 2 + y ** 2)
plt.subplot(321)
plt.scatter(x, y, s = 80, c = z, marker = ">")
plt.subplot(322)
plt.scatter(x, y, s = 80, c = z, marker = (5, 0))
verts = np.array([[-1, -1], [1, -1], [1, 1], [-1, -1]])
plt.subplot(323)
plt.scatter(x, y, s = 80, c = z, marker = verts)
plt.subplot(324)
plt.scatter(x, y, s = 80, c = z, marker = (5, 1))
plt.subplot(325)
plt.scatter(x, y, s = 80, c = z, marker = '+')
plt.subplot(326)
plt.scatter(x, y, s = 80, c = z, marker = (5, 2))
plt.show()
```

运行程序，效果如图 10-16 所示。

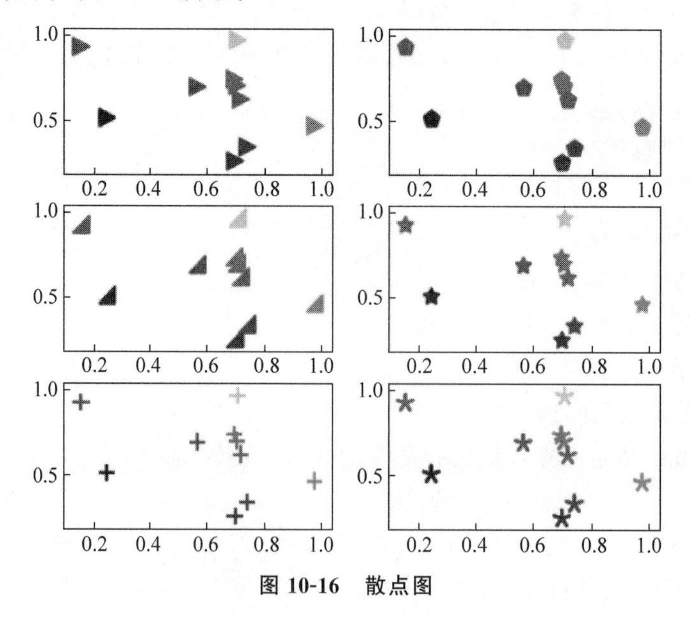

图 10-16 散点图

10.2.4　等高线图

等高线图需要的是三维数据，其中 X、Y 轴数据决定坐标点，还需要对应的高度数据（相当于 Z 轴数据）来决定不同坐标点的高度。

有了合适的数据之后，程序调用 contour()函数绘制等高线，调用语法格式为：

```
contour(X,Y,Z,color,alpha,cmap,linewidths,linestyles)
```

其中，

- X：指定 X 轴数据。
- Y：指定 Y 轴数据。
- Z：指定 X、Y 坐标对应点的高度数据。
- colors：指定不同高度的等高线的颜色。
- alpha：指定等高线的透明度。
- cmap：指定等高线的颜色映射，即自动使用不同的颜色来区分不同的高度区域。
- linewidths：指定等高线的宽度。
- linestyles：指定等高线的样式。

【例 10-2】 绘制等高线图。

```
import numpy   as np
import matplotlib.pyplot as plt
from mpl_toolkits.axes_grid1 import ImageGrid
import matplotlib as mpl
def process_signals(x,y):
    return (1 - (x ** 2 + y ** 2)) * np.exp( - y ** 3/3)
x = np.arange( - 1.5,1.5,0.1)
y = np.arange( - 1.5,1.5,0.1)
X,Y = np.meshgrid(x,y)
Z = process_signals(X,Y)
N = np.arange( - 1,1.5,0.3)                         #用来指明等高线对应的值为多少时才出现对应图线
fig = plt.figure(1,(18,6))                          #设定图形大小
fig.add_subplot(121)                                #画第一张图
CS = plt.contour(Z,N,linewidth = 2,cmap = mpl.cm.jet)    #画出等高线图,cmap 表示颜色图层
plt.clabel(CS,inline = True,fmt = '%1.1f',fontsize = 10) #在等高线图里面加入每条线对应的值
plt.colorbar(CS)                                    #标注右侧的图例
fig.add_subplot(122)                                #画第二张图
CS = plt.contourf(Z,N,linewidth = 2,cmap = mpl.cm.jet) #画出等高线填充图,cmap 表示颜色的图层
plt.colorbar(CS)                                    #标注右侧的图例
plt.show()
```

运行程序，效果如图 10-17 所示。

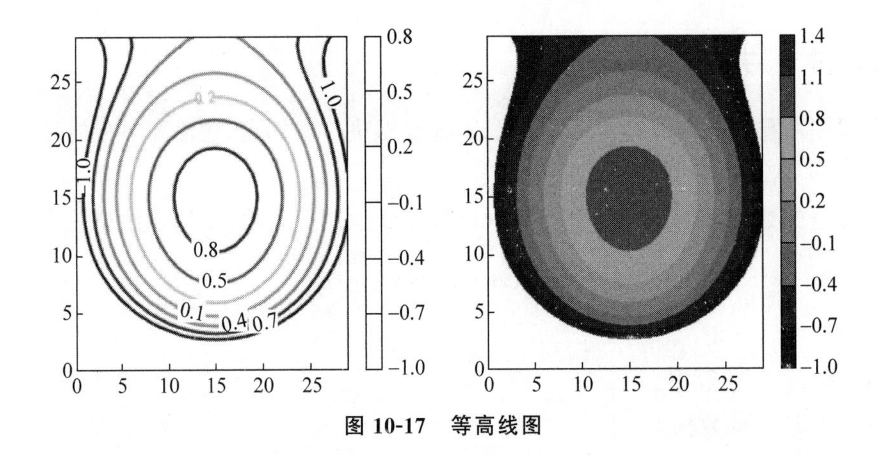

图 10-17 等高线图

10.2.5 3D 图形

3D 图形需要的数据与等高线图基本相同：X、Y 数据决定坐标点，Z 轴数据决定 X、Y 坐标点对应的高度。与等高线图使用等高线来代表高度不同，3D 图形将会以更直观的形式来表示高度。

为了绘制 3D 图形，需要调用 Axes3D 对象的 plot_surface()方法来完成。下面通过几个例子来演示绘制各种 3D 图形。

【例 10-3】 绘制 3D 球图。

```
from mpl_toolkits.mplot3d import Axes3D
import matplotlib.pyplot as plt
import numpy as np
fig = plt.figure()
ax = fig.add_subplot(111, projection='3d')
#标记数据
u = np.linspace(0, 2 * np.pi, 100)
v = np.linspace(0, np.pi, 100)
x = 10 * np.outer(np.cos(u), np.sin(v))
y = 10 * np.outer(np.sin(u), np.sin(v))
z = 10 * np.outer(np.ones(np.size(u)), np.cos(v))
#surface 绘图
ax.plot_surface(x, y, z, color='r')
plt.show()
```

运行程序，效果如图 10-18 所示。

【例 10-4】 3D 直线(曲线)的绘制。

```
import matplotlib as mpl
from mpl_toolkits.mplot3d import Axes3D
import numpy as np
import matplotlib.pyplot as plt
mpl.rcParams['legend.fontsize'] = 10
```

```
fig = plt.figure()
ax = fig.gca(projection = '3d')
theta = np.linspace( - 4 * np.pi, 4 * np.pi, 100)
z = np.linspace( - 2, 2, 100)
r = z ** 2 + 1
x = r * np.sin(theta)
y = r * np.cos(theta)
ax.plot(x, y, z, label = 'parametric curve')
ax.legend()
plt.show()
```

运行程序,效果如图 10-19 所示。

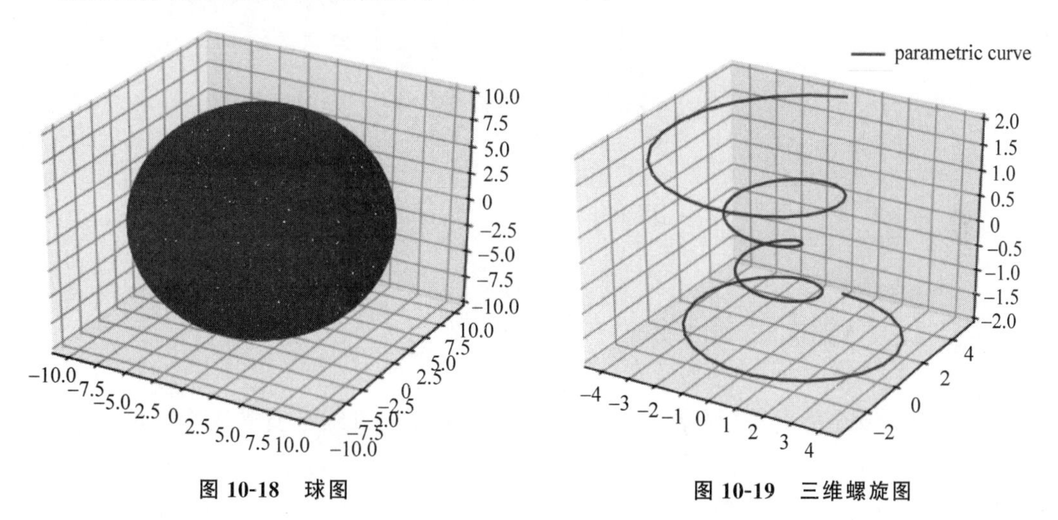

图 10-18 球图　　图 10-19 三维螺旋图

【例 10-5】 绘制 3D 三角面片图。

```
from mpl_toolkits.mplot3d import Axes3D
import matplotlib.pyplot as plt
import numpy as np
n_radii = 8
n_angles = 36
#使半径和角度空间(省略半径 r = 0 以消除重复)
radii = np.linspace(0.125, 1.0, n_radii)
angles = np.linspace(0, 2 * np.pi, n_angles, endpoint = False)
#为每个半径重复所有的角度
angles = np.repeat(angles[..., np.newaxis], n_radii, axis = 1)
#将极坐标(半径,角度)坐标转换成直角坐标(x, y)坐标
#(0,0)是在这个阶段手动添加的,所以不会有重复
#(x, y)平面上的点
x = np.append(0, (radii * np.cos(angles)).flatten())
y = np.append(0, (radii * np.sin(angles)).flatten())
#三维片面图
z = np.sin( - x * y)
fig = plt.figure()
```

```
ax = fig.gca(projection='3d')
ax.plot_trisurf(x, y, z, linewidth=0.2, antialiased=True)
plt.show()
```

运行程序,效果如图 10-20 所示。

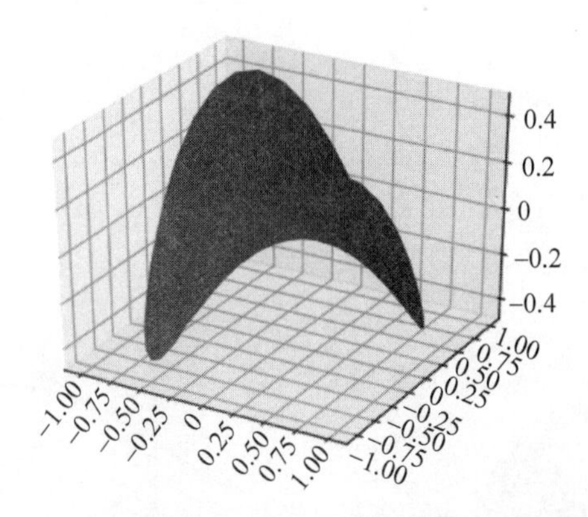

图 10-20 3D 三角面片图

10.3 Pygal 数据图

Pygal 是另一个简单易用的数据图库,它以面向对象的方式来创建各种数据图,而且使用 Pygal 可以非常方便地生成各种格式的数据图,包括 PNG、SVG 等。使用 Pygal 也可以生成 XML etree、HTML 表格。

10.3.1 安装 Pygal 包

安装 Pygal 包与安装其他 Python 包基本相同,同样可以使用 pip 来安装。

启动命令窗口,在命令窗口中输入如下命令:

```
pip install pygal
```

如果在命令窗口中提示找不到 pip 命令,则可以通过 python 命令运行 pip 模块来安装 Pygal。例如,通过如下命令来安装 Pygal 包。

```
python -m pydoc -p 8899
```

运行上面的命令之后,打开浏览器查看 http://localhost:8899/ 页面,可以在 Python 安装目录的 lib\site-packages 下看到 Pygal 包的文档,如图 10-21 所示。

单击图 10-20 所示页面上的"pygal(package)"链接,可以看到如图 10-22 所示的 API 页面。

通过图 10-22 所示的页面,即可查看 Pygal 包下的子模块和类。

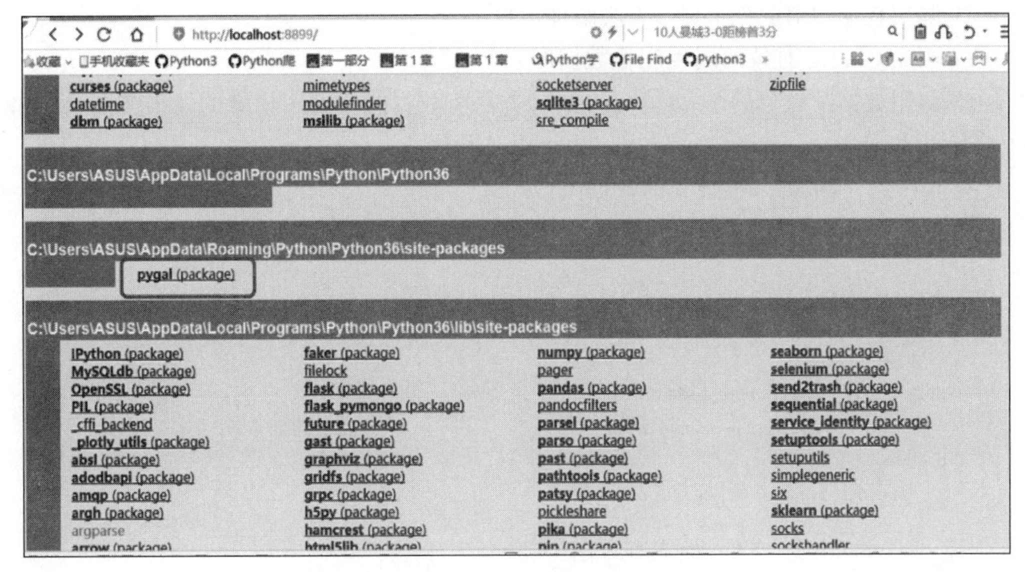

图 10-21 Pygal 包的文档

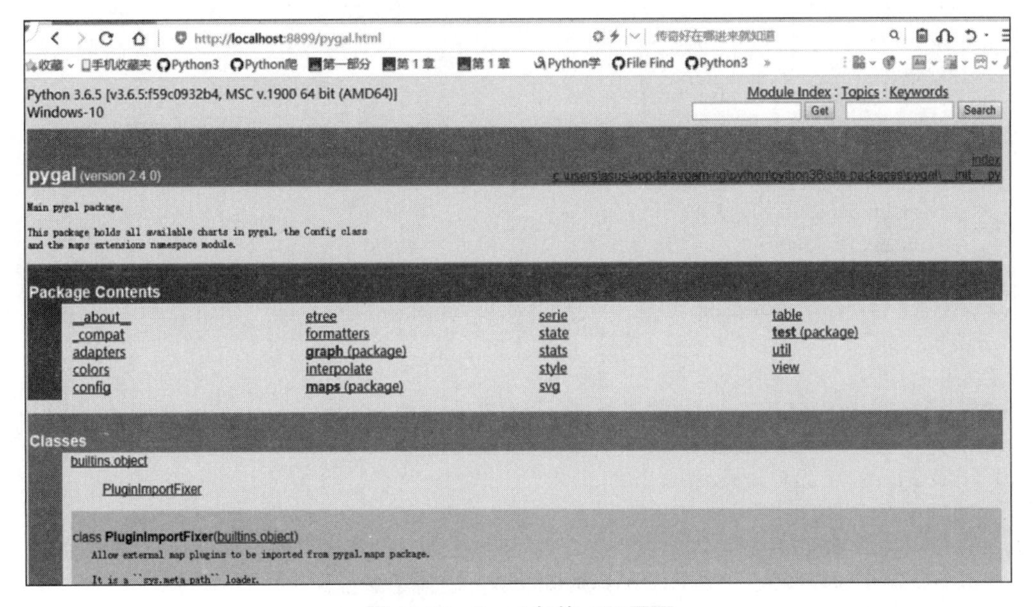

图 10-22 Pygal 包的 API 页面

10.3.2 Pygal 数据图入门

Pygal 使用面向对象的方式来生成数据图。使用 Pygal 生成数据图的步骤大致如下：

(1) 创建 Pygal 数据图对象。Pygal 为不同的数据图提供了不同的类，比如柱状图使用 pygal.Bar 类，饼图使用 pygal.Pie 类，折线图使用 pygal.Line 类，等等。

(2) 调用数据图对象的 add()方法添加数据。

(3) 调用 Config 对象的属性配置数据图。

(4) 调用数据图对象的 render_to_xxx()方法将数据图渲染到指定的输出节点(此处的输出节点可以是 PNG 图片、SVG 文件,也可以是其他节点)。

【例 10-6】 模拟掷一个骰子的数据图。

根据需要,创建 die.py 筛子类文件:

```
from random import randint
class Die():
    '''扔骰子的类'''
    def __init__(self,num_sides = 6):
        self.num_sides = num_sides                          #骰子的面数
    def roll(self):
        return randint(1,self.num_sides)
```

创建 die_visual.py 文件,生成直方图:

```
from die import Die
import pygal
die = Die()
#数据集合
results = []
count = 1
for roll_num in iter(lambda *args:die.roll(),None):
    results.append(roll_num)
    if count >= 1000:
        break
    count += 1
#分析结果
frequencies = []
for value in range(1,die.num_sides + 1):
    frequencies = results.count(value)
    frequencies.append(frequencies)
#对结果进行可视化
hist = pygal.Bar()                                          #生成实例
hist.title = 'Results of rolling one D6 1000 times'         #标题
hist.x_labels = ['1','2','3','4','5','6']                   #X轴数值坐标
hist.x_title = 'Result'                                     #X轴标题
hist.y_title = 'Frequency of Result'                        #Y轴标题
hist.add('D6',frequencies)                                  #传入Y轴数据
hist.render_to_file('die_visual.svg')                       #文件生成路径,必须为svg格式文件
```

运行程序,将可以在程序当前目录下生成一个 die_visual.svg 文件,使用浏览器查看该文件,可以看到如图 10-23 所示的柱状图。

如果同时掷两枚骰子,则其实现代码为:

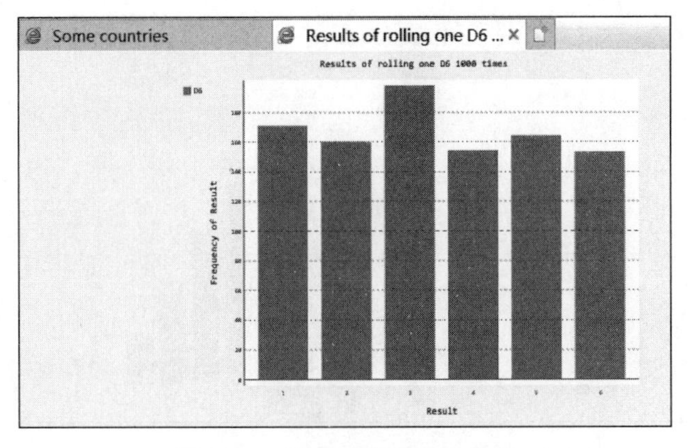

图 10-23　掷一个骰子的柱状图

```
from die import Die
import pygal
die1 = Die()
die2 = Die()
#数据集合
results = []
for i in range(5000):
    result = die1.roll() + die2.roll()
    results.append(result)
#分析结果
frequencies = []
for value in range(2,die1.num_sides + die2.num_sides + 1):
    frequencies = results.count(value)
    frequencies.append(frequencies)
#对结果进行可视化
hist = pygal.Bar()                                             #生成实例
hist.title = 'Results of rolling one D6 5000 times'            #标题
hist.x_labels = ['2','3','4','5','6','7','8','9','10',11,12]       #X轴数值坐标
hist.x_title = 'Result'                                        #X轴标题
hist.y_title = 'Frequency of Result'                           #Y轴标题
hist.add('D6 + D6',frequencies)                                #传入Y轴数据
hist.render_to_file('die_visual2.svg')                         #文件生成路径,必须为svg格式文件
```

运行程序,浏览器查看效果如图 10-24 所示。

在 Python 中,除了垂直的柱状图,还有水平的柱状图 HorizontalStackedBar,例如:

```
import pygal
bar_chart = pygal.HorizontalStackedBar()
bar_chart.title = "Remarquable sequences"
bar_chart.x_labels = map(str, range(11))
bar_chart.add('Fibonacci', [0, 1, 1, 2, 3, 5, 8, 13, 21, 34, 55])
bar_chart.add('Padovan', [1, 1, 1, 2, 2, 3, 4, 5, 7, 9, 12])
bar_chart.render_to_file("HorizontalStackedBar - add - labels.svg")
```

运行程序,在浏览器中查看效果,如图 10-25 所示。

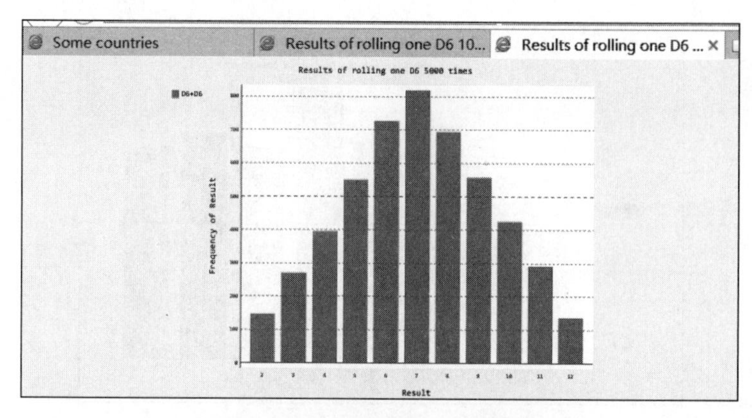

图 10-24　掷两个骰子的柱状图

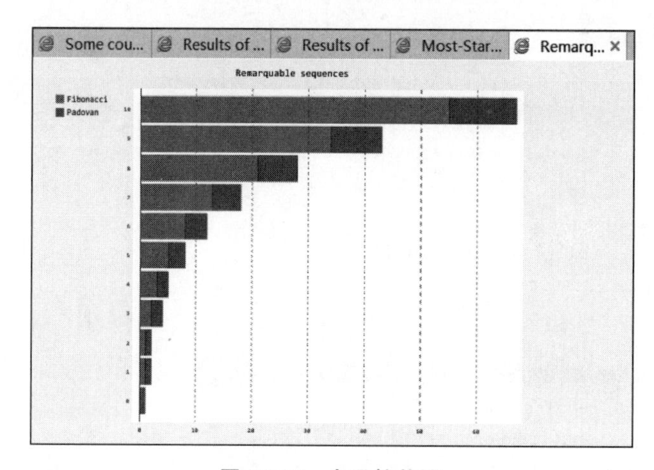

图 10-25　水平柱状图

对于不同的数据图，Pygal 支持大量对应的配置，具体可结合 http://localhost:8899/pygal.config.html 页面给出的属性进行设置、测试，此处不再一一介绍。

10.4　Pygal 常见数据图

Pygal 同样支持各种不同的数据图，比如饼图、折线图等。Pygal 的设计很好，不管是创建哪种数据图，Pygal 的创建方式基本是一样的，都是先创建对应的数据图对象，然后添加数据，最后对数据图进行配置。因此，使用 Pygal 生成数据图是比较简单的。

10.4.1　折线图

折线图与柱状图很像，二者只是表现数据的方式不同。柱状图使用条柱代表数据，而折线图则使用折线点来代表数据。因此，生成折线图的方式与生成柱状图的方式基本相同。

使用 pygal. Line 类来表示折线图，程序创建 pygal. Line 对象就是创建折线图。

【例 11-7】 利用折线图来展示 4 种浏览器的使用情况。

```
import pygal
from IPython.display import SVG
#创建 pygal.Line 对象(折线图)
line_chart = pygal.Line()
#设置标题
line_chart.title = '浏览器的使用(in %)'
#设置 x 轴的刻度值
line_chart.x_labels = map(str, range(2002, 2013))
#添加 4 组代表折线的数据
line_chart.add('Firefox', [None, None, 0, 16.6, 25, 31, 36.4, 45.5, 46.3, 42.8, 37.1])
line_chart.add('Chrome', [None, None, None, None, None, None,  0, 3.9, 10.8, 23.8, 35.3])
line_chart.add('IE', [85.8, 84.6, 84.7, 74.5,  66, 58.6, 54.7, 44.8, 36.2, 26.6, 20.1])
line_chart.add('Others', [14.2, 15.4, 15.3,  8.9,  9, 10.4,  8.9,  5.8,  6.7,  6.8,  7.5])
#指定将数据图输出到 SVG 文件中
line_chart.render_to_file('pygal_Line.svg')
```

运行程序，浏览器查看效果如图 10-26 所示。

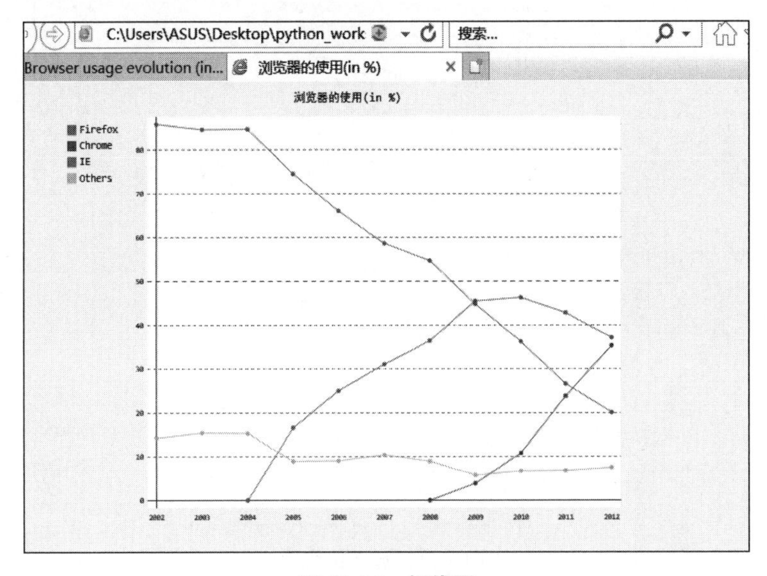

图 10-26　折线图

10.4.2　水平折线图

使用 pygal. HorizontalLine 类来表示水平折线图。使用 pygal. HorizontalLine 生成水平折线图的步骤与创建普通折线图的步骤基本相同。

【例 11-8】 使用 pygal. HorizontalLine 生成水平折线图来展示几种浏览器的使用情况。

```
import pygal
from IPython.display import SVG
# 创建 pygal.HorizontalLine 对象(水平折线图)
line_chart = pygal.HorizontalLine()
# 设置标题
line_chart.title = '浏览器的使用(in %)'
# 设置 x 轴的刻度值
line_chart.x_labels = map(str, range(2002, 2013))
# 添加 4 组代表折线的数据
line_chart.add('Firefox',[None, None,  0, 16.6,  25,  31, 36.4, 45.5, 46.3, 42.8, 37.1])
line_chart.add('Chrome',[None, None, None, None, None, None, 0,  3.9, 10.8, 23.8, 35.3])
line_chart.add('IE',[85.8, 84.6, 84.7, 74.5,  66, 58.6, 54.7, 44.8, 36.2, 26.6, 20.1])
line_chart.add('Others',[14.2, 15.4, 15.3,  8.9,  9, 10.4,  8.9, 5.8, 6.7,  6.8,  7.5])
# 坐标轴的范围
line_chart.range = [0, 100]
# 指定将数据图输出到 SVG 文件中
line_chart.render_to_file('pygal_HorizontalLine.svg')
```

运行程序，浏览器查看效果如图 10-27 所示。

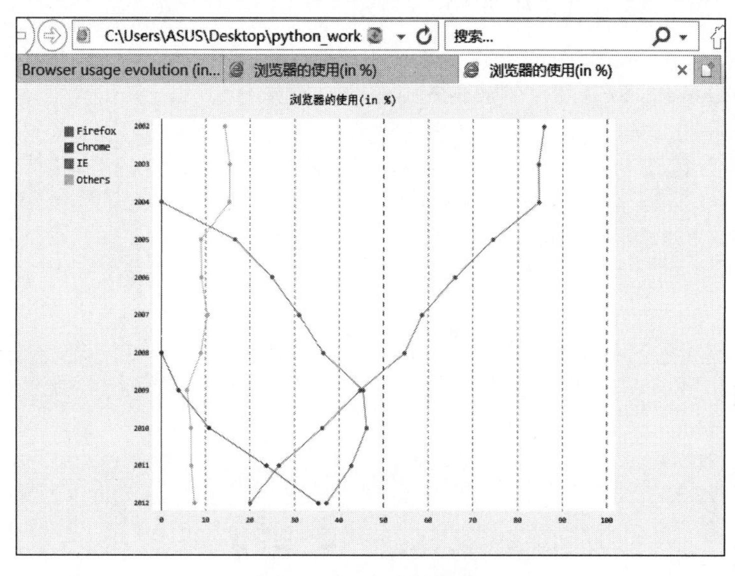

图 10-27 水平折线图

10.4.3 叠加折线图

有些时候，客户重点关心的不是两个产品在同一年的销量对比(应该使用普通折线图)，而是两个产品的累计销量，此时应该使用叠加折线图。

对于叠加折线图，代表第二组数据的折线会叠加在代表第一组数据的折线上，这样可以更方便地看到两组数据的叠加结果。叠加折线图使用 pygal.StackedLine 类来表示，程序使用 pygal.StackedLine 创建叠加折线图的步骤与创建普通折线图的步骤基本相同。

【例 11-9】 使用 pygal. StackedLine 创建叠加折线图以展示几种浏览器的使用情况。

```
import pygal
from IPython.display import SVG
#创建 pygal.StackedLine 对象(叠加折线图)
line_chart = pygal.StackedLine(fill = True)
#设置标题
line_chart.title = '浏览器的使用(in %)'
#设置 x 轴的刻度值
line_chart.x_labels = map(str, range(2002, 2013))
#添加 4 组代表折线的数据
line_chart.add('Firefox',[None, None,   0, 16.6,   25,   31, 36.4, 45.5, 46.3, 42.8, 37.1])
line_chart.add('Chrome',[None, None, None, None, None, None, 0,   3.9, 10.8, 23.8, 35.3])
line_chart.add('IE',[85.8, 84.6, 84.7, 74.5,   66, 58.6, 54.7, 44.8, 36.2, 26.6, 20.1])
line_chart.add('Others',[14.2, 15.4, 15.3,  8.9,    9, 10.4,  8.9,  5.8,  6.7,  6.8,  7.5])
#坐标轴的范围
line_chart.range = [0, 100]
#指定将数据图输出到 SVG 文件中
line_chart.render_to_file('pygal_StackedLine.svg')
```

运行程序,效果如图 10-28 所示。

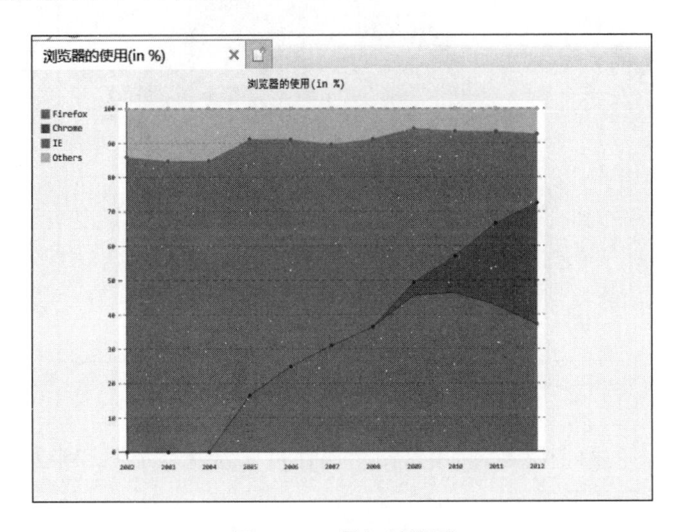

图 10-28　叠加折线图

10.4.4　饼图

Pygal 提供了 pygal. Pie 类来支持饼图,程序在创建 pygal. Pie 类之后,同样需要调用 add()方法来添加统计数据。pygal. Pie 对象支持如下两个特有的属性。

- inner_radius：设置饼图内圈的半径,通过设置该属性可实现环形数据图。
- half_pie：将该属性设置为 True,可实现半圆的饼图。

【例 10-10】 绘制基本饼图。

```
import pygal
#创建 pygal.Pie 对象(饼图)
pie_chart = pygal.Pie()
#设置饼图标题
pie_chart.title = '2012 年浏览器的使用情况 (in %)'
#为饼图添加数据
pie_chart.add('IE', 19.5)
pie_chart.add('Firefox', 36.6)
pie_chart.add('Chrome', 36.3)
pie_chart.add('Safari', 4.5)
pie_chart.add('Opera', 2.3)
#指定将数据图输出为 SVG 文件中
pie_chart.render_to_file('bar_chart.svg')
```

运行程序,效果如图 10-29 所示。

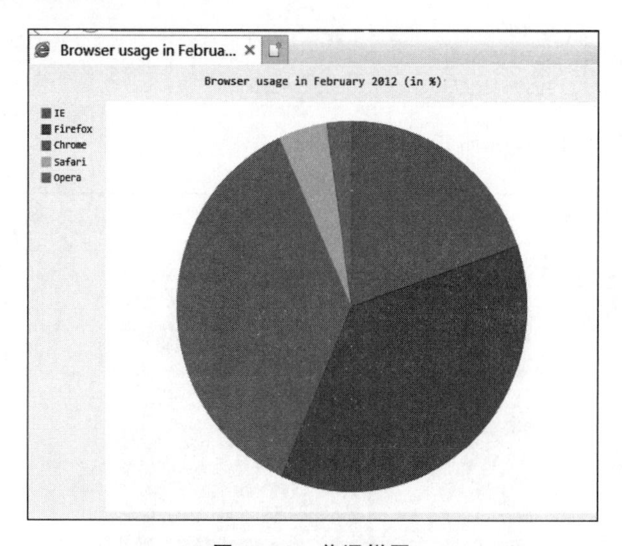

图 10-29 普通饼图

前面介绍过饼图的两个属性,利用这两个属性可以绘制环形图和半圆饼图。

【例 10-11】 绘制环形饼图。

```
import pygal
#创建 pygal.Pie 对象,并设置内圈半径(饼图)
pie_chart = pygal.Pie(inner_radius = .75)
#设置饼图标题
pie_chart.title = '2012 年浏览器的使用情况 (in %)'
#为饼图添加数据
pie_chart.add('IE', 19.5)
pie_chart.add('Firefox', 36.6)
pie_chart.add('Chrome', 36.3)
pie_chart.add('Safari', 4.5)
pie_chart.add('Opera', 2.3)
```

```
#指定将数据图输出为SVG文件中
pie_chart.render_to_file('bar_inner.svg')
```

运行程序,效果如图10-30所示。

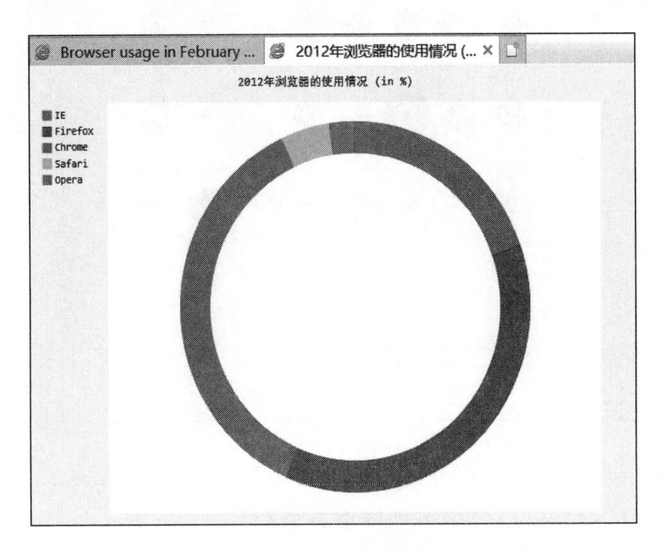

图 10-30　环形饼图

10.4.5　点图

与柱状图使用条柱高度代表数值的大小不同,点图使用点(圆)的大小来表示数值的大小。Pygal使用pygal.Dot类表示点图,创建点图的方式与创建柱状图的方式基本相同。

【例10-12】　下面的程序演示了如何通过点图展示几种浏览器的使用情况。

```
import pygal
#创建pygal.Dot对象(点图)
dot_chart = pygal.Dot(x_label_rotation=30)
#设置点图标题
dot_chart.title = 'V8的基准测试结果'
#设置点图标签
dot_chart.x_labels = ['Richards', 'DeltaBlue', 'Crypto', 'RayTrace', 'EarleyBoyer', 'RegExp', '
Splay', 'NavierStokes']
#添加几种浏览器的数据
dot_chart.add('Chrome', [6395, 8212, 7520, 7218, 12464, 1660, 2123, 8607])
dot_chart.add('Firefox', [7473, 8099, 11700, 2651, 6361, 1044, 3797, 9450])
dot_chart.add('Opera', [3472, 2933, 4203, 5229, 5810, 1828, 9013, 4669])
dot_chart.add('IE', [43, 41, 59, 79, 144, 136, 34, 102])
#指定将数据图输出到SVG文件中
dot_chart.render_to_file('dot_basic.svg')
```

运行程序,效果如图10-31所示。

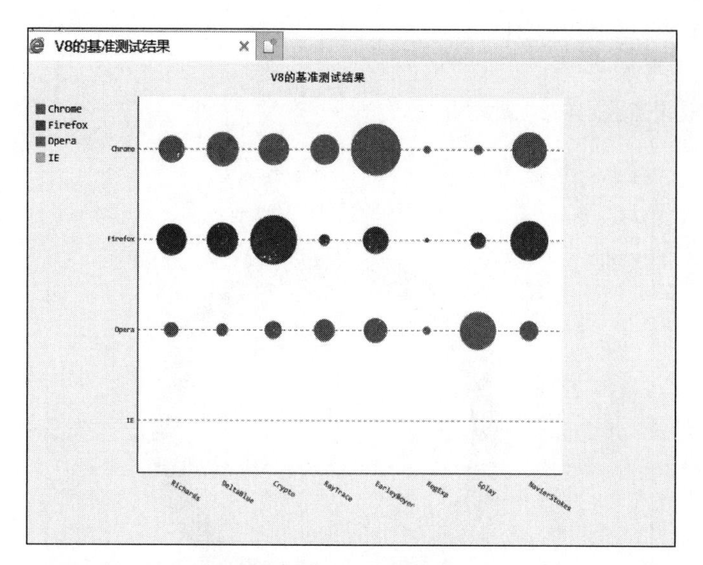

图 10-31 点图

此外，在 Dot 类中，还支持负数，例如以下代码：

```
import pygal
dot_chart = pygal.Dot(x_label_rotation = 30)
dot_chart.add('Normal', [10, 50, 76, 80, 25])
dot_chart.add('With negatives', [0, - 34, - 29, 39, - 75])
dot_chart.render_to_file('dot - negative.svg')
```

运行程序，效果如图 10-32 所示。

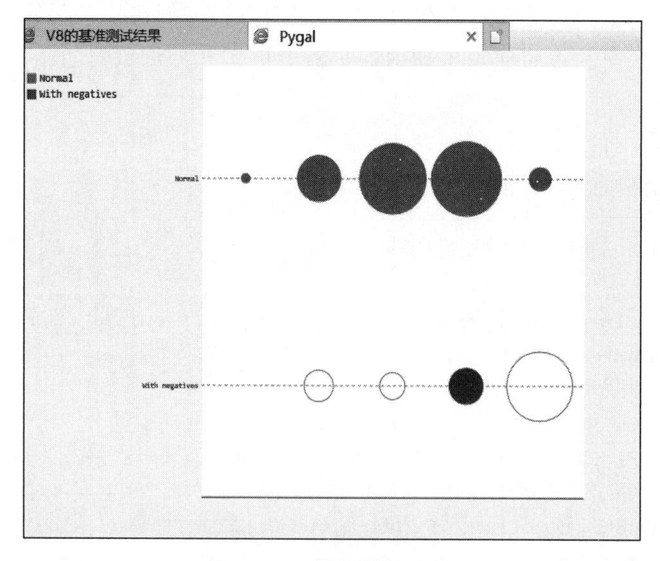

图 10-32 带负数的点图

10.4.6 仪表图

仪表(Gauge)图类似于一个仪表盘,在仪表盘内使用不同的指针代表不同的数据。Pygal 使用 pygal. Gauge 类表示仪表图。程序在创建 pygal. Gauge 对象之后,为 pygal . Gauge 对象添加数据的方式与为 pygal. Pie 对象添加数据的方式相似。

pygal. Gauge 对象有一个特别的属性——range,该属性用于指定仪表图的最小值和最大值。

【例 10-13】 使用仪表图来展示几种浏览器的使用比例。

```
import pygal
# 创建 pygal.Gauge 对象(仪表图)
gauge_chart = pygal.Gauge(human_readable = True)
gauge_chart.title = 'V8 的基准测试结果'
# 设置仪表图的最小值与最大值
gauge_chart.range = [0, 10000]
# 添加 4 种浏览器的 V8 基准
gauge_chart.add('Chrome', 8212)
gauge_chart.add('Firefox', 8099)
gauge_chart.add('Opera', 2933)
gauge_chart.add('IE', 41)
# 指定将数据图输出到 SVG 文件中
gauge_chart.render_to_file('gauge - basic.svg')
```

运行程序,效果如图 10-33 所示。

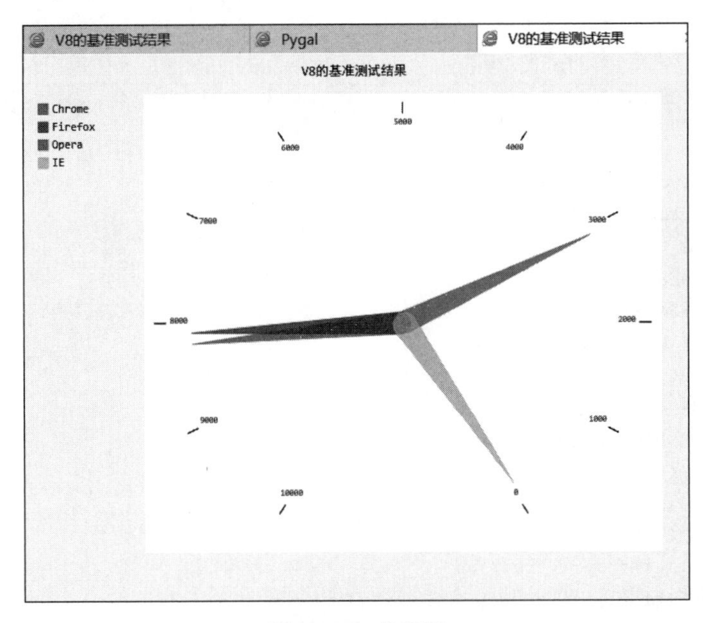

图 10-33 仪表图

10.4.7 雷达图

雷达图适用于分析各对象在不同维度的优势和劣势，通过雷达图可对比每个对象在不同维度的得分。例如，从表 10-1 所示的 5 个方面（平台健壮性、语法易用性、社区活跃度、市场份额和未来趋势）的得分来评价各编程语言的优势。

表 10-1 编程语言对比表

语言类型	平台健壮性	语法易用性	社区活跃度	市场份额	未来趋势
Java	5	4.0	5	5	5
C	4.8	2.8	4.8	4.8	4.9
C++	4.5	2.9	4.6	4.0	4.9
Python	4.0	4.8	4.9	4.0	5
C#	3.0	4.2	2.3	3.5	2
PHP	4.8	4.3	3.9	3.0	1.5

【例 10-14】 对于如表 10-1 所示的对比数据，使用雷达图来展示各编程语言在不同维度的优势。

```
import pygal
#准备数据
data = [[5, 4.0, 5, 5, 5],
    [4.8, 2.8, 4.8, 4.8, 4.9],
    [4.5, 2.9, 4.6, 4.0, 4.9],
    [4.0, 4.8, 4.9, 4.0, 5],
    [3.0, 4.2, 2.3, 3.5, 2],
    [4.8, 4.3, 3.9, 3.0, 4.5]]
#准备标签
labels = ['Java', 'C', 'C++', 'Python','C#', 'PHP']
#创建 pygal.Radar 对象(雷达图)
rader = pygal.Radar()
#采用循环为雷达图添加数据
for i, per in enumerate(labels):
    rader.add(labels[i], data[i])
rader.x_labels = ['平台健壮性', '语法易用性', '社区活跃度',
    '市场份额', '未来趋势']
rader.title = '编程语言对比图'
#控制各数据点的大小
rader.dots_size = 8
#设置将图例放在底部
rader.legend_at_bottom = True
#指定将数据图输出到 SVG 文件中
rader.render_to_file('Radar_compare.svg')
```

运行程序，效果如图 10-34 所示。

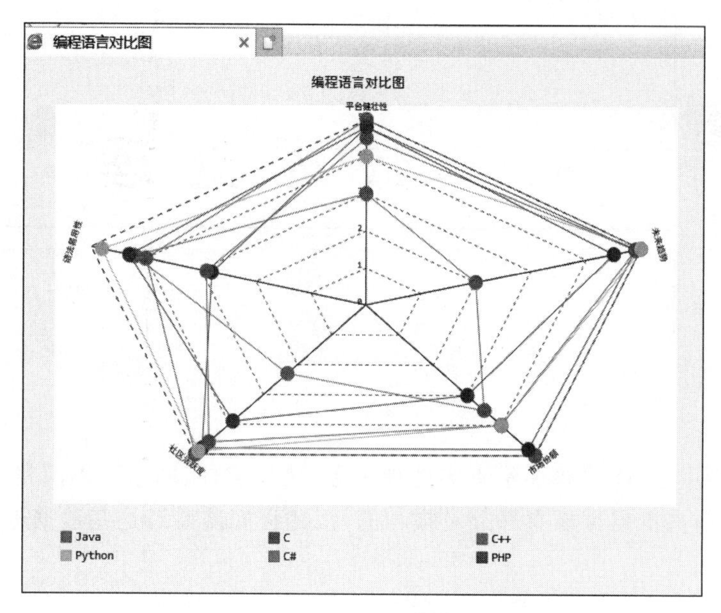

图 10-34　雷达图

10.5　习题

1. 通过 Matplotlib 就可以方便地制作________、________、________等各种高质量的数据图。

2. 散点图与折线图的区别是什么？

3. 利用 scatter 创建一组随机点为 40 的气泡图。

4. 已知如下数据，利用饼图显示各个部分在整体所占的比例。

北上广深 4 个地区正在求职的 Java 编程工作分布				
地区/工作年限	2～3 年	3～4 年	4～5 年	5 年以上
北京	18%	16%	23%	43%
上海	20%	5%	21%	54%
广州	39%	24%	13%	24%
深圳	41%	21%	30%	8%

5. Python 实现统计学中的三大相关性系数，并绘制相关性分析的热力图。

第 11 章

CHAPTER 11

数 据 处 理

在实际应用中,可能需要展示不同处理来源(比如文件、网络)、不同格式(比如 CSV、JSON)的数据,这些数据可能有部分是损坏的,因此程序需要对这些数据进行处理。本章将介绍数据清洗。

11.1 CSV 文件格式

CSV 文件格式的本质是一种以文本存储的表格数据(使用 Excel 工具即可读写 CSV 文件)。在 CSV 文件的每行数据中,每个单元格内的数据以逗号隔开。

Python 提供了 csv 模块来读取 CSV 文件。由于 CSV 文件的格式本身比较简单(通常第一行是表头,用于说明每列数据的含义,接下来每行代表一行数据),因此使用 csv 模块读取 CSV 文件也非常简单。

- 创建 csv 模块的读取器。
- 循环调用 CSV 读取器的 next()函数逐行读取 CSV 文件内容即可。next()函数返回一个 list 列表,用于表示一行数据,list 列表的每个元素代表一个单元格数据。

【例 11-1】 CSV 文件的操作实例。

(1) 分析 CSV 文件头。

① 调用 csv.reader()将存储的文件对象作为实参传递给它,从而创建一个与文件相关联的阅读器对象。csv 模块包含函数 next(),调用它并将阅读器对象传递给它时,它将返回文件中的下一行。

```
#导入 csv 模块
import csv
#指定文件名,然后使用 with open() as 打开
filename = 'sitka_weather_07 - 2014.csv'
with open(filename) as f:
        #创建一个阅读器: 将 f 传给 csv.reader
        reader = csv.reader(f)
        #使用 csv 的 next 函数,将 reader 传给 next,将返回文件的下一行
```

```
        header_row = next(reader)
        print(header_row)
```

运行程序,输出如下:

```
['AKDT', 'Max TemperatureF', 'Mean TemperatureF', 'Min TemperatureF', 'Max Dew PointF', 'MeanDew PointF', 'Min DewpointF', 'Max Humidity', ' Mean Humidity', ' Min Humidity', ' Max Sea Level PressureIn', ' Mean Sea Level PressureIn', ' Min Sea Level PressureIn', ' Max VisibilityMiles', ' Mean VisibilityMiles', ' Min VisibilityMiles', ' Max Wind SpeedMPH', ' Mean Wind SpeedMPH', ' Max Gust SpeedMPH', 'PrecipitationIn', ' CloudCover', ' Events', ' WindDirDegrees']
```

reader 处理文件中以逗号分隔的第一行数据,并将每项数据都作为一个元素存储在列表中。

② 打印文件头及其位置。

```
for index,column_header in enumerate(header_row):
        print(index,column_header)
```

运行程序,输出如下:

```
0 AKDT
1 Max TemperatureF
2 Mean TemperatureF
3 Min TemperatureF
4 Max Dew PointF
5 MeanDew PointF
6 Min DewpointF
7 Max Humidity
8  Mean Humidity
9  Min Humidity
10  Max Sea Level PressureIn
11  Mean Sea Level PressureIn
12  Min Sea Level PressureIn
13  Max VisibilityMiles
14  Mean VisibilityMiles
15  Min VisibilityMiles
16  Max Wind SpeedMPH
17  Mean Wind SpeedMPH
18  Max Gust SpeedMPH
19 PrecipitationIn
20  CloudCover
21  Events
22  WindDirDegrees
```

以上代码对列表调用 enumerate()来获取每个元素的索引及其值。

(2) 从文件中获取最高温和日期,根据数据绘制数据图。

```
import csv
from matplotlib import pyplot as plt
…
    #从文件中获取最高温和日期
```

```
    highs = [ ]
    dates = [ ]
    for row in reader: #遍历余下各行
        current_date = datetime.strptime(row[0]," %Y- %m- %d")
                                    #调用 datetime 的方法 striptime 按照要求的格式打印出日期
        dates.append(current_date)
        high = int(row[1])
        highs.append(high)
    #print(highs)
#根据数据绘制图形
fig = plt.figure(dpi = 128,figsize = (10,6))
plt.plot(dates,highs,c = "red")
#设置图形格式
plt.title("Daily high temperatures,july 2014",fontsize = 24)
plt.xlabel(" ",fontsize = 16)
fig.autofmt_xdate()                #绘制斜的日期标签,以免他们彼此重叠
plt.ylabel("Temperature(F)",fontsize = 16)
plt.tick_params(axis = "both",which = "major",labelsize = 16)
plt.show()
```

运行程序,效果如图 11-1 所示。

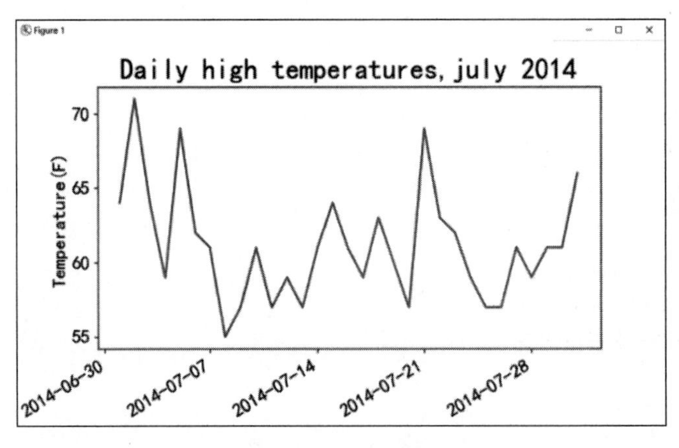

图 11-1 数据图

(3) 根据需要,绘制最高气温图。

```
import csv
from matplotlib import pyplot as plt
…
    #从文件中获取最高温、最低温和日期
    highs = [ ]
    dates = [ ]
    lows = [ ]
    for row in reader: #遍历余下各行
        current_date = datetime.strptime(row[0]," %Y- %m- %d")
#调用 datetime 的方法 striptime 按照要求的格式打印出日期
        dates.append(current_date)
```

```
            high = int(row[1])
            highs.append(high)
            low  = int(row[3])
            lows.append(low)
        #print(highs)
#根据数据绘制图形并给区域着色
fig  =  plt.figure(dpi = 128,figsize = (10,6))
plt.plot(dates,highs,c = "red",alpha  = 0.5)
                                    #alpha 指定颜色的透明度,0 表示完全透明,1 表示不透明,默认为 1
plt.plot(dates,lows,c = "blue",alpha = 0.5)
plt.fill_between(dates,highs,lows,facecolor  =  "blue",alpha  =  0.1)
                                    #函数 fill_between 传递一个 x,两个 y,指定填充颜色
#设置图形格式
plt.title("Daily high and low temperatures  -  2014",fontsize  = 24)
plt.xlabel(" ",fontsize  = 16)
fig.autofmt_xdate()#绘制斜的日期标签,以免他们彼此重叠
plt.ylabel("Temperature(F)",fontsize  =  16)
plt.tick_params(axis = "both",which = "major",labelsize  =  16)
plt.show()
```

运行程序,效果如图 11-2 所示。

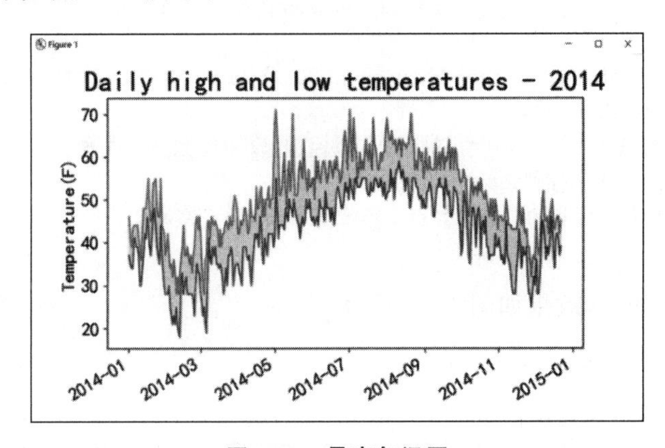

图 11-2 最高气温图

提示：模块 datetime 中的 datetime 类,方法 strptime()将包含所需日期的字符串作为第一个实参,第二个实参告诉 Python 如何设置日期的格式。

(4) 处理异常数据。

当前的数据有异常时,也可以对 CSV 文件进行异常处理。

```
import csv
from matplotlib import pyplot as plt
…
    #从文件中获取最高温、最低温和日期
    highs = []
    dates = []
    lows = []
```

```
    for row in reader:#遍历余下各行
        try:
            current_date = datetime.strptime(row[0], "%Y-%m-%d")
                                        #调用 datetime 的方法 striptime 按照要求的格式打印出日期
              high = int(row[1])
            low = int(row[3])
        except ValueError:
            print(current_date,"missing date")
        else:
            dates.append(current_date)
            highs.append(high)
            lows.append(low)
    #print(highs)
#根据数据绘制图形并给区域着色
fig = plt.figure(dpi = 128,figsize = (10,6))
plt.plot(dates,highs,c = "red",alpha = 0.5)
                                        #alpha 指定颜色的透明度 0 表示完全透明 1 表示不透明默认为 1
plt.plot(dates,lows,c = "blue",alpha = 0.5)
plt.fill_between(dates,highs,lows,facecolor = "blue",alpha = 0.1)
                                        #函数 fill_between 传递一个 x 两个 y 指定填充颜色
#设置图形格式
plt.title("Daily high and low temperatures - 2014\nDeath_Valley, CA",fontsize = 24)
plt.xlabel(" ",fontsize = 20)
fig.autofmt_xdate()                     #绘制斜的日期标签,以免他们彼此重叠
plt.ylabel("Temperature(F)",fontsize = 16)
plt.tick_params(axis = "both",which = "major",labelsize = 16)
plt.show()
```

运行程序,输出如下,效果如图 11-3 所示。

```
2014-02-16 00:00:00 missing date
```

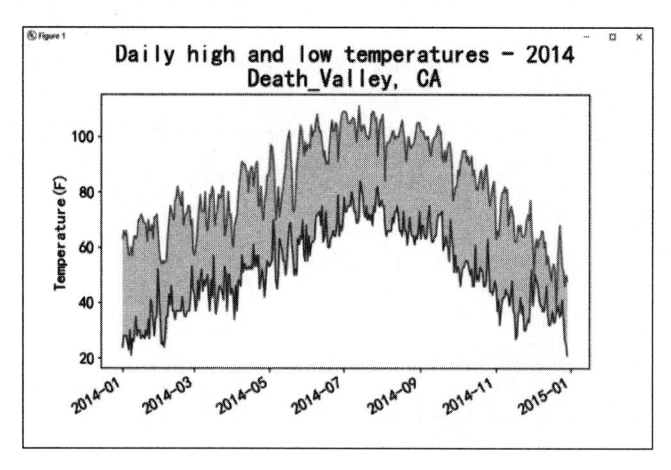

图 11-3 数据异常处理效果

11.2　JSON 数据

JSON(JavaScript Object Notation)是一种轻量级、跨平台、跨语言的数据交换格式，JSON 格式被广泛应用于各种语言的数据交换中，Python 也提供了对 JSON 的支持。

11.2.1　JSON 的基本知识

JSON 的数据格式既适合人来读写，也适合计算机进行解析和生成。最早的时候，JSON 是 JavsScript 语言的数据交换格式，后来慢慢发展成一种与语言无关的数据交换格式，这一点与 XML 类似。

JSOM 与 C 语言类似，其应用非常广泛，这些语言包括 C、C++、C#、Java、JavaScript、Perl、Python 等。JSON 提供了多种语言之间完成数据交换的能力，因此，JSON 也是一种非常理想的数据交换格式。JSON 主要有如下两种数据结构。

- 由 key-value 对组成的数据结构。这种数据结构在不同的语言中有不同的实现。例如，在 JavaScript 中是一个对象；在 Python 中是一种字典对象；在 C 语言中是一个结构体；在其他语言中，则可能是记录、字典、哈希表等。
- 有序集合。这种数据结构在 Python 中对应于列表；在其他语言中，可能对应于列表、向量、数组和序列等。

上面两种结构在不同的语言中都有对应的实现，因此这种简便的数据表示方式完全可以实现跨语言。所以，JSON 可以作为程序设计语言中通用的数据交换格式。在 JavaScript 中主要有两种 JSON 语法，其中一种用于创建对象，另一种用于创建数组。

11.2.2　Python 的 JSON 支持

json 模块提供了对 JSON 的支持，它既包含了将 JSON 字符串恢复成 Python 对象的函数，也提供了将 Python 对象转换成 JSON 字符串的函数。

当程序把 JSON 对象或 JSON 字符串转换成 Python 对象时，从 JSON 类型到 Python 类型的转换关系如表 11-1 所示。

表 11-1　JSON 类型转换 Python 类型的对应关系

JSON 类型	Python 类型	JSON 类型	Python 类型
对象(object)	字典(dict)	实数(number(real))	浮点数(float)
数组(array)	列表(list)	true	True
字符串(string)	字符串(str)	False	False
整数(number(int))	整数(int)	null	None

当程序将 Python 对象转换成 JSON 格式字符串时，从 Python 类型到 JSON 类型的转换关系如表 11-2 所示。

表 11-2 Python 类型转换 JSON 类型的对应关系

Python 类型	JSON 类型
字典(dict)	对象(object)
列表(list)和元组(tuple)	数组(array)
字符串(str)	字符串(string)
整型、浮点型以及整型、浮点型派生的枚举(float,int-&-flat-derived enums)	数值型(number)
True	true
False	false
None	null

Python 中一种非常常用的基本数据结构就是字典(Dictionary)。它的典型结构如下：

```
d = {
'a': 123,
'b': {
'x': ['A', 'B', 'C']
}
}
```

而 JSON 的结构如下：

```
{
"a": 123,
"b": {
"x": ["A", "B", "C"]
}
}
```

可以看到，字典和 JSON 的结构非常接近，而 Python 中的 JSON 库提供的主要功能，也是两者之间的转换。

json.loads 方法可以将包含了一个 JSON 数据的 str、bytes 或者 bytearray 对象，转化为一个 Python Dictionary。它的完型接口类型如下：

```
json.loads(s, *, encoding = None, cls = None, object_hook = None, parse_float = None, parse_int =
None, parse_constant = None, object_pairs_hook = None, ** kw)
```

在 JSON 中，有两组函数比较相似，分别为 loads 与 load、dumps 与 dump 函数，下面直接通过实例来演示这两组函数的用法。

```
"""
介绍最常用的 dump、dumps 和 load、loads
"""
import json
#自定义了一个简单的数据(Python 中的字典类型)，要想 Python 中的字典能够被序列化到 JSON 文
```

```
件中请使用双引号"""。
data_obj = {
    "北京市":{
        "朝阳区":["三里屯", "望京", "国贸"],
        "海淀区":["五道口", "学院路", "后厂村"],
        "东城区":["东直门", "崇文门", "王府井"],
    },
    "上海市":{
        "静安区":[],
        "黄浦区":[],
        "虹口区":[],
    }
}
"""
dumps:序列化一个对象
sort_keys:根据 key 排序
indent:以 4 个空格缩进,输出阅读友好型
ensure_ascii:可以序列化非 ascii 码(中文等)
"""
s_dumps = json.dumps(data_obj, sort_keys = True, indent = 4, ensure_ascii = False)
print(s_dumps)
"""
dump:将一个对象序列化存入文件
dump()的第一个参数是要序列化的对象,第二个参数是打开的文件句柄
注意打开文件时加上以 UTF - 8 编码打开
* 运行此文件之后在统计目录下会有一个 data.json 文件,打开之后就可以看到 json 类型的文件应
该是怎样定义的
"""
with open("data.json", "w", encoding = "UTF - 8") as f_dump:
    s_dump = json.dump(data_obj, f_dump, ensure_ascii = False)
print(s_dump)
"""
load:从一个打开的文件句柄加载数据
注意打开文件的编码
"""
with open("data.json", "r", encoding = "UTF - 8") as f_load:
    r_load = json.load(f_load)
print(r_load)
"""
loads:从一个对象加载数据
"""
r_loads = json.loads(s_dumps)
print(r_loads)
arg = '{"bakend": "www.oldboy.org", "record": {"server": "100.1.7.9", "weight": 20, "
maxconn": 30}}'
a = json.loads(input('请输入添加的数据:'),encoding = 'utf - 8')
print(a)
```

运行程序,输出如下:

```
{
    "上海市": {
        "虹口区": [],
        "静安区": [],
        "黄浦区": []
    },
    "北京市": {
        "东城区": [
            "东直门",
            "崇文门",
            "王府井"
        ],
        "朝阳区": [
            "三里屯",
            "望京",
            "国贸"
        ],
        "海淀区": [
            "五道口",
            "学院路",
            "后厂村"
        ]
    }
}
None
{'北京市': {'朝阳区': ['三里屯', '望京', '国贸'], '海淀区': ['五道口', '学院路', '后厂村'], '东城区': ['东直门', '崇文门', '王府井']}, '上海市': {'静安区': [], '黄浦区': [], '虹口区': []}}
{'上海市': {'虹口区': [], '静安区': [], '黄浦区': []}, '北京市': {'东城区': ['东直门', '崇文门', '王府井'], '朝阳区': ['三里屯', '望京', '国贸'], '海淀区': ['五道口', '学院路', '后厂村']}}
请输入添加的数据:
```

通过以上介绍,我们掌握了 json 模块读取 JSON 数据的方法,下面将在世界各国历年 GDP 总和的数据(数据来源于 https://datahub.io 网站)中读取 2001—2016 年中国、美国、日本、俄罗斯、加拿大这 5 个国家的 GDP 数据,并使用柱状图进行对比。

【例 11-2】 使用 Matplotlib 生成柱状图来展示这 5 个国家的 GDP 数据。

```
import json
from matplotlib import pyplot as plt
import numpy as np
filename = 'gdp_json.json'
#读取 JSON 格式的 GDP 数据
with open(filename) as f:
    gpd_list = json.load(f)
#使用 list 列表依次保存中国、美国、日本、俄罗斯、加拿大的 GDP 值
country_gdps = [{}, {}, {}, {}, {}]
country_codes = ['CHN', 'USA', 'JPN', 'RUS', 'CAN']
```

```
#遍历列表的每个元素,每个元素是一个 GDP 数据项
for gpd_dict in gpd_list:
    for i, country_code in enumerate(country_codes):
        #只读取指定国家的数据
        if gpd_dict['Country Code'] == country_code:
            year = gpd_dict['Year']
            #只读取 2001 年到 2016
            if 2017 > year > 2000:
                country_gdps[i][year] = gpd_dict['Value']
#使用 list 列表依次保存中国、美国、日本、俄罗斯、加拿大的 GDP 值
country_gdp_list = [[], [], [], [], []]
#构建时间数据
x_data = range(2001, 2017)
for i in range(len(country_gdp_list)):
    for year in x_data:                                         #①
        #除以 1e8,让数值变成以亿为单位
        country_gdp_list[i].append(country_gdps[i][year] / 1e8)    #②
bar_width = 0.15
fig = plt.figure(dpi = 128, figsize = (15, 8))
colors = ['indianred', 'steelblue', 'gold', 'lightpink', 'seagreen']
#定义国家名称列表
countries = ['中国', '美国', '日本', '俄罗斯', '加拿大']
#采用循环绘制 5 组柱状图
for i in range(len(colors)):                                    #③
    #使用自定义 X 坐标将数据分开
    plt.bar(x = np.arange(len(x_data)) + bar_width * i, height = country_gdp_list[i],   #④
        label = countries[i], color = colors[i], alpha = 0.8, width = bar_width)
    #仅为中国、美国的条柱上绘制 GDP 数值
    if i < 2:
        for x, y in enumerate(country_gdp_list[i]):
            plt.text(x, y + 100, '%.0f' % y, ha = 'center', va = 'bottom')
#为 X 轴设置刻度值
plt.xticks(np.arange(len(x_data)) + bar_width * 2, x_data)
#设置标题
plt.title("2001 到 2016 年各国 GDP 对比")
#为两条坐标轴设置名称
plt.xlabel("年份")
plt.ylabel("GDP(亿美元)")
#显示图例
plt.legend()
plt.show()
```

以上程序的重点其实在于前半部分代码,这部分代码控制程序从 JSON 数据中读取中国、美国、日本、俄罗斯、加拿大这 5 个国家的数据,且只读取从 2001—2016 年的 GDP 数据,因此程序处理起来稍微有点儿麻烦——程序先以年份为 key 的 dict(如程序中 country_gdps 列表的元素所示)来保存各国的 GDP 数据。

但由于 Matplotlib 要求被展示数据是 list 列表，因此上面程序的①号代码、②号代码使用循环依次读取 2001—2016 年的 GDP 数据，并将这些数据添加到 country_gpd_list 列表的元素中。这样就把 dict 形式的 GDP 数据转换成 list 形式的 GDP 数据。

在上面的程序中③、④采用循环添加了 5 组柱状图，接下来程序还在中国、美国的条柱上绘制了 GDP 值。

运行程序，效果如图 11-4 所示。

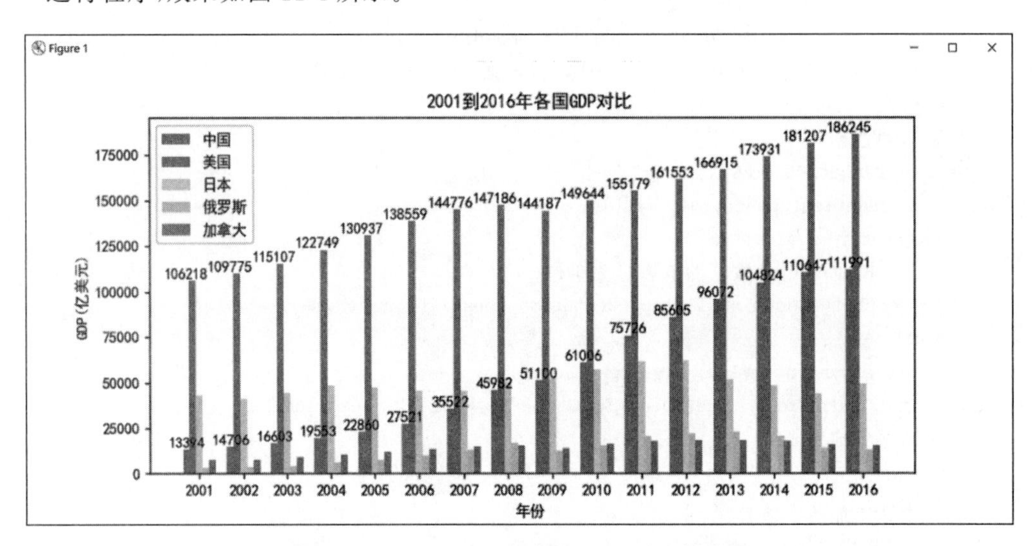

图 11-4 2001—2016 年各国 GDP 对比柱状图

如果通过 https://datahub.io 网站下载了世界各国人口数据，就可以计算出以上各国的人均 GDP。

【例 11-3】 使用 Pygal 来展示世界各国的人均 GDP 数据。

```
import json
import pygal
filename = 'gdp_json.json'
# 读取 JSON 格式的 GDP 数据
with open(filename) as f:
    gpd_list = json.load(f)
pop_filename = 'population-figures-by-country.json'
# 读取 JSON 格式的人口数据
with open(pop_filename) as f:
    pop_list = json.load(f)                                    # ①
# 使用 list 列表依次保存美国、日本、俄罗斯、加拿大的人均 GDP 值
country_mean_gdps = [{}, {}, {}, {}]
country_codes = ['USA', 'JPN', 'RUS', 'CAN']
# 遍历列表的每个元素，每个元素是一个 GDP 数据项
for gpd_dict in gpd_list:
    for i, country_code in enumerate(country_codes):
        # 只读取指定国家的数据
```

```
            if gpd_dict['Country Code'] == country_code:
                year = gpd_dict['Year']
                #只读取 2001—2016
                if 2017 > year > 2000:
                    for pop_dict in pop_list:
                        #获取指定国家的人口数据
                        if pop_dict['Country_Code'] == country_code:
                            #使用该国 GDP 总值除以人口数量,得到人均 GDP
                            country_mean_gdps[i][year] = round(gpd_dict['Value']
                                / pop_dict['Population_in_%d' % year])    #②
#使用 list 列表依次保存美国、日本、俄罗斯、加拿大的人均 GDP 值
country_mean_gdp_list = [[], [], [], []]
#构建时间数据
x_data = range(2001, 2017)
for i in range(len(country_mean_gdp_list)):                              #③
    for year in x_data:
        country_mean_gdp_list[i].append(country_mean_gdps[i][year])
#定义国家名称列表
countries = ['美国', '日本', '俄罗斯', '加拿大']
#创建 pygal.Bar 对象(柱状图)
bar = pygal.Bar()
#采用循环添加代表条柱的数据
for i in range(len(countries)):
    bar.add(countries[i], country_mean_gdp_list[i])
bar.width=1100
#设置 X 轴的刻度值
bar.x_labels = x_data
bar.title = '2001 到 2016 年各国人均 GDP 对比'
#设置 X、Y 轴的标题
bar.x_title = '年份'
bar.y_title = '人均 GDP(美元)'
#设置 X 轴的刻度值旋转 45 度
bar.x_label_rotation = 45
#设置将图例放在底部
bar.legend_at_bottom = True
#指定将数据图输出到 SVG 文件中
bar.render_to_file('mean_gdp.svg')
```

以上程序中的①号代码加载了一份新的关于人口的数据 JSON 文件,这样程序即可通过该文件获取世界各国历年的人口数据。②号代码使用 GDP 总值除以该国的人口数量,这样就可以得到该国的人均 GDP。③号代码使用循环为 pygal.Bar 对象添加了各国人均 GDP 数据,这样该柱状图就可以展示各国的人均 GDP 值。

运行程序,用浏览器打开可看到如图 11-5 所示的柱状图。

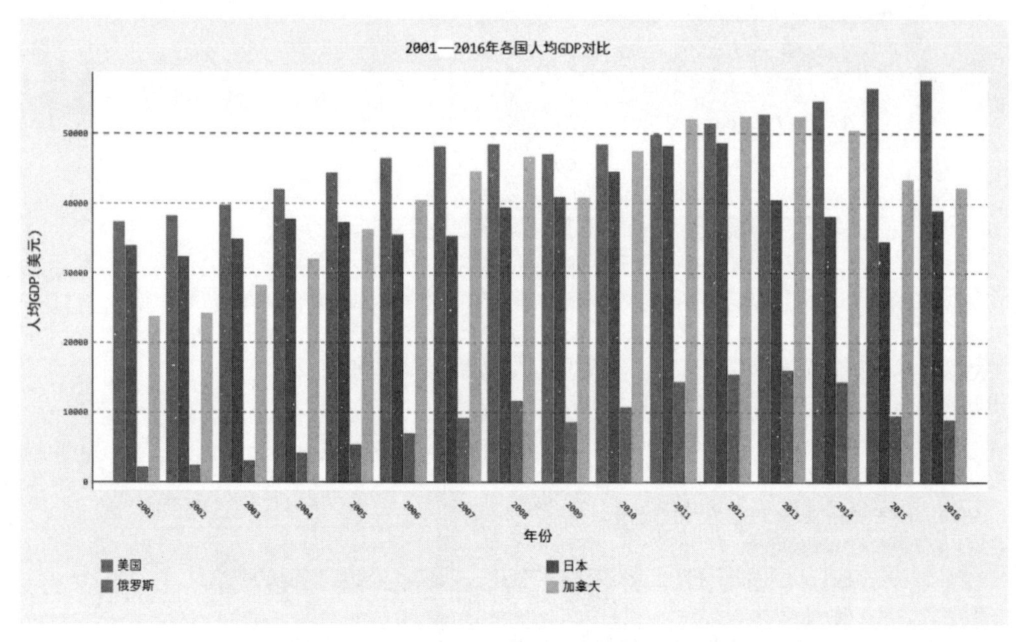

图 11-5　2001—2016 年各国人均 GDP 对比柱状图

11.3　数据清洗

数据清洗是一项复杂且烦琐的工作，同时也是整个数据分析过程中最为重要的环节。数据清洗的目的有两个：第一是通过清洗让数据可用；第二是让数据变得更适合进行后续的分析工作。

在 pandas 中，缺失数据呈现的方式是有缺点的，但对大部分用户来说能起到足够的作用。在数值型数据中，pandas 用浮点值 Nan(Not a Number)表示缺失值。我们称之为识别符，通过这种值能轻易地检测到数据缺失。在 pandas 中，我们使用了 R 语言中的一些传统，把缺失值表示为 NA(not available)。在统计应用中，NA 数据要么是数据不存在，要么是存在但不能被检测到。在做数据清理的时候，对缺失值做分析是很重要的，我们要确定是否是数据收集的问题，或者缺失值是否会带来潜在的偏差。内建的 Python None 值也被当作 NA。

【例 11-4】 统计 2017 年广州的天气情况。

```
import csv
from datetime import datetime
from matplotlib import pyplot as plt
filename = 'guangzhou-2017.csv'
#打开文件
with open(filename) as f:
    #创建 cvs 文件读取器
```

```
    reader = csv.reader(f)
    #读取第一行,这行是表头数据
    header_row = next(reader)
    print(header_row)
    #定义读取起始日期
    start_date = datetime(2017, 6, 30)
    #定义结束日期
    end_date = datetime(2017, 8, 1)
    #定义3个list列表作为展示的数据
    dates, highs, lows = [], [], []
    for row in reader:
        #将第一列的值格式化为日期
        d = datetime.strptime(row[0], '%Y-%m-%d')
        #只展示2017年7月的数据
        if start_date < d < end_date:
            dates.append(d)
            highs.append(int(row[1]))
            lows.append(int(row[2]))
#配置图形
fig = plt.figure(dpi = 128, figsize = (12, 9))
#绘制最高气温的折线
plt.plot(dates, highs, c = 'red', label = '最高气温',
    alpha = 0.5, linewidth = 2.0, linestyle = '-', marker = 'v')
#再绘制一条折线
plt.plot(dates, lows, c = 'blue', label = '最低气温',
    alpha = 0.5, linewidth = 3.0, linestyle = '-.', marker = 'o')
#为两个数据的绘图区域填充颜色
plt.fill_between(dates, highs, lows, facecolor = 'blue', alpha = 0.1)
#设置标题
plt.title("广州2017年7月最高气温和最低气温")
#为两条坐标轴设置名称
plt.xlabel("日期")
#该方法绘制斜着的日期标签
fig.autofmt_xdate()
plt.ylabel("气温(℃)")
#显示图例
plt.legend()
ax = plt.gca()
#设置右边坐标轴线的颜色(设置为none表示不显示)
ax.spines['right'].set_color('none')
#设置顶部坐标轴线的颜色(设置为none表示不显示)
ax.spines['top'].set_color('none')
plt.show()
```

运行程序,效果如图11-6所示。

细心查看就会发现数据及折线图只统计出了363天天气情况(雨天: 164天; 晴天: 67天; 阴天: 24天; 多云天: 108天),但一年应该有365天,因此这份数据出现了问题。

当程序使用Python进行数据展示时,经常发现数据存在以下两种情况。

- 数据丢失。

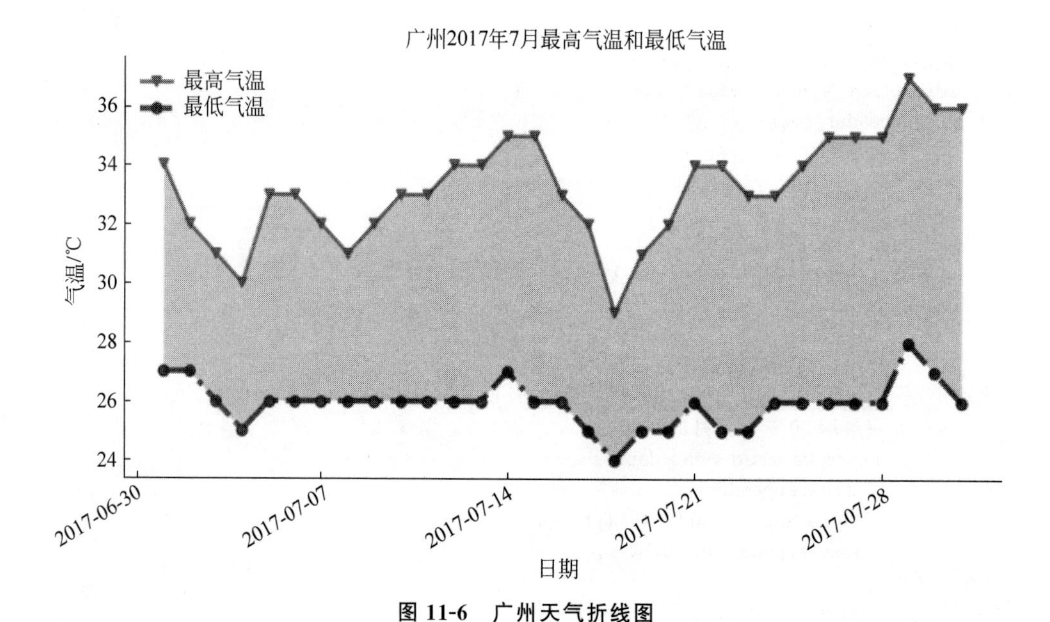

图 11-6 广州天气折线图

- 数据格式错误。

对于数据丢失的情况，程序应该生成报告；对于数据格式发生错误的情况，程序应该能略过发生错误的数据，继续处理后面的程序，并报告发生错误的数据。

【例 11-5】 对例 11-4 中 2017 年广州天气情况的程序进行改进，查看哪些数据出现了问题。

```
import csv
import pygal
from datetime import datetime
from datetime import timedelta
filename = 'guangzhou-2017.csv'
#打开文件
with open(filename) as f:
    #创建 cvs 文件读取器
    reader = csv.reader(f)
    #读取第一行,这行是表头数据
    header_row = next(reader)
    print(header_row)
    #准备展示的数据
    shades, sunnys, cloudys, rainys = 0, 0, 0, 0
    prev_day = datetime(2016, 12, 31)
    for row in reader:
        try:                                                    #①
            #将第一列的值格式化为日期
            cur_day = datetime.strptime(row[0], '%Y-%m-%d')    #②
            description = row[3]                                #③
```

```
        except ValueError:
            print(cur_day, '数据出现错误')
        else:
            # 计算前、后两天数据的时间差
            diff = cur_day - prev_day
            # 如果前、后两天数据的时间差不是相差一天,说明数据有问题
            if diff != timedelta(days=1):                              #④
                print('%s之前少了%d天的数据' % (cur_day, diff.days - 1))  #⑤
            prev_day = cur_day
            if '阴' in description:
                shades += 1
            elif '晴' in description:
                sunnys += 1
            elif '云' in description:
                cloudys += 1
            elif '雨' in description:
                rainys += 1
            else:
                print(description)
# 创建 pygal.Pie 对象(饼图)
pie = pygal.Pie()
# 为饼图添加数据
pie.add("阴", shades)
pie.add("晴", sunnys)
pie.add("多云", cloudys)
pie.add("雨", rainys)
pie.title = '2017年广州天气汇总'
# 设置将图例放在底部
pie.legend_at_bottom = True
# 指定将数据图输出到 SVG 文件中
pie.render_to_file('guangzhou_weather.svg')
```

在程序中主要进行了两个方面的改进：

- 将数据解析部分放在 try 块中完成,这样即使数据出现问题,程序的异常处理也可以跳过数据中的错误——如果解析数据没有错误,那么程序将会执行 else 块；如果解析数据出现错误,那么程序将会使用 except 块处理错误,程序也不会中止执行。
- ③与④号代码,检查两条数据之间的时间差,如果数据没有错误、没有缺失,那么两条数据之间的时间差应该是一天；否则,意味着数据错误或缺失。

运行程序,将可以看到在控制台生成如下输出结果：

```
['Date', 'Max TemperatureC', 'Min TemperatureC', 'Description', 'WindDir', 'WindForce']
2017-03-06 00:00:00之前少了2天的数据
```

从控制台中的输出结果可以看到,这份天气数据缺少了2017年3月6日前两天的数据,打开 guangzhou-2017.csv 文件,找到2017-03-06处,即可发现这份数据确实缺少了3月4日、3月5日的数据。

11.4 读取网络数据

很多时候，程序并不能直接展示本地文件中的数据，此时需要程序读取网络数据，并展示它们。比 http://lishi.tianqi.com 站点的数据，它并未提供下载数据的链接。在这种情况下，程序完全可以直接解析网络数据，然后将数据展示出来。

Python 支持网络库 urlib，通过该库中的 request 模块可以非常方便地向远程发送 HTTP 请求，获取服务器响应，因此，程序的思路是使用 urllib.request 的 lishi.tianqi.com 发送请求，获取该网站的响应，然后使用 Python 的 re 模块来解析服务器响应，从中提取天气数据，并展示 2017 年全年的最高气温和最低气温。

```
import re
from datetime import datetime
from datetime import timedelta
from matplotlib import pyplot as plt
from urllib.request import *
#定义一个函数读取 lishi.tianqi.com 的数据
def get_html(city, year, month):                                              #①
    url = 'http://lishi.tianqi.com/' + city + '/' + str(year) + str(month) + '.html'
    #创建请求
    request = Request(url)
    #添加请求头
    request.add_header('User-Agent', 'Mozilla/5.0 (Windows NT 10.0; WOW64)' +
        'AppleWebKit/537.36 (KHTML, like Gecko) Chrome/54.0.2840.99 Safari/537.36')
    response = urlopen(request)
    #获取服务器响应
    return response.read().decode('gbk')
#定义 3 个 list 列表作为展示的数据
dates, highs, lows = [], [], []
city = 'guangzhou'
year = '2017'
months = ['01', '02', '03', '04', '05', '06', '07',
    '08', '09', '10', '11', '12']
prev_day = datetime(2016, 12, 31)
#循环读取每个月的天气数据
for month in months:
    html = get_html(city, year, month)
    #将 html 响应拼起来
    text = "".join(html.split())
    #定义包含天气信息的 div 的正则表达式
    patten = re.compile('<divclass="tqtongji2">(.*?)</div><divstyle="clear:both">')
                                                                              #②
    table = re.findall(patten, text)
    patten1 = re.compile('<ul>(.*?)</ul>')                                    #③
    uls = re.findall(patten1, table[0])
    for ul in uls:
```

```
        #定义解析天气信息的正则表达式
        patten2 = re.compile('<li>(.*?)</li>')                              #④
        lis = re.findall(patten2, ul)
        #解析得到日期数据
        d_str = re.findall('>(.*?)</a>', lis[0])[0]
        try:
            #将日期字符串格式化为日期
            cur_day = datetime.strptime(d_str, '%Y-%m-%d')
            #解析得到最高气温和最低气温
            high = int(lis[1])
            low = int(lis[2])
        except ValueError:
            print(cur_day, '数据出现错误')
        else:
            #计算前、后两天数据的时间差
            diff = cur_day - prev_day
            #如果前、后两天数据的时间差不是相差一天,说明数据有问题
            if diff != timedelta(days=1):
                print('%s之前少了%d天的数据' % (cur_day, diff.days - 1))
            dates.append(cur_day)
            highs.append(high)
            lows.append(low)
            prev_day = cur_day
#配置图形
fig = plt.figure(dpi=128, figsize=(12, 9))
#绘制最高气温的折线
plt.plot(dates, highs, c='red', label='最高气温',
    alpha=0.5, linewidth = 2.0)
#再绘制一条折线
plt.plot(dates, lows, c='blue', label='最低气温',
    alpha=0.5, linewidth = 2.0)
#为两个数据的绘图区域填充颜色
plt.fill_between(dates, highs, lows, facecolor='blue', alpha=0.1)
#设置标题
plt.title("广州%s年最高气温和最低气温" % year)
#为两条坐标轴设置名称
plt.xlabel("日期")
#该方法绘制斜着的日期标签
fig.autofmt_xdate()
plt.ylabel("气温(℃)")
#显示图例
plt.legend()
ax = plt.gca()
#设置右边坐标轴线的颜色(设置为none表示不显示)
ax.spines['right'].set_color('none')
#设置顶部坐标轴线的颜色(设置为none表示不显示)
ax.spines['top'].set_color('none')
plt.show()
```

程序后半部分的绘图代码与前面的程序并没有太大的区别,该程序的最大改变在于前

半部分代码，该程序不再使用 csv 模块来读取本地 CSV 文件的内容。

该程序使用 urllib.request 来读取 lishi.tianqi.com 站点的天气数据，程序中①号代码定义了一个 get_html()函数来读取指定站点的 HTML 内容。

接下来程序使用循环依次读取 01～12 月的响应页面，程序读取到每个响应页面的 HTML 内容，其中包含天气信息的源代码。

程序中的②号代码使用正则表达式来获取包含全部天气信息的< div.../>元素。程序中的③号代码使用正则表达式来匹配天气< div.../>中没有属性的< ul.../>元素。这样的< ul.../>元素有很多个，每个< ul.../>元素代表一天的天气信息，因此，上面的程序使用了循环以遍历每个< ul.../>元素。

程序中的代码④使用正则表达式来匹配每日天气< ul.../>中的< li.../>元素。在每个< ul.../>元素内可匹配到 6 个< li.../>元素，但程序只获取日期、最高气温和最低气温，因此，程序只使用前 3 个< li.../>元素的数据。

通过网络、正则表达式获取了数据之后，程序使用 Matplotlib 来展示它们。运行程序，得到如图 11-7 所示的数据图。

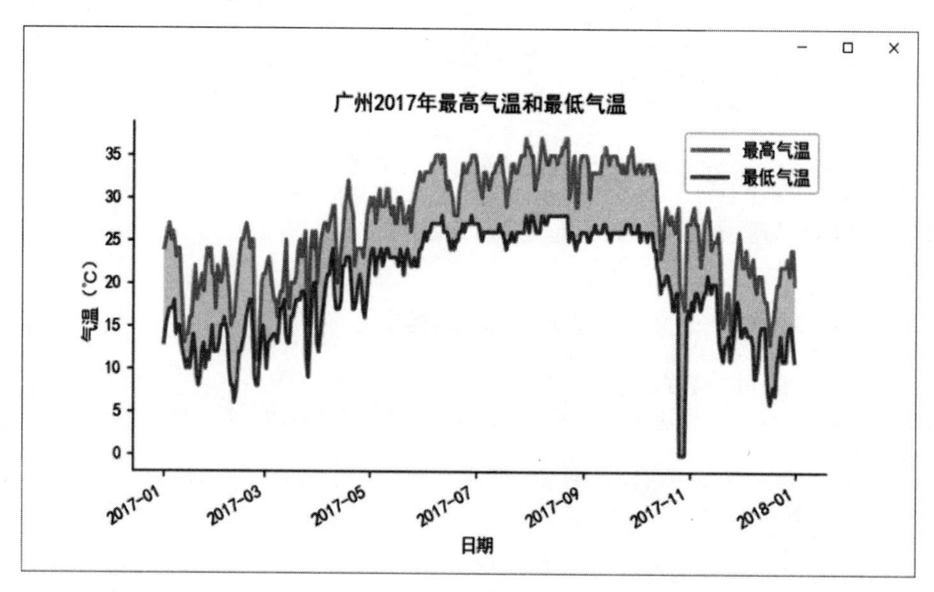

图 11-7 2017 年广州最高气温和最低气温数据图

11.5 习题

1. CSV 文件格式的本质是一种以________的表格数据，CSV 文件的每行代表________数据，每行数据中每个单元格内的数据以________隔开。

2. JSON 是一种________、________、________的数据交换格式，JSON 格式被广泛应用于各种语言的数据交换中，Python 也提供了对 JSON 的支持。

3. JSON 有两种数据结构,是哪两种?

4. 利用 dump()函数,将下面一个员工信息以.json 格式存储在文件中。

```
姓名: Kaina
年龄: 22
职业: 销售员
工资: 5500
```

5. 把 test1.json 中的数据导入程序中,并输出。

```
[
  {
    "姓名": "张放",
    "年龄": 29,
    "职业": "教师",
    "工资": 7000
  },
   {
    "姓名": "吴明",
    "年龄": 27,
    "职业": "主管",
    "工资": 8000
  }
  ,
   {
    "姓名": "陈五",
    "年龄": 26,
    "职业": "程序员",
    "工资": 12000
  }
]
```

图书资源支持

感谢您一直以来对清华版图书的支持和爱护。为了配合本书的使用，本书提供配套的资源，有需求的读者请扫描下方的"书圈"微信公众号二维码，在图书专区下载，也可以拨打电话或发送电子邮件咨询。

如果您在使用本书的过程中遇到了什么问题，或者有相关图书出版计划，也请您发邮件告诉我们，以便我们更好地为您服务。

我们的联系方式：

地　　址：北京市海淀区双清路学研大厦A座714

邮　　编：100084

电　　话：010-83470236　010-83470237

客服邮箱：2301891038@qq.com

QQ：2301891038（请写明您的单位和姓名）

资源下载：关注公众号"书圈"下载配套资源。

资源下载、样书申请

书圈

获取最新书目

观看课程直播